技工院校学生
职业素养训练

主　编　栾福志　陈立勇

副主编　马伶伶　刘　爽　艾超巍

北京理工大学出版社
BEIJING INSTITUTE OF TECHNOLOGY PRESS

图书在版编目（CIP）数据

技工院校学生职业素养训练/栾福志，陈立勇主编.—北京：北京理工大学出版社，2017.4

ISBN 978-7-5682-3881-6

Ⅰ.①技…　Ⅱ.①栾…　②陈…　Ⅲ.①职业道德－技工学校－教材　Ⅳ.①B822.9

中国版本图书馆CIP数据核字（2017）第068711号

出版发行 / 北京理工大学出版社有限责任公司			
社　　　址 / 北京市海淀区中关村南大街5号			
邮　　　编 / 100081			
电　　　话 / (010) 68914775（总编室）			
(010) 82562903（教材售后服务热线）			
(010) 68948351（其他图书服务热线）			
网　　　址 / http://www.bitpress.com.cn			
经　　　销 / 全国各地新华书店			
印　　　刷 / 定州市新华印刷有限公司			
开　　　本 / 787毫米×1092毫米　1/16			
印　　　张 / 26.5		责任编辑 / 陆世立	
字　　　数 / 600千字		文案编辑 / 陆世立	
版　　　次 / 2017年4月第1版　2017年4月第1次印刷		责任校对 / 周瑞红	
定　　　价 / 59.00元		责任印制 / 边心超	

前　言

　　当今，全球经济进入深度转型期，我国经济转型发展进入关键阶段，抓转型、调结构、促发展成为时代的主旋律。党中央国务院提出加快发展现代职业教育，促进国家技术技能积累，服务全面建成小康社会的战略任务，各级政府把加快发展现代职业教育摆在更加突出的位置。《中共中央国务院关于进一步加强人才工作的决定》明确指出："实施国家高技能人才培训工程和技能振兴行动，通过学校教育培养、企业岗位培训、个人自学提高等方式，加快高技能人才的培养。充分发挥高等职业院校和高级技工学校、技师学院的培训基地作用，扩大培训规模，提高培训质量。充分发挥企业的主体作用，强化岗位培训，组织技术革新和攻关，改进技能传授方式，促进岗位成才。"

　　在"中国制造"向"中国智造"转变的今天，专门为企业培养技术工人的技工院校，如何深入贯彻《中华人民共和国职业教育法》及党中央关于加快培养高素质劳动者和技能人才等内容的讲话精神，全面提升学生的职业素养，培养更多的具有"工匠精神"的高技能人才，满足企业的用人需求，为推动经济发展和保持比较充分就业提供支撑，已成为技工院校内涵建设发展过程中亟待解决的重要课题之一。

　　职业素养是一个人在从事职业活动中所需要的道德、心理、行为、能力等方面的素养，包括职业道德、职业技能、职业行为、职业意识和职业态度等，职业素养可以通过学习、培训、锻炼、自我修养等方式逐步积累和发展。

　　职业素养训练是技工院校素质教育的重要特点。技工院校作为职业学校的一类，是形成素质教育与职业客观要求对接的一个很重要的过程；是引导学生由"学校人"向"职业人"过渡的桥梁；是实现校企深层次合作的平台；是落实"教育规划纲要"要求，"促进德育、智育、体育、美育有机融合，提高学生综合素质"及"坚持全面发展"的得力"抓手"。对学生进行职业素养训练是技工院校素质教育的一个重要特点，也是技工院校培养目标及办学特点的最好体现。

　　本书在内容选取、编排方式上，遵循技工院校学生的认知与行为养成规律，强化任务教学和案例教学，突出参与性、实践性与应用性，使学生在参与中学习，在实践中养成，任务中有学习目标、案例分析、知识链接、名人如是说、我该怎么做、拓展延伸、课外阅读等环节，符合技工学生的特点，有利于激发学生的学习兴趣。根据职业素养的基本内涵，结合学习实际，选取职业素养基础知识、工学结合——职业素养提升的捷径、自我管理能力、职业礼仪、沟通能力、团队合作能力、解决问题能力、责任意识和服务能力、信息处理能力、就业能力创新能力、创业能力等几个单元作为教学内容。

本书为高技能人才培养系列教材，栾福志担任第一主编，负责本书的终审工作，并承担了第二单元、第三单元、第八单元的任务二十七的编写任务；陈立勇担任第二主编，负责初稿统稿与审阅工作，并承担了第十一、十二单元的编写任务；马伶伶担任第一副主编，负责第一至五单元的审稿工作，并承担了第七单元、第八单元的任务二十八和任务二十九的编写任务；刘爽担任第二副主编，负责第六至八单元的审稿工作，并承担了第一、四单元的编写任务；艾超巍担任第三副主编，负责第九、十单元的审稿工作，并承担第六、第九单元的编写工作；王子杰负责第十一、十二单元的审稿工作，并承担第十单元的任务三十三、三十四、三十五的编写工作；刘华锋承担第五单元的编写工作；徐世界承担第十单元的任务三十六、三十七的编写工作。同时，顾志军、马红莲、赵鹏、黄珺等积极参与编写工作，协助组织案例分析、相关图片等资料。

在本书的编写过程中，编者借鉴了许多专家、学者的教材、著作等，在此表示感谢。同时，由于编者水平有限，书中疏漏和不妥在所难免，恳请读者提出宝贵意见、建议。

编　者

目　录

第一单元 职业素养基础知识

任务一 认识职业

一、学习目标

掌握职业的定义和基本特征；掌握事业的基本内涵；明确事业和职业的关系。

二、案例分析

◉ 故事一

> 在一个小镇上，一位路人问三个石匠在做什么。第一个石匠无可奈何地叹息说："我每天都枯燥无味地搬石头砌墙。"第二个石匠神色凝重地说："我的工作很重要，我得把墙垒好，这样房子才结实牢固，住起来才舒适安全。"第三个石匠则目光炯炯，自豪地说："我的责任十分重大，这是镇上的第一所教堂，我要将它建成百年的标志。"十年后，第一个石匠仍在另一个工地上砌墙；第二个石匠却坐在办公室里画着图纸，成了工程师；第三个石匠则穿梭于全国各大城市，成了国内有名的建筑商。

分析解读

如果把工作当成一种谋生的手段，甚至看不起自己的工作，就会感到艰辛、枯燥、乏味。如果将工作当成自己的事业，一个人就会因此而迸发出无尽的热情与活力，自己的潜能也会得到最大程度的发挥。在自己不懈的努力下，业绩不断攀升，每一次小小的进步，都会收获不小的成就感。继而信心越来越足，不断超越自我，追求完美，又会取得更大的突破，自己的职业幸福感也随之提升。这时工作对于自己来说不是一种苦闷，而是一种快乐。

活动体验

同学们你们对三个石匠分别有怎样的认识，为什么三个石匠最终的职业会截然不同？

🔵 故事二

销售工作是一个单调而又无聊的职业，小兰在一家汽车展示中心做一名销售人员。一起工作的同事大都觉得工作无聊、工资低而抱怨连连。而小兰对这一切只是一笑而过。

在一个炎热的午后，有位满身汗味的老农夫伸手推开厚重的汽车展示中心的玻璃门。他一进门，迎面走来一位笑容可掬的柜台小姐，正是小兰，她很客气地询问老农夫："我能为您做什么吗？"

老农夫有点腼腆地说："不用不用，只是外面天气热，我刚好路过这里想过来吹吹冷气，马上就走。"

小兰亲切地说："您一定热坏了，让我帮你倒杯冰水吧。"接着便请老农夫坐在柔软豪华的沙发上休息。

"可是我们种田人衣服不太干净，怕会弄脏你们的沙发。"

小兰笑着说："没关系，沙发就是给客人坐的，否则公司买它干什么？"

喝完冰水，老农夫闲着没事便走向展示中心的新货车东瞧瞧，西看看。

这时小兰跟着走了过来："这款车很好，要不要我给您介绍一下？"

老农夫连忙说："你不要误会了，我可没有钱买，种田人还用不上这种车。"

"不买也没关系，以后有机会您还可以向需要的人介绍啊。"小兰将货车的性能逐一解说给他听。

听完后，老农夫突然从口袋中拿出一张皱皱的白纸，交给这位柜台小姐，并说："这些是我要订的车型和数量，请你帮我处理一下。"小兰有点诧异地接过来一看，这位老农夫一次要订8台货车，连忙紧张地说："您一下子订这么多车，我们经理不在，我必须等他回来再和您谈，同时也要安排您先试车……"？老农夫语气平稳地说："小姑娘，你不用找你们经理了，我本来是种田的，由于和人投资了货运生意，需要买一批货车，但我对车子外行，买车简单，最担心的是车子的售后服务及维修，因此我儿子叫我用这个笨方法来试探每一家汽车公司。这几天我走了好几家，每当我穿着同样的旧汗衫，进到汽车销售公司，同时表明我没有钱买车时，常常会受到冷落，让我有点难过……而你们公司知道我不是你们的客户，还那么热心地接待我，为我服务，对于一个不是你们客户的人都如此，更何况成为你们的客户呢……"

这件事之后，小兰的工作得到了公司的肯定，个人的薪水、职位也不断提升。小兰对工作更加认真负责了，看到公司的业绩日渐上升，一种经营事业的满足感油然而生，而她的那帮同事最终却成了她的下级。

分析解读

工作对于每个人都是公平的，你付出多少辛劳，就会收获多少硕果。刚入公司，大家都站在同一起跑线上，而不同的工作态度却使小兰与她的同事得到了两个不同的结果。她不计较工作性质，把职业当成事业去经营的认真态度使她很快脱颖而出。同时，出色的工作也得到了众人的肯定，个人能力不断提升，是因为她真正把公司业绩的不断增长看成个人事业的成功。

　　工作是一个人成长与成熟的标志，有一份正当的工作，说明你是一位生活积极的人，是一位靠自己的劳动生活的人，这样的人，自然会受到人们的尊重。而没有工作，只能算是游手好闲的小混混，会遭到人们轻视。只要你对工作就就业业，一丝不苟，工作态度认真，你的表现就会更加受到人们的赞赏，进而使人们加重了对你的尊重。没有工作经历的人，是永远长不大的孩子。工作可以让一个人很快地成长起来，在工作中获取人生营养，对于一个人来说，这也是人生最为重要的环节。俗话说"实践出真知"，工作就是人生的一项重要的实践活动，如果人生缺乏了这项实践活动，那么这样的人生是不完整的。

活动体验

　　同学们大家都做一次换位思考，如果你是故事中的小兰，会怎样对待这位老农夫，看完故事你有什么心得？

三　知识链接

（一）职业的定义与特征

1. 职业的定义

　　职业是参与社会分工，利用专门的知识和技能，为社会创造物质财富和精神财富，获取合理报酬，作为物质生活来源，并满足精神需求的工作。

2. 职业的特征

　　（1）社会性。职业是人类在劳动过程中的分工现象，它体现的是劳动力与劳动资料之间的结合关系，也体现出劳动者之间的关系，劳动产品的交换体现的是不同职业之间的劳动交换关系。这种劳动过程中结成的人与人的关系无疑是社会性的，他们之间的劳动交换反映的是不同职业之间的等价关系，这反映了职业活动职业劳动成果的社会性。

　　（2）规范性。职业的规范性包含两层含义：一是指职业内部的操作规范性，二是指职业道德的规范性。不同的职业在其劳动过程中都有一定的操作规范性，这是保证职业活动的专业性要求。当不同职业在对外展现其服务时，还存在一个伦理范畴的规范性，即职业道德。这两种规范性构成了职业规范的内涵与外延。

　　（3）功利性。职业的功利性又称职业的经济性，是指职业作为人们赖以谋生的劳动过程中所具有的逐利性一面。职业活动中既满足从业者自己的需要，也满足社会的需要，只有把职业的个人功利性与社会功利性相结合，职业活动及其职业生涯才具有生命力和意义。

　　（4）技术性和时代性。职业的技术性指不同的职业具有不同的技术要求，每一种职业往往都表现出相应的技术要求。职业的时代性指职业由于科学技术的变化，人们生活方式、习惯等因素的变化导致职业打上那个时代的"烙印"。

（二）事业的内涵

事业是人们所从事的，具有一定目标、规模和系统的对社会发展有影响的经常活动。举而措之天下之民，谓之事业——《易经》。简单地说，就是做了自己喜欢的事情，同时又帮助了他人，这就是事业。

（三）职业与事业的关系

1）职业解决的是最基本的生存需要，而事业关注于精神层面。

2）职业是阶段性的，而事业是终生的。

3）职业一般仅作为一个人谋生的手段而已；事业则是自觉的，由奋斗目标和进取心促成的，是愿意为之付出毕生精力的一种"职业"。

案 例

2016年10月21日，民航局对上海虹桥机场"10·11"事件相关责任单位领导和责任人作出严肃处理。经调查，民航局认定该事件是一起因塔台管制员遗忘动态、指挥失误而造成的人为原因严重事故征候，分别给予民航华东地区空中交通管理局（简称华东空管局）、华东空管局管制中心、华东空管局安全管理部13名领导干部党内警告、严重警告和行政记过、撤职处分；吊销当班指挥席和监控席管制员执照，当班指挥席管制员终身不得从事管制指挥工作；对成功化解危机的东航A320客机当班机长何超记一等功并给予相应奖励。

10月11日，东航飞行员准备驾驶A320飞机由上海虹桥起飞，将147名旅客送往天津。12点03分，塔台指挥飞机进跑道36L，机组在执行完起飞前检查单之后进跑道。12点04分，塔台指挥：跑道36L，可以起飞。

之后，A320机组在确认跑道无障碍的情况下，执行了起飞动作，然而，就在飞机滑跑速度达到每小时200千米左右时，机长突然发现有一架A330正准备横穿36L跑道，在立即让中间座询问塔台时，机长观察并确认该A330飞机确实是在穿越跑道，此时飞机速度已达每小时240千米。

当时，在操纵A320飞机的副驾驶一度有所迟疑，点了一下刹车，不过A320飞机的机长迅速接过了操纵，决定起飞，随即飞机拉升，最终，A320飞机从A330飞机的上空飞越，避免了可能的撞机事故（机上旅客共413人，机组26人）。

根据民航局初步调查后召开的视频会议透露的细节，当时两架飞机的垂直距离最小时仅19米，翼尖距13米，只差三秒就造成两机相撞。

（四）我国的职业分类目录

我国于1999年5月正式颁布《中华人民共和国职业分类大典》，该大典的体系与国际标准基本对应，把职业分为4个层次，包括8个大类、66个中类、413个小类、1 838个细类（职业），如表1-1所示。内容包括职业名称、职业编码、职业定义、职业概述、职业内容描述，以及归属于本职业的工种的编码和名称。经过修订，2015年7月30日，颁布了新版《中华人民共和国职业分类大典》。调整后的职业分类结构为8个大类、75个中类、434个小类、1 481个职业，与1999版相比，维持8个大类不变，减少547个职业（新增347个职业，取消894个职业），新增职业包括网络与信息安全管理员、快递员、文化经纪人等。职业分类作为制定职业标准的依据，是促进人力资源科学化、规范化管理的重要基础性工作。职业分类大典是职业分类的成果形式和载体，对人力资源市场建设、职业教育培训、就业创业、国民经济信息统计和人口普查等起着规范和引领作用。

表1-1　1999版《中华人民共和国职业分类大典》的基本情况统计

类别号	类别名称	中类	小类	（细类）职业
第一大类	国家机关、党群组织、企业、事业单位负责人	5	16	25
第二大类	专业技术人员	14	115	379
第三大类	办事人员和有关人员	4	12	45
第四大类	商业、服务业人员	8	43	147
第五大类	农、林、牧、渔、水利业生产人员	6	30	121
第六大类	生产、运输设备操作人员及有关人员	27	195	1 119
第七大类	军人	1	1	1
第八大类	不便分类的其他从业人员	1	1	1

四、名人如是说

1）如果只把工作当作一件差事，或者只将目光停留在工作本身，那么即使是从事你最喜欢的工作，你依然无法持久地保持对工作的激情。但如果把工作当作一项事业来看待，情况就会完全不同。

——微软公司创始人　比尔·盖茨

2）绝大多数人都必须在一个组织机构中开启自己的职业生涯。只要你还是某一机构中的一员，就应当抛开任何借口，投入自己的忠诚和责任。一荣俱荣，一损俱损。将身心彻底融入公司，尽职尽责，处处为公司着想，对投资人承担风险的勇气报以钦佩，理解管理者的压力，那么任何一个老板都会视你为公司的支柱。

——美国著名出版家和作家　阿尔伯特·哈伯德

3）能够从日复一日的工作中发现机遇是非常重要的，尽管机遇所带来的近期回报可能很少，甚至微不足道，但是，我们不能把眼光局限在自己得到了什么，而应当看到"我们能够得到这个机遇"本身的价值。

——戴尔公司总裁　迈克尔·戴尔

五、我该怎么做

事业心测试题

（本测试旨在测评你的事业心。请仔细阅读每道测试题，按要求选择最符合自己情况的答案）

（　　）1.做一件事情，当结果与你的估计相符合时，你就感到很满意，否则，即使别人说你成功了，你也会感到不满意。

　　A.很不符合　　　B.较不符合　　　C.说不清　　　D.比较符合　　　E.完全符合

（　）2.通常，对所做的事，你要求达到的水平往往高于一般人。

    A.很不符合　　　B.较不符合　　　C.说不清　　　D.比较符合　　　E.完全符合

（　）3.对感兴趣的事，你都能尽力而为。

    A.很不符合　　　B.较不符合　　　C.说不清　　　D.比较符合　　　E.完全符合

（　）4.你觉得，做出成绩是人生最重要、最幸福的事情，即使苦些也值得。

    A.很不符合　　　B.较不符合　　　C.说不清　　　D，比较符合　　　E.完全符合

（　）5.学习的时候，你通常都从方法入手。

    A.很不符合　　　B.较不符合　　　C.说不清　　　D.比较符合　　　E.完全符合

（　）6.你经常成功，很少失败，即使失败了，也会在别的方面寻找弥补。

    A.很不符合　　　B.较不符合　　　C.说不清　　　D.比较符合　　　E.完全符合

（　）7.好胜心强，从不服输。

    A.很不符合　　　B.较不符合　　　C.说不清　　　D.比较符合　　　E.完全符合

（　）8.如果有几件事，重要程度相同但难易不等，你会选择：

    A.最容易的　　　B.较容易的　　　C.中等难度的　　　D.比较难的　　　E.最困难的

（　）9.如果你做某种事，预先有标准的话，你会选择：

    A.最低标准　　　B.较低标准　　　C.标准适中　　　D.较高标准　　　E.最高标准

（　）10.如果用A、B、C、D、E表示干一番事业的愿望程度，你会选择：

    A.根本不想　　　B.不太想　　　C.愿望适中　　　D.比较想　　　E.非常想

评分说明：选择A得1分，选择B得2分，选择C得3分，选择D得4分，选择E得5分。

总分在40～50分之间，说明你的积极水平很高。你的成功动机很高，办事追求成功、完美，不喜欢半途而废。如果一件事没办好或失败了，你会感到非常不满意。你经常生活在一种紧张、焦虑的气愤中。你也许应该为自己创造一种轻松愉快的气氛来调节身心，使学习完成得更为出色，同时也使自己获得更为健康的身心。

总分在25～39分之间，说明你的积极水平适中。你有较强的学习能力，能妥善处理好自己的能力和学业完成水平之间的关系，失败了也能正确对待。这有助于你保持身心健康，但你还要不断提高自己的学习能力。

总分在10～24分之间，说明你的积极水平较低。你的进取心不强，不喜欢争强好胜，只求过一种安稳的日子。你把自己的学习目标定得过低，这样不利于你的能力充分发挥和提高。你应该在学习上严格要求自己，在奋斗中更好地实现自己的价值，开发自身的潜力。

六、拓展延伸

（一）白领、蓝领和灰领

在国外，按照脑力劳动和体力劳动的性质和层次分类是一个通行的做法，即我们常说的白领和蓝领。白领工作人员包括专业性和技术性工作人员（会计师、建筑师、工程师、医生、教师等）以及农场以外的经理和行政管理人员、销售人员、办公室工作人员等。蓝领工作人员包括手工艺及类似的工人、农场以外的工人、服务行业的工人等。

灰领一词，产生于20世纪70年代中晚期的美国，原指负责维修电器、上下水道、机械的技术工人，他们多穿灰色的制服工作，因而得名。灰领不是蓝领向白领的过渡阶段，而是介于白领、蓝领之间，既具有良好的理论素养，又能付诸实践的复合型、实用型人才。简而言之，创意+动手=灰领。

（二）"热门"及"冷门"职业

据中国青年报报道，麦可思研究院根据2015届大学毕业生的就业数据发布了《2016年中国大学生就业报告》，公布了2016年中国热门及冷门职业。

1. "热门"职业

数据显示，2015届本科毕业生社会需求量增加最多的前5个职业类分别为"中小学教育"、"互联网开发及应用"、"金融（银行/基金/证券/期货/理财）"、"医疗保健/紧急救助"以及"媒体/出版"；

在高职高专方面，2015届毕业生社会需求量增加最多的前5个职业类分别为"金融（银行/基金/证券/期货/理财）"、"互联网开发及应用"、"美术/设计/创意""中小学教育"以及"幼儿与学前教育"。

2. "冷门"职业

数据显示，2015届本科毕业生社会需求量降低最多的前5个职业类分别为"建筑工程""机械/仪器仪表""销售""电气/电子（不包括计算机）"以及"机动车机械/电子"。

在高职高专方面，2015届毕业生社会需求量降低最多的前5个职业类分别为"机械/仪器仪表""机动车机械/电子""交通运输/邮电""建筑工程"以及"电力/能源"。

七、课外阅读

技工学校走出的"专家型"高铁工人

张雪松（图1-1），唐山轨道客车有限责任公司（简称唐车公司）铝合金分厂数控机床装调维修工、高级技师。1992年从唐山机车车辆技工学校（现：河北机车技师学院）毕业进入唐车公司后，曾在省、市各类比赛上夺得4个钳工状元，已经成为一名行业领军者。他赢得了许多赞誉："双料"状元、"专家型"产业工人、北车"金蓝领"、"中国高铁工人"排头兵。2010年获"全国劳动模范"称号。

图1-1

2005年，有着百年历史的唐车公司与德国西门子公司签订合作协议，引进时速350千米动车组制造技术。此举意味着长期从事传统铁路客车制造的唐车公司，一下子站到了世界顶尖技术的最前沿，不仅企业面临全面转型，普通工人也迎来人生新挑战。"和谐号"动车组铝合金车体生产的每一道关键工序都需由大型数控设备来完成。为此，当年9月，公司引进了价值3亿多元的几十台尖端数控设备。但又一个问题摆在了企业面前：厂里没人能维修。当时，即便在全国，能维修数控设备的也是凤毛麟角。如果一个环节发生问题，就有可能造成整条生产线停产。数控设备维修人才在哪里？正处于转型爬坡期的唐车公司求贤若渴。紧要关头，当时已在全省乃至全国小有名气的钳工状元、唐车公司铝合金车体铆钳班班长张雪松，作出了一个让工友们看来相当意外的举动：主动向公司领导请缨，"转行"搞数控机床装调维修。

张雪松在实践中边学边摸索，面对铝合金车体制造等一系列难题，张雪松带领工友们完成了20多项工装设备技术改造，弥补了进口设备缺陷，保证了正常生产，创造经济效益300多万元。同时，他还开展技术革新109项，制作工装卡具66套，形成工艺文件和操作指导书72项。2009年，他获得河北省技能大赛数控机床装调维修工第一名，"双料"状元自此得名。而他所在的唐车公司，也因拥有一批像他这样的勇于向世界尖端挑战的高铁工人，取得了令世人瞩目的成绩：2008年4月11日，国产时速350千米"和谐号"动车组成功下线，只用3年时间走完了国外20多年的技术路程，中国由此成为世界上仅有的几个制造时速350千米高速铁路移动装备的国家之一。

在担任铆钳班班长时，张雪松就注重发挥团队的力量，凡事爱琢磨的他在实践中创造了不少"绝活儿"，他把自己是怎么干的，其中有什么失误和心得、怎么干才又快又好，都一一记录在本子上。几年下来，他积累了10多万字的"工作日志"。对于这些"宝贝"，张雪松没藏着掖着，总是毫无保留地把本子借给工友们看，或是贴在网上。如今，铆钳班的16名员工已全部成长为各关键工序独当一面的人物。其中有4名员工被任命为工段长，9人到其他班组担任了班长，2人获得"全国技术能手"称号。

任务二 职业素养概述

一 学习目标

掌握职业素养的基本概念；掌握职业素养的基本内涵；熟悉个人职业素养提升的养成途径和方法。

二 案例故事

◆ 故事

为什么升值加薪的不是她？

她到公司工作快三年了，比她后来的同事陆续得到了升职的机会，她却原地不动，心里颇不是滋味。终于有一天，她冒着被解聘的危险，找老板理论。

"老板，我有过迟到、早退或乱章违纪的现象吗？"

老板干脆地回答："没有"。

"那是公司对我有偏见吗？"

老板先是一怔，继而说"当然没有。"

"为什么比我资历浅的人都可以得到重用，而我却一直在微不足道的岗位上？"

老板一时语塞，然后笑笑说："你的事咱们等会再说，我手头上有个急事，要不你先帮我处理一下？"

"一家客户准备到公司来考察产品状况，你联系一下他们，问问何时过来。"老板说。

"这真是个重要的任务。"临出门前，她还不忘调侃一句。

一刻钟后，她回到老板办公室。

"联系到了吗？"老板问。

"联系到了，他们说可能下周过来。"

"具体是下周几？"老板问。

"这个我没细问。"

"他们一行多少人？"

"啊！您没问我这个啊！"

"那他们是坐火车还是飞机？"

"这个您也没叫我问呀！"

老板不再说什么了，他打电话叫张怡过来。张怡比她晚到公司一年，现在已是一个部门的负责人了，张怡接到了与她刚才相同的任务。一会儿工夫，张怡回来了。

"哦，是这样的……"张怡答道："他们是乘下周五下午3点的飞机，大约晚上6点钟到，他们一行5人，由采购部王经理带队，我跟他们说了，我公司会派人到机场迎接。"

"另外，他们计划考察两天，具体行程到了以后双方再商榷。为了方便工作，我建议把他们安置在附近的国际酒店，如果您同意，房间明天我就提前预订。"

"还有，下周天气预报有雨，我会随时和他们保持联系，一旦情况有变，我将随时向您汇报。"

张怡出去后，老板拍了她肩一下说："现在我们来谈谈你提的问题。"

"不用了，我已经知道原因，打搅您了。"

她突然间明白，没有谁生来就能担当大任，都是从简单、平凡的小事做起，今天你为自己贴上什么样的标签，或许就决定了明天你是否会被委以重任。

分析解读

员工的职业素养与对工作的关心程度直接影响办事的效率，任何一个公司都迫切需要那些工作积极、主动负责的员工。优秀的员工往往不是被动地等待别人安排工作，而是主动去了解自己应该做什么，然后全力以赴地去完成。

希望看完这个故事有更多的同学在毕业后会成为优秀员工！当然本案例中所涵盖的职业素养内容比较片面，我们希望通过本次任务的学习，让同学们对职业及职业素养有一个全面、正确的认识，并逐步熟悉个人职业素养提升的养成途径和方法。

活动体验

　　请同学们帮助文中的主人公"我"想一想，为什么升职加薪的人不是她？你认为张怡在工作中的表现有哪些值得我们学习？简要说出你心目中的好员工应该具有怎样的职业素养。

三　知识链接

（一）职业素养的概念

　　职业素养是一个人在从事职业活动中所需要的道德、心理、行为、能力等方面的素养，包括职业道德、职业技能、职业行为、职业意识和职业态度等，职业素养可以通过学习、培训、锻炼、自我修养等方式逐步积累和发展。

（二）职业素养的内涵

1. 职业道德

　　（1）职业道德的基本含义。职业道德基本规范是所有从事职业活动的人必须遵守的基本职业行为准则，它包括爱岗敬业、诚实守信、办事公道、服务群众、奉献社会。其中，爱岗敬业是职业道德的核心和基础，诚实守信、办事公道是职业道德的准则，服务群众、奉献社会是职业道德的灵魂。

案　例

职业道德楷模——李素丽

　　李素丽（图1-2），曾任北京市公交总公司公汽一公司第一运营分公司21路公共汽车售票员，自1981年参加工作后，在平凡的岗位上，把"全心全意为人民服务"作为自己的座右铭，用自己日复一日的劳动给乘客们带来真诚的笑脸、热情的话语、周到的服务、细致的关怀。她认真学习英语、哑语，努力钻研心理学、语言学，利用业余时间走访、熟悉不同地理环境，潜心研究各种乘客心理和要求，有针对性地为不同乘客提供满意周到的服务。她真心实意以服务工作为荣，自重自强，任劳任怨，恪尽职守。在晃动的、时常拥挤的车厢里，她视乘客如亲人，始终坚持微笑服务，以真诚的爱心创造着让乘客上车如到家的舒畅环境。她热诚迎送乘客，

图1-2

服务周到，体贴入微，始终坚持做到"四多六到"：多说一句，多看一眼，多帮一把，多走几步；话到，眼到，手到，腿到，情到，神到。她付出了辛勤的劳动，也尽情地享受着工作的愉悦，受到乘客和社会公众的一致好评，被誉为"老人的拐杖，盲人的眼睛，外地人的向导，病人的护士，群众的贴心人"。1999年，公交服务热线成立，李素丽作为"公

交品牌"调入服务热线任负责人。公交服务热线不断发展，从开始的十几个人，到现在的100多人，平均每天接电话17 000余个，被评为全国青年文明岗和巾帼文明岗。无论在售票员岗位还是在管理岗位，她始终努力践行"一心为乘客，服务最光荣"的工作理念，被乘客誉为"微笑的天使"。她是中共十五大、十六大代表，被授予全国优秀共产党员、全国劳动模范、全国三八红旗手、全国职业道德标兵、全国杰出青年岗位能手等荣誉称号。

　　李素丽的事迹告诉我们，一个员工的职业道德修养是多么重要，通过她对职业道德的坚守和实践，让我们看到了爱岗敬业、办事公道、服务群众、奉献社会的具体体现。

　　（2）我该怎么做。

测评你的职业道德

（对下列判断结合自己的实际做出a—同意、b—有点同意/有点不同意、c—不同意的选择）

（　　）A.不拿公司财物，即使是一支水笔、一张信封。

（　　）B.在规定的休息时间之后，会立即赶回工作场所。

（　　）C.看到别人违反规定，会想办法让其反省，并告知相应部门。

（　　）D.凡与职务有关的事情，会注意保密。

（　　）E.不到下班时间，不会擅自离开工作岗位。

（　　）F.不会做有损于公司名誉的行为，即使这种行为并不违反规定。

（　　）G.自己有对本公司有利的意见或方法，都会提出来，不管自己是否得到相应的报酬。

（　　）H.不泄露对竞争者有利的信息。

（　　）I.注意自己和同事们的健康。

（　　）J.能接受更繁重的任务和更重大的责任。

（　　）K.在工作以外，不做有损公司名誉的事情。

（　　）L.在促进商业利益的团体和场合中，会显得积极。

（　　）M.为了完成工作，在工作时间以外，会自行加班加点。

（　　）N.为了保证工作绩效，会做到劳逸结合。

（　　）O.会利用业余时间研究与工作有关的信息。

（　　）P.保证自己的家庭成员也采取有利于公司的行动。

评分说明：选A记2分，选B记1分，选C记0分。

得分低于16分的，职业道德和敬业程度较低；

17～24分，职业道德和敬业程度中等；

25～31分，职业道德和敬业程度上等；

32分，职业道德和敬业程度卓越。

2. 职业意识和职业态度

（1）相关含义。

职业意识：作为职业人所具有的意识，是人们对职业劳动的认识、评价、情感和态度等心理成分的综合反映，是支配和调控全部职业行为和职业活动的调节器。

职业态度：一个人对自己所从事的或者即将从事的职业所持的主观评价与心理倾向。职业态度的内容包括择业态度、敬业态度和奉献精神。

（2）责任意识的培养。

责任意识的培养途径主要包括明确自己的责任，善于从小事做起，学会自我管理，勇于承担责任。

案　例

　　1985年，张瑞敏刚到海尔公司。一天，一位朋友要买一台冰箱，结果挑了很多台都有毛病，最后勉强拉走了一台。朋友走后，张瑞敏派人把库房里的400多台冰箱全部检查一遍，发现共有76台存在各种各样的缺陷。张瑞敏把职工们叫到车间，问大家怎么办。多数人提出，也不影响使用，便宜点儿处理给职工算了。当时一台冰箱的价格是800多元，相当于一名职工两年的收入。张瑞敏说："我要是允许把这76台冰箱卖了，就等于允许你们明天再生产760台这样的冰箱。"他宣布，这些冰箱要全部砸掉，谁干的谁来砸，并抢起大锤亲手砸了第一锤。很多职工砸冰箱的时候流下了眼泪。然后，张瑞敏告诉大家：有缺陷的产品就是废品。三年后，海尔人捧回了中国冰箱行业的第一块国家质量金奖。

　　张瑞敏砸冰箱是对用户、对社会负责。正是这种社会责任感和质量至上的理念成就了海尔集团今天的辉煌。

（3）我该怎么做。

测评你的责任感

（对下列问题按照你的实际情况回答，A—"是"，B—"否"）

（　　）A.与人约会，你通常会提前出门，以保证自己能准时赴约吗？

（　　）B.当你发现自己脚下有纸屑时，会主动捡起来放到垃圾桶吗？

（　　）C.你会把零用钱储蓄起来吗？

（　　）D.发现朋友违规，你会举报吗？

（　　）E.当外出的你找不到垃圾桶时，你会把垃圾带回家吗？

（　　）F.你会坚持运动以保持健康吗？

（　　）G.你忌吃垃圾食物、脂肪过高或其他有害健康的食物吗？

（　　）H.你永远将正事列为优先，完成后再去休闲吗？

（　　）I.当你玩儿得正兴起时，母亲让你帮忙买东西，你会中止玩耍吗？

（　　）J.收到别人的信件，你总会在一两天内就回信吗？

（　　）K."既然决定做一件事，那么就要把它做好！"你认可这句话吗？

（　　）L.没有交警时，你会自己遵守交通法规吗？

（　　）M.上学期间，你能按时交作业吗？

（　　）N.你经常帮忙做家务吗？

（　　）O.你会认真写好每一个字吗？

（　　）P.每天出门前，你有照镜子的习惯吗？

（　　）Q.当你作业做到深夜还没完成时，你会继续努力直到完成吗？

（　　）R.与人相约，你从来不会耽误赴约，即使自己生病也不例外吗？

评分说明：选A得1分，选B得0分，将每题的得分相加就是你最后的得分。

分数为13~18分：你是一个非常有责任感的人，行事谨慎、为人可靠、相当诚实。

分数为9~12分：大多数情况下你都很有责任感，只是偶尔有些率性而为，考虑欠周到。

分数为4~8分：你的责任感有所欠缺，这将会使你难以得到大家的充分信任。

分数为4分以下：你是一个完全不负责任的人。

3. 职业化

（1）职业化的概念。简单来说，职业化就是一种精神、一种力量、一套规则，是对职业的价值观、态度和行为规范的总和。它要求员工的工作状态实现标准化、规范化、制度化，要求员工的知识、技能、观念、思维、态度、心理等方面符合职业规范和标准。

案 例

一次，微软全球技术中心举行庆祝会，员工们集中住在同一家宾馆。深夜，因某项活动日程临时变动，前台服务员一个个房间打电话通知，第二天她吃惊地说："你知道吗？我给50多个房间打电话，这帮来自全球不同地区的家伙起码有30个人拿起话筒的第一句是'你好，微软公司'。"

这个故事不禁让人肃然起敬，来自全球不同区域的员工能这么口径一致地接听电话，说明这一定是一家非常规范的公司。这样的规范，给别人带来的第一感觉就是——这家公司，靠谱！所以，我们为什么需要职业化，因为职业化给我们带来的是别人对我们的信任和尊重。而信任和尊重不仅让我们赢得了那些百般挑剔的客户，同时也吸引了那些才华卓著的求职者。

（2）我该怎么做。

测试一下你的职业化

（结合自己实际，将你认为正确的选项填在括号内）

（　）1.想象一下，如果现在就需要你马上开始工作，你能立即开始工作吗？

　　　A.能　　　　　　　　　　B.否

（　）2.对于你自己目前的工作，你是如何看待的？

　　　A.是一项可以终身从事的事业　　B.是一种挣钱的手段

（　）3.在过去的三年中，你是否曾参加过有关自己所从事职业的某种技能培训？

　　　A.是　　　　　　　　　　B.否（请直接跳答E题）

（　）4.参加了技能培训后，你感觉自己有进步吗？

　　　A.有　　　　　　　　　　B.没有

（　）5.想象一下，如果公司通知明天开会，希望员工对工作中的问题提出一些意见，那么，你能提出一些建设性的意见吗？

　　　A.能　　　　　　　　　　B.否（请直接跳答7题）

（　）6.由于种种原因，在会议中提出的意见被拒绝了，你是否会感到情绪低落？

　　　A.是　　　　　　　　　　B.否

（　）7.你是否会将自己工作的责任范围，看作是个人的权力领地？

　　　A.是　　　　　　　　　　B.否

（　　）8.上班时接到了朋友的电话，你会：

　　　A.告诉对方正在上班，让他（她）下班后打来

　　　B.小声地和他（她）说话

　　　C.假装和客户讲话的样子

（　　）9.工作中有一位同事希望借用你搜集的一些客户信息，这时你会：

　　　A.很高兴与他分享信息

　　　B.向他说明这是自己辛苦搜集来的，如果他还坚持要求，考虑与他分享一部分

　　　C.这是自己的辛苦劳动，绝对不与别人分享

（　　）10.工作中遇到了自己处理不好的问题，你会：

　　　A.向比自己有经验的同事请教

　　　B.硬着头皮钻研，不到迫不得已不会请教别人

　　　C.宁可放弃此问题，也不去向别人求助

（　　）11.你最后一个离开公司，发现公司的复印机坏了，碰巧明天早晨将有许多重要文件要复印，这时你会：

　　　A.虽然明白复印机坏了会影响第二天的工作，但是，毕竟不是自己一个人的事，于是，收拾东西离开办公室

　　　B.打电话给其他同事，商量此事该怎么解决

　　　C.给修理复印机的人打电话，等他修理好了自己才离开

（　　）12.客户资料出了错误，但不是你造成的，老板追究责任，这时你会：

　　　A.直接告诉老板不是你的错

　　　B.一方面向老板解释，一方面想办法解决问题

　　　C.向老板说：对不起，我马上改

（　　）13.想象一下，如果在上班时你接到了客户投诉电话，不近情理地指责你的公司和你们的工作，这时你会做何反应？

　　　A.在电话里发脾气，挂掉此类电话

　　　B.向客户解释，让他去找公司有关部门反映

　　　C.理解客户，并马上想办法解决问题

评分说明：

1～5题：A项得5分，B项得1分；

6～7题：A项得1分，B项得5分；

8～10题：A项得5分，B项得3分，C项得1分；

11～13题：A项得1分，B项得3分，C项得5分；

跳答题不计分，请计算出总分（11～18分：低度职业化；19～29分：中度职业化；30～45分：高度职业化）。

4. 职业行为

职业行为是指人们对职业劳动的认识、评价、情感和态度等心理过程的行为反映，是职业目的达成的基础。从形成意义上说，它是由人与职业环境、职业要求的相互关系决定

的。职业行为主要包括创新能力、沟通能力、团队协作能力和自我管理能力等方面。

5. 职业技能

职业技能是从业人员在职业活动中能够娴熟运用的，并能保证职业生产、职业服务得以完成的特殊能力和专业本领。人的职业技能是由多种能力复合而成的，是人们从事某项职业必须具备的多种能力的总和，它是择业的标准和就业的基本条件，也是胜任职业岗位工作的基本要求。职业技能主要包括职业礼仪、解决问题的能力、信息处理能力、就业能力和创业能力等方面。

四、名人如是说

1）职业素养是人类在社会活动中需要遵守的行为规范，是职业内在的要求，是一个人在职业过程中表现出来的综合品质。职业素养具体量化表现为职商（英文career quotient，简称CQ），体现一个社会人在职场中成功的素养及智慧。　——职业素养鼻祖　San Francisco

2）一个好员工，应该是一个积极主动去做事、积极主动去提高自身技能的人。这样的员工，不必依靠管理手段去触发他的主观能动性。　——微软公司创始人　比尔·盖茨

3）认真做事只能把事情做对，用心做事才能把事情做好。　——李素丽

4）工作不单是一个做什么事和得到多少报酬的问题，更是一个生命价值问题。工作不是为了谋生才做的事，而是我们用生命去做的事。——美国著名教育专家　威廉·贝内特

五、拓展延伸

（一）社会主义职业道德基本规范

1. 爱岗敬业

爱岗敬业是指从业者要充分地认识到自己从事职业的社会价值，认识到职业没有高低贵贱之分，都是为人民服务，要做到"干一行、爱一行、专一行"。

2. 诚实守信

诚实守信是指从业人员说实话、办实事、不说谎、不欺诈、守信用、表里如一、言行一致的优良品质。诚实守信要做到既有高质量的产品，又有高质量的服务，还要严格遵纪守法。

3. 办事公道

办事公道是指从业者以国家法律法规、社会公德为准则，客观、公正、公开地开展工作。

4. 服务群众

服务群众是指从业者要全心全意为人民服务，在服务过程中要做到热心、耐心、虚心、真心，一切从群众的利益出发，为群众排忧解难，为群众出谋划策，提高服务质量。

5. 奉献社会

奉献社会是指把自己的知识、才能、智慧等毫不保留、不计报酬地贡献给人民、社会和国家，并带来实实在在的利益。

（二）国内外知名企业对员工职业素养方面的要求

1）韩国三星集团优秀员工标准：在相关领域具有极高的专业水平的人才、具有良好的道德修养及人格魅力的人才、具有创造力及合作精神的人才、具有国际化意识及相关能力的人才。

2）美国时代华纳公司优秀员工标准：一名员工除了其要有适应期岗位工作的知识技能要求外，还需要具备七项才能要素，即负责的行动、创新的精神、坦诚的沟通、周详的决策、团队精神、持续学习的态度和有效的程序管理。

3）日本松下电器公司的用人标准：虚心好学的人、不墨守成规而常有新观念的人、爱护公司并和公司成为一体的人、不自私而能为团体着想的人、有自主经营能力的人、随时随地都有热忱的人、有才能担任职务的人、能忠于职守的人、有气概担当公司重任的人。

4）华为公司规定其员工的基本义务如下：

①我们鼓励员工对公司目标与本职工作的主人翁意识与行为。

②一方面，每个员工主要通过干好本职工作为公司做贡献。员工应努力扩大职务视野，深入领会公司目标对自己的要求，养成为他人做贡献的思维方式，提高协作水平与技巧。另一方面，员工应遵守职责间的制约关系，避免越俎代庖，有节制地暴露因职责不清所掩盖的管理漏洞与问题。

③员工有义务实事求是地越级报告被掩盖的管理中的弊端与错误。允许员工在紧急情况下便宜行事，为公司把握机会，躲避风险，以及减轻灾情。但是，在这种情况下，越级报告者或便宜行事者，必须对自己的行为及其后果承担责任。

④员工必须保守公司的秘密。

六、课外阅读

华尔道夫酒店第一任经理的传奇故事

一个风雨交加的夜晚，一对老夫妇在路上艰难地走着。终于，他们发现了一家灯火通明的旅馆。老夫妇走进旅馆的大厅，向服务生申请住宿。

当时，乔治·波特正好在这家旅馆值夜班。他说："十分抱歉，今天的房间已经被早上来开会的团体订满了。"老夫妇听了乔治的话很失望，准备另找一家旅馆住宿。乔治拦下了老夫妇说："若是在平常，我可以送你们去附近的旅馆，可是我无法想象你们要再一次置身于风雨中，你们何不待在我的房间呢？它虽然不是豪华的套房，但还是蛮干净的，因为我必须值班，我可以待在办公室里休息。"乔治很诚恳地向这对老夫妇提出了这个建议。

这对老夫妇大方地接受了他的建议，并对给乔治带来的不便致歉。

第二天早晨，雨过天晴。老先生前去结账时，在柜台服务的仍是昨晚的那个年轻人乔治。乔治亲切地告诉老人："昨天您住的房间并不是饭店的客房，所以我们不会收您的钱，也希望您与夫人旅途愉快！"

老先生不断地向乔治道谢，并且称赞："你是每个旅馆老板梦寐以求的员工，或许改天我可以帮你盖家旅馆。"

　　乔治听了微微一笑，只当老先生是在说一些感激的话，并没有记在心上。几年后，年轻的服务生收到一封挂号信，信中叙说了那个风雨交加的夜晚一对老夫妇的故事，另外还附有一张邀请函和一张纽约的来回机票，邀请他到纽约一游。

　　在抵达纽约曼哈顿后，乔治在第5街及第34街的路口遇到了那位当年的老先生。这个路口矗立着一栋华丽的新大楼。老先生告诉年轻人说："这是我为你盖的旅馆，希望你来为我经营！"

　　乔治惊讶不已，说话变得结结巴巴："您是不是有什么条件？您为什么选择我呢？您到底是谁？"

　　"我叫威廉·阿斯特，我没有任何附加条件。我说过，你正是我梦寐以求的员工。"老先生郑重地告诉年轻人。

　　那家旅馆就是纽约最豪华、最著名的华尔道夫饭店（图1-3）。这家饭店自启用以来，已经成为旅客们极致尊荣的地位象征，也是各国的高层政要造访纽约下榻的首选。当时接下这份工作的年轻服务生乔治·波特成了奠定华尔道夫世纪地位的著名企业家。

图1-3

分析解读

　　是什么样的态度让这位服务生改变了他生涯的命运？毋庸置疑的是他遇到了"贵人"，可是如果当天晚上是另外一位服务生当班，会有一样的结果吗？

　　其实，"贵人"无处不在，人生充满着许许多多的机遇，每一个机遇都可能将你推向另一个高峰，不要轻易忽视任何一个人，也不要疏忽任何一个可以助人的机会，更不要忽视每一个工作细节和工作热情。学习对每一个人都热情相待，学习把每一件工作都做到完善，学习用更多更好的职业素养武装自己，学习对每一个机会都充满感激，我相信，我们就是自己最重要的贵人。

第二单元　工学结合——职业素养提升的捷径

任务三　认识工学结合

一、学习目标

掌握工学结合人才培养模式的基本内涵；熟悉技工院校工学结合的基本特征和模式；明确技工院校在工学结合中常采用的管理方法；了解我国关于工学结合方面的相关政策法规。

二、案例分析

▶ 故事

技校生企业顶岗实习全景记录

"90后"技校生感言

谈实习工作："工作时间太长啦，每天要工作9个多小时，大多数时间都要站着干活，腿都站麻了！工作中重复同一个动作久了，手就会疼！在岗位上，不能随便走动，上厕所都要请假，每天休息时间只有上、下午各15分钟……每天都太累了，晚上都睡不着觉。和学校老师比起来，企业领导管得太严厉啦！"

谈食堂伙食："每顿饭3、4个菜，好多都不合我的胃口，根本吃不惯，吃饭还有时间限制，不爽！"

谈日常生活："洗澡不方便，还要去浴池洗，我们宿舍在五层，每天跑上跑下的，累呀！更让人难以忍受的是宿舍里连Wi-Fi都没有，手机都上不了网，娱乐设施也有限，工厂离市区繁华地段太远，出去玩儿、转转太不方便。如果在这里就业，那以后的日子可让我怎么熬啊，愁啊！"

"80后"线长评价

"这些孩子在学校待惯了，对企业的规章制度、工作环境和工作内容了解太少，在工作中比较随便、散漫，有的孩子挺调皮的，往往一两个学生怠工，就会拖累整个生产线。虽然这样，但以后我选工人时，还是会更多地选择这样的学生。因为他们都经过专业学校培训，学东西特别快，容易接受新鲜事物，上手能力非常强，精力旺盛……与社招的工人比，这些优势让他们的短板显得没那么重要了。这些孩子在一个月后做出来的产品，质量合格率和生产效率已经与熟练工人基本一样啦，总的来说，这些实习生还是蛮可爱的！"

企业：常有家长来企业"探营慰问"

常有一些学生家长对自己的子女不放心，在实习阶段来企业探望，好多家长都是从外地赶来的，有的带来吃的，有的带来衣服，有的给孩子额外的生活费。总之，在家长眼里这些学生还是没长大的孩子。企业采取的是开放式管理，为让家长们放心，尽量允许家长进入厂内探望。

"80后"线长：学生顶嘴后玩"藏猫猫"

"在工作中，因为种种原因没少和这群'90后'生气。在反复纠正这些孩子们的错误时，有的学生被说急了会顶嘴。更有甚者，个别学生在被说过后，一赌气干脆和你玩起了'藏猫猫'，躲在企业的哪个角落，还有学生第二天索性就不来上班，过上两三天才回到岗位上。对这样的孩子，从我们基层管理人员来说，真不想看到他们因为触犯企业的规章制度而被处罚，乃至被辞退。"

分析解读

对于刚刚离开校园、初入企业职场的技校生来说，陌生的工作环境、繁重的工作任务、复杂的人际关系、"近乎苛刻"的各种规章制度，都会让他们对工作产生失望甚至厌恶。这是每个学生都要经历的坎儿，谁跨过去了，成功就会在不远处等着他，跨不过去，他可能就此一蹶不振，一事无成。

活动体验

同学们，你怎么看待这些工学结合、顶岗实习的师哥、师姐的表现？

对于线长和企业的评价，你是怎么看的？你认为自己在工学实习中会遇到哪些问题，应该如何面对及解决。

三、知识链接

（一）工学结合的概念

工学结合是将学习与工作结合在一起的教育模式，主体是学生。它把学校教育和校外工作有机结合，强调学校与企业的"零距离"，以提高学生的综合素质、专业知识、职业能力和就业竞争能力为核心，培养适应生产、服务一线需求的技能人才。

（二）工学结合的基本内涵

1. 工学结合是一种教育思想

工学结合强调"学中做、做中学"，有利于人的协调发展；体现了党的"教育和生产劳动相结合"的教育方针，具有中国职教特色的人才培养观。

2. 工学结合是一种教育制度

工学结合"大力推行工学结合的培养模式"是现代职业教育将教育制度和劳动制度有机结合的一种新型学习制度。

3. 工学结合是一种育人模式

工学结合强化学生的学习和生产实习、社会实践的有机结合，是培养技能人才的最佳模式。

4. 工学结合是一种管理结构

工学结合在学校和企业、学生和个人签订合作协议的基础上，技工院校和实习企业就共同担当起"顶岗实习"中的内容、形式、纪律、考核、评价等管理职能。

5. 工学结合是一种工作探索。

工学结合是我国职业教育改革的重要方向，也是政府部门力推职业院校和相关企业进行试点的一项任务。

（三）工学结合的基本特征和模式

1. 工学结合的基本特征

1）工学合一，"工"与"学"同时成为教学计划的规定内容；

2）学生、企业员工身份合一；

3）岗位、课堂合一，将"工"与"学"真正融为一体，使学生学习于职业岗位，工作于学习环境；

4）教师、师傅合一；

5）作品、产品合一。

2. 工学结合常采用的模式

《职业学校学生顶岗实习管理规定（试行）》第十条中规定：中等职业学校学生顶岗实习原则上安排在学生学习的最后一学年进行。支持鼓励职业学校和企（事）业单位探索实行工学交替、多学期、分段式等改革创新。

"2+1"（或"3+1"）模式是近年来我国职业院校在深入进行教育教学改革中，创造出来的一种新的教育教学形式。"2+1"（或"3+1"）模式即三年（或四年）教学中，两年（或三年）在学校学习，一年在企业相关岗位参加工学实习。两年（或三年）校内教学以理论、实训等教育教学环节为主，学生在企业的一年以顶岗实习为主，同时学习部分德育课和专业课，在校企指导教师的共同指导下完成该教学环节。其突出的特点是校企紧密结合，充分发挥学校和企业两个育人主体的作用，提高学生综合素质、动手能力和解决实际问题的能力，增强学生适应社会和工作岗位的能力。

（四）工学结合的管理

1. 组织与计划

1）学校内部确定"学校——教学系——班级"三级管理机制；确定校长为工学结

合工作的总负责人，各教学系主任为第一责任人，各教学系派驻的带队教师为直接责任人。

2）学校与合作企业共同制订工学结合教育教学计划，内容涵盖总体目标、实践环节、组织形式、实践内容、时间安排、岗位要求、指导教师及职责、工作分组、考核内容、考核办法、管理措施等。

2. 过程与管理

1）对企业及实习岗位进行实地考察，校企签署《合作协议》，学校、企业、学生（或家长）三方签订工学结合协议。

2）实习前，各教学系对学生进行工学结合思想教育动员和安全教育培训。

3）入职前，企业对学生进行企业规章制度、安全意识及安全生产教育并组织考核，合格者准予上岗。

4）实习中，教学系安排带队教师驻厂进行学生管理，企业安排技术人员管理学生生产情况。学生应当遵守学校和企业的各项规章制度，努力完成规定的工学结合任务。学校由专门的部门负责学生工学结合的日常管理和校企间的协调工作。学校和企业为学生投保相应的实习责任险。

3. 考核与奖励

1）按照学校制定的《学生工学结合考核实施办法》，带队教师与企业管理人员共同对学生的考勤、劳动态度、学习技能、遵章守纪、安全保障等进行考核与评价。

2）学生工学结合考核分为四个等级：优秀、良好、合格、不合格。学生考核结果在合格及以上者视为该科成绩及格，该成绩纳入学生学籍档案。

四、名人如是说

1）生活、工作、学习倘使都能自动，则教育之收效定能事半功倍。所以我们特别注意自动力之培养，使它关注于全部的生活、工作、学习之中。自动是自觉的行动，而不是自发的行为。自觉的行动，需要适当的培养而后可以实现。
　　　　　　　　　　　　　　　　　　　　　　　　　　　　　——陶行知

2）工作是一个施展自己才华的舞台，我们寒窗苦读来的知识、我们的应变能力、我们的决断能力、我们的适应能力以及我们的协调能力都能在这样的舞台上得到展示。除了工作，没有哪项活动能够提供这么好的充实自我、表达自我的机会。
　　　　　　　　　　　　　　　——美孚石油公司创始人　约翰·D·洛克菲勒

五、我该怎么做

顶岗实习安全教育测试题

（下列说法中，如果你认为正确请在括号中画"√"，错误画"×"）

（　　）1.下企业实习学生必须参加学校组织的上岗教育培训，并学习《中等职业学校学生实习管理办法》、《校外实习学生管理条例》、《安全知识》、《职业道德》、《企业相关制度》等。

（　　）2.下企业实习学生须签订三方协议，即企业方（甲方）、校方（乙方）、学生及家长（丙方）订立合作协议。

（ ）3.在实习期间内，学生的角色既是学生身份又是企业员工身份，以双重身份在企业参加实习活动，因此必须遵守企业、学校的相关制度。

（ ）4.年满18周岁的学生和不满18周岁学生的监护人应承担国家相关法律、法规的义务。

（ ）5.学校组织推荐的实习学生，须服从学校推荐的企业及岗位。

（ ）6.自荐学生在实习期间内，可以自由更换企业，不必经学校同意和通报班主任。

（ ）7.企业有义务对学生在实习期内全程管理并提供实际操作课程。

（ ）8.学生在实习期间内有违反法律、企业制度等情况，企业可依据企业管理制度作出处理并应及时告知校方，学校也根据相关制度作出对应处理并通报企业。

（ ）9.学校须协助企业做好学生实习期内的组织和管理，了解学生实习期间的情况，包括操作课程、学习和生活的基本状况。

（ ）10.实习期内，学生要按教学系布置的实习课题，按时完成计划所要求的内容。

（ ）11.发生电气火灾时，应立即切断电源，用黄砂、二氧化碳、四氯化碳等灭火器材灭火。

（ ）12.机械设备可以带故障运行，凑合使用同样能创造企业效益。

（ ）13.在容器或狭小舱室进行焊接作业时，可以不进行空气分析。

（ ）14.任何电气设备在未验明无电之前，一律认为有电，不要盲目触及。

（ ）15.对于超压、超载、超温度、超时间、超行程等可能发生危险事故的零、部件，可不装设保险装置。

（ ）16. 任何单位个人都有维护消防安全、保护消防设施、预防火灾、报告火警的义务。

（ ）17. 任何单位、成年公民都有参加有组织的灭火工作的义务。

（ ）18. 油类发生火灾时用泡沫灭火器扑救。

（ ）19. 任何企业事业单位和个体生产劳动者都不得录用不满16周岁的未成年人从事生产劳动。

（ ）20. 发现和消除不安全因素的重要环节是安全检查。

（正确答案：1. √、2. √、3. √、4. ×、5. √、6. ×、7. √、8. √、9. √、10. √、11. √、12. ×、13. ×、14. √、15. ×、16. √、17. √、18. √、19. √、20. √）

六 拓展延伸

（一）国家关于工学结合方面的相关政策法规（节选）

1. 《国务院关于大力发展职业教育的决定》（国发〔2005〕35号）

坚持以就业为导向，深化职业教育教学改革。大力推行工学结合、校企合作的培养模式。与企业紧密联系，加强学生的生产实习和社会实践，改革以学校和课堂为中心的传统人才培养模式。中等职业学校在校学生最后一年要到企业等用人单位顶岗实习，高等职业院校学生实习实训时间不少于半年。建立企业接收职业院校学生实习的制度。实习期间，企业要与学校共同组织好学生的相关专业理论教学和技能实训工作，做好学生实习中的劳动保护、安全等工作，为顶岗实习的学生支付合理报酬。逐步建立和完善半工半读制度，在部分职业院校中开展学生通过半工半读实现免费接受职业教育的试点，取得经验后逐步推广。

2．《国务院关于加强职业培训促进就业的意见（国发〔2010〕36号）》

大力推行就业导向的培训模式。根据就业需要和职业技能标准要求，深化职业培训模式改革，大力推行与就业紧密联系的培训模式，增强培训针对性和有效性。全面实行校企合作，改革培训课程，创新培训方法，引导职业院校、企业和职业培训机构大力开展订单式培训、定向培训、定岗培训。

3．《国家中长期教育改革和发展规划纲要（2010—2020年）》

把提高质量作为重点。以服务为宗旨，以就业为导向，推进教育教学改革。实行工学结合、校企合作、顶岗实习的人才培养模式。

4．《中华人民共和国职业教育法》

第二十三条　职业学校、职业培训机构实施职业教育应当实行产教结合，为本地区经济建设服务，与企业密切联系，培养实用人才和熟练劳动者。职业学校、职业培训机构可以举办与职业教育有关的企业或者实习场所。

第三十七条　国务院有关部门、县级以上地方各级人民政府以及举办职业学校、职业培训机构的组织、公民个人，应当加强职业教育生产实习基地的建设。企业、事业组织应当接纳职业学校和职业培训机构的学生和教师实习；对上岗实习的，应当给予适当的劳动报酬。

5．《关于扩大中等职业教育免学费政策范围进一步完善国家助学金制度的意见》（财教〔2012〕376号）：

健全"工学结合、校企合作、顶岗实习"的人才培养模式。坚持理论学习与技能培养、课堂教学与岗位技能培训、校内实训与校外实训相结合的原则，推进顶岗实习制度的落实。推进教产合作、校企一体化办学，促进优势互补、资源共享、合作共赢。创新教学方式和专业设置，加强教材建设，使中等职业教育面向企业、面向农村、面向市场培养技能型人才。

（二）关于学生实习工作性质及强度的相关规定

1．《中华人民共和国劳动法》

第六十四条　不得安排未成年工从事矿山井下、有毒有害、国家规定的第四级体力劳动强度的劳动和其他禁忌从事的劳动。

2．《职业学校学生顶岗实习管理规定（试行）》

第十五条　学校和实习单位应当为学生提供必要的顶岗实习条件和安全健康的顶岗实习劳动环境。不得安排中职学生从事高空、井下、放射性、高毒、易燃易爆，以及其他具有安全健康隐患的顶岗实习劳动，不得安排中职学生从事国家规定的第四级体力劳动强度的顶岗实习劳动；不得安排中职学生到酒吧、夜总会、歌厅、洗浴中心等营业性娱乐场所顶岗实习；不得安排和接收16周岁以下学生顶岗实习；不得通过中介机构有偿代理组织、安排和管理学生顶岗实习工作；学生顶岗实习应当执行国家在劳动时间方面的相关规定。

七、课外阅读

立足岗位练内功、敢攀高峰折枝头

——记唐山劳动技师学院优秀毕业生唐瑞民（中）

按常理来讲，作为一名国家专利获得者，应该是出身于名牌大学，或是多年耕耘在科技战线上的专家学者。然而，唐瑞民（图2-1）这位技校毕业生，却用自己的职业经历颠覆了人们这一思维定式。他于2007年主持研制的丝束滤器实用技术通过了国家专利认定，这一成果的高度和"出身"的落差，无不让我们惊奇、猜想，也吸引着我们急于走近他、了解他。

图2-1

唐瑞民，1994年高中毕业后就读于唐山劳动技师学院化纤专业。"在校学习期间，他积极向上，活泼开朗，学习勤奋，争先要强"，班主任张金英老师对他这样评价。1996年技校毕业后，他被分配到唐山三友兴达化纤公司酸浴车间工作。当时这个车间工作环境不太好，除了脏、累外，还有一定的化学污染。同去的几位同学有的找理由调离该车间，有的在该车间托人挑选干净、轻闲些的工作。但唐瑞民服从安排，不挑不嫌。到了工作岗位以后，他主动与师傅沟通交流，虚心学习，用心观察，踏实肯干，常常和师傅一起加班加点。在别人看来他有点"傻"，不该干的他也干，不该加班他也加班，但他本人却认为是占了"便宜"。对于一位刚走上工作岗位的技校生来说，只有多干、多看、多学，才能很快实现由学生向工人、由熟悉岗位向适应岗位的转变。"功夫不负有心人"，小唐对工作的热爱、对岗位的快速熟悉和适应，既给领导、师傅们留下了很好的印象，又给自己的发展创造了潜在的机会。法国科学家巴斯德说过："机遇只偏爱那些有准备的头脑。"1997年，小唐所在的车间挑选维修段长，不论领导还是师傅都一致推荐小唐来担任。就这样，他工作刚满一年，便从事了设备维修的管理工作，这项工作既让小唐备受鼓舞又让他承受着巨大的压力。对于设备维修技术而言，由熟悉到掌握通过自身努力就可实现，但对于设备维修技术管理工作来说，却提升了难度。这就要求他既要有过硬的技术，又要有领导才干。唐瑞民这位自信又谦虚的小伙子，勇于挑战自己，担当重任。他明确认识到年轻人要成就一点事，首先要抓机遇、找位置。"有位"才能有为，"有位"才能通过努力把自己追求的理想顺利实现。于是，他依然凭着那股子"傻"劲儿和拼劲儿，带领本组成员，苦干加实干，在干中积累，在干中思考，在干中创新。短短的一年，他创造了一个接一个的突出业绩，尤其改革创新成效显著，发明了五项技术小革新，为公司降低30多万元生产成本，并获得唐山市总工会颁发的"优秀创新成果"奖。

由于表现出色，成绩优异，1998年他被公司领导任命为酸浴车间主任助理，1999年任酸浴车间设备主任。一年跨一步，步步攀新高。回望他成长的脚步，每个脚印都浸透着他的勤奋、执着、改革、创新，都闪烁着"创业守诚，事在人为"的三友集团精神。真是一分耕耘一分收获，接踵而来的信任和荣誉使这位强健的小伙子更加精干和厚重：2005年担任酸浴车间主任，2008年调任三友集团兴达化纤公司安全管理部部长，2010年获唐山市"劳动模范"称号，2011年任三友化纤总经理助理。他虽是一名技校毕业生，在校内只是学到了一定的基础知识和操作技能，但不能说明他工作以后对知识的储备仍然较少。科学家爱因斯坦告诉我们"人与人之间的差别主要取决于对八小时以外时间的利用"。唐瑞民就是一位八小时之外更忙的人，他利用别人应酬、上网玩游戏、打牌消遣的时间自学与工作岗位有关的理论知识和管理知识，并持之以恒，坚持数年。为使自己得到系统的学习，他以考促学，积极参加各类培训：1999年他取得了"河北省国有企业管理人员工商管理培训证书"；2006年，取得"技师职业资格证书"；2008年，进修MTP全部课程结业；2008年通过成人高考被"河北科技大学"录取，在"应用化工技术"专业函授培训班学习。这些学习虽然没有学位证书，但它的实用价值远远超过了文凭证书。他常挂嘴边的一句话是："可以没有文凭，但不可以没有知识。"

正是他的勤于实践和坚持学习，使他的技术水平和管理水平不断提高。在担任酸浴车间主任期间，他创建了一个讲求效率、注重创新的工作氛围，率领车间的技术骨干边生产边研发。2006年，他开始研究丝束滤器的实用技术，并于2007年通过了国家专利的认定，获得专家评委的一致赞誉。

立足岗位练内功，敢攀高峰折枝头。唐瑞民之所以取得如此骄人的成绩，得益于他的爱岗敬业，不断创新；得益于他的孜孜以求，不断积累；得益于他的勇挑重担，负重奋进；更得益于他的坚强自信，高远追求。

任务四　培养身心素质，自信踏上实习之路

一　学习目标

学会做好工学结合、顶岗实习前期的心理素质准备；努力锻炼身体，用健康的体魄迎接实习的考验。

二　案例分析

▶ 故事

技校生的骄傲——第43届世界技能大赛美发项目金牌获得者聂凤

在2015年8月闭幕的被誉为国际技能界的"奥林匹克"——第43届世界技能大赛上，代表我国参赛的重庆五一高级技工学校学生聂凤（图2-2）摘得大赛美发项目金牌，成为"世界第一剪"。

2012年3月，从初中就迷上美发的聂凤走进了重庆五一高级技工学校，开始了学习美发的技能人生。能够随心所欲按照自己的想法设计发型，能够天马行空按照自己的思想创造美，年轻的聂凤在美发专业找到了人生的乐趣，找到了人生的自信。

图2-2

在重庆五一高级技工学校，聂凤如饥似渴地学习新知识，掌握新技术。学习新技术，遇到不明白的地方，聂凤马上向老师请教，马上通过技术操作和实践来查找问题、分析问题、解决问题，力求使自己的美发技术和作品尽善尽美。重庆五一高级技工学校把聂凤当作重点培养对象，选派她参加各种重要赛事，在香港举办的亚洲发型化妆大赛上，聂凤曾获得青年组"女士潮流盘发"冠军、青年组"女士时尚修剪"优秀奖；同时，聂凤还参加了第41届、42届世界技能大赛美发项目全国选拔赛并入围国家队集训队，但两次都与冠军失之交臂。总结了前两届失手的经验，聂凤抓住每一个细节，尽量做到少失误、零失误。一点一点地纠正技术上的不足，做到每天都有进步，尽量将每个发型都做到完美。

经过多少失败，经过多少等待，聂凤终于练得一身好功夫，在2015年第43届世界技能大赛的全国选拔赛中，聂凤一举击败全国各路高手，拿到选拔赛冠军。"这是我第3次参加的世界技能大赛的国家队集训和选拔。"聂凤说，虽然一直当陪练，虽然一直做队员，但自己从没有放弃过自己的梦想，从没有停止过追求的脚步。

过去的3年中，聂凤每天都要进行体能训练和日常训练，以应对世界技能大赛的高强度赛程安排。每天早上，聂凤都要进行2 000米的跑步训练，跑步已经成为聂凤每天必须完成的任务。这不仅是对身体的考验，更是对意志和毅力的磨练。

聂凤也是一个善于思考的选手，她经常会站在作品旁边用心地思考，有问题及时和老师进行沟通，及时用手和工具对头发进行调整，最后把这些问题和改进办法都记录在日常训练记录里。这样，聂凤的技术集各家之所长，形成了自己一套独特的技术技巧，能够根据每个项目的要求，找到最简单和效果最好的方式，加以融会贯通，把作品做到最好。

年复一年的训练，日复一日的打拼，聂凤从未觉得枯燥乏味，也从未抱怨或者放弃。正是这些集中在聂凤身上的闪光点，才让她击败众多国内外优秀选手，成为笑到最后的选手。

如今，聂凤已经和重庆五一高级技工学校签约，将留校工作，培养下一届技能大赛选手。

分析解读

作为一名技工学校学生的优秀代表，聂凤用自己的成长经历、辛勤付出和巨大荣誉告诉我们每一位技校生，如果你抱有一颗对本专业热爱的心，不断激发学习兴趣，积极主动地学习新知识、掌握新技术，在实践中逐步学会查找问题、分析问题、解决问题，勇于面对挫折和失败，保持吃苦耐劳的优良品质，增强身体和心理的承受能力，你就会收获满满的自信，做好充足的准备，迈着坚定的步伐踏上实习之路，直至成功步入职场，实现理想就业。

活动体验

同学们，你怎么看待聂凤的成功？你在聂凤身上看到了哪些闪光点？你认为自己在哪些方面要向这位技校生的佼佼者学习？面对下一步的实习与就业，你是怎么想的，你做好了思想上和行动上的准备了吗？

三　知识链接

（一）健康身心素质的标准

身体心理素质包括健全的心理品格和健康的体魄。

1. 健康的定义

健康指身体健康、心理健康和有良好的社会适应能力。

2. 身体健康的标准

根据世界卫生组织的规定，身体健康的标准主要体现在以下四个方面。

1）有充沛的精力，能从容不迫地应付日常生活和工作压力而不感到过分紧张。

2）态度积极，乐于承担责任，无论事情大小都不挑剔。

3）善于休息，睡眠良好。

4）能适应外界环境的各种变化，应变能力强。

3. 心理健康的标准

1）智力在常态分布曲线以内。

2）心理行为特点和生理年龄基本吻合。

3）情绪稳定积极，对客观环境反应适度。

4）心理和行为十分协调一致。

5）社会适应良好，具有良好的人际关系。

6）遵守社会规范的要求，个人的愿望和需要能得到满足。

7）自我意识和自我实际情况基本相符，"理想我"和"现实我"之间的差距不大。

4. 身体健康与心理健康的关系

身体健康和心理健康有着密切的关系。人是生理与心理的统一体。身与心的健康是相互影响、相互作用的，健康的精神寓于健康的身体之中。

（二）身心素质对实习就业的影响

1. 身体素质对实习就业的影响

（1）健康的体魄是实现顺利实习就业的前提条件。在企业面试中，所有企业无不把良好身体条件作为招收员工的重要条件之一。因为现代社会工作节奏快，特别在市场经济条件下，生产工艺变化快，没有健康的体魄很难适应社会需要。

案 例

　　以北汽福田公司招收实习生为例。企业首先看重的就是学生们的身体素质，如果身体素质不行，学习再好的学生也不考虑。在面试中要求每位男生现场做30个俯卧撑，在操场上跑2 000米（跑步的速度不限，只要坚持跑下来即可）。近年来，我院（唐山劳动技师学院）每年都有近百人参加该企业顶岗实习面试，每次都有将近10%的学生因为身体原因不达标失去该企业的实习就业机会。

　　（2）健康体魄是决定就业质量的基础。所有求职者都渴望找到一个好岗位并在岗位上做出成绩，得到进步发展，实现人生价值，但这些都建立在良好身体素质的基础上。

案 例

　　沃伦·巴菲特，享誉全球的投资家、慈善家、企业家。可是你一定不知道他还是一位跑步达人。大概在20多年前，喜欢吃汉堡、薯条，喝可乐的"股神"开始发福，身体健康每况愈下。后来在医生和健身教练的建议下，64岁的巴菲特开始跑步，他会在每周上健身课的时候，在跑步机上跑步，一周三次，从不缺席，他也因此减掉了5千克的体重。对于已经86岁的巴菲特来说，虽然不能完成马拉松比赛，但是他现在能在跑步机上慢跑一小时。巴菲特说："长跑的过程不会一直轻松，有肉体上的痛苦和精神上的枯燥。但是你想夺得第一，你就得先跑完全程。"巴菲特已经将跑步文化深深地植入了公司的经营管理中，因此在挑选公司接班人时，长跑似乎成了必不可少的硬指标。公司现在最热门的两个接班人，一位是泰德·维斯勒，全程马拉松最好成绩3小时1分；另一位托德·康姆斯擅长铁人三项运动，5千米跑步的最好成绩是22分钟。从跑步中，股神看到了投资哲学最重要的真谛，就是忍受枯燥和控制欲望。

3. 心理素质对实习就业的影响

　　只有具备良好的心理素质，才会有稳定的情绪和坚强的意志，这是实习就业的前提，更是一个人事业成功的基础。具备健康心理素质的人，实习前，能正视现实，正确估计自己的优势与劣势，了解自己能够胜任或不能够从事哪些职业；实习时，能果断地选择适合自己的职业和岗位；实习中，能很快适应新的职业环境，建立良好的同事关系，勇于克服困难，努力完成任务。

案 例

　　小泽征尔是世界著名的交响乐指挥家。在一次世界优秀指挥家大赛的决赛中，他按照评委会给的乐谱指挥演奏，敏锐地发现了不和谐的声音。起初，他以为是乐队演奏出了错误，就停下来重新演奏，但还是不对，他觉得是乐谱有问题。这时，在场的作曲家和评委会的权威人士坚持说乐谱绝对没有问题，是他错了。面对一大批音乐大师和权威人士，他思考再三，最后斩钉截铁地大声说："不！一定是乐谱错了！"话音刚落，评委席上的评委们立即站起来，报以热烈的掌声，祝贺他大赛夺魁。

　　原来，这是评委们精心设计的"圈套"，以此来检验指挥家在发现乐谱错误并遭到权威人士"否定"的情况下，能否坚持自己的正确主张。前两位参加决赛的指挥家虽然也发现了错误，但终因随声附和权威们的意见而被淘汰。小泽征尔却因具有良好的心理素质，充满自信而摘取了世界指挥家大赛的桂冠。

（三）如何养成健康的身心素质

1. 如何保持健康的体魄

（1）合理饮食。从一般营养学的观点看，均衡的营养能使人保持精力旺盛；而从心理作用来看，食物也具有特殊意义。我们看到球员常嚼口香糖、很多人紧张焦虑时就吃东西，是因为进食能使他们感到暂时的轻松与舒适。

（2）改善睡眠。改善睡眠可以使你拥有充沛的精力并投入到学习与工作中。改善睡眠的方法很多，如按时作息（尤其注意不要熬夜玩手机、电脑等）、保持心情平静、轻松散步，以及在饮食中多摄入一些牛奶等有助于镇静安神的食物。

（3）坚持运动。生命在于运动，经常运动的人比较健康，应变能力较强，乐观坚强。比较适合技校生的运动有跑步、乒乓球、篮球、足球、拔河等，大家经常参加一些集体项目，既可以锻炼身体，又培养了团队合作能力，对实习就业帮助很大，但运动需要有恒心和有节律的生活来培养，最好能使它成为日常生活的例行活动。

案　例

SOHO中国董事长潘石屹，五十岁后开始跑步。潘石屹每天坚持6～10千米的跑步锻炼，人们经常看见他奔跑在天坛、北海公园、后海、奥林匹克森林公园等地。即使出差，他也会带着跑鞋，目前已经跑过全球不少国家和地区。他这样说，"闲时跑步，因为有时间。忙时要跑步，可以放松减压。高兴时跑步，让人更高兴。沮丧时跑步，让人高兴起来。"当很多人还在睡梦中时，他已经跑完10千米回来跟粉丝们分享了，然后又充满正能量地投入到工作中了。此外，潘石屹也把"能否坚持长跑"作为招聘员工的一项考量。

2. 如何养成健康的心理素质

（1）发现自己的优点。找出自己优点的办法很多。例如：你可以和你的父母或同学一起讨论，了解他们眼中的你有哪些长处，也可以与你周围的人多接触，观察他们与自己的不同之处，分析自己在什么地方胜人一筹。当你开始欣赏自己的时候，也就是你逐步找回自信的开始。

案　例

一个替人割草的男孩打电话给一位陈太太说："您需不需要割草？"陈太太回答说："不需要了，我已有了割草工。"男孩又说："我会帮您拔掉花丛中的杂草。"陈太太回答："我的割草工也做了。"男孩又说："我会帮您把草与走道的四周割齐。"陈太太说："我请的那人也已做了，谢谢你，我不需要新的割草工人。"男孩便挂了电话。此时，男孩的室友问他："你不是就在陈太太那儿割草打工吗？为什么还要打这电话？"男孩说："我只是想知道我做得有多好！"

（2）增强自己的某些技能。把重要的知识装进自己的头脑里，这是克服自卑心理的有效行动之一。一旦你把重要的技能学到手，你就变得重要了，当你在生活中发挥了自己应有的作用时，你会感到自己存在的价值，会被周围的人所尊重。

案 例

解放黑奴的美国总统林肯，不仅是私生子，出生微贱，且面貌丑陋，言谈举止缺乏风度，他对自己的这些缺陷十分敏感。为了补偿这些缺陷，他力求从教育方面汲取力量，拼命自修以克服早期的知识贫乏和孤陋寡闻。他在烛光、灯光、水光前读书，尽管眼眶越陷越深，但知识的营养却对自身的缺陷作了全面补偿。他最终摆脱了自卑，并成为有杰出贡献的美国总统。

（3）多参与一些个人、团体的体育活动或其他集体活动。在锻炼自己意志力和培养乐观态度的同时，也给自己增加一些与人相处的机会，往往在这种群体活动中，你会努力使自己表现得好一些，体会参与、与人配合的喜悦心情，这对确立自信很有帮助。

四、名人如是说

1）我发现跑步是厘清思绪，获得更多精力，以及找到时间思考，我在脸书应对的挑战和我们公司哲学的绝佳方式。当我出行时，跑步是一种在一整天密集开会之前探索一座新城市、克服时差影响的绝佳方式。 ——Facebook首席执行官 扎克伯格

2）当我骑自行车时，别人说路途太远，根本不可能到达目的地，我没理，半道上我换成小轿车；当我开小轿车时，别人说，小伙子，再往前开就是悬崖峭壁没路了，我没理继续往前开，开到悬崖峭壁我换飞机了，结果我去到了任何我想去的地方。 ——李嘉诚

五、我该怎么做

测测你的情商有多高

哈佛心理学系博士戴尼尔·高尔曼为情商的测试做了一些努力，尝试出了一些问题，通过对这些问题的回答，你可以获得一个关于自己EQ（情商）粗略的感性印象。

问题共10个，计分标准附后，最高分数为200分，一般人的平均分为100分，如果你得了25分以下，最好另找一个时间重测一下。

准备好一张纸和一支笔。现在，请静下心来，诚实地回答下面的测题。一定要按照你真正可能会去做的实际去回答，而不要试图用在学校里获取的做多项选择题的技巧去猜哪一个才是对的。

（ ）1.坐飞机时，突然受到很大的震动，你开始随着机身左右摇摆。这时候，您会怎样做呢？

    A.继续读书或看杂志，或继续看电影，不太注意正在发生的骚乱

    B.注意事态的变化，仔细听播音员的播音，并翻看紧急情况应付手，以备万一

    C.A和B都有一点

    D.不能确定，根本没注意到

（ ）2.带一群4岁的孩子去公园玩，其中一个孩子由于别人都不和他玩而大哭起来。这个时候，您该怎么办呢？

    A.置身事外，让孩子们自己处理

    B.和这个孩子交谈，并帮助她想办法

    C.轻轻地告诉她不要哭

    D.想办法转移这个孩子的注意力，给她一些其他的东西让她玩

（ ）3.如果你想在某门课程上得优秀，但是在期中考试时却只得了及格。这时候，您该怎么办呢？

A.制订一个详细的学习计划，并决心按计划进行

B.决心以后好好学

C.告诉自己在这门课上考不好没什么大不了的，把精力集中在其他可能考得好的课程上

D.去拜访任课老师，试图让他给你高一点的分数

（　）4.假设你是一个保险推销员，去访问一些有希望成为你的顾客的人。可是一连十五个人都只是对你敷衍，并不明确表态，你变得很失望。这时候，你会怎么做呢？

A.认为这只不过是一天的遭遇而已，希望明天会有好运气

B.考虑一下自己是否适合做推销员

C.在下一次拜访时再做努力，保持勤勤恳恳工作的状态

D.考虑去争取其他的顾客

（　）5.你是一个经理，提倡在公司中不要搞种族歧视。一天你偶然听到有人正在开有关种族歧视的玩笑。你会怎么办呢？

A.不理它，这只是一个玩笑而已

B.把那人叫到办公室去，严厉斥责他一顿

C.当场大声告诉他，这种玩笑是不恰当的，在你这里是不能容忍的

D.建议开玩笑的人去参加一个有关反对种族歧视的培训班

（　）6.你的朋友开车时别人的车突然危险地抢到你们前面，你的朋友勃然大怒，而你试图让他平静下来。你会怎么做呢？

A.告诉他忘掉它吧，现在没事了，这不是什么大不了的事

B.放一盘他喜欢听的磁带，转移他的注意力

C.一起责骂那个司机，表示自己站在他那一边

D.告诉他您也曾有同样的经历，当时您也一样气得发疯，可是后来您看到那个司机出了车祸，被送到医院急救室

（　）7.你和朋友发生了争论，两人激烈地争吵；盛怒之下，互相进行人身攻击，虽然你们并不是真的想这样做。这时候，最好怎么办呢？

A.停止20分钟，然后继续争论

B.停止争吵……保持沉默，不管对方说什么

C.向对方说抱歉，并要求他（她）也向你道歉

D.先停一会儿，整理一下自己的想法，然后尽可能清楚地阐明自己的立场

（　）8.你被分到一个单位当领导，想提出一些解决工作中烦难问题的好方法。这时候，你第一件要做的是什么呢？

A.起草一个议事日程，以便充分利用和大家在一起讨论的时间

B.给人们一定的时间相互了解

C.让每一个人说出如何解决问题的想法

D.采用一种创造性地发表意见的形式，鼓励每一个人说出此时进入他脑子里的任何想法，而不管该想法有多疯狂

（　）9.假设你有一个3岁的弟弟非常胆小，实际上，从他出生起就对陌生地方和陌生人有些神经过敏或者说有些恐惧。你该怎么办呢？

A.接受他具有害羞气质的事实，想办法让他避开他感到不安的环境

B.带他去看儿童精神科医生，寻求帮助

C.有目的地让他一下子接触许多人，带他到各种陌生的地方，克服他的恐惧心理

D.设计渐进的系列挑战性计划，每一个相对来说都是容易对付的，从而让他渐渐懂得他能够应付陌生的人和陌生的地方

（　）10. 多年以来，你一起想重学一种你在儿时学过的乐器，而现在只是为了娱乐，你又开始学了。你想最有效地利用时间。你该怎么做呢？

A.每天坚持严格的练习

B.选择能稍微扩展能力的有针对性的曲子去练习

C.只有当自己有情绪的时候才去练习

D.选择远远超出您的能力但通过勤奋的努力能掌握的乐曲去练习

评分说明：

（1）除了D以外的任何一个答案。选择答案D反映了您在面临压力是经常缺少警觉性。（A=20分，B=20分，C=20分，D=0分）

（2）B是最好的选择。情商高的家长或长辈善于利用孩子情绪状态不好的时机对孩子进行情绪教育，帮助孩子明白是什么使他们感到不安，他们正在感受的情绪状态是怎样的，以及他们能进行的选择。（A=0分，B=20分，C=0分，D=0分）

（3）A是最佳选择。自我激励的一个标志是能制订一个克服障碍和挫折的计划，并严格执行它。（A=20分，B=0分，C=20分，D=0分）

（4）C是最佳答案。情商高的一个标志是面对挫折时，能把它看成一种可以从中学到东西的挑战，坚持下去，尝试新的方法，而不是放弃努力，怨天尤人，变得萎靡不振。（A=0分，B=0分，C=20分，D=0分）

（5）C是最佳选择。形成一种欢迎多样化的气氛的最有效的方法是公开挑明这一点当有人违反时，明确告诉他你的组织的规范不容许这种情况发生。不是力图改变这种偏见（这是一个更困难的任务），而只是让人们遵照规范去行事。（A=0分，B=0分，C=20分，D=0分）

（6）D是最佳选择。有资料表明，当一个人处于愤怒状态时，使他平静下来的最有效的办法是转移他愤怒的焦点，理解并认可他的感受，用一种不激怒他的方式让他看清现状，并给他以希望。（A=0分，B=5分，C=5分，D=20分）

（7）A就最佳选择。中断20分钟或更长的时间，这是使愤怒引起的生理状态平息下来的最短时间。否则，这种状态会歪曲您的理解力，使您更可能出口伤人。平静了情绪后，你们的讨论才会更富有成效。（A=20分，B=0分，C=0分，D=0分）

（8）B是最佳选择。当一个组织的成员之间关系融洽、亲善，每一个人都感到心情舒畅时，组织的工作效率才会最高。在这种情况下，人们才能自由地做出他们最大的贡献。（A=0分，B=20分，C=0分，D=0分）

（9）D是最佳选择。生来带有害羞气质的孩子，如果他们家长或长辈能安排一系列渐进的针对他们害羞的挑战，并且这种挑战是能逐个应付得了的，那么他们通常会变得喜欢外出起来。（A=0分，B=5分，C=0分，D=20分）

（10）B是最佳选择。给自己适度的挑战，最有可能激发自己最大的热情，这既能使您学得愉快，又能使您完成得最好。（A=0分，B=20分，C=0分，D=0分）

25分以下的同学，最好另找一个时间重测一下。

六、拓展延伸

心理素质强的人都有许多健康的习惯。他们管理自己的情绪、思想以及行为，为他们的成功打下基础。下面这张清单是心理素质好的人都不会做的事，如果你能以此对照自己，也可提升你的心理素质。

1）他们不会浪费时间为自己叫委屈。心理素质好的人不会坐在原地，为自己的境遇或是别人对待他们的态度感到委屈。相反，他们会为自己在生活中所需扮演的各种角色承担起责任，并且理解生活的不易与不公。

2）他们不会轻易让别人控制自己。他们不会允许任何人控制他们，也不会让任何人有机会凌驾于自己之上。他们不会说"我老板让我感觉很糟糕"，因为他们知道自己有能力控制自己的情绪，并且有权选择如何回应周围的一切。

3）他们不惧改变。心理素质好的人，不避讳变化。相反，他们主动迎接积极的改变并愿意为了到来的变化灵活调整自己。他们懂得，变化是不可以避免的而且他们也相信自己有能力适应得很好。

4）他们不会将精力浪费在不可以控制的事情上。你从来不会听一个心理素质好的人抱怨自己的行李丢了或是交通多么拥堵。他们生活的关注点在于自己可以控制的事。他们清楚，有时候他们唯一能够控制的只有自己的态度。

5）他们并不打算讨好任何人。心理素质好的人能够清楚地认识到，他们并不需要无时无刻地讨好别人。他们并不畏惧在必要时说"不"或是向上级坦白说出自己的意见。他们尽量保持善良与公平，但当他们无法让对方开心时，他们也能坦然处理。

6）他们不惧怕承担"计算过的风险"。他们不会鲁莽行事或是冒愚蠢的险，不过他们并不介意承担"计算过的风险"。心理素质好的人，会在做出重大决策前衡量风险与收益，在行动前已经充分了解了可能会面对的障碍。

7）他们不沉迷于过往。心理素质好的人不会把大好的时光浪费在回忆过去，并且幻想一切如果可以重来就好了。他们坦然接受自己的过去并且可以自信地说出他们从中学到了些什么。但是，他们不会一直沉浸在过去的悲惨遭遇或是幻想出的光荣岁月中。他们会活在当下并未将来做好计划。

8）他们不会在同一个地方跌倒数次。心理素质好的人，能够为自己的行为承担责任，并从之前的过失中学习。这样一来，他们便不会在同一个地方重复自己的过错。他们能继续前进且在未来做出更好的决定。

9）他们不憎恨别人的成功。心理素质好的人能够真正地欣赏与祝福他人的成功。他们不会在别人超过自己时，感到嫉妒或是觉得自己被出卖了。他们能意识到对方的成功来自努力工作，而他们自己也愿意付出努力以获得成功。

七、课外阅读

轮椅上的大科学家——霍金

霍金（图2-3）从小就拥有对自然科学的强烈兴趣，在大学时代，他就意识到，肯定会有一套能够解释宇宙的万物理论，并陶醉于对其的思索之中，把之当作了自己的信仰，并具有极强的使命感。在他21岁得知自己患上了不治之症后，他也消沉过一段时间，医生当时预测他最多只能活2年，但2年过后情况并不是非常糟糕。他觉得自己还不算倒霉，不应该就这样放弃，自己17岁就考上剑桥大学，拥有异乎常人的头脑。患病后，霍金为了家庭，为了自己的理想，果断地"站了起来"，继续了自己的研究。1985年，霍金动了一次穿气管手术，从此完全失去了说话的能力。他就是在这

图2-3

样的情况下，极其艰难地写出了著名的《时间简史》，探索着宇宙的起源。他自己在个人传记中谈到，他并不认为疾病对他有多大影响，他每天都陶醉在自己的世界之中，努力不去思考自己的疾病。同时，他又努力证明自己能够像常人那样生活！霍金在自己的生活中，只要能做到的事情绝不麻烦别人，他很憎恨别人把自己当作残疾人，他说：一个人身体残疾了，绝不能让精神也残疾。

霍金的意志力是非常坚强的，同时他又是一个对生活很有主见的人。他对生活永远充满了乐观和幽默的态度。在他患病后，曾有6次非常近距离地和死神交手，他都顽强地活了下来。一次霍金演讲结束后，一位女记者冲到演讲台前问道："病魔已将您永远固定在轮椅上，你不认为命运让你失去太多了吗？"大师的脸上充满了笑意，用他还能活动的三根手指，艰难地叩击键盘后，显示屏上出现了四段文字："我的手指还能活动；我的大脑还能思维；我有终生追求的理想；我有爱我和我爱的亲人和朋友。"在回答完那个记者的提问后，他又艰难地打出了第五句话："对了，我还有一颗感恩的心！"现场顿时爆发出了雷鸣般的掌声……的确，用霍金自己的话来说，活着就有希望，人永远不能绝望！比大海更广阔的是天空，比天空更广阔的是人的胸怀！即使病魔把霍金关在果壳中，他也是无限空间之王！

霍金的故事告诉我们，每个人都应该成为自己命运的主宰者，都应该对自己的生活有自己的主见，拥有自己的梦想，并全力以赴为之奋斗！

任务五　提升文化、专业技能素质，迎接实习的挑战

一、学习目标

认识文化、专业技能素质提升对工学结合、顶岗实习的意义；做好实习前期的文化素质准备；苦练专业技能，用过硬的"内功"服务于实习企业。

二、案例分析

▶ 故事

兴趣是最强大的力量——第43届世界技能大赛数控铣项目金牌获得者张志坤

张志坤（图2-4）在广东省机械高级技工学校学习数控加工专业，现在学校任教。2015年8月，他获得第43届世界技能大赛数控铣项目金牌。行内人都知道这块金牌的意义：数控水平标志着一个国家在精度加工领域的制造能力，标志着制造业装备水平，也是制造大国向制造强国迈进的体现。

图2-4

不放弃就有希望

1995年出生在广东省普宁市的张志坤，从小不太喜欢学习。初中毕业后被高中拒之门外，父亲没有责备张志坤，而是跟他聊自己年轻时候的一些经历与挫折，并且告诉他，很多与他年龄相仿又没有技能的孩子，正在过什么样的生活。张志坤第一次听从了父母的安排，来到了广东省机械高级技工学校，开始尝试着去学习数控加工。在学校的数控车间里，张志坤有了人生第一个目标：一定要学会这门技术。

2011年4月，张志坤听说学校要成立一个数控精英班，在这个班里可以学习到更多的知识，还可以参加各种职业技能大赛。他报了名，却没有通过考试。抱着试一试的想法，张志坤找到了培训班的老师，诚恳表明了自己的决心。老师破例同意他进入精英班。

做一枚播撒技能的"火种"

2011年5月，培训班开课，张志坤这才了解到，这个班级是为了选出第5届全国数控技能大赛的参赛选手而成立的，每隔一个月就要进行一场淘汰赛。张志坤全身心地投入到了学习中。

让老师印象深刻的是，培训班上，张志坤的状态可以用"痴迷"来形容：常常陷入沉思，外人怎么叫都听不见；为了攻克技术难题，经常从早上八点钟一直训练到凌晨两点钟，不知疲倦，不分昼夜。"原来兴趣是世界上最强大的力量，它可以让我如此专注，让我如此痴迷。"张志坤说。

经过十多次比拼，张志坤并没有被淘汰。此后，张志坤就像一个职业选手一样，参加各种比赛。2014年，张志坤成功入围第43届世界技能大赛全国选拔赛数控铣项目国家队。虽然顺利进入国家集训队，但张志坤对自己的名次并不满意。回到学校后，他开始反思，发现问题出现在尺寸测量方法上。"在这之前的训练当中，教练向我提出过这个问题，由于自负，我没有听从教练的建议。"张志坤从此明白了，自信不能自大，必须建立在谦虚的基础上。

集训时负责指导张志坤的是数控铣项目专家鲁宏勋。老师家在洛阳，工作也在洛阳，所以只能牺牲周末赶到北京对选手进行指导。张志坤因此格外珍惜这两天的时间，抓紧一切时间请教。

"身上的金牌让我感觉肩上的责任重大。"张志坤说，现在，自己选择留在学校任教，希望能成为播撒学技能、练技能的"火种"，为祖国贡献一份力量。

张志坤，一名从小不太爱学习，被高中拒之门外的传统意义上的"差生"，在父母的安排下进入技工学校学习。听起来这和我们就读技工院校的学子们经历何等相似，可是就是这么一名再普通不过的技校生却用对数控技术"痴迷"的学习、钻研、磨炼，终于锻造成新时期国家建设的坚强脊梁，在第43届世界技能大赛上以优异的成绩夺得冠军，为国争光，为我们技校生争得巨大荣誉，也为我们技校生树立了一个学习追赶的榜样。

活动体验

同学们，你们怎么看张志坤这名初中差生华丽转身为世界技能大赛金牌获得者的？作为同龄人，同是技校学生，你在今后的学习、实习中应该怎样做？你对自己的实习就业是不是准备好了？通过学习，你对自己的未来是不是充满了希望？

三、知识链接

（一）实习前文化素质准备

1. 培养文化素质的意义

（1）文化素质的定义。文化素质是指从业者对自然、社会和思维科学知识掌握的状况和水平，是外在文化知识量在人头脑中的反映和综合。

（2）培养文化素质的意义。良好的文化素质是生存的基础，技校生只有不断学习新知识、掌握新技术，才能具有良好的生存能力，才能在当今科技发展日新月异的社会找到立足之地；良好的文化素质是就业的前提，当今文化知识已成为最基本的生产要素，各种职业都需要一定的文化知识和专业技能；良好的文化素养是自身发展的需要，在知识经济时代，科学和技术的交叉融合，高新科技成果向现实生产力的迅速转化，给经济和社会发展带来巨大的变革，经济增长和社会进步将明显依赖于知识，各种生产要素都必须依赖知识来装备和更新。

2. 现代职业对实习学生文化素质的要求

（1）宽厚扎实的基础知识。随着市场经济的运行和经济的高速发展，社会的产业、行业、职业结构调整的速度不断加快，技工院校毕业生在实习、择业、就业上一般不会再"从一而终"，职业岗位的变动不可避免。要适应这种变化，必须具有扎实宽厚的基础知识，这样你的后劲才更足，发展余地才更大。

（2）广博精深的专业知识。当今社会，复合型人才越来越受到欢迎。复合型人才又称为"T"型人才或多功能型人才，社会对复合型人才的要求就是在专业知识精通的基础上，尽可能地多掌握一些通用知识和技能。对于技工院校的学生来说，在学好专业知识、掌握专业技能的基础上，懂得社交礼仪，能够熟练地操作电脑，有较熟练的外语口语能力和一定的组织管理能力，这就是复合型人才。

（3）大容量的新知识储备。现代各类职业都要求从业者的知识要"程度高、内容新、实用性强"。"程度高"指从业者知识层次高、知识量大、知识面广；"内容新"指从业者的知识结构中应以反映当今科学技术发展的新知识、新信息为主；"实用性强"指从业者的知识在生产、工作中有很强的实用价值。目前用人单位普遍要求实习生和毕业生能熟练地掌握一门外语，会熟练运用计算机。具有新知识、新技能的学生，其实习及求职成功的概率往往要高得多。

3. 怎样提高科学文化素质

（1）宽打基础，刻苦钻研，建立合理的知识结构。现代社会出现了体力劳动与脑力劳动界限的超越、动作技能与心智技能界限的超越、蓝领劳动者与白领劳动者界限的超越，相互封闭与相互隔绝的劳动岗位将不复存在。因此，技工院校的学生一定要注意打好宽厚的文化基础，掌握必需的专业知识和技能，使自己成为合格人才。

（2）掌握学习规律，运用科学的学习方法。一是坚持手脑并用的原则，调动多种感官共同参与学习过程，提高学习效率；二是坚持发散创新的原则，要养成良好的思维品质，善于从多个方面考虑问题，创造性地解决职业活动和现实生活的一些问题，不断开阔视野。

（3）要勤奋，戒懒惰。要获取科学知识，必须经过艰苦的努力，只有在科学道路的攀登中不畏劳苦的人，才能有所收获。

（4）要善于在实践中学，在干中学，在学中干。这就是理论联系实际的学习方法，只有积极投身社会实践，才能在实践中完善、丰富、充实自己的知识结构，提高解决问题的能力。

案　例

　　上海子信通信技术有限公司董事长康睿宁在大学就读于化工系。大学前两年，他一直埋头读书，打下坚实基础。大一时，他靠自学通过了大学英语六级和计算机相关课程，并直接参加学校免修考试，获得优异成绩。大二他意识到自己真正感兴趣的是管理，便通过互联网完成了网络学校的十几门企业管理课程，以及欧洲高级商学院全套MBA课程，由此接触到国外先进理念，同时进一步提高了学习能力。

　　2004年1月，第四届"挑战杯"大学生创业大赛在上海举行。他与5位同样没有经济管理专业背景的队友一起，快速学习创业知识。在决赛现场，这支"非专业"团队，和其他兄弟院校由全MBA学生，或是数个博士坐镇的"豪华阵容"同台竞技，最终以第二名（金奖）博得满堂彩。

　　后来，他接触到网络电话产业，这是一个他之前从未接触过的领域。但是较好的学习能力让他立刻就能深入这个领域，仅用一两个月就完成了核心技术软件VoipSwitch的学习。很快，他又将"网信卫话项目"在上海大科技园区孵化。VoipSwitch软件代理、香港耀邦国际有限公司有关负责人连连称赞他是大家所见过的"学得最快的客户"。此后，他经常以"技术顾问"身份，帮助耀邦国际有限公司调试新用户的软件交换系统。

分析解读

　　持久的竞争力来自高效的学习能力。无论你是什么专业，拥有什么样的学术背景，只要培养出良好的学习能力，随时都有可能脱颖而出。

（二）实习前专业技能素质准备

1. 培养专业技能素质的意义

（1）专业技能素质的定义。专业技能素质指从业者运用专业知识、专业技能从事某种职业活动的状况和水平。专业知识是专业技能形成的基础，而专业技能又是实际运用并不断获取专业知识的必备条件。

（2）培养专业技能素质的意义。

第一，专业技能素质是生存之本。

在当今推行市场经济体制和优胜劣汰的用工机制面前，技工院校的学生只有掌握一技之长，才会在激烈的竞争中取胜。

第二，专业技能素质影响着就业。

往往一些就业环境好、工作条件优越、待遇高的企业单位，都青睐于专业技能素质高的求职者。在现实生活中，有的求职者多次求职未果，有的用人单位却高薪"抢人"，专业技能素质的高低是其重要原因之一。

第三，专业技能素质影响着从业者理想抱负的实现及聪明才智的发挥。

很多学生怀着实现某些方面的理想抱负和最大限度发挥自身聪明才智的愿望去实习的，而专业技能素质的高低，是衡量求职者才智和理想抱负的标尺，只有具备了较强的专业技能素质，才能实现职业理想。

案 例

> 丰田公司在招收新员工时，为招到最优秀并有责任感的员工，通过其全面招聘体系要经过6个阶段，其中最重要的阶段是对员工的技术知识和工作潜能的评估。通常会要求员工进行基本能力和职业态度的心理测试，评估员工解决问题的能力、学习能力和潜能以及职业兴趣爱好和价值观。如果是技术岗位工作的应聘人员，更需要进行6小时的现场实际机器和工具操作测试，合格者才能进入招聘的下一级段。

2. 专业技能素质的基本要求

按现代职业教育的观念，专业技能可以分为基本职业能力和综合职业能力两个层次。

（1）基本职业能力。基本职业能力指劳动者从事某种职业所必须具备的能力，又称为从业能力。

基本职业能力的内容如下：

第一，学习能力。对于一个对自己的未来充满自信的人来说，重要的不是知道了多少，而是懂得一直在学习。善于学习的人，能够抓住每一个机会充实、提高自己。

第二，适应能力。适应能力就是善于根据客观情况的变化及时反馈、随机应变地进行调节的能力。现代社会复杂多变，一个人只有在适应能力增强的前提下才会具有较强的反应能力，才会思路敏捷，洞察先机，在时机的掌握上能够做到快人一步。

第三，专业能力。专业能力是劳动者胜任本职工作、赖以生存的核心本领，是最基本的生存能力。对于一个从业者而言，要在熟悉专业理论的基础上，通晓专业生产各个环节的基本技能并熟练操作。

第四，方法能力。方法能力指从事职业活动所需要的工作方法，包括解决问题的思路、完成任务的步骤、评估劳动结果的方式等，它是劳动者在职业活动中进行创造性劳动的重要手段，是基本的发展能力。

第五，社会能力。社会能力指从事职业活动所需要的行为能力，包括人际交往、公共关系、职业道德、环境意识等，它是在一个开放的社会中劳动者所必须具备的基本素质。

（2）综合职业能力。综合职业能力指与纯粹的专门职业技能无直接联系的能力，主要表现为对社会的适应程度。这是劳动者能够生存、发展和不断进步的核心素质，又称关键能力。

综合职业能力的内容如下：

第一，明确主题的能力，即在执行一项特殊工作任务或学习任务时，能够迅速明确工作任务或学习的主题。

第二，独立性与参与能力。此能力有助于促进自学和开展自己负责的工作，有利于在工作中作出决定和承担责任。

第三，团体或社会能力，即在团体中工作、合作、交往和在社会中行动的能力。

第四，系统或方法能力，即理解因果关系，在新的工作任务中利用已有经验，有效组织项目和工作，了解工作程序等能力。

第五，反省能力，即对自己的工作不断反省，以提高工作质量和不断调整工作的程序。

3. 怎样培养专业技能素质

（1）思想上重视专业技能的培养。要强化专业意识，激发训练专业技能的兴趣，积极主动地做好专业技能训练，使专业活动更具有方向性和目的性。

（2）实践过程中提高专业技能素质。要在实践过程中使自己的专业技能得以强化和提高，在不断发现和解决问题的过程中增长才干。

（3）注意技能训练的科学性。要适当分配练习时间，并尽可能寻找或创造有利于技能形成的练习程序，从而提高训练的效率。

（4）适应职业需要，进行多种能力的培养。技工院校学生要通过第二课堂等形式，走向社会，锻炼能力，不断提高自身素质，如交往能力、表达能力、创造能力等。

四、名人如是说

1）天才就是1%的灵感，加上99%的汗水。　　　　　　　　　　　　——爱迪生

2）一个人事业的成功15%靠专业知识，85%靠人际关系、处世技巧　　——戴尔·卡耐基

3）职业教育，将使受教育者各得一技之长，以从事于社会生产事业，藉获适当之生活；同时更注意于共同之大目标，即养成青年自求知识之能力、巩固之意志、优美之感情，不惟以之应用于职业，且能进而协助社会、国家，为其健全优良之分子也。　　——黄炎培

五、我该怎么做

测测你的智商有多高

智商（IQ），通俗地可以理解为智力，是指数字、空间、逻辑、词汇、创造、记忆等能力，它是德国心理学家施特恩在1912年提出的。智商表示人的聪明程度：智商越高，表示越聪明。想检验自己的智商是多少吗？这并不困难，以下就是一例国内较权威的IQ测试题，请在30分钟内完成（30题），之后你就会知道自己的IQ值是多少了。

1.选出不同类的一项：

    A.蛇   B.大树   C.老虎

2.在下列分数中，选出不同类的一项：

    A.3/5   B.3/7   C.3/9

3.男孩对男子，正如女孩对：

    A.青年   B.孩子   C.夫人   D.姑娘   E.妇女

4.如果笔相对于写字，那么书相对于：

    A.娱乐   B.阅读   C.学文化   D.解除疲劳

5.马之于马厩，正如人之于：

    A.牛棚   B.马车   C.房屋   D.农场   E.楼房

6.2，8，14，20，（   ），请写出"（   ）"处的数字。

7.下列四个词是否可以组成一个正确的句子：生活，水里，鱼，在。

    A.是   B.否

8.下列六个词是否可以组成一个正确的句子：球棒，的，用来，是，棒球，打。

    A.是   B.否

9.动物学家与社会学家相对应，正如动物与（   ）相对：

    A.人类   B.问题   C.社会   D.社会学

10.如果所有的妇女都有大衣，那么漂亮的妇女会有：

    A.更多的大衣   B.时髦的大衣   C.大衣   D.昂贵的大衣

11.1，3，2，4，6，5，7，（   ），请写出"（   ）"处的数字。

12.南之于西北，正如西之于：

    A.西北   B.东北   C.西南   D.东南

13.找出不同类的一项：

    A.铁锅   B.小勺   C.米饭   D.碟子

14.9，7，8，6，7，5，（   ），请写出"（   ）"处的数字。

15.找出不同类的一项：

    A.写字台   B.沙发   C.电视   D.桌布

16.961，（25），432，932，（   ），731，请写出"（   ）"内的数字。

17.选项ABCD中，哪一个应该填在"XOOOOXXOOOXXX"后面：

    A.XOO   B.OO   C.OOX   D.OXX

18.望子成龙的家长往往（   ）苗助长：

    A.揠   B.堰   C.偃

19.填上空缺的词：

金黄的头发（黄山）刀山火海

赞美人生（　　）卫国战争

20.选出不同类的一项：

   A.地板　　　　　　B.壁橱　　　　　　C.窗户　　　　　　D.窗帘

21.1，8，27，（　　），请写出"（　　）"内的数字。

22.填上空缺的词：

罄竹难书（书法）无法无天

作奸犯科（　　）教学相长

23.在括号内填上一个字，使其与括号前的字组成一个词，同时又与括号后的字也能组成一个词：款（　　）样。

24.填入空缺的数字：16（96）12，10（　　）7.5。

25.找出不同类的一项：

   A.斑马　　　　　　B.军马　　　　　　C.赛马　　　　　　D.骏马　　　　　　E.驸马

26.在括号上填上一个字，使其与括号前的字组成一个词，同时又与括号后的字也能组成一个词：祭（　　）定。

27.在括号内填上一个字，使之既有前一个词的意思，又可以与后一个词组成词组：头部（　　）震荡。

28.填入空缺的数字：65，37，17，（　　）。

29.填入空缺的数字：41（28）27，83（　　）65。

30.填上空缺的字母：CFI，DHL，EJ（　　）。

答案如下：

1.B，2.C，3.E，4.B，5.C，6.26，7.A，8.A，9.A，10.C，11.9，12.B，13.C，14.6，15.D，16.38，17.B，18.A，19.美国，20.D，21.64，22.科学，23.式，24.60，25.E，26.奠，27.脑，28.5，29.36，30.O。

计算方法：每题答对得5分，答错不得分。共30题，总分150分。

结果分析：按照国际标准，人们对智力水平高低通常进行下列分类——智商在140分以上者称为天才，120～140分之间为最优秀，100～120分之间为优秀，90～100分之间为常才，80～90分之间为次正常。

（六）拓展延伸

党的十八大提出的关于加快发展现代职业教育，完善终身教育体系，建设学习型社会的战略要求。

《国家中长期教育改革和发展规划纲要（2010—2020年）》明确提出：到2020年，形成适应经济发展方式转变和产业结构调整要求，体现终身教育理念、中等和高等职业教育协调发展的现代职业教育体系，满足人民群众接受职业教育的需求，满足经济社会对高素质劳动者和技能型人才的需要。

《国务院关于加快发展现代职业教育的决定》明确提出：完善职业教育人才多样化成长渠道。健全'文化素质+职业技能'、单独招生、综合评价招生和技能拔尖人才免试等考试招生办法，为学生接受不同层次高等职业教育提供多种机会。在学前教育、护理、健康服务、社区服务等领域，健全对初中毕业生实行中高职贯通培养的考试招生办法。适度提高专科高等职业院校招收中等职业学校毕业生的比例、本科高等学校招收职业院校毕业生的比例。逐步扩大高等职业院校招收有实践经历人员的比例。建立学分积累与转换制度，推进学习成果互认衔接。积极发展多种形式的继续教育。建立有利于全体劳动者接受职业教育和培训的灵活学习制度，服务全民学习、终身学习，推进学习型社会建设。面向未升学初高中毕业生、残疾人、失业人员等群体广泛开展职业教育和培训。推进农民继续教育工程，加强涉农专业、课程和教材建设，创新农学结合模式。推动一批县（市、区）在农村职业教育和成人教育改革发展方面发挥示范作用。利用职业院校资源广泛开展职工教育培训。重视培养军地两用人才。退役士兵接受职业教育和培训，按照国家有关规定享受优待。

七、课外阅读

第43届世界技能大赛闭幕，中国首夺金牌实现历史性突破

北京时间2015年8月17日，第43届世界技能大赛在巴西圣保罗闭幕。中国代表团在历时5天的竞赛中表现出色，取得了5金6银3铜、12个优胜奖的优异成绩，创造了中国代表团参加世界技能大赛以来的最好成绩，实现了金牌零的突破（图2-5）。令人振奋的是获得冠军的所有参赛选手均是20岁出头的90后青年技能人才，他们中绝大多数来自技工院校。

图2-5

世界技能大赛由世界技能组织每两年举办一届，是当今世界地位最高、规模最大、影响力最大的职业技能竞赛，被誉为"技能界的奥林匹克"，其竞技水平代表了各领域职业技能发展的世界水平，是世界技能组织成员展示和交流职业技能的重要平台。

我国2010年加入世界技能组织，2011年首次参加世界技能大赛，今年是第三次参赛。第43届世界技能大赛于8月11日至16日在巴西圣保罗举行，来自世界技能组织的59个成员国和地区的1200余名选手在50个项目展开角逐，人力资源和社会保障部（简称人社部）组建的中国代表团共派出32名选手，参加了焊接、制造团队挑战赛、美发、汽车喷漆等29个项目的比赛。

任务六　在工学岗位上实现职业素养提升

一、学习目标

理解职业规范的内容，明确在实习中遵守职业规范的必要性；明确工学结合、顶岗实习是提升职业素养的最佳途径；树立信心，在企业实习岗位上用优异的工作表现争当实习标兵。

二　案例分析

● 故事

曾正超，焊接世界技能金牌获得百万奖励

图2-6

曾正超（图2-6）火了！在巴西举行的第43届世界技能大赛上，代表中国出战的中国十九冶集团有限公司职工曾正超一举夺得焊接项目的金牌，根据成绩宣布的先后顺序，他成为中国世界技能大赛金牌第一人。

刚刚20岁出头的曾正超确实值得同龄人羡慕，此次归国回来，人社部相关负责人说，"我们要像对待奥运冠军一样对待他们，作为技能英雄，对于这些人怎样奖励也不过分。"对于此次获奖的金牌选手，人社部奖励20万元，曾正超所在集团也奖励他20万元。8月26日上午，四川省领导亲切接见了曾正超以及专家组成员，当天下午回攀枝花市，也受到市领导的亲切接见。"他为国争光了！真的如同英雄一般！"

曾正超的父母听到儿子受到如此隆重的待遇，眼眶湿润了。有关部门也透露，省委、市委以及各级部门也会按照相应比例对曾正超及其技术团队进行奖励，最后预计单曾正超个人拿到手的奖励会超过100万元人民币。

"父母家的房屋很破旧，我想用这笔钱给父母买套房子。"曾正超对记者腼腆地说。

"重奖技能英雄一点也不过分！我们就是要在这个时代让人们崇尚技能英雄！"时任人社部职业能力建设司司长张立新态度鲜明。

曾正超出生在四川省攀枝花市一个普通的农民家庭，"父母没有给我家财万贯，但教会我踏实做人、认真做事的道理。"上中学时，曾正超学习成绩一般，当时他一心想搞体育，然而初三毕业时班主任的一句话改变了他的人生。"正超，你身体不错又能吃苦，不如去学电焊，别小看电焊工，技术含量很高，毕业了也吃香，不一定非得考大学。"家庭经济条件不好，一心想早点工作为父母分担家庭重任的他义无反顾地选择了上技工学校。

在攀枝花市技师学校，作为焊接专业的学生，曾正超的特点就是身体好、能吃苦。学校采取一体化课程教学模式，理论和实践相结合，使得曾正超在学校不仅学习了理论知识，也接受了操作实践训练，更重要的是激发了他的学习兴趣。曾正超对电焊开始着迷，而兴趣是最好的老师，在学校期间，他迅速地提升了自身的技能水平。

曾正超的爱好不只是焊接，在巴西期间，参赛选手在一起联欢时，他表演了自己擅长的双节棍，来了一段中国功夫，惊艳了全场。老外选手称中国队还派出了一位"武林高手"。但作为技能大赛的"功夫"高手，曾正超的手艺可不是凭空而来的。

在集训期间，教练老师和选手们吃住在一起。每天选手6：30起床，6：30～8：00

会进行40分钟以上的体能训练，8：00开始焊接技能训练，基本每天都要训练到晚上十一二点，每天在技能上的训练不会少于12小时。集训期间没有节假日，焊接技能训练按照大赛的要求进行，大赛要求4个模块：单件焊接、低碳钢压力容器、铝合金结构件和不锈钢结构件。"每个模块都会分不同的选择项，大赛时每个选手会从中抽取一个进行作业。但是准备时必须每个项目都要准备到，所以训练的任务非常繁重。"几万个小时的焊接训练，500多摄氏度的高温一次次对同一块皮肤"问候"，从手掌到手臂，大大小小的伤疤像"寄生虫"一样趴在上面，触目惊心。"手上的伤疤不是丑陋的印记，而是见证一路成长的勋章。"时间久了，早已没了疼痛的感觉，曾正超反而以身上的"系列勋章"为傲。

正是因为做了这样的准备，在比赛中，曾正超沉着冷静，在18个小时之内出色地完成了比赛任务，并接受了焊接成品外部及内部的检验，以绝对优势获得了金牌。

"获奖对于我的人生是激励，希望让更多年轻人看到技能强国的重要性，吸引更多的农村子弟进入技工学校读书，用技能本领报效祖国。"曾正超表示，"单位培养我花费了大量心血和资金，我会在单位踏踏实实地干下去。"

分析解读

劳动创造世界，技能成就未来。以曾正超为代表的参加第43届世界技能大赛的中国队员们在比赛中，胸怀祖国、牢记重托，不畏强手、顽强拼搏，践行了为人生添彩、为祖国争光的誓言，向世界展现了中国青年积极进取、昂扬向上的蓬勃朝气，展示了中国青年技工精湛的技艺、顽强的品质，为祖国和人民赢得了荣誉。同时，用自己的实际行动和优异表现，进一步弘扬了劳动光荣、技能宝贵、创造伟大的时代风尚，激励全国广大劳动者特别是青年劳动者钻研新技术、掌握新技能、争创新业绩。

活动体验

同学们，曾正超用精湛的技艺为国争光，自己也获得精神、物质的双丰收，你有何感想？下一步，根据学校安排，同学们将深入到企业一线岗位参加工学结合、顶岗实习，你打算怎么交出你的实习答卷？你有信心成为一名优秀的实习生吗？

三 知识链接

（一）职业规范——顶岗实习必备要求和行为导向

"规者，正圆之器；矩者，正方之器。"俗话讲：没有规矩，不成方圆。火车虽然能够奔驰千里，但它始终离不开两条铁轨；飞机虽然能在蓝天翱翔，但它必须保持既定的航线；宇宙中无数颗恒星亘古不变地灿烂，是因为它们都按照自己的轨道运行。人类社会亦是如此，军队的战斗力来自于铁的纪律，企业的竞争力来源于严格的规章制度。当今时代，我们崇尚自由，张扬个性，但是自由更需要严明的纪律来约束和规范。

寓言

河水与河岸

河水认为河岸限制了自由，一气之下冲出了河岸，涌上原野，吞没了房舍与庄稼，于是给人类带来了巨大的灾难，它自己也由于蒸发和大地吸收而干涸了。河水在河里能掀起巨浪，而它冲决河岸以后，不仅毁了自己，还对人类造成了灾难。为什么寻求自由的河水最终又失去自由呢？那是因为他寻求的那种无拘无束的、绝对的自由是不存在的。

1. 职业规范的内涵

（1）概念。职业规范是指维持职业活动正常进行或合理状态的成文和不成文的行为要求。

（2）内涵。职业规范是保证职业劳动过程中人、财、物、事等因素之间的协调一致和有条不紊的手段，主要包括法律规范、道德规范、技术规范和操作规范等内容。

2. 技工学生在实习过程中应做到知法、懂法、守法

每个企业都会在员工行为规范中要求所有员工遵纪守法，增强员工的法制观念、守法意识，提高法律素质，远离违法犯罪。根据《中华人民共和国劳动法》和《中华人民共和国劳动合同法》的规定，劳动者只要被依法追究刑事责任，用人单位都可以立即单方面解除劳动合同，若想再次走上工作岗位，往往是难上加难。

作为一名实习生，应重点了解《中华人民共和国刑法》中的危害公共安全罪、破坏社会主义市场经济秩序罪、侵犯公民人身权利和民主权利罪、侵犯财产罪、危害社会管理秩序罪等方面的法律规范，避免在实习道路上误入歧途。同时，在工学结合、顶岗实习中，学生们应学好并能够运用劳动与社会保障法律规范，保护自己的合法权益。

案例

某技师学院学生在北京某外资企业实习，由于宿舍在厂区外的公寓，离企业有几站地的距离，每天上下班都要坐地铁或公交车。学生张某，平时对自己要求就不很严格，和同学爱打闹、说话爱带脏字。一天，张某和几个同学从单位出来，经过一路口，这里有很多"黑"出租，有一个司机向他们打招呼，问坐不坐车。张某转向那司机，说话挺冲，并习惯性地吐了口痰。司机认为张某在侮辱他，上来和他理论，两人争执起来。该司机知道路口有监控，故意让张某推搡他，张某因为在气头上，动手打了人家。好几个司机上来把张某拉到一旁没有监控的角落，把张某打了一顿。后来，学生们报了警，双方都被带到了当地派出所，学生家长也第一时间从老家赶到了北京，由于警方调取的监控里只有学生张某动手打人的证据，最后张某只能吃了哑巴亏，给司机赔偿了医药费并接受了治安处罚。企业按规定取消了张某的实习资格，学校也按规定对张某作出了开除学籍的处理。

还有一个学生刘某，早晨在地铁上，拿着袋装的豆浆，因为车厢内人多拥挤，不小心碰到了旁边的一位中年妇女，刘某没有作出什么表示。这位中年妇女当时很生气，当场指责刘某这么大人了，一点教养也没有，碰了人也不知道说声对不起……刘某感觉在同学和车内其他人面前没了面子，临下车时，给了这位中年妇女一拳头。人家当时就报了警，学生家长也从老家赶到了北京处理孩子的事，派出所对刘某进行了相应的治安处罚，刘某也因此丢掉了实习就业的机会。

同学们，大家步入社会在企业实习时，面对的是形形色色的社会人群和社会事务，离开了父母的呵护、老师的教导，国家法律法规就是我们一切行动的标尺，依法办事，自觉增强守法意识，自尊、自律、自爱，做一名真正守法的实习生，等到毕业季，你将收获一个完美的自我。

3. 遵守技术规范——打造未来的"大国工匠"

"木受绳则直，金就砺则利"，作为一名即将走上实习岗位的技校生，我们应当认真学习实习单位的技术和操作规范，自觉践行规范，积极争做文明员工，确保安全生产，为自己负责，为家人负责，为企业负责，为社会负责，平稳顺利完成由"学生"到"职业人"的华丽转身，用我们的智慧和双手创造更加辉煌灿烂的明天。

（1）技术规范的概念。技术规范是有关使用设备工序，执行工艺过程及产品、劳动、服务质量要求等方面的准则和标准。各行各业都有自己的技术规范，在职业活动中遵守技术规范具有十分重要的意义。

（2）遵守技术规范，为企业建设增砖添瓦。

第一，遵守技术规范，打造出质量过硬的产品。

故事：老木匠的房子

有个老木匠准备退休，他告诉老板，说要离开建筑行业，回家与妻子、儿女享受天伦之乐。老板舍不得他的好工人走，问他是否能帮忙再建一座房子，老木匠说可以。但是大家后来都看得出来，他的心已不在工作上，他用的是软料，出的是粗活。房子建好的时候，老板把大门的钥匙递给他。

"这是你的房子，"老板说，"我送给你的礼物。"

他震惊得目瞪口呆，羞愧得无地自容。如果他早知道是在给自己建房子，他怎么会这样呢？现在他得住在一幢粗制滥造的房子里！

我们又何尝不是这样。我们漫不经心地"建造"自己的生活，不是积极行动，而是消极应付，凡事不肯精益求精，在关键时刻不能尽最大努力。等我们惊觉自己的处境，早已深困在自己建造的"房子"里了。把你当成那个木匠吧，想想你的房子，每天你敲进去一颗钉，加上去一块板，或者竖起一面墙，用你的智慧好好建造吧！你的生活是你一生唯一的创造，不能抹平重建，每一天都要活得优美、高贵，墙上的铭牌上写着：生活是自己创造的。

第二，遵守技术规范，帮助企业提高效率和效益。

案　例

麦当劳的技术规范

麦当劳品牌的塑造，来源于其精益求精，在细节上下足了功夫。我们看一下它有哪些规定：

吸管：粗细当能用母乳般的速度将饮料送入口中，顾客感觉最好；

面包：气孔直径为5毫米左右，厚度为17厘米时，放在嘴中咀嚼的味道才是最好的；

可乐：温度恒定在4℃时，口味最佳；

牛肉饼：质量在45克时，其边际效益达到最大值；

柜台：高度在92厘米时，绝大多数顾客在掏钱付账、取食品时最感方便；

等待时间：不要让顾客在柜台边等候30秒，这是人与人对话时产生焦虑的临界点。

此外，麦当劳对薯条的宽度、炸的时间、室内温度，甚至连一张抹布擦桌子能擦几次要翻面都规定得清清楚楚。

第三，遵守技术规范，保证劳动者人身安全。

案　例

某技师学院学生小李在天津一家自行车厂参加顶岗实习，小李工作认真，活泼开朗，乐于助人，企业的老员工和本班学生都很喜欢他。一天，在同一生产线的同学请假去卫生间，因为该同学在生产线上负责操作一台小冲压机，他一离开，整条线的进度都受到一定影响。出于好心，小李未经线长的同意，私自去操作冲压机。平时看着同学操作设备只是重复简单的动作，可对于他这个没有操作经验的生手来说，简直是手忙脚乱，顾此失彼。不幸的事情发生了，就在同学离开的短短十几分钟里，小李的大拇指顶节被冲压机压掉了，企业领导第一时间将小李送到了医院，由于治疗比较及时，小李的拇指关节被接上了，但失去相应的功能。企业为他担负了治疗期间的全部费用十余万元，学校和企业积极为他办理保险赔付及相关工作。但企业和学校对小李擅自操作其他设备，不按企业技术规范行事进行了严厉的批评教育，并教育其他同学引以为戒。

小李的受伤事件告诉我们，即使再优秀的学生、员工，如果不严格执行企业的技术规范，不按企业的规章制度办事，到头来总会出现问题的。

（二）工学结合中职业素养的提升

1. 工学结合是强化职业素养的重要环节

职业素养是我们将来在职场打拼的本领，包括专业能力、方法能力、社会能力等，只有通过顶岗实习才能完成从书本到实践的转变，才能胜任岗位、适应社会，才能完成"学生"向"职业人"的转变。为此，技校生在实习期间，不仅要重视专业技能训练，更要注重方法能力、社会能力的训练。要做个有心人，充分利用实习这种教学形式，提升自己的综合职业素养，做到既学会做事，又学会做人。

在实习阶段，学习形式和环境都发生了变化。正是这种变化，特别是真实的生产环境和工作场景，能让大家学到很多在课堂里学不到的东西。这不但有助于我们了解企业、熟悉岗位、强化技能，而且能让我们的职业素养得以全方位提升。实习是一面镜子，它能反映出我们在专业技能和职业操守等方面的不足，它会告诉我们要在哪些方面努力与提高，最终它必定会对你的职业生涯产生良好的影响。

但对于实习生，刚刚步入职场，都梦想着干一番大事业，有一番作为，可大多数实习生所面对的第一份工作，一定是最基层、最平凡，有时也会让人很无聊和单调的。但他们常常忽略了这些正在做的工作，甚至看不起这些工作。殊不知，做好、做实、做漂亮手头的工作，就会成为职场上的"剩者"为王。

案 例

出身名门的野田圣子，37岁就当上了日本内阁邮政大臣。她的第一份工作是在帝国酒店当白领丽人。不过，在受训期间，圣子竟然被安排去清洁厕所，每天都要把马桶擦得光洁如新才算合格。可想而知，在这段日子里，圣子的感觉是多么的糟糕。当她第一天碰到马桶的一刹那，她几乎想吐。

很快地，圣子就开始讨厌起了这份工作，干起工作来马马虎虎。但有一天，一位与圣子一起工作的前辈，在擦完马桶后，居然伸手盛了满满的一大杯冲厕水，然后当着她的面一饮而尽，在前辈的眼中，圣子的工作根本没有做到位，光洁如新只是工作的最低标准，她以此向圣子证明，经她清洁过的马桶，干净得连里面的水都可以用来饮用。

前辈这一出人意料的举动，使圣子大吃一惊。她发现自己在工作态度方面出了问题，根本没有负起任何责任，于是，她对自己说："就算这一辈子都在洗厕所，也要当个最出色的洗厕人。"训练结束的那一天，圣子在擦完马桶后，毅然盛了满满的一大杯冲厕水，并喝了下去。这次经历，让野田圣子知道了什么是工作的最高准则，而在很多人眼中的合格、到位，只能算得上工作的最低要求。

2. 勤奋好学、踏实工作，争当实习标兵

在激烈的市场竞争中，要想让自己抓住机遇脱颖而出，就必须付出比别人更多的辛苦和汗水。勤奋好学可以让我们了解岗位的基本要求，踏实工作可以让我们做到按岗位要求履行职责，并争取做到最好。

案 例

2012年，唐山劳动技师学院安排100多名学生到北京松下普天公司参加工学结合，在带队教师的认真负责、细心呵护下，同学们在各自岗位上严谨认真地学习新知识，刻苦努力地锻炼新技能，优质高效地完成着每天的生产任务，人人都成为企业6S标准的践行者。他们中很多人获得了企业设立的"进步奖"、"全勤奖"、"坚持奖"等。冯全磊，虽不是心灵手巧、技术高超，在学校实习和学习中也不出类拔萃，但他在企业里，无一次请假，无不良品行，休息完及时回工位，从不打闹聊天，工作环境差从无怨言，从未违反企业的各项规章制度，积极参加企业组织的各项培训及文体活动。在松下普天公司的年度优秀员工评选中，他从众多老员工中脱颖而出获得"金牛奖"。同时也看出，企业对全体工学交替学生的认可。

遵章守纪、任劳任怨的学生是企业最受欢迎的，所以我们要教育同学们应该首先踏踏实实工作，然后才是展现自己的特长。

四、名人如是说

1）世间没有一种具有真正价值的东西，可以不经过艰苦辛勤劳动而能够得到的。

——爱迪生

2）人人皆是你学习的对象。因为不论相识与否，每一个人都或多或少有值得你效法之处，最重要的是，你得研究他们的生活，积极借鉴他们的经验，并灵活地应用在自己的生命中；否则，就容易走弯路，甚至碰壁、摔跤。

——戴尔·卡耐基

五、我该怎么做

测试你的职场商数

本测试列出学生们在实习中的各种表现，请仔细阅读，大家切记用不着有意识地掩饰你的缺点，如果你真心想对自己有一个判断，那你就真心选择最符合自己想法的答案。（以下每题有三个选项：A—完全符合并能始终坚持，B—基本符合并多数时间能做到，C—不太确定）

（　　）1.每天至少提前10分钟到岗位。上班不迟到，少请假。生病不能上班时，能及时向老师和车间线长请假。

（　　）2.到达岗位主动整理卫生，即使有专职清洁工，自己的工作区域也自己清理。

（　　）3.上班正式开始前，做好当天工作的所有准备工作，不把与工作无关的东西带进车间。

（　　）4.在工作外的任何地方，碰到同事熟人都要主动打招呼，要诚恳。

（　　）5.除工作需要之外，不利用工作时间吃早餐、玩电脑和手机或处理其他个人私事。

（　　）6.工作中不大声喧哗，需要离开岗位应经得线长同意，不影响他人工作。

（　　）7.找领导、同事汇报、联系工作，应事先预约，轻声敲门，热情打招呼。

（　　）8.不带着个人情绪工作，即便自己心情再不好，也要用饱满的热情完成工作任务。

（　　）9.要向爱护自己眼睛一样爱护岗位上的设备和企业的一砖一瓦。

（　　）10.时刻把产品质量和高效生产放在首位，保质保量完成每天的工作任务。

（　　）11.下班后，整理好设备材料，并认真主动地做好环境卫生，下班不早退，不把企业物品带回住处。

（　　）12.与其他实习生同处一室，应注意寝室和个人卫生，充分尊重别人的生活习惯，彼此相互信任，友好相处。

（　　）13.每天睡觉前学习半个小时左右的专业知识。天天坚持，不论在什么地方。

（　　）14.利用下班后的时间，坚持了解新的资讯，每天看电视半小时或阅读主流、专业报纸半小时或上网浏览半小时。

（　　）15.关注企业、部门工作与发展，如有想法和建议，及时通过适当方式向企业有关领导反映。

（　　）16.适时总结自己的工作和生活，适当规划一段时期内的个人工作和生活。

（　　）17.上班穿着简洁大方。如有工作装，必须按要求着装。不穿露脐或露背装、超短裙、拖鞋等上班。

（　　）18.如果工作不能按时完成或出现意外，必须及时向领导通报，寻求新的解决方法，尽量避免损失。

（　　）19.要养成主动干工作、简单过生活、结识好朋友的良好习惯。

（　　）20.以出色达成工作目标为准则，不要给自己额外的压力，要学会享受工作、享受生活。

评分说明：A选项为2分，B选项为1分，C选项为0分。

总分在32～40分，说明你的职场商数棒棒的，职场达人非你莫属！

总分在24～31分，说明你的职场商数一般，职场潜力股就是你啦！

总分在24分以下，说明你的职场商数亟待提高，态度决定高度，今天决定明天，细节决定成败！

六、课外阅读

技工学校，放飞理想的舞台

——唐山劳动技师学院 郑健（学生）

中考后的我，心情好似秋的落叶，夹着幽幽的失落。2008年注定是转折的一年，中考落榜的我带着无奈、迷茫和失落，走进了唐山劳动技师学院的校门。在老师们悉心指导下，我渐渐明白了既然选择学习技能这条路，就应该努力学习专业技术知识，苦练技能，为自己将来踏入社会打下牢固的基础，不知不觉间，我融入了精彩的技校生活中。四年内我参加过校、市、省直至全国技能大赛，这些都是我"耕耘"的最好收获，这些就是四年足迹的鲜明印证。

2010年5月，我被推选参加校第二届技能大赛，初次涉足这一梦想的舞台，让我热血沸腾。虽然是首次参赛，我并未太过紧张，反而是激动不已，可能是初生牛犊不怕虎吧！我在每天的练习操作中，有汗流浃背的时候，有不小心伤到手的时候，这一切都不能阻止我对参赛的渴望，一天天练习只有一个目的，那就是取得好成绩。当比赛结果出来的时候，我非常激动，二等奖对于我这个刚接触实做一年的新手来说是莫大的鼓励。这个时候我并未有太大的骄傲，空闲下来的时候我会好好地反思自己，我究竟和第一名差在哪里，以后我将不断地在实践中积累经验，争取将技能锻炼得越来越熟练，越来越高超。

来技校的第三个年头，作为唐山市数控技能大赛的佼佼者，我很荣幸参加了河北省技能大赛。这对于我来说，又是难得的锻炼机会，为了有足够的时间来训练，我每天早上6点到晚上10点多，一直刻苦训练基本功，要求自己绝不能输在细节上。校领导和老师们在生活、学习上无微不至的关怀，更为我平添了必胜的信念。渐渐地，我做工件的效率越来越高，在提高了自己的技能的同时，磨炼了自己的意志，在学习中一步步走向成熟。虽然只取得了第二名的成绩，心中有些许遗憾，但回想起那段苦练的日子，自信的微笑浮现在脸上。

当接到第三届全国技工院校技能大赛的通知时，我既紧张又兴奋，这是老师们几年来默默付出的成果，更是对我技校学习生涯的最好肯定。我下定决心，一定要好好把握这难得的机会，一定要在竞赛中争创佳绩，带着师长们的嘱托，带着一颗飞翔的心，我踏上了去石家庄的火车。在石家庄备战期间，李伟老师多次在电话里与我沟通，嘱咐我：放下心中所有的包袱，好好培训，多与指导老师交流，多注意细节，并祝福我一帆风顺。终于迎来了全国大赛，从进考场到站在工位上，我似乎能听到自己的心跳声，直至赛前三分钟，大脑中突然想起李伟老师的一句话"比赛就是平时训练的展示"，顿时我释怀了，所有的紧张就像浮云一样淡淡散去，内心逐渐被温暖的日光包围。带着这句话，我取得了全国第十七名的成绩，这成绩是辛苦的结晶，是"耕耘"出来最好的"果实"，我付出了，我努力了，我尽力了。还记得，第一次实习课给成绩的时候，杨凯华老师在实习报告册上写下"一定保持现在的状态到未来"，就是这句话，成了我以后所追求的信念。

除了学习之外，课外活动也丰富多彩。我最大的爱好就是打篮球。课余时间我会在篮球场拼上几场，放松身心，充分展现自己的实力，好好体验那种紧张而又刺激的感觉。我积极参加篮球比赛是为了健身、娱乐，篮球比赛不仅可以增进同学间的友谊，加强班级之间的交流，更能提高班级凝聚力。因为长期锻炼的原因，我的身体素质相当棒，更成为系篮球队不可或缺的一员。篮球比赛，给我们这些热爱篮球的人一个热血沸腾的机会，烈阳不能将我们阻挡，挫伤不能使我们屈服，最好的证明是在篮球场上论英雄。

技校就像一叶轻舟载着我在青春的旅程中航行，穿越障碍到达彼岸。

岁月的年轮驶过青春的校园，几年的技校生涯，经过实习的磨炼，面对过去，我努力弥补；面对现在，我努力拼搏；面对将来，我期待更多的挑战。我会继续坚守信念，不断强化技能，我懂得了理论与实践相结合的重要性，今后我将更加努力，在自己的人生道路上，打拼出一片属于自己的天地，为学校争光，为我们技校生争气！

第三单元 自我管理能力

任务七 自我认知

一、学习目标

通过学习，了解自己的气质、性格、兴趣和能力特点；明确中职生的定位及自身优势，了解中职生的发展前景；把握准职业人应具备的职业素养；树立准职业人意识。

二、案例分析

● 故事

把自己定位为一粒种子

一个少年听说阿里巴巴集团总裁马云（图3-1）来到自己的学校演讲，就特地赶了过去。恰好马云的演讲中有一个互动环节，请听众提问，马云现场解答。于是，少年提出了郁闷了很久的问题："我努力学习，成绩也算中上等，可是在班里还是默默无闻，没人注意到我。虽说我觉得自己还不是一块金子，但我把自己当金子看待，每天起早贪黑，勤奋努力，我相信是金子总会发光的，可是为什么就是没有得到同学们的赏识呢？"

图3-1

马云略一思索，微笑着说："你给自己的定位不准确呀，你不要把自己定位为金子。"

少年问："那定位成什么呢？"

马云说："你要把自己定位为一粒种子。"接着，他解释说，"是金子固然总会有发光的那一天，但金子是被动的，它不会自动掀掉埋没在它身上的泥土，它需要被挖掘和发现。如果永远没有被人挖掘和发现，金子就会终生被埋没在土壤中，永无出头之日。人生有限，我们耗不起呀!因此，当我们遭遇埋没时，不妨做一粒种子，主动把埋在身上的泥土，当作激发自己成长的土壤，不断汲取养分，积蓄向上的力量，让自己的梦想生根发芽，用不了几年就会成长为一棵高大的树。你想想，一棵高大的树耸立在眼前，谁会视而不见呢？"

分析解读

人，最难了解的是自己，但必须了解的也是自己。每个人都有自己的长处，同时也有自己难以克服的缺点，规划自己的未来必须结合自身的特点。因此，认知自我是职业规划的第一步，也是最重要的一步。只有真正了解自己，才能拥有正确的职业定位，进而在个人的职业生涯和发展中取得成功。

活动体验

1）你对自己了解吗？

2）这个故事对你有什么启示？

3）你有过把自己看作一块不发光的金子的想法吗？

三 知识链接

（一）测测看

放下手中的物品。

把双手放在胸前。将十指交叉握在一起。观察左拇指在上方还是右拇指在上方。

如果左拇指在上方，那么他属于"感性"或"艺术型"的性格，大脑右半球功能比较占优势，富于情感，想象力丰富，多愁善感，具有文学家、艺术家气质。你会发现他说话是非常感性的，思维具有发散性，适合去做一些有创意性的工作。

如果右拇指在上方，那么他属于"理性"或"思维型"性格，大脑左半球功能占优势，富于理智，善于思考，逻辑性强，这种人具有政治家、思想家、科学家的气质，说话严谨，适合去做一些研发性的工作。

（二）自我认知的定义

自我认知也叫自我意识，或叫自我（EGO），是个体对自己存在的觉察，包括对自己的行为和心理状态的认知。

从自我的内容上来划分，自我可以分为生理自我、心理自我和社会自我。

1. 生理自我

生理自我是指个体对自己的生理属性的认识，如身高、体重、长相等。

2. 心理自我

心理自我是指个体对自己心理属性的认识，如心理过程、能力、气质、性格等。

古希腊著名医生希波克利特根据日常观察和人体内四种体液中血液、黏液、黄胆汁、黑胆汁的多少不同，把人分为四种不同的气质类型，典型表现如表3-1所示。

表3-1 不同气质类型的典型表现

类型	胆汁质	多血质	黏液质	抑郁质
特征	热情、直率、外向、急躁	活泼好动、敏感	稳重、自制、内向	安静，情绪不易外露，办事认真
优点	积极热情、精力旺盛，坚忍不拔；语言明确，富于表情；性情直率，处理问题迅速而果断	行为敏捷、姿态活泼；情绪色彩鲜明，有较大的可塑性和外向性；语言表达和感染能力强，善于交际	心平气和、不易激动；遇事谨慎，善于克制忍让；工作认真，有耐久力，注意力不易转移	感受性强，易相处，人缘好；工作细心谨慎、稳妥可靠
缺点	易急躁，热情忽高忽低，办事粗心，有时刚愎自用、傲慢不恭	粗心浮躁，办事多凭兴趣，缺乏耐力和毅力	不够灵活，容易固执拘谨，一旦激动会变得强烈稳固而深刻	遇事缺乏果断与信心，适应力差，容易产生悲观情绪
适合职业	导游、推销员、勘探工、作者、节目主持人、外事接待人员、演员等	政府及企业管理人员、外事人员、公关人员、驾驶员、医生、律师、运动员、公安、服务员等	外科医生、法官、财务人员、统计员、播音员	机要员、秘书、人事编辑、档案管理员、化验员、保管员

3. 社会自我

社会自我是指个体对自己社会属性的认识，如自己在各种社会关系中的角色、地位、权力等。

（三）我是准职业人

所谓准职业人，就是尚未就业就能按照企业对员工的标准要求自己，初步具备职业人的基本素质，能够满足职场的需要，即将进入职场的人。

中等职业学校的学生，通过两年左右的学习就要告别校园，步入社会，进入职场，成为一名职业人。所以，从这层意义上说，中职生，尤其是实习生，可以被称为准职业人。那么，如何正确看待准职业人，要做哪些准备呢？

1. 转换角色，把握定位

由于刚从初中毕业，很多同学习惯性将自己定位为普通学生，将焦点放在学习、考试上。没有意识到虽然同在学校就读，但职业教育的特色决定了中职生的人生走向、职业规划、面临的挑战已与普通高中生大不一样。普通高中生的学习方向是考入大学，面对的是高考的检验。而中职生的学习方向是就业，面对的是企业的考核。中职生在具备企业需要的技能之余，还需具备企业看重的其他能力与品质。所以，中职生除了学习专业知识与技能外，还要将目光放长远，给自己明确的定位，多了解企业的要求，多方面培养自己的综合能力与素质，为未来就业打下良好的基础。

案 例

剪彩典礼上的意外

一位总经理第二天要参加一个剪彩典礼，秘书处安排总经理秘书准备一份讲演稿和一把剪刀。于是这位秘书在下班前准备好了讲演稿，并打印出来交给了总经理。第二天，总经理发言时发现讲演稿忘记带了，到会的其他人都望着总经理笑，这时这位秘书从自己的包里拿出备用的讲演稿，交给总经理。于是这个意外安全度过了。

总经理讲完话，该剪彩了，突然发现，剪彩的领导比预先安排的多来了一位。那怎么办呢？总不能这位领导剪完了再给那位领导剪吧，再买一把剪刀也来不及了。这时只见这位秘书又从包里拿出另一把剪刀递了过去。终于，剪彩典礼顺利地完成了。

记者会后采访了这位秘书，问她是怎么想的，如何能做得这样出色。这位秘书很平静地说："我觉得很正常啊，如果这件事没做好，总经理下台，我失业；企业形象不好，我脸上也无光啊。"

分析解读

上文中的秘书准备了两份讲稿，从而避免了领导忘带讲稿的尴尬；多准备了一把剪刀，保证了剪彩典礼的顺利进行，"这件事没做好，总经理下台，我失业；企业形象不好，我脸上也无光"的话语，体现了她准确的自我定位和良好的职业素养。

2. 中职生与准职业人的距离

做一名合格的"准职业人"，为自己制订一个又一个目标并努力去实现，就能拥有丰厚的资本，并在未来的职场找到广阔的发展天地。

案 例

1998年，尤玮，成了上海市某中职学校图书情报管理专业的一名毕业生。

和其他同学不同的是，尤玮没有丝毫的挫败感，她觉得考大学是为了就业，读职校一样可以找到合适的岗位，与其郁郁终日说什么大志难酬，不如踏踏实实走好脚下的路。步入中职校门的那一刻起，她便告诉自己，这里是一个新的起点，一样可以实现人生目标，只不过需要将自己的人生道路进行一点点调整。

参加辩论赛、演讲比赛，担任文学社社长……入学后，尤玮积极参加学校的各个社团活动，学习各种专业知识，不断提高与人交往和组织活动的能力。尤玮坦言，参加各种活动，有失败也有成功。她也渐渐明白，对自己有帮助的不是结果，而是这段经历和体验。

进入职校的第一个寒假，尤玮捧着自己的简历去区图书馆寻求实习机会。第一份实习的工作很简单：将原来手写的目录书卡输入电脑，没有限定的工作量，也不限时上交，"做多少"、"怎么做"，完全取决于个人"自觉"。熟练掌握五笔输入法的她早到晚归，总希望能多为老师分担一些，多出一点力。寒假结束时，区图书馆的馆长在实习鉴定书上认真地写下：欢迎今后的假期继续来参加志愿服务。

2002年，鲁迅纪念馆需要招聘一位讲解员，前来应聘的学生大多是名牌大学的学生，甚至还有多位研究生前来应聘。面试者需要现场讲解鲁迅纪念馆，并接受面试官的提问。此时，站在一旁做志愿者的尤玮自信地问道："可以给我一次面试机会吗？"现场的面试官说："机会对每个人是均等的，欢迎你！"听完声情并茂的讲解后，面试官们决定，无须招聘本科生、研究生，破格录取这位中职学生。

如今，她已从一名普通的中职生迅速成长为"2007年上海十佳讲解员"、中共二大会址纪念馆宣教部主任。

分析解读

中职生与准职业人究竟有多远的距离？作为职业学校且即将步入社会的一员，你是否和尤玮一样，做好了迎接职场挑战的各项准备？

3. 现在的选择，未来的发展

近几年，在就业形势日益严峻的情况下，社会上却流传着这样一句话：本科生就业不如高职生，高职生就业不如中职生。教育部发布的2015年全国中等职业学校毕业生就业情况显示，2015年全国中职学校毕业学生为515.47万人，就业学生为496.42万人，平均就业率为96.3%。由此可见，中职生在职场有自己独特的优势，要好好利用中职三年，全方位充实自己。一定要认识到，现在的选择决定未来的发展。

4. 赢在职场的捷径——良好的职业素养

近年来，人才市场出现了一个奇怪的现象：毕业生抱怨找不到好工作，而企业也感慨地说招不到好员工。不少企业的人力资源经理表示，刚接手工作就具有职业素养，而且无须多加指点就可以将工作顺利完成的毕业生，他们从未遇到过。很多企业之所以招不到满意的新人，是由于找不到具备良好职业素养的毕业生。可见，"职业素养"已成为企业对人进行评价的重要指标。如某公司在招聘新人时，要综合考察毕业生的5个方面：专业素质、职业素养、协作能力、心理素质和身体素质。其中，身体素质是最基本的，好身体是工作的物质基础；职业素养、协作能力和心理素质是重要和必需的，而专业素质则是锦上添花的。中职生，作为准职业人，将来步入社会，在职业生涯中主要凭什么取得用户、同事、上级和老板的信赖？ 是凭更丰富的经验，还是更强的专业技能，或是因为更了解规范？不是，一切都不是! 是取决于所拥有的良好的职业素养!

四、名人如是说

1）天生我材必有用，千金散尽还复来。　　　　　　　　　　　　——李白
2）越是没有本领的就越加自命不凡。　　　　　　　　　　　　——邓拓

五、我该怎么做

自主性、独立性测试

独立还是依赖是衡量一个人个性心理特征的重要标尺。独立性强的人自己作出判断，独立完成自己的工作；而依赖性强的人则处处附和众议，甚至为了取得别人的好感而放弃个人的主见。下面一组测试可帮助你了解自己的自主性如何。

1.在工作中，你愿意（　　）。

　　A.和别人合作　　　　　　　　　B.不确定　　　　　　　　　C.自己单独进行

2.在接受困难任务时，你总是（　　）。

　　A.希望有别人的帮助和指导　　　B.不确定　　　　　　　　　C.有独立完成的信心

3.你解决问题，多借助于（　　）。

　　A.和别人展开讨论　　　　　　　B.介于二者之间　　　　　　C.个人独立思考

4.在社团活动中你是一个活跃分子（　　）。

　　A.是的　　　　　　　　　　　　B.介于二者之间　　　　　　C.不是的

5.到一个新城市找地址，你一般是（　　）。

　　A.向人问路　　　　　　　　　　B.介于二者之间　　　　　　C.自己看市区地图

6.在工作中，你喜欢独自筹划而不愿受人干涉（　　）。

　　A.不是的　　　　　　　　　　　B.介于二者之间　　　　　　C.是的

7.你的学习多依赖于（　　）。

　　A.听老师讲或参加集体讨论　　　B.介于二者之间　　　　　　C.阅读书刊

评分说明：选A得1分，选B得2分，选C得3分。

7～12分：你依赖、随群、附和；通常愿意与别人共同工作，而不愿独自做事；常常放弃个人主见，附和众议，以取得别人的好感。因为你需要团体的支持以维持自信心，你不是真正的乐群者；应多培养一些自己的自主性。

13～17分：你能够在一般性的问题上自作主张，并能够独立完成，但对某些高难度的问题常常拿不定主意，需要他人的帮助。

18分以上：你自立自强，当机立断；通常能够自作主张，独立完成自己的工作计划，不依赖别人，也不受社会舆论的约束；同时，你无意控制和支配别人，不嫌弃人，但也无须别人的好感。

六、拓展延伸

案　例

狗鱼的故事

有一种鱼叫作狗鱼，狗鱼很富有攻击性，喜欢攻击一些小鱼。科学家们做了这样一个实验：把狗鱼和小鱼放在同一个玻璃缸里，在两者中间隔上一块透明玻璃。狗鱼开始攻击小鱼，但是每次都撞在玻璃上。它进行了无数次尝试，最后终于明白了，自己无论如何也攻击不到那些小鱼，慢慢地，它放弃了攻击。后来，即使实验人员拿走了中间的玻璃，狗鱼也没有攻击小鱼的行为。

分析解读

很显然，多次重复的失败已让狗鱼丧失信心和勇气，同时产生强烈的挫败感，以至于彻底放弃希望与行动。从心理学上讲，狗鱼因为重复的失败或惩罚而造成了听任摆布的行为，代表一种对现实的无望和无可奈何的行为、心理状态。

很多中职生因为过去多次在学习上或实习期间的失利，也产生了这种心理。整天无精打采，得过且过，对什么事都提不起兴趣，走起路来都有气无力，完全陷在"无助、无望、无价值感"的"三无"状态里，一蹶不振。他们忘了，过去学习不好并不代表自己永远不好，学习成绩不行并不代表别的方面也不行。

其实，中职学校的教育不再是应试教育，中职生可展示的舞台与空间很大，除了学习成绩，还有很多方面可以展示自己，如演讲、唱歌、舞蹈、动手制作等。因此，同学们完全不应妄自菲薄，让过去决定自己的现在乃至一生，而应该发展多元的自己。从某种程度上说，同学们现在的生活状态是由三年前的态度与行为决定的，而现在的态度与行为又将决定三年后的生活。所以，同学们，未来要成为什么人，就看你们现在怎么走！

七、课外阅读

（一）生命的价值

在一次讨论会上，一位著名的演说家没讲一句开场白，手里却高举着一张20美元的钞票。面对会议室里的200个人，他问："谁要这20美元？"一只只手举了起来。

他接着说："我打算把这20美元送给你们中的一位，但在这之前，请准许我做一件事。"他说着将钞票揉成一团，然后问："谁还要？"仍有人举起手来。

他又说："那么，假如我这样做又会怎么样呢？"他把钞票扔到地上，又踏上一只脚，并且用脚碾它。而后他拾起钞票，钞票已变得又脏又皱。

"现在谁还要？"还是有人举起手来。

"朋友们，你们已经上了一堂很有意义的课。无论我如何对待那张钞票，你们还是想要它，因为它并没贬值，它依旧值20美元。人生路上，我们会无数次被自己的决定或碰到的逆境击倒、欺凌甚至碾得粉身碎骨。我们觉得自己似乎一文不值。但无论发生什么，或将要发生什么，在上帝的眼中，你们永远不会丧失价值。在他看来，肮脏或洁净，衣着齐整或不齐整，你们依然是无价之宝。"

（二）企业对员工的标准

被媒体誉为"中国执行力研究专家"、国内知名战略与管理专家的周永亮博士，基于自己从事管理咨询工作十多年的思考，提出了衡量职业化程度的10项行为准则：

1）结果证明价值：永远以结果证明价值，职场没有苦劳，只有功劳，职业人就是创造业绩的。将个人目标与公司目标相连才能创造良好业绩。

2）责任造就人品：永远以责任心证明自己的人品，忠诚于事业，坚守承诺，但忠诚不仅是要做"听话的员工"。

3）能力解决问题：永远把解决问题的能力作为核心能力，而不是把知识丰富作为核心能力。解决问题的能力是职业人生存的基石，学习知识的目的是增强解决问题的能力。

4）重视日常细节：永远注意日常行为的细节，随意永远是职业人的大敌。细节，成就优秀职业人。

5）耐心对待客户：与客户打交道的过程中保持主动与耐心，不耐烦就是不职业。着眼于为客户创造价值是职业人的生存基础，主动关注客户的需求是职业人的必备素质。

6）遵守公司规范：把规范视为不可逾越的权威，逾规不等于勇敢和创新，遵守规范比勤劳和智慧更重要。

7）团队利益为重：以公司和团队的利益为重，仅仅关注自己则难以成功，通过认同力量增强团队精神。

8）精确时间观念：没有时间观念就是没有职业感。要养成良好的时间习惯，关注做事的效能是时间观念的实质。

9）沟通解决一切：将沟通能力视为不断修炼的课程，相信沟通能够解决一切，这是职业人的生存技能。

10）行为始终如一：只有始终如一，才能获得职业成功，虎头蛇尾绝对是职业人的死敌。

任务八　科学规划

一　学习目标

通过学习，明确职业生涯规划的定义，树立职业生涯发展意识，了解职业规划步骤，做出职业生涯初步规划。

二　案例分析

▶ 小故事

周杰伦的职业生涯

周杰伦（图3-2）小时候的学习不尽如人意，但他从小就对音乐有着独特的敏感。高中联考时，周杰伦抱着试试的心理考上了淡江中学音乐班。在高中时选择读音乐班，是周杰伦的一个很重要的职业规划。在音乐班的氛围里，他的音乐天赋很顺利地从个人兴趣发展成社会技能。

由于偏科严重，周杰伦没有考上大学。是先择业还是先就业？周杰伦选择了在一个餐厅做侍应生——先生存，再谋发展。一次，周杰伦偷偷地试了试大堂的钢琴，他的琴声震惊了所有人，于是周杰伦慢慢开始有了公众演奏的机会。如果周杰伦当初坚持寻找自己喜欢的完美工作——唱歌，那么，

图3-2

没有经济支持和明确方向，他的音乐之路能坚持多久？毕业后最好的职业规划选择应该是：找一份自己能做的工作，同时注意培养进入理想工作的能力，把理想工作作为长期目标来努力。

1997年9月，周杰伦的表妹瞒着他，偷偷给他报名参加了吴宗宪主持的娱乐节目《超猛新人王》，周杰伦的演出惨不忍睹。但吴宗宪惊奇地发现这个头也不敢抬的人谱曲非常复杂，而且抄写得工工整整！他意识到这是一个对音乐很认真的人，于是请周杰伦任唱片公司的音乐制作助理。

周杰伦的音乐创作曲风奇怪，没有一个歌手接受。吴宗宪有意给他一些打击，当面告诉他写的歌曲很烂，并把乐谱揉成一团。然而，吴宗宪每天仍能惊奇地看到周杰伦把工整认真的新谱子放在桌上。他被这认真踏实、沉默木讷的年轻人打动了，于是就有了周杰伦一举成名的专辑《JAY》。

分析解读

纵观周杰伦的职业发展，经历了三个时期：在校学习期间的职业培养期、餐厅打工的职业适应期和之后的职业发展期。在每个时期，他都做了很好的示范。在职业培养期，他选择了专注自己的天赋，没有被"大而全"的教育模式平庸化。在职业适应期，他明智地选择了先就业再择业，先养活自己，慢慢培养自己的能力，期待在最高平台展示的机会。在职业发展期，他调整好自己的心态，用认真、踏实的精神和态度打动公司的同时，也打动了所有的听众。这些道理都很简单，只是简单并不代表容易做。周杰伦也许有一些你我没有的天赋，但是成功的路上绝对没有偶然。

活动体验

同学们，你认为周杰伦的成功有哪些因素？你知道什么是职业生涯规划吗？毕业后你有什么打算？

三、知识链接

（一）职业生涯的含义及其特点

职业生涯特指在人生发展道路上，个体职业发展的历程，一般是指一个人终生经历的所有职位的整体历程。职业生涯可以是间断的，也可以是连续的，并具有发展性、阶段性，整合性、终生性，独特性、互动性的特点。

（二）职业生涯规划的含义

职业生涯规划又叫职业生涯设计，是指在对一个人职业生涯主客观条件进行测定、分析总结的基础上，对自己的兴趣、爱好、能力、特点等进行综合分析与权衡，结合时代特点，根据自己的职业倾向，确定最佳的职业奋斗目标，并为实现这一目标作出行之有效的安排。

（三）职业生涯规划的意义

科学的职业规划，指导自己积极进行人生价值的思考，树立正确的职业理想，了解自我，明确方向，并为之努力奋斗，有利于个人职业发展的远景规划和资源配置。

1）有助于引导学生积极思考人生价值。我是谁？从哪里来，到哪里去？人为什么活着？我要怎样活着？我要追求什么样的生活方式？

2）有助于学生了解自我，明确方向。通过认识自我和分析社会经济发展，了解社会职业需求，准确定位自己的职业方向，重新认识自身的价值，并通过努力为自己增值。

3）有助于引导学生完善自我，积极竞争。在实施职业生涯规划方案的同时，不断探索最适合自己发展的规划，及时作出调整与完善。

案 例

小王的职业生涯规划

小王刚进入高职的时候，就发现社会就业的严峻性，特别是看到很多师兄、师姐求职并不理想，使他对前途产生了迷茫感。为了使自己过得有意义，毕业时能找到一份心仪的工作，他经常与学校就业办保持联系，寻求职业规划的帮助。职业规划辅导老师让他做一个详细的职业规划，他总觉得没什么意义。"自己对自己最了解，干吗还要做一份规划呢？"就这样，小王一直到毕业时也没有进行职业规划，虽然他有自己的奋斗目标，但目标经常发生变化。看到很多有职业规划的同学纷纷找到了工作，而自己仍然无所适从。

最后，小王只有求助于职业顾问。在与职业顾问交流的过程中，小王发现很多30多岁的白领也来补做职业规划，有的甚至已经达到了一定的职位高度，却遇到了职业"瓶颈"，深受当初没有职业规划之苦。小王看到这一切深受教育，这才真实地感受到职业规划对人生的重要性，于是在职业顾问的帮助下，小王详细地做了一份职业生涯规划，并找了适合自己的工作岗位。

（四）职业生涯规划的步骤

1. 认识自我和自我定位

认识自我和自我定位的示意图如图3-3所示。

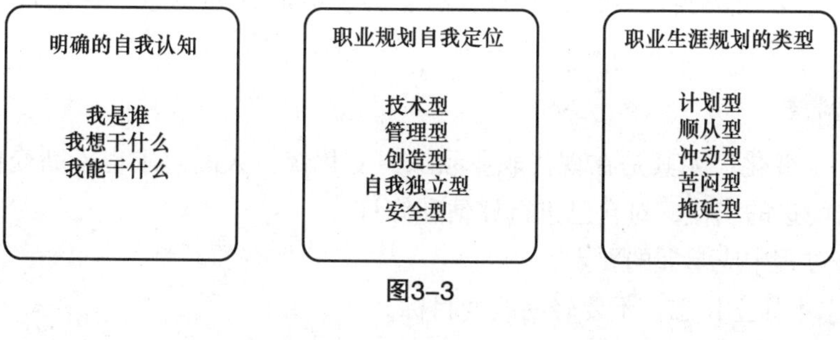

明确的自我认知	职业规划自我定位	职业生涯规划的类型
我是谁 我想干什么 我能干什么	技术型 管理型 创造型 自我独立型 安全型	计划型 顺从型 冲动型 苦闷型 拖延型

图3-3

2. 确定职业目标

职业目标可分为短期目标、中期目标、长期目标、人生目标四类。确定职业目标的过程示意图如图3-4所示。

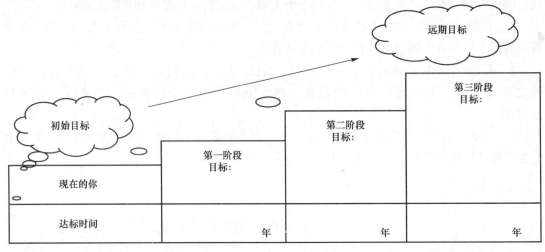

图3-4

3. 职业目标自我分析

职业目标自我分析的内容如表3-2所示。

表3-2 职业目标自我分析的内容

优势	劣势	机会	威胁
天赋 个性特征 独特的技能 能力等	个性缺陷 常犯的错误 不擅长的技能 失败的经历等	外部机会 行业前景 职业前景 升迁发展等	外部不利因素 行业不利因素 职业不利因素 从事该职业的不利因素等

4. 职业生涯设计与实施

在确定具体的职业目标后，行动成了关键环节。这里所指的行动主要是指落实目标的具体措施，主要包括教育、培训、实践等方面的措施。例如，在职业证书方面，你计划学习哪些知识，掌握哪些技能，开发哪些潜能等。在规划实施过程中，要根据情况适当调整计划，想方设法实现目标，并且要有毅力，克服外界诱惑，保证行动与努力的目标一致。

5. 反馈调整

计划赶不上变化，尤其是在现代职业领域，变化快，人的追求也不断变化，因此需要不断调整自己前进的步伐，对自己进行评估和修订。

规划调整过程中应掌握的要点：

1）常立志不如立长志，不要轻易改变目标。

案　例

图3-5所示漫画显示一个工人扛着一把铁锹走在前面，从画面上来看，他应该是想要挖一口井，可是由于缺乏一种坚持的精神，他在地上只是挖了很多个只能称之为坑的东西，有的坑只是差一点就可以挖到水了，但是，正是由于缺乏一种坚持，他并没有一直挖一口井，而是遇到没有挖到水的困难，感觉已经没有挖的必要的时候，选择了放弃目标，又一次选择了其他的目标进行下去。所以，他费尽力气，却还是一无所获，滴水全无。

挖坑了，没有水，别怪我

任务：挖井　结果：见水

执行任务有苦劳≠结果

图3-5

分析解读

这幅漫画中就是对"常立志"一类人的讽刺。常常更换自己的志向，就会带给人一种选择放弃的惯性。而这种惯性说得好听叫作灵活变换，说得难听就是没有常性，遇到困难就选择放弃，这不是一种好的习惯，而是一种懦夫的行为，也应了中国那句老话"有志之人立长志，无志之人常立志"。

1）完美的计划靠汗水和智慧实现，做事离不了信念和勤奋。

2）机会青睐有准备的人，抓住机会，促进成功。

3）成功的环境需要自己营造，怎样的态度决定成就怎样的事业。

（五）职业生涯规划的原则

1）爱岗敬业、恪守职业道德。

2）人际关系和谐融洽。人际关系和谐包括如何与上级领导相处、如何与同级同事相处、如何与下级及所服务的对象相处等。实践证明，关系和谐的工作环境将使效率倍增。

3）优化交际技能。

4）善于发现变化并适应变化。不管周围环境及人生某一阶段出现何种变化，都应善于发现其中的各种机遇并努力驾驭这些机遇。

5）认真学习相关职业知识。

6）选择就业单位前多做摸底研究。在想进入一个行业或单位前，先多下一点功夫研究其"风格"与"行为"或者人文文化是十分必要和重要的。

7）不断开拓进取，不断开发新技能。现代社会需要专业化知识及通用化技能。用长远眼光看问题，多掌握几种技能要比只精通一门狭窄的专业知识更有前景。"技不压身"就是这个道理。

（六）影响职业生涯规划的因素

1）缺乏积极的职业生涯规划意识。

2）不能正确认识社会。

3）不能正确认识自己。

4）缺乏基本的职业尝试。

四、名人如是说

1）人生的道路虽然漫长，但紧要处常常只有几步，特别是当人年轻的时候。没有一个人的生活道路是笔直的、没有岔道的。有些岔道口，比如政治上的岔口、事业上的岔口、个人生活上的岔口，你走错一步，可以影响人生的一个时期，也可以影响一生。 ——作家 柳青

2）要向大的目标走去，就得从小的目标开始。 ——列宁

五、我该怎么做

（一）小测试

（阅读本节开头《周杰伦的职业生涯》案例，结合所学内容，回答下面的问题）

1.酷爱音乐的周杰伦首先选择了在一个餐厅做侍应生，然后寻求发展机会的做法给我们的启示是（ ）。

A.在从"学校人"到"职业人"的职业生涯转变中，首先要做的是适应、融入社会

B.首次就业期望值不宜过高，先就业，再择业

C.即便实际就业岗位与规划有差距，也要脚踏实地工作

D.再择业是提高就业质量、落实职业生涯规划的好机会

答案：ABCD

2.假设周杰伦到吴宗宪的唱片公司应聘因没被录取而企图自杀，后经抢救脱离危险。不久公司向他道歉，原来他是应聘者中成绩最好的，只因为工作人员失误把成绩搞错了。此时的他自认为肯定会被这家公司录用。可没想到的是，又传来更新的消息，企业还是不准备录用他。原因是（ ）。

A.企业看重的是应聘者的专业技能

B.企业并不以应聘者的面试或者笔试成绩为准

C.企业重视应聘者的工作经验

D.企业重视应聘者的综合素质

答案：D

3.假设周杰伦从音乐班毕业后到某公司应聘，他在面试时的错误做法是（ ）。

A.就座时抬头挺胸，目视前方

B.进门后主动和考官热情握手

C.不管面试是否顺利，结束时都答谢

D.等考官示意坐下时再坐到座位上，否则不坐

答案：D

4.周杰伦做事执着认真，连曲谱都抄得工工整整，从而引起了吴宗宪的注意并得以进入唱片公司。从职业的角度看，"播种习惯，收获性格；播种性格，收获命运"这句谚语说明（　　　）。

A.习惯和性格影响会人生

B.职业性格影响职业的成败

C.人的命运完全取决于性格好坏

D.个人习惯会对职业生涯有很大影响

答案：B

5.每个人都希望自己有一个成功的职业生涯，下面属于职业生涯特点的是（　　　）。

A.发展性，每个人的职业生涯都在不断发展变化

B.阶段性，人的职业生涯分为不同阶段

C.独特性，每个人的职业生涯都有不同的地方

D.终生性，职业生涯会影响人的一生

答案：ABCD

（二）职业生涯规划——管理能力自我测验

（以下15道题，按照自己实际情况进行选择，A—"肯定"，B—"否定"，做完后将总分与结果对照）

（　　）1.习惯于行动之前制订计划？

（　　）2.经常处于效率上的考虑而更改计划？

（　　）3.能经常收集他人的各种反映？

（　　）4.实现目标是解决问题的继续？

（　　）5.临睡前思考筹划明天要做的事情？

（　　）6.事务上的联系、指令常常是一丝不苟？

（　　）7.有经常记录自己行动的习惯？

（　　）8.能严格制约自己的行动？

（　　）9.无论何时何地，都能有目的的行动？

（　　）10.能经常思考对策，扫除实现目标中的障碍？

（　　）11.能每天检查自己当天的行动效率？

（　　）12.经常严格查对预定目标和实际成绩？

（　　）13.对工作的成果非常敏感？

（　　）14.今天预先安排的工作决不拖延到明天？

（　　）15.习惯于在掌握有关信息基础上制定目标和计划？

评分说明：选A计1分，选B计0分。

0～5分：管理能力很差。但你具有较高的艺术创造力，适合从事与艺术有关的具体工作。

6～9分：管理能力较差。这可能与你言行自由、不服约束有关。

10～12分：管理能力一般。你的专业方面的事务性管理尚可。管理方法经常受到情绪的干扰是最大的遗憾。

13～14分：管理能力较强。能稳重、扎实地做好工作，很少出现意外或有损组织发展的失误。

15分：管理能力很强。擅长有计划地工作和学习，尤其适合管理大型组织。

六、拓展延伸

科学的职业规划图

正确的职业生涯，就是在正确的年龄段，做正确的事。那么，人生的不同年龄段又该怎样做正确的事呢？这跟大自然的生长规律是一样的，就是——春种、夏耕、秋收、冬藏。按照大自然的生活规律去规划你的职业生涯，你将会获得最佳的生活水平。

0～20岁：春种

从出生到参加工作，是性格及品行的学习阶段。你不一定非要考上名牌大学，甚至不一定要学习成绩多么好，而比学习成绩更重要的，是品行与性格的塑造，如自私与奉献、勤奋与懒惰、积极与消极……而此时，父母影响及家庭教育非常重要。所谓种瓜得瓜，种豆得豆，父母在孩子的心里种下什么因，孩子长大就会结什么果。

20～35岁：夏耕

刚刚参加工作，这是人生当中积累职业本领的年龄。很有意思的是，这个年龄段是人生当中应该付出最多、而回报最少的年龄段。很多人因为此时的付出与回报的"不公平"而消极怠工，要知道，这种消极对你所工作的企业的影响是很小的，而对自己一生的影响是极大的。殊不知，此时并非你回报的时候，没有搞懂，你当然会无比抱怨了。

35～50岁：秋收

如果前面的两个阶段都走得十分正确的话，基本上到了35岁以后，是人生职业快速成长的阶段。不论是创业，还是走职业经理人的路线，事业都会蒸蒸日上，收入也会非常可观。由于你已经练好了一身本领，这时候的高收入，反而对付出的要求没有之前那么高。但如果春未种、夏未耕，到了秋天，自然也就没有收成了。

50岁以后：冬藏

后半生的生命质量，并不是由后半生决定的，而是前半生。不是未来而是今天，决定了你的未来。50岁，要么痛苦终老，要么过上"好生活刚刚开始"的好日子。

最后，送给大家一句话：春若未种，夏亦未耕，秋何来收，冬又何藏？

七、课外阅读

十年后的我会怎样？

女孩18岁之前，是一个不知道自己想要什么的人，每天就在艺校里跟着同学们唱唱歌，跳跳舞，偶尔有导演来找她拍戏，她就会很兴奋地去拍，无论角色多么小。直到1993年的一天，教她专业课的赵老师突然找她谈话，她问："你能告诉我，你未来打算吗？"女孩一下子愣住了，她不明白老师为什么突然同她有什么如此严重的问题，更不知该怎样回答。老师又接着问她："现在的生活你满意吗？"她摇摇头，老师笑了："不满意的话证明你还有救，你现在想想，十年以后你会怎样？"

老师的话很轻，但是落在她心里却变得很沉重，她脑海里顿时开始风起云涌，沉默许久后她说："我希望十年以后自己能成为最好的女演员，同时可以发行一张属于自己的音乐专辑。"

老师问她："你确定了吗？"她慢咬紧嘴唇："是。"而且拉了很久的音，"好，既然你确定了，我们就把这个目标倒着算回来，十年以后你28岁，那时你是一个红透半边天的大明星，同时出了一张专辑，""那么你27岁的时候，除了接各种名导演的戏以外，一定还要有一个完整的音乐作品，可以拿给很多很多的唱片公司听，对不对？""25岁的时候，在演艺事业上你要不断进行学习和思考，另外，你还要有很棒的音乐作品开始录制了。""23岁必须接受种各样的培训和训练，包括音乐上和肢体上的。""20岁的时候开始作词作曲，并在演戏方面要接拍大一点的角色……"

老师的话说得很轻松，但是她却感到一种恐惧。这样推下来，她应该马上着手为自己的理想做准备了，可是她现在什么都不会，什么都没想过，仍然为小丫鬟、小舞女之类的角色沾沾自喜。她觉得一种强大的压力忽然向自己袭来，老师平静地笑着说："要知道，你是一棵好苗子，但是你对人生缺少规划，如果你确定了目标，希望你从现在就开始做。"

想想十年后的自己——当她意识到这是一个问题的时候，她发现自己整个人都觉醒了，从那时起，她就始终记得十年后自己要做最成功的明星。所以，毕业后，她开始很认真地筛选角色，渐渐地，她被大家接受了，她慢慢地尝到了成功的欢乐。

2003年4月，恰好是老师和女孩谈话的十周年。她不知道是偶然还是必然，她然后真的拥有了属于自己的第一张专辑——《夏天》。

这个女孩就是如今红遍全国、驰名海内外的影视歌三栖明星周迅（图3-6）。从1991年到2008年初的17年，周迅已拍摄各类题材的影视剧37部，成为32种知名品牌的形象代言人，她已获得过45个影视奖项，百花奖、金紫荆奖、金像奖、金马奖，她都先后一一问鼎，她的歌曲也深受广大歌迷的喜爱。毫无疑问，所有这些成就的取得，正是周迅牢记老师的话，孜孜以求、奋斗不止的结果。

图3-6

人生能有几个十年？只有及时地拷问自己："十年后我会怎样？"及早规划，及早行动，并且矢志不移，百折不挠，你才会拥有多彩的人生。是的，时刻想着十年以后的自己，想想十年以后会怎样，你就会离自己的理想和目标越来越近。

想一想：

1.老师的一席话改变了周迅的命运，可见职业生涯规划教育的重要性，说一说你对职业生涯规划重要性的理解。

2.为什么周迅能在这十年取得这些成就？

3.你希望十年后的自己是什么样子的？你准备如何实现？

任务九 时间管理

一、学习目标

通过学习，明确时间管理的意义；了解时间管理与自己的未来息息相关；初步学会根据自己的目标划分事情的轻重缓急。

二、案例分析

故事

罐子满了吗

在一次上时间管理的课上，教授在桌上放了一个装水的罐子，然后又从桌子下面拿出一个大约拳头大小、正好可以从罐口放进罐子的鹅卵石，当教授把石块放完后，问他的学生："你们说这罐子是不是满的？""是"所有的学生异口同声地回答说。"真的吗？"教授笑着问，然后再从桌底下拿出一袋碎石子，把碎石子从罐口倒下去摇一摇，再加一些，于是再问他班上的学生："你们说，这罐子现在是不是满的？"这回他的学生不敢答得太快。最后，班上有位学生怯生生地细声答道："也许没有满"。"很好!"教授说完后，又从桌下拿出一袋沙子，然后把沙子慢慢倒进罐子，倒完后再问班上的学生："现在你们告诉我，这个罐子是满的呢，还是没满？""没有满。"全班同学这下学乖了，大家都很有信心地回答说。"好极了!"教授再一次称赞这些学生们。称赞完了后，教授从桌子底下拿出一大瓶水，把水倒在看起来已经被鹅卵石、小碎石沙子填满了的罐子。

分析解读

1）做事要有一定的规划。如果把这个罐子比作你的一生，你可以用多种方式来完成你的生命里程。正像你填充这罐子，那些大石头就是你即将完成的大事，如婚姻、事业、家庭；那些小石头就是你生活中次等重要的事情，如读书、旅行、朋友聚会；那些沙子就是生活中的琐事，如吃饭、睡觉、刷牙洗脸；那些水就是平淡乏味的生活。

2）做事要有一定的顺序。如果说这只空杯子是你一天用来学习和玩耍的时间，石子比作学习，沙子比作你的爱好和兴趣，水比作你的游戏。我们在相同的时间里，先完成学习任务（装石子），接着可以参加自己感兴趣的活动（装沙子），最后还能挤出空余时间用来玩耍游戏（装水）。但如果倒过来，玩耍游戏占满了你一天的时间（装水），学也学不好，兴趣也没有了（无法再装石子和沙子）。

活动体验

1）通过上面的材料，你得到什么启示？

2）青春是短暂的，如何才能做到分秒必争？

3）你人生规划中的大石头是什么？

三、知识链接

（一）时间管理的定义

时间管理就是用技巧、技术和工具帮助人们在一定时间内完成工作，实现目标。时间管理并不是要把所有事情做完，而是更有效地运用时间。时间管理的目的除了要决定你该做些什么事情之外，另一个很重要的目的也是决定什么事情不应该做；时间管理不是完全地掌控，而是降低受动性。时间管理最重要的功能通过事先的规划，作为一种提醒与指引。

（二）如何有效利用时间

有人统计过，一个人如果活72岁，平均起来，他的时间分配情况大约是：睡觉20年，学习、工作14年，文娱、体育8年，吃饭6年，坐车、走路5年，化妆、打扮5年，聊天4年，看书3年，等人3年，生病3年，打电话1年。不算不知道，一算吓一跳！这个统计的确让人触目惊心，原来我们的一生当中竟有那么多宝贵的时间是浪费在毫无意义的事情上。

▶ 小测试

假设明天是星期天，这些事情是要做的，请规划一下重新排序。注：E、F、G有冲突，必须做出取舍。

（　　）A.你从昨天早晨开始牙疼，想去看医生。

（　　）B.好几天没跟家人联系了，要打个电话。

（　　）C.领导要你写一份报告，周一要交。

（　　）D.你没有干净的内衣，一大堆脏衣服没有洗。

（　　）E.上午有一个对你工作很有帮助的培训。

（　　）F.上午朋友约你上街。

（　　）G.上午你有一个兼职要面试。

▶ 小提示

请与其他同学交流，看看大家的排序是否一致。或许很难找到与自己的排序完全一致的同学，知道这是为什么吗？因为排序与个人的价值观有关，价值观不同，排序自然不一样了。尤其是E、F、G三件事情是相冲突的，此时选择就体现了核心价值观。"E"代表工作，"F"代表友情，"G"代表金钱。

从对以上事件排序中，可以发现，每个人主要从两个方面——重要性与紧急性来安排事件。著名管理学家科维据此提出了一个理论—时间管理四象限，他以重要和紧急两个不同的维度对事件进行了划分，把所有的事件分为四象限（即四种情况）：既紧急又重要（如考试、按时上课、完成作业、发烧看病等）、重要但不紧急（如目标设置、学习培训、锻炼身体、必要的人际交往等）、紧急但不重要（如某些电话、突来访客等）、既不紧急也不重要（如某些电子游戏、令人上瘾的无聊小说、上课睡觉、聊天等）。

正确的时间管理秘诀：先做重要紧急的事，多做重要不紧急的事，少做紧急不重要的事，不做不重要不紧急的事。

那么，究竟如何有效管理时间？

1）做真正感兴趣、与自己人生目标一致的事情。

2）做好记录，知道你的时间是如何花掉的。

3）使用时间碎片和"死时间"。

4）要事为先。

5）要有纪律。

6）平衡工作和家庭。

（三）时间管理应注意的问题

1. 重视时间资源

时间其实对于每个人来讲，也是一种稀缺的资源。每天只有24小时，每小时都只有60分钟，如何去利用这宝贵的时间去充实自己的人生，为自己的成功铺路，值得去思考。

案 例

农夫的一天

农夫早上起来，对妻子说要去耕地了。可是当他走到要耕的那片地时，发现耕地的拖拉机需要加油了，农夫就准备去加油。

刚想到给机器加油，又想起家里的四五头猪早上还没喂。机器没油就不能工作，猪没喂、没吃饱可是要饿瘦了。农夫决定回家先喂猪。

当农夫经过仓库的时候，他看到了几个土豆，一下子想到自家的土豆可能也要发芽了，应该去看看。农夫就朝土豆地走去。半路经过了木柴堆，想起来妻子提醒了几次，家里的木柴要用完了，需要抱一些木柴回去。

当农夫刚走近木柴堆，他发现有只鸡抽在地下，他认出来这是自己的鸡，原来是脚受伤了……

就这样，农夫一大早就出门了，直到太阳落山才回来，忙了一天，晕头转向，结果呢？猪也没喂，油也没加，最重要的是，地也没耕。

农夫忙了一天，却什么也没干成。

2. 科学和有规律地利用时间

现在经常听到一些人说"好无聊""没意思"之类的话，这是什么原因造成的呢？首先的一个原因就是自己没有目标，其次就是没有建立起时间管理的概念。

案　例

比如，想泡壶茶喝。当时的情况是：开水没有；水壶要洗，茶壶、茶杯要洗；火生了，茶叶也有了。怎么办？

办法甲：洗好水壶，灌上凉水，放在火上；在等待水开的时间里，洗茶壶、洗茶杯、拿茶叶；等水开了，泡茶喝。

办法乙：先做好一些准备工作，洗水壶，洗茶壶茶杯，拿茶叶；一切就绪，灌水烧水；坐待水开了泡茶喝。

办法丙：洗净水壶，灌上凉水，放在火上，坐待水开；水开了之后，急急忙忙找茶叶，洗茶壶、茶杯，泡茶喝。

哪一种办法省时间？我们能一眼看出第一种办法好，既有效规划了时间，又提高了效率，而后两种办法都窝了工。

3. 劳逸结合，追求效率

在充分利用时间的情况下，还要注意科学地搭配时间，要追求效率，在有限的时间内达到效率最大化。人只有在清醒的状态下做事，才会是高效率的，否则，就算我们花费再多的时间做事，效果也会很差。我们在工作中常常为了完成事先制订好的工作计划而赶进度，在集中注意力工作的同时却忽视了休息和放松，最后导致自己精力衰退，降低了工作效率。高质量的休息，就是使自己的身体和精神处在一种松弛的状态，在这样的过程中，我们的身体机能和精神状态都能够得到恢复。想要获得高质量的休息，就要做到"该做事的时候做事，该休息的时候休息"。人的注意力通常只能持续约90分钟。90分钟后，花10分钟的时间休息，在这个时间段内给自己充电或是喝杯水，做些轻松的事情，或者做你想做的某件事，都是明智之举。

▶ 小贴士

怎样才能做到劳逸结合，或者说让自己感到不累呢？

1）一定要吃早饭。如果你忽略了早饭的话，那你在早晨就无法达到最佳的工作状态。你会因饥饿而一直期盼着午饭时间的到来，而且在中午的时候容易犯困。为了提高工作效率要，早晨吃点东西是必要的。

2）沐浴晨光。早晨的阳光能够唤醒你沉睡过后懒散的身体和大脑。

3）做适量运动。每天要保持适量的步行或者慢跑，运动能减缓压力，让你的血液加速流动起来，整个人也会变得精神焕发起来。

4）除非特殊情况，否则在早晨10点前不要查看电子邮件或者是接电话。这些事情需要时间和牵扯精力，导致你的工作目标很容易被搁置在一边或者忽略。如果你能将那些不重要的事情先放到早晨10点或者是10：30后再去处理的话，你就能抓紧时间及时地完成那些重要的任务。

5）要有积极的想法。这也许看起来很简单，但是许多人无法做到这一点。不要一直想着事情最糟糕的一面，试着看看事情积极的那一面。

6）工作中适当休息。每过30～45分钟离开你的办公桌、停止你正在进行的工作、让你自己的注意力转移一下。你会发现你回来以后，在工作上有更多好的想法而且精力也更充沛了。

7）午饭后散步。或许只有短暂的10分钟也会让你整个中午的精力充沛许多。当别人还坐在那里消化午餐的时候，你已经恢复充沛的精力了。

8）不要闲谈。也许闲谈是一件很有趣的事情，它可以让你了解一些你的同事或者是上司的趣闻。但是闲谈总是一件很消极的事情，这种无聊的事情会耗费你很多的时间。

9）天天列计划。每天列出5～7个目标，将其中的3项作为你的目标。列出你要做的事情这是一个好习惯，但是列出太长的单子却不是一件很好的事情。

10）慢点回应别人的"紧急"请求。当别人要你帮助他们完成一项任务，或者是他们有一些紧急的需求需要你帮助的时候，你要学会说"你最晚需要在什么时候完成这些事情？"或者是"你什么时候需要完成这些事情？"然后再安排当天的行程。

11）感觉累了就休息。我们应该学会常常休息，在疲惫到来之前休息。只有这样才能让我们的精力一直保持旺盛，能够让我们在清醒的状态下高效率地做事。

此外，我们应该学会如何闲暇时吃紧，如何忙里偷闲。在我们闲暇的时候，甚至是无聊得有些发慌的时候，就应该给自己安排一些事情做，把一些不急于让我们解决的事情拿来思考一下，把一些早就放在案头却没有时间看的书浏览一番，为的是以后能够从容。在我们手忙脚乱，甚至是四脚朝天的时候，也能有心情来个忙里偷闲，哪怕就是坐在街心公园里面看看小孩子们玩耍，或是闭目养神的时候打开娱乐频道听听明星们的消息，为的就是获得片刻的闲暇，这样我们就不会让自己闲得无聊，或是忙碌得精疲力竭。

（四）拒绝时间管理过程中的"杀手"

国外的统计数据指出，人们在工作中，平均每10分钟会受到1次干扰，每小时大约6次，每天大约50次。平均每次打扰大约5分钟，每天大约4小时，其中，80%（约3小时）的干扰是没有意义或者极少有价值的。同时，人被干扰后重拾原来的思路平均需要3分钟，每天总共大约2.5小时。这样，每天因干扰而产生的时间损失约为5.5小时，按8小时工作计算，这占了工作时间的68.7%。

那么，究竟如何合理拒绝外界干扰，下面介绍几条基本技巧。

1）用制度拒绝干扰。比如，你正在上班时间，你的朋友打电话找你过去帮忙，你就可以说，公司有规定上班时间不能擅自离岗。

2）不要使用"还没有考虑好"、"研究研究再说"等"挡箭牌"进行拖延。

3）做事分清轻重主次。

4）学会说"不"。拒绝的态度要坚决果断，并保持和颜悦色或夹带赞赏，避免争吵。坚持"对事不对人"，争取主动的地位，拒绝后附带提出建设性的意见。

四、名人如是说

1）世界上最可宝贵的就是"今"，最容易丧失的也是"今"，因为他最容易丧失，所以更觉得它宝贵。

——李大钊

2）在今天和明天之间，有一段很长的时间；趁你还有精神的时候，学习迅速办事。

——歌德

五、我该怎么做

（一）估算工作以后的自身价值

如表3-3所示，预计一下工作以后的年收入，计算一下自己工作每分钟的价值。凡事想要进步，必须先理解现状。挑一个星期，每天记录下除课堂外30分钟做的事情，然后做一个分类和统计（如读书、聊天、社团活动等），看看自己在哪些方面花了太多的时间。一周结束后，分析一下，这一周，你的时间是否活动占了太大的比例？每天有多少时间流逝掉了？

表3-3 工作价值的计算

年收入/万元	每年工作时间/天	每天工作时间/时	每天价值/元	每小时价值/元	每分钟价值/元
2	254	8	78.74	9.84	0.16
4	254	8	157.48	19.68	0.33
6	254	8	236.22	29.52	0.48
8	254	8	314.96	39.36	0.66
10	254	8	393.7	49.2	0.80

结合上面的计算，看看自己每天浪费掉多少价值？

想一想：如何可以更有效率地安排？有没有方法可以增加效率？

小提示：如果在等车、排队、走路的同时，用来背单字、打电话、温习功课等，效果会怎样？

（二）时间管理能力测试

（以下问题请根据你的实际情况进行选择，A—"是"，B—"否"）

（ ）1.每天都留出一点时间，以供做计划和思考工作或学习如何开展。

（ ）2.做书面的、明确的远期、中期、近期计划，并经常检查计划的执行情况。

（ ）3.热爱所做的工作或所学的专业，并保持积极的心态。

（ ）4.把每天要办的事情按重要程度排序，并尽量先完成重要的。

（ ）5.在一天工作或学习开始前，已经计划好当天的工作次序，并经常检查计划执行情况。

（ ）6.用工作或学习成绩和效果来评价自己，而不单纯以工作量或是否出勤来评价自己。

（ ）7.把工作或学习的注意力集中在目标上，而不是集中在过程上。

（ ）8.每天都在向自己人生的中期、远期目标迈进。

（ ）9.习惯以小时工资或其他有效方式来计算自己的时间，浪费时间会后悔。

（ ）10.合理利用上、下学途中的时间。

（ ）11.留出足够的时间，以便处理危机和意外事件。

（ ）12.在获得关键性资料后马上进行决策。

（ ）13.将挑战性、例外性工作或其他事务都授权给他人处理。

（ ）14.注意午饭的食量，避免下午打瞌睡。

（ ）15.采取某些措施以减少无用资料和刊物占有你的时间。

（ ）16.有效地利用下级或他人协助，使自己获得充裕的时间，同时避免浪费他人时间。

（ ）17.你认为时间很宝贵，所以从不在对失败的懊悔和气馁上浪费时间。

（ ）18.尽可能早地终止那些毫无收益的活动。

（ ）19.随身携带一些书籍和空白卡片，以便在排队等待时间里随时阅读或记录心得。

（　　）20. 养成了凡事马上行动，立即做的习惯。

（　　）21. 尽量对每一种工作只做一次处理。

（　　）22. 善于应用节约时间的各种工具。

（　　）23. 当天工作或学习结束时，总要检查一下哪些没有按原计划进行，并分析原因，寻找补救方法。

（　　）24. 将重要的工作或学习安排在你效能最佳的时间做。

（　　）25. 定期检查自己的时间支配方式，以确定有无各种时间浪费的情形。

评分说明：选择A得1分，选择B得0分。

总分为21～25分，说明你的时间管理能力很强；

总分为16～20分，说明你的时间管理能力一般，有待进一步提高；

总分在16分以下，说明你的时间管理能力很弱，有待大力提升。

六、拓展延伸

买土豆的故事

两个同龄的年轻人同时受雇于一家店铺，并且拿同样的薪水。

可是一段时间后，叫阿诺德的那个小伙子青云直上，而那个叫彼得的小伙子却仍在原地踏步。彼得很不满意老板的不公正待遇。终于有一天他到老板那儿发牢骚了。老板一边耐心地听着他的抱怨，一边在心里盘算着怎样向他解释清楚他和阿诺德之间的差别。

老板开口说话了："彼得先生，您现在到集市上去一下，看看今天早上有什么卖的。"彼得从集市上回来向老板汇报说，今早集市上只有一个农民拉了一车土豆在卖。"

"有多少？"老板问。

彼得赶快戴上帽子又跑到集上，然后回来告诉老板一共40袋土豆。

"价格是多少？"

彼得又第三次跑到集上问来了价格。

"好吧，"老板对他说，"现在请您坐到这把椅子上，一句话也不要说，看看别人怎么说。"

阿诺德很快就从集市上回来了，向老板汇报说到现在为止只有一个农民在卖土豆，一共40口袋，价格是多少，土豆质量很不错，他带回来一个让老板看看。这个农民一个钟头以后还会弄来几箱西红柿，据他看价格非常公道。昨天他们铺子的西红柿卖得很快，库存已经不多了。他想这么便宜的西红柿，老板肯定会要购进一些的，所以他不仅带回了一个西红柿做样品，而且把那个农民也带来了，他现在正在外面等回话呢。

此时老板转向了彼得，说："现在您肯定知道为什么阿诺德的薪水比您高了吧？"

想一想

阿诺德的薪水为何要高？同样买土豆，阿诺德与彼得有什么不同？

分析解读

彼得只是机械地执行老板的指令，而阿诺德却全面和灵活得多，不仅完成了老板的任务，还超额完成了老板其他的工作。同样的时间里，两个人的工作量与效果完全不一样。他们两人未来谁在公司更有发展，答案是不言而喻的。在职场，老板追求的是用最少的成本获得最大的利益，"高效能"是老板非常重视的一种职业素养。所以，应谨记：永远没有时间做所有的事，但永远有时间做对的事！

七、课外阅读

北京统一食品的夺奖计划时间安排表

北京统一食品正面临着新一代的低端袋面的上市，在全国开展铺货竞赛，同时进行主打产品小浣熊干脆面的换卡促销活动（"小浣熊"主要靠面袋内赠送的精美卡片吸引中小学生）。当区域刘经理宣布完公司的决策之后，所有的K/A组业务代表都是一片唏嘘声，大家都认为在公司规定时间内完成两项工作是不可能的。刘经理面带微笑吩咐文员小李给大家发了一张《夺奖计划时间安排表》：

6：00，到附近的早市去作展售。到的时候，公司的厢式货车和两位住在附近的同事已经到位4。

7：10，和两位同事一起帮助汽车驾驶人布置好展售的工具后，早餐。

7：30，迅速奔赴附近的小学开展小流熊换卡的宣传和卡片兑奖活动。

7：50，赶到分公司开早会，准备拜访客户要带的POP和活动用的奖品、宣传品。

8：30，奔赴各自区域，开展正常的业务拜访。

11：20，和两位负责邻近区域的同事集中在某学校门口，开始搞活动。

12：30，和两位同事一起午餐，休息。

13：30，和两位负责邻近区域的同事集中在第三所学校门口，开始搞活动。

14：00，赶回各自区域，开始进行正常的业务拜访。

16：30，赶到当天的第四所学校，开始活动。

18：00，回分公司交单、总结、开会。

同时，在周六、周日的时候，财务人员还配合K/A组的同事，积极开展大型商场的促销活动，而所有的业务代表则同仓管组的同事联手开展社区展售。

在一个月的时间里，零售组八位业代和K/A组的三位业务代表加上公司其他人员的配合，在正常业务拜访之外，共计搞了商场促销24场，集市和社区展售38场，学校活动115场。高密度的地面宣传，有力地保证了新品铺市的顺利进行和"小流熊"系列卡片的成功切换。该区域最终拿了全国铺货银奖。

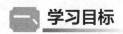

任务十 学习发展

一、学习目标

通过学习，明确终身学习的必要性；了解终身学习的几种方法；学会初步制订学习计划。

二、案例分析

● 故事

樵夫砍柴

有一个年轻的樵夫到山上砍柴，不久，另一位老樵夫也来了。到了傍晚，年轻的樵夫发现，老樵夫虽然比他到得晚，砍的柴却比他多，于是，他决定明天要更早到山上去砍柴。

第二天，年轻的樵夫很早就到了，他心想："这次我砍的柴一定比他多。"没想到，当他挑着柴回到柴房时一看，老樵夫砍的柴还是比他的多。

第三天，年轻的樵夫决定，他不但要比老樵夫早到，还要比他晚下山，他心想："这次自己所砍的柴肯定比他多。"没想到，这一天，老樵夫砍的柴还是比他多。第四天、第五天也是一样。

到了第六天，年轻的樵夫终于忍不住了，他问老樵夫："我不仅比你早到，而且比你晚下山，更比你有力气，为什么我砍的柴还是比你少？"

老樵夫拍拍他的肩膀说："年轻人，我每天下山回到家后，第一件事就是磨斧头，可是你下班回到家后，却因为太累就只顾着休息，斧头都被你砍钝了，所以，虽然我比你老，比你晚到，比你早下山，但是我的斧头却比你的锋利，我只要砍五下，树就倒了，你却要砍十几下，树才会倒。"年轻人终于恍然大悟。

▷ 分析解读

在过去，或许只要努力砍柴就能生存，而现在只砍柴是不够的，还要边砍柴边磨斧头，不断地充实自己，才能不被社会淘汰。人在努力的过程中，不能忘记成长，所以要一边做事，一边充实自己。

▷ 活动体验

1）老樵夫比年轻樵夫砍柴多的原因是什么？

2）年轻樵夫早起晚归地砍柴，为何还是没有老樵夫砍的柴多？

三、知识链接

（一）终身学习——时代需求

社会是一所你不得不上、不上不得的大学。在竞争日益激烈的职场中，如果以为找到一份工作就可以高枕无忧、一劳永逸的话，那就大错特错了！随着科技发展的日新月异，我们必须要明白：在校园内所学到的知识只是一些基础性知识，一把继续学习的钥匙。必须能够用这把钥匙打开社会学知识的大门，捡拾涉及你生存和发展的最需要的知识财富。否则，你很快会成为新的"文盲"。只要你不学习，就会落伍；只要你落伍，就会被淘汰。要想使自己升级升值，就必须增加"内存"，提高速度。著名作家王蒙这样论学习："学习是一个人真正的看家本领，是人的第一特点、第一长处、第一智慧、第一本源，其他一切都是学习的结果、学习的恩泽。” 因此，终身学习不仅仅是一句口号，更需要付诸实际行动，唯有终身学习，不断充电，才能不被时代的洪流淹没。

案例

德国79岁老太太成博士

在离德国科隆不远的西比希城，约翰娜·玛克司夫人可是一个响当当的人物。1994年，当时70岁高龄的她，经过长达6年的刻苦攻读完成了学业，并以优异的成绩获得了科隆大学的教育学硕士文凭。9年之后的今天，玛克司夫人又在年近八旬时，完成了长达200页的博士论文，论文的题目是："如何度过晚年——学习使老人永远充满活力"，最后被科隆大学授予教育学博士学位。小城的市民们，无不对这位孜孜不倦的老人赞叹不已，由此她还当选为该城"最伟大女性"。而前不久，玛克司夫人作为嘉宾，参加了德国著名电视主持人迪沃累克主持的一次脱口秀节目，于是全国范围的观众都认识了这名戴着大框架眼镜、说话有条不紊又颇富幽默感的老人。

玛克司夫人退休之前长期在一家公司任职，是一个活跃、开朗的女士。退休之后，不甘寂寞的她先是上了一个法语班，后来在报上看到科隆大学招收老年大学生的广告，便勇敢地报名成为正式大学生，当时她已满65岁。她披露，第一学期的学习让她最难以适应。因为小时候上中学时，课程和课表都是由学校或教师制定的，而这回，一切都得自己安排。在度过最初的难关之后，她越学干劲越大，而且凭借着年轻时积累的丰富知识和打下的良好的学习基础，成绩居然在班上经常遥遥领先。平时她和年轻人一样身穿运动装或牛仔服，还常常和同学们一起参加游戏或体育运动。她坚持每周参加一次。她在入学的第三年就学会了电脑操作，还积满了所需要的足够学分。不过她并不忘记时不时忙里偷闲回家操持家务，并尽量抽空陪伴夫君进餐。同学们惊奇地发现，在她念书期间，竟然做到了学习、家庭两不误！

玛克司夫人的博士论文研究的是老年妇女如何才能安度晚年。玛克司夫人曾深入多个养老院和普通家庭，采访了34名终身学习的老年妇女。由于她是她们的同龄人，她们几乎毫无例外地向她倾诉了二战遗留在自己心灵深处的创伤，以及进入老龄之后感觉到的孤独、失落等负面情绪。而正是老年时代孜孜不倦的学习，她们的晚年生活异常充实和快乐，有的还因此而克服了酗酒、吸毒或依赖药物。她认为，进入老年后大脑的"锻炼"尤为重要，如背诵歌词和外语单词就是很好的锻炼大脑的方式。在论文中她强调，每个人都会变老，这是不可避免的自然规律，但如何度过晚年却可以由自己决定。除了坚持学习外，另一关键是坚持运动。她建议所有老人都选择至少一种力所能及的运动，并力图避免只说不做。她的口号是：天天锻炼，使自己年轻10岁！

时下，玛克司夫人每天都会收到大量来信，其中也不乏来自年轻人的。一名30多岁的少妇在信中写道：听了您老人家的故事，我们再也不怕变老啦！

（二）学会学习，避免成为"功能性文盲"

学会学习，这问题提得似乎很奇怪。我们已经从小学读到初中，如今又已经升入了职业学校，加起来足足读了10年书了，难道我们竟还不会学习？但事实确实如此。有些计算机专业的毕业生，到单位一上机，就傻眼了，说这个软件我没学过。有些学生在学校里的外语成绩是"优"，但到单位里跟外国人打交道，硬是一句话也说不出来。再有，一些毕业生在单位里做了一阵子，也干得好好的，结果还是被炒鱿鱼，经理说，公司业务发生了变化，你难以胜任新的工作。我们将这些受过一定的教育，有基本读写算能力，却无法利用现代工具和生活设施，很难适应时代需求变化的人，称为"功能性文盲"。为了不使自己成为"功能性文盲"，唯一的办法就是学会学习，培养学习的兴趣与习惯，掌握新时代的学习方法，将学习当作终生最基本的生存能力。在职业学校学习知识与技能，一个很直接的目标便是要能应用到工作实践中去，在未来的职业岗位上能直接派上用场，更能胜任单位交给的各项任务。

案 例

著名经济学家于光远活到老学到老

我国著名经济学家于光远先生可以说是位活到老、学到老的典范，于先生86岁开始使用电脑，86岁建立了自己的网站，现在又打算当"博客"。不想落后于时代的于光远，以乐观的生活态度治学为文、安度晚年。

据《北京晚报》报道，头顶"著名经济学家"桂冠的于光远，晚年又开始攀登文学高峰，散文出手不凡，自诩"21世纪文坛新秀"。90岁之前，于老出版了75部著作，其中包括散文集《古稀手迹》《墙外的石榴花》《我眼中的他们》《周扬和我》《我的编年故事》等。

晚年的于光远每天花大量的时间坐在电脑前，除了吃饭、睡觉，他基本都在电脑上写着、学着、玩着、快活着。他表示，不过百岁生日，要出百部著作。

（三）学习计划，奠定学习的高度

工作之后的学习，与学生时代最大的不同在于主动选择的余地更大。读书时很多人都对枯燥的必修课不感兴趣却不得不接受填鸭式的教育。当一个人必须以读书和考试为"主业"时，往往不太能感受到它的美好。进入职场之后，经过了从学生向职场新人的转型，开始一个人面对未来，这时候对于自己欠缺什么，会比学生时代有更清楚的了解，选择学习什么的自由度也大了许多。

1. 制定学习计划的四要素

制订学习计划应该包括四个方面的要素：目标、时间、任务、方法或措施，即为什么做、做什么、什么时间做、怎么做。

2. 制订学习计划应该注意的问题

1）学习计划要符合实际情况；

2）目标任务的确定要从实际出发，切实可行；

3）学习内容要具体，尽可能量化；

4）学习任务的安排要主次有别，考虑全面；

5）时间安排要合理，符合生理记忆规律；

6）长计划和短安排相结合，灵活多变；

7）积极寻求他人的指导和帮助，听取别人的意见；

8）计划制订后最重要的是要落实到行动上。

案 例

20世纪最著名的物理学家爱因斯坦，童年时并不显得聪明，3岁时才学会说话，父母曾一度认为他是一个傻子。上学后，有位老师对他父亲说："你的孩子将一事无成"，甚至勒令他退学。16岁时，他报考苏黎世大学，又因成绩差而名落孙山。但他并不灰心。通过勤奋学习，成了杰出的物理学奠基人。曾有青年问他是怎样成功的，他写下了这样一个公式：$A=X+Y+Z$（A代表成功，X代表勤奋学习、工作，Y代表好的学习方法，Z代表少说废话）。

（四）终身学习，了解有效途径

1. 在实践中学习

许多毕业生就业后总抱怨工作累、紧张，没有时间学习。这只能说明，他们还不懂得什么叫学习。毛泽东早就告诉我们："读书是学习，使用也是学习，而且是更重要的学习，我们常常不是先学好了再干，而是干起来再学习，干就是学习。"有的大学毕业生至今还不会学习，以为必须有课堂、有书本、有老师、有作业才是学习。岂不知，在工作岗位上，岗位就是课堂；工作程序、规则和工作过程就是书本；同事和师傅就是老师；业务活动策划书、工作过程日志和经过思考后的总结就是作业。会学习的员工必是工作学习的有心人，他们会用心工作、用心思考、用心总结，因而，上路快、进步快、成功快。他们从不抱怨没有时间学习，而是处处留心、处处学习。所谓处处皆学问就是这个道理。

在学习的整个流程里，实践处于至高无上的地位。种种事实证明，获得能力与知识有本质的不同，知识可以告知，但能力、素质不能被告知，不能被灌输，只能靠实践、靠感悟。彼得·圣吉认为："只是吸收知识、资讯并不是学习，真正的学习必定修正行为，也就是修行修炼"，"只有身体力行，才能成为真正的学习者！"孔子早就说过："学而时习之，不亦乐乎。"

2. 向他人学习

孔子说："三人行，必有吾师"。

1）向身边的优秀者、成功者学习。英国剧作家萧伯纳说过"我有一个苹果，你有一个苹果，交换以后，我们还是拥有一个苹果；但是，我有一个思想，你有了一个思想，交换以后，我们就会拥有两种思想。"多与优秀者、成功者交朋友，学习他们的先进思想和学习方法将受益匪浅。

2）向竞争对手学习。有句话说得好："真正认识你的人，除了你的朋友，就是你的对手。所以要重视你的对手，因为他最早发现你的过失；要感谢你的对手，因为他使你强大起来。"

3）向顾客学习。杰出的员工往往是顾客最佳的听众。大部分发明和灵感多来自市场的顾客，因为他们是产品的最终使用者和检验者，最有发言权。

4）向同事学习。生活中有许多人内心虽然承认别人的方法好，但是碍于面子，不愿意向别人请教，只能自己一点一点摸索。其实，真诚地向他人请教是成功的捷径。牛顿说过："我之所以成功，是因为站在巨人的肩膀上。"每个人的发展亦是如此，借鉴别人的方法和经验并不可耻，单位的传帮带、工作经验交流等活动都说明企业界非常希望员工能借鉴别人的方法和经验。

5）向比你差的人、后辈、孩子学习。

案 例

> 有一天，一位老师到北京某中学去参观，看到一个男生拿气筒往可乐瓶子里充气，瓶子里还有水，老师很疑惑，不禁问道："你做什么呢？"
>
> 男生说："我在做神舟五号的实验呢！"
>
> 老师更好奇了："这个东西和神舟五号有什么关系？"
>
> 他很得意地说："你看我这个也能发射上天！"
>
> 真的，不一会儿那个可乐瓶子就嗵的一声上天了，达到三四十米高。

分析解读

不耻下问既是一种美德，更是一种优秀的学习观念。往往比你差的人、后辈和孩子另有一种你所不知或不熟悉的知识领域及思维方式。因为他们不仅思维活跃，还有丰富的生活以及适应市场经济的多种能力。向没有经验的新人学习，在理论上，这叫"反哺文化"。

3. 向外界学习

1）要有开阔的视野，注重参加公司的外部培训学习，对外界有所了解。

2）利用各种渠道进行学习。

人人身边都有座无形的"学校"，构建这座无形学校的媒体，主要有电视、广播、录像、计算机网络、书籍、杂志、报纸等。互联网是人类知识智慧的汪洋大海，要充分利用互联网学习。但要学会搜索信息、鉴别信息、捕捉信息和储存信息，最重要的是使用信息。另外还要善于"清仓查库"，删除垃圾。

案 例

> 小谭是一家建筑公司的送水工，在很多人的眼里，这是一份很低级的工作。可是，几年后，他成了该公司的副总经理。
>
> 小谭当送水工的时候，并不像其他送水工那样一边搬水一边抱怨自己的工资太低。他每次给工人的水壶倒满水后，都会在工人闲暇之时，让他们讲解关于建筑的各项工作。很快，小谭引起了建筑队长的注意。两周后，他当上了计时员。
>
> 当上计时员的小谭更加勤奋，他总是早上第一个来上班，晚上最后一个离开。由于他对所有的建筑工作如打地基、垒砖、刷泥浆等非常熟悉，所以当建筑队的负责人不在时，工人们总喜欢问他。一次，负责人看到小谭把旧的红色法兰绒撕开包在日光灯上，以解决没有足够的红灯来照明的困难，负责人立即决定让这位勤奋好学、爱动脑筋的年轻人做自己的助理。当上助理后，他仍然勤奋地工作。现在，他已经成为该公司的副总经理。

工作之后，好的学习培训机会，常常会变得弥足珍贵。为了迎接更美好的未来，职场人士一定不要做井底之蛙，要努力开阔自己的视野，"会当凌绝顶，一览众山小"。

4. 注重自我反思

做事的时候要善于反思自己，不但失败了要反思，成功了同样需要反思。有人说，人生的经历是一笔财富。的确，只有那些对自己的经历进行充分、深入思考和感悟的人，人生的经历方能称得上是一笔巨大的精神财富。

案　例

> 宋朝的苏东坡，年轻时就已是知识渊博、人见人夸的青年才俊，日子一久，不免自满起来。一天苏东坡在书房门上贴了一副对联：『识遍天下字』，『读尽人间书』。苏东坡的父亲苏洵看了，担心儿子自大，不知求进，又怕撕下对联伤了儿子的自尊心，于是提笔在对联上各加了两个字：『发愤识遍天下字』，『立志读尽人间书』。苏东坡回来，看见父亲的字，心中十分惭愧，从此虚心学习，有了非凡的成就。

这个小故事告诉我们，吾生有涯，而知无涯。掌握本领是无止境的，决不能轻易言满。这是因为，整个世界是无限的，是不断变化的，人们的认识也在实践的基础上不断深化、扩展、向前推移。我们不可能有足够的精力去掌握浩如烟海的知识，无数事实证明，知识永无止境。即使再退一步，如果当时掌握了某个方面的"绝对真理"，他的这项知识就满了吗？当然没有，因为世界是在变化的，在某一时刻是真理，而在其他时候也许就不再是真理了。我们应该在取得一定成绩后，继续向着更大的目标前进，这样才能取得更大的、更多的成绩。

对学习不感兴趣，或是"忙得没工夫看书"的人，终会被时代的激流所淘汰。学如逆水行舟，不进则退。

四、名人如是说

1）唯一能持久的竞争优势是胜过竞争对手的学习能力。　　——壳牌石油　盖亚斯

2）在寻求真理的长河中，唯有学习，不断地学习，勤奋地学习，有创造性地学习，才能越重山跨峻岭。　　　　　　　　　　　　　　　　　　　　——华罗庚

3）未来的文盲不再是不识字的人，而是没有学会学习的人。

——未来学家 阿尔文·托夫斯

五、我该怎么做

学习能力测试

本测试可用来测验你的学习能力。本测试由20道题组成，每个题目只有一个正确答案，请选择最符合自己实际状况的答案，然后填写括弧内。其中：A—非常符合，B—有点符合，C—无法确定，D—不太符合，E—很不符合。

（　　）1.我习惯记下阅读中的不懂之处。

（　　）2.我经常阅读与现在专业无直接关系的书籍。

（　　）3.在观察或思考时，我会多角度培养我的思维。

（　　）4.我在作笔记时，把材料归纳成条文或图表，以便理解。

（　　）5.听人讲解问题时，我会眼睛注视着讲解者。

（　　）6.我注意归纳并写出学习中的要点。

（　　）7.我善于运用较新的手段解决问题。

（　　）8.我不喜欢一成不变的生活方式。

（　　）9.我经常查阅字典、手册等工具书。

（　　）10.认为重要的内容，我格外注意听讲和理解。

（　　）11.阅读中若有不懂的地方，我非弄懂不可。

（　　）12.我会联系其他学科内容进行学习。

（　　）13.阅读中认为重要或需要记住的地方，我就画上线或做上记号。

（　　）14.我善于吸取别人好的学习方法。

（　　）15.我对需要牢记的公式、定理等关键部分会反复进行记忆。

（　　）16.我喜欢观察实物或参考有关资料进行学习。

（　　）17.我能够制订出切实可行的学习计划。

（　　）18.我喜欢了解自己不知道的东西。

（　　）19.遇到自己不知道的事情，我能够主动地请教他人。

（　　）20.我能够较快地掌握新的工作方法。

评分说明：选择A得5分，选择B得4分，选择C得3分，选择D得2分，选择E得1分。得分为20～40分，学习能力差；41～60分，学习能力一般；61～80分，学习能力良好；81～100分，学习能力优秀。

六、拓展延伸

（一）学习发展的个人特质

1. 学习意识

对新知识、新技能具有强烈的渴求，积极利用多种途径为自己创造学习机会。

2. 经验总结

善于总结成功和失败的经验，以寻找提高自己能力的途径。

3. 缺口分析

善于分析自身的知识和工作要求的差距，并快速采取行动弥补之。

4. 学习过程

善于利用多种途径为自己创造学习机会，不断尝试新的学习方法。

5. 学习目标

能够将个人学习目标与职业生涯规划相结合，并制订相应的学习计划。

(二）学习发展的等级

A−1级：很少主动地学习新知识、新技能，对于公司给予的培训以消极的态度面对；不愿意就自己不明白的问题向上司或是下属请教；很少会总结自己的经验。

A−0级：能有意识地学习一些新知识、新技能，也能够接受企业给予的培训；愿意就自己不明白的问题向上司请教；经常性地会总结一些工作经验，认为不断学习是职业生涯中重要的一环。

A+1级：对新知识、新技术、新领域保持关注，并乐于尝试新方法；以学习为乐，不耻下问，愿意就自己不了解的问题向下属请教；定期对工作做阶段性的总结；在制订业务发展计划时，考虑业务内容对员工知识技能要求的变化，并考虑相关应对措施；当工作内容发生变化时，积极主动弥补自己缺乏的知识与技术；将工作视为重要的学习过程。

A+2级：有强烈的学者心理，对于新技术、新领域保持高度的热情，提倡在发展中不断学习，在学习中不断促进发展；经常性地总结经验，增加学识，提高技能，以获得未来有利的发展。

七、课外阅读

由普通工人到大国工匠

图3-7

李超（图3-7），现任鞍钢股份公司冷轧厂4号线设备作业区作业长，鞍山钢铁集团公司特级技师，鞍钢技术专家，长期从事生产一线的设备改造、设备保障及研发工作。他充分发挥自己在机械方面的技术特长，紧跟鞍钢技改和调品步伐，通过发明创新解决各种设备和技术难题，为企业产品升级、技术进步作出了突出贡献，为身边的同事起到了榜样示范作用。参加工作以来，李超先后解决生产难题260多项，获得国家科技进步二等奖1项，国际、国家发明展览会金奖2项，辽宁省及鞍山市自然科学学术成果奖各1项，获国家发明专利7项，专有技术4项，65项成果获鞍钢集团和厂以上奖励，创造经济效益1. 5亿元，被鞍钢公司聘任为特级技师。在第八届中国发明创业奖评选中，被授予发明创业奖的"当代发明家"称号。曾荣获全国劳动模范、全国优秀共产党员、全国时代楷模、全国五一劳动奖章、辽宁省时代楷模、辽宁省五一劳动奖章、鞍山市劳动模范、鞍钢集团劳动模范、鞍钢集团十大杰出青年及鞍钢集团青工技能大赛状元等20多项荣誉称号。

20多年来，李超一直坚持不懈地学文化、学技术。他不断认识到：企业越发展，越需要工人有文化、有技术。李超特别信奉终身学习的理念，多年坚持不懈，始终如一。从1989年开始，他用时8年从业余高中补习班学起直到鞍钢工学院本科毕业，每天的生活轨迹就是工厂—学校—家、家—学校—工厂，周而复始。李超不仅爱学习，爱技术，还爱企业，爱职工，他深知一朵花开不是春，百花齐放春满园。这些年来，他将所学无私地传授给他人，影响了一批青年人，也带领了一批青年人成长为企业的技术骨干。他的团队先后累计完成改革创新项目553项，共培养出作业区管理者4名，点检长、区域工程师等专业技术人才12名，青年技术骨干30多名，李超创新工作室仅2014～2015年合计创效2 733.40万元。

这是一个弘扬和传承大国工匠精神的年代，匠心筑梦，职校的学子要志存高远、脚踏实地，将个人梦想融入国家梦、民族梦，用专注和坚持打造专业精神、敬业精神；特别是要牢固树立和自觉践行敬业守信、精益求精的职业精神，积淀职业素养，努力成为一名名副其实的青年工匠、大国工匠；用学习和奋斗圆梦，增强行行出状元的自信，做到干一行、爱一行、专一行。

第四单元　职业礼仪

任务十一　职业形象

一、学习目标

通过学习，掌握职业形象的含义；了解职业形象在职场中的重要性；树立职场形象意识，培养在日常生活中养成正确职场形象的习惯。

二、案例分析

案　例

空姐的十二次微笑

飞机起飞前，一位乘客请求空姐给他倒一杯水吃药。空姐很有礼貌地说："先生，为了您的安全，请稍等片刻，等飞机进入平稳飞行后，我会立刻把水给您送过来，好吗？"

15分钟后，飞机早已进入了平稳飞行状态。突然，乘客服务铃急促地响了起来，空姐猛然意识到：糟了，由于太忙，她忘记给那位乘客倒水了！当空姐来到客舱，看见按响服务铃的果然是刚才那位乘客。她小心翼翼地把水送到那位乘客跟前，面带微笑地说："先生，实在对不起，由于我的疏忽，延误了您吃药的时间，我感到非常抱歉。"这位乘客抬起左手，指着手表说道："怎么回事，有你这样服务的吗，你看看，都过了多久了？"

接下来的飞行途中，为了补偿自己的过失，每次去客舱给乘客服务时，空姐都会特意走到那位乘客跟前，面带微笑地询问他是否需要水，或者别的什么帮助。然而，那位乘客余怒未消，摆出一副不合作的样子，并不理会空姐。临到目的地时，那位乘客要求空姐把留言本给他送过去，很显然，他要投诉这名空姐。此时空姐心里虽然很委屈，但是仍然不失职业道德，显得非常有礼貌，而且面带微笑地说道："先生，请允许我再次向您表示真诚的歉意，无论您提出什么意见，我都将欣然接受您的批评！"那位乘客脸色一变，嘴巴准备说什么，可是却没有开口，他接过留言本，开始在本子上写了起来。

等到飞机安全降落，所有的乘客陆续离开后，空姐本以为这下完了。没想到，等她打开留言本，却惊奇地发现，那位乘客在本子上写下的并不是投诉信，相反，是一封给她的热情洋溢的表扬信。

在信中，空姐读到这样一句话："在整个过程中，你表现出的真诚的歉意，特别是你的十二次微笑，深深地打动了我，使我最终决定将投诉信写成表扬信。你的服务质量很高，下次如果有机会，我还将乘坐你们的这趟航班！"

分析解读

微笑是一个人最基本的礼仪，它是一种无声的语言，能弥补裂痕。真正的微笑应发自内心，渗透着自己的情感，表里如一。毫无包装或矫饰的微笑非常有感染力，被视作"参与社交的通行证"。

活动体验

1）同学们，是什么原因导致乘客对空姐不满的？

2）此时，乘客的心情是怎样的？

3）这位空姐是怎样做的？

4）从空姐和乘客的对话中，你体会到什么？

5）如果你是这位空姐，你会怎么想？接下来的旅途你会怎么做？

6）到底是什么让乘客最终改变了决定？

三、知识链接

（一）职业形象的定义

职业形象，是指人们在职场中公众面前树立的形象。职业形象具体包括外在形象、品德修养、专业能力和知识结构四大方面。它通过人们的言谈举止、衣着打扮反映出的专业态度、专业技术和专业技能等。

如果把职业形象比喻为大厦的话，外表形象好比大厦外表上的马赛克一样，知识结构就是地基，品德修养是大厦的钢筋骨架，沟通能力是连接大厦内部与大厦外界的通道。

（二）职业形象的重要性

比较上下两组图片，你的感受有何不同？

第一组（图4-1）：

图4-1

第二组（图4-2）：

图4-2

通过比较，我们不难看出，不同的形象，带给人的感受迥然。我们处在一个竞争的时代，面临的竞争正在变得越来越激烈。以前我们更多地感受到的是一个产品的竞争，而现在的竞争越来越转向人力资源的竞争。在如今激烈的职场较量中，职业形象越来越密切地和职业成功挂起钩来。提升企业形象，提高员工素质和技能将变成企业和个人发展的重要的核心竞争力。因为良好的职业形象，不仅表示着对客户和他人的尊重，也会让自己显得挺拔而自信；还能够增加竞争实力，提升品牌价值，提高职业自信心。企业或个人的成功与失败很大程度上也取决于职业形象。如果不注意个人形象，因此形成负面影响，势必给公司或企业的顺利发展造成障碍。总之，职业形象就像职业生涯乐章上跳跃的音符，合着主旋律会给人创意的惊奇和美好的感觉，脱离主旋律则会打破和谐，给职业发展带来负面影响。只有当一个人真正意识到了个人形象与修养的重要性时，才能体会到职业形象给你带来的机遇有多大。如果注意到了这一点，那么你已经成功了一半。

案　例

理发师的建议

日本的著名企业家、跨国公司"松下电器"的创始人，松下幸之助从前不修边幅，企业也不注重形象，因此企业发展缓慢。一天理发时，理发师不客气地批评他不注重仪表，说："你是公司的代表，却这样不注重衣冠，别人会怎么想，连人都这样邋遢，他的公司会好吗？"从此松下幸之助一改过去的习惯，开始注意自己在公众面前的仪表仪态，生意也随之兴旺起来。现在，松下电器公司的各种产品享誉天下，与松下幸之助长期率先垂范，要求员工懂礼貌、讲礼节是分不开的。

（三）职业形象的标准

1. 职业形象的基本标准

职业形象的基本标准：与个人职业气质相契合、与个人年龄相契合、与工作环境相契合、与工作特点相契合、与行业要求相契合。个人的举止更要在标准的基础上，在不同的场合采用不同的表现方式，在个人的装扮上也要做到在展现自我的同时尊重他人。

2. 常识：十种常见职业在着装等方面的形象标准

（1）服务人员。干净整洁，不施浓妆。使用普通话，善用礼貌用语，口齿清楚。微笑而不做作。服装色彩要注意搭配，一般上装颜色浅，下装颜色深，以稳重为主。不要穿过于休闲与家庭化的服装。

（2）操作技术人员。穿着整齐、干净，服装式样款式多为工装、制服。女性以短发为主。

（3）管理人员。穿着不一定要时髦，却一定要大方，甚至略显成熟也无妨。与人交往是工作的核心，故而待人接物要和蔼可亲，耐心周到。

（4）文秘人员。多为女性，讲话声音甜美亲切，穿着端庄大方，举止有分寸。制服与职业套装为服装主体，配饰物可点缀出活泼与可爱。

（5）宣传人员。企业形象代言人，语言要求表达清晰，普通话要标准。与人交谈掌握分寸，凸现体面、大方。着装以职业套装为主，不宜穿戴过多或过于贵重的饰物。

（6）设计人员。穿着自由，舒适自然，张扬个性。但面试时要考察招聘单位的企业文化，不要穿着前卫的服装。

（7）销售人员。穿着代表公司的形象，应体现出明媚靓丽，要注意与公司的文化氛围相一致，仪表姿态要得体。

（8）财务人员。着装应简洁干练，不可追求帅气而以酷装打扮，切忌过多的装饰，否则会引起他人心里浮躁。

（9）教学人员。着装得体大方，整洁清洁。语言发音以普通话为标准，不着奇装异服。饰物以少为佳。

（10）体育运动人员。一般为专业运动装，衣着得体大方，款式新颖多样。

（四）职业形象的培养与塑造

1. 外表形象

在不同的场合采用不同的表现方式，在展现自我的同时尊重他人。如果你是高级职员，那就穿得体面些。职位越高，穿着的品位就越显重要。如果你是一般职员，那么就不要穿那些不适于工作的业余服装，老板可能会因你不认真挑选适合自己的衣服而联想到你可能不会认真对待工作。如果你为自己工作，那也不要胡乱穿衣。穿质量过得去的衣服，让自己具有成功者的形象。

2. 沟通能力

如果说衣着是外表，那么谈吐就是内涵，而语言表达则是沟通交流最简单直接的方式。想想你通常说些什么，是怎么说的？你是否有时说话含混不清？有没有人曾叫你说话声音放小点？有没有说过脏话、下流话、讽刺挖苦之类的语言？职场沟通中的六大基本原则分别是尊重他人、坦率表达、主动认错、有效倾听、经常赞美，保持微笑。最忌讳的讲话方式就是大声说话、陈词滥调与喋喋不休。

3. 品德修养

品德修养是一个人的第二身份证。虽然生活中以貌取人的案例还是有的，但是一个人的品德修养才是他真正的形象。要培养自己良好的品德修养，首先，要树立正确的人生观、审美观，通过虚心学习，积极思索，辨别善恶，学善戒恶，以涵养良好的德行。其次，要学会自律，不断通过反省检验，发现和找出自己思想与行为中的不良倾向、不良念头，并加以即时抑制克服。最后，要积累善行或美德，不断巩固和强化自己在品德修养方面的成果。

4. 职业态度

美国著名政治家、科学家富兰克林曾说：良好的态度对于事业与社会的关系，正如机油对于机器一样重要。在职场中，个人的职业态度也是很重要的一个方面。职业态度就是个人对职业选择所持的观念和态度，就其本质而言，职业态度就是劳动态度，是从业人员对社会、对其他社会成员履行职业义务的基础。树立正确的职业态度，首先，要树立正确的职业价值和目标观，明白来校学什么，将来干什么，将来所从事的职业工作的特点及其具备怎样的社会价值和社会意义；其次，要提前了解现代企业的用人标准，掌握企业对技能人才的要求，建议在工学结合、顶岗实习、社会实践中体验劳动创造财富的辛苦，在劳动中磨炼坚强的意志，努力培养自己吃苦耐劳、爱岗敬业、艰苦朴素等优良品质。

5. 知识结构

在竞争越来越激烈的时代，单纯掌握单一的专业知识必将被激烈的社会竞争所淘汰。建立合理的知识结构，是担任现代社会职业岗位的必要条件，是人才成长的基础，也是适应社会进步的基本要求。这就要求每一位员工要积极进取，努力培养科学的思维方式，提高自己的实用技能，不断适应从事职业岗位的要求。唯有不断学习，充实自己，才能不被时代的洪流淹没。

案　例

小李的口头表达能力不错，人既朴实又勤快，在业务人员中学历又高，领导对他抱有很大期望。可是他作销售代表半年多了，业绩总是没有得到提升。到底问题出在哪儿？原来，他是一个不爱修边幅的人：喜欢留着长指甲，指甲里还经常藏着很多"东西"；脖子上的白衣领常常有一圈黑色的痕迹；他喜欢吃大葱、大蒜之类的刺激性的食物。

分析解读

在日常工作交往中，有些人很有人缘，人们乐于与之交往，助其完成工作或学业，而有些人却相反，他们常会让人感到厌恶，甚至渴望远离。造成这种现象的原因很多，在与人交际时所表现出的仪容仪表、礼貌修养、对礼仪礼节的把握等起着至关重要的作用。好形象对于自己而言，可以增强人生的自信；对于他人而言，能够较容易地赢得信任和好感，同时吸引他人的帮助和支持。

四、名人如是说

1）要使人成为真正有教养的人，必须具备三个品质：渊博的知识、思维的习惯和高尚的情操。
——俄国思想家　车尔尼雪夫斯基

2）一个人的穿着打扮，就是他的教养、品位、地位的最真实的写照。——莎士比亚

3）播种一种行为，收获一种习惯；播种一种习惯，收获一种性格；播种一种性格，收获一种命运。
——萨克雷

4）一个人必须把他的全部力量用于努力改善自身，而不能把他的力量浪费在任何别的事情上。
——俄国作家　列夫·托尔斯泰

5）自重、自觉、自制，此三者可以引至生命的崇高境域。　——英国诗人　丁尼生

五、我该怎么做

1）对照检查自己，测一测你的形象如何，参见表4-1。

表4-1 测试形象

情境描述	有	偶尔	没有
1.坐下时，高跷二郎腿，摇来晃去			
2.坐下时把裤腿卷起			
3.随地吐痰			
4.在公共场合对着镜子梳妆打扮			
5.笑时用手捂住嘴			
6.端起碗或杯子时，把小指伸出			
7.把手提袋之类的挂在手腕上			
8.经常用手挖鼻孔，过于频繁地眨眼			
9.有口头禅或不文明用语			
10.打嗝			
11.一边蘸着唾沫，一边数钱			
12.用完餐后，一直用牙签在嘴里捣来捣去			
13.经常穿拖鞋或拖拉着鞋子走路			
14.留怪异发型，头发有多种颜色			
15.在会议室、影院或火车上，把脚放在前排座位上			
16.用手拨、摸自己的胡子			
17.搔抓头皮			
18.走路把手插进裤袋			
19.打响指			
20.身上有烟味			
21.不择地方，倒头便睡			

评分说明：选择"有"，计2分；选择"偶尔"，计1分；选择"没有"，计0分。

0～8分：你非常了解和注意自己的举止礼仪，这将使你在职场交流中赢得对方的尊敬。

9～16分：你平时有一些不文明不文雅的举止，应该及时改正，不然将影响你的形象。

17～42分：你非常欠缺在举止方面的礼仪，应下大力度改正，否则你的职场前途将十分暗淡。

2）职场形象测评，如表4-2所示。

表4-2 职场形象测评

类别	项目	是	否
职场形象	比较注重自己的日常外在形象		
	比较注重日常交际礼仪		
	言语文明，无脏话		
	对社交、礼仪方面的书籍感兴趣		
	懂得服饰基本搭配原理		

续表

类别	项目	是	否
职场气质	遇事力求稳妥，不做无把握之事		
	遇到可气的事会很好地自我克制		
	愿意与很多人在一起共事，而不是单打独斗		
	到一个陌生的环境很快就能适应		
	多数情况下会保持微笑		
	对学习、工作、事业怀有很高的热情		
	当注意力集中于一事物时，别的事很难使你分心		
	喜欢参加各类文体活动		
	能够长时间从事枯燥、单调的工作		
	对工作抱认真严谨、始终一贯的态度		
职场性格	在多数情况下情绪是乐观的		
	一旦知道行不通，立刻改变主意		
	对伙伴比较信任		
	愿意帮助别人		
	过十字路口时遵守交通信号灯		
	很受孩子们喜欢		
	不怕失败		
	无论与谁说话，都坦然自若		
	在表达自己的不同意见时，通常做得很得体		
	能够合理打发自己的空闲时间		
职场兴趣	喜欢读书，喜欢求解		
	能够说出自己上学所学的专业课程及主要内容		
	经常参与所学专业相关的实践操作		
	与哲学理论相比，更倾向于动手操作		
	能够快速准确地填写个人简历		
职场人格	愿意为他人保守秘密		
	自尊、自爱、自立		
	懂得尊重他人		
	对待学习、工作和事业，表现得勤奋认真		
	善于控制自己的情绪，与人相处时能给人带来笑声		
职场能力	具备所学专业相关资格证书		
	顺利完成工学结合、顶岗实习过程		
	喜欢动脑筋，遇到问题愿意问几个为什么		
	在校期间曾单独胜任或完成老师布置的专项工作		
	喜欢有相对竞争性的工作		

评分说明：逐项测试，回答"是"得1分，回答"否"得0分。

35分及以上：很优秀。你的职场整体形象相当不错，能够在今后的职场发展中因势利导、充分发挥自己的优势，创造出最佳业绩；

28~34分：还可以更好；

20~27分：仍需努力；

19分及以下：还要多加练习才好。

六、拓展延伸

仅仅因为一口痰吗？

这是一场艰难的谈判。一天下来，美国约瑟先生对于对手——中国某医疗机械厂的范厂长，既恼火又敬佩。这个范厂长对即将引进的"大输液管"生产线的行情十分熟悉。不仅对设备的技术指数要求高，而且价格压得也很低。在中国，约瑟似乎没有遇到过这样难缠而有实力的谈判对手。他断定，今后和务实的范厂长合作，事业一定能顺利发展。于是他信服地接受了范厂长那个偏低的报价，并约定第二天正式签订协议。天色尚早，范厂长便邀请约瑟先生到车间看一看。车间里井然有序，约瑟先生边看边赞许地点头。走着走着，范厂长突然觉得嗓子里有条小虫在爬，不由得咳了一声，便急急地向车间一角奔去。约瑟先生诧异地盯着范厂长，只见他奔到墙角，往地上吐了一口痰，然后用鞋底擦了擦，油漆的地面留下了一片痰渍。看到这里，约瑟先生走出车间，不顾范厂长的竭力挽留，坚决要回宾馆。第二天一早，翻译人员敲开范厂长的门，递给他一封约瑟先生的信："尊敬的范先生，我十分敬佩您的才智与精明，但车间里你吐痰的一幕使我一夜难眠。恕我直言，一个厂长的卫生习惯，可以反映一个工厂的管理素质。况且，我们今后生产的是用来治病的输液管。贵国有句谚语：人命关天！请原谅我的不辞而别，否则，上帝会惩罚我的……"范厂长觉得头"轰"的一声，像要炸了。

分析解读

职业修养与职业形象是互为表里、相得益彰的辩证统一关系，职业形象是职业修养的外在表现，职业修养是职业形象的内在灵魂，二者具体地统一在一个人的思想和行为之中。一个人的形象直接反映他的个人修养，当我们走进一个陌生的环境，人们立刻靠直觉对你进行总结：你的可信度如何，你的社会背景怎样，甚至是你的经济条件如何……因此我们要从细节入手，从点滴做起，培养自己的个人修养，给人良好的职业形象，为自己的职业之路铺一条阳光大道。

七、课外阅读

（一）小文的新形象

小文是一个公司的秘书，她刚刚毕业不久，有着一头令人美慕的长发。因为长期梳着披肩的长发，小文决定换一个新发型。

周末，小文来到了理发店，在理发师的建议下，小文决定尝试一下挑染。理发师帮她挑了一个柴红色，颜色很靓。

第二天，当小文出现在公司时，大家都为之一振。总经理却把她叫到办公室，说："今天与外商的谈判你就不要参加了，先去把头发染回来，我不希望'火鸡'出现在我的谈判桌旁。"

小文心里很委屈，但无奈只好把头发恢复了原样。

想一想：什么情况下不宜染颜色靓丽的头发？

（二）胡适先生的毕业讲话

1930年，胡适先生在一次毕业典礼上，发表了一篇演讲。

诸位毕业同学：你们现在要离开母校了，我没有什么礼物送给你们，只好送你们一句话。这一句话是，珍惜时间，不要抛弃学问。

以前的功课也许有一大部分是为了这张文凭，不得已而做的。从今以后，你们可以依自己的心愿去自由研究了。趁现在年富力强的时候，努力做一种专门学问。少年是一去不复返的，等到精力衰竭的时候，要做学问也来不及了。有人说：出去做事之后，生活问题亟须解决，哪有工夫去读书？即使要做学问，既没有图书馆，又没有实验室，哪能做学问？我要对你们说：凡是要等到有了图书馆才读书的，有了图书馆也不肯读书；凡是要等到有了实验室方才做研究的，有了实验室也不肯做研究。你有了决心要研究一个问题，自然会节衣缩食去买书，自然会想出法子来设置仪器。至于时间，更不成问题。达尔文一生多病，不能长时间研究，每天只能做1小时的工作。你们看他的成绩！每天花1小时看10页有用的书，每年可看3 600多页书；30年读11万页书。诸位，11万页书可以使你成为一个学者了。可是每天看3种小报也得费你1小时的功夫；四圈麻将也得费你一个半小时的光阴。看小报呢？还是打麻将呢？还是努力做一个学者呢？全靠你们自己选择！易卜生说：你的最大责任就是把你这块材料铸造成器。学问就是铸器的工具。抛弃了学问便是毁了你自己。

再会了，你们的母校会关注你们10年之后成什么器。

任务十二　面试礼仪

一　学习目标

通过学习，了解面试对于职场生涯的意义；掌握面试前后应注意哪些礼仪；学会快速推销自己。

二　案例分析

案　例

一个二郎腿跷走了一份前途

某企业到某技师学院选聘一名技术人员。学校临时给单位推荐了两名人选，一位是学生会主席，另一位是一名普通的学生。

第一位面试的是学生会主席，穿着打扮无可挑剔，言谈举止也很得体，用人单位比较满意，对他说："坐下来我们谈谈吧。"这位同学说了声"谢谢"后，坐在用人单位前面的座位上，这时，一个不应有的动作出现了——他跷起了二郎腿。用人单位感觉很不舒服，简单谈了几句后，结束了面试。

第二位人选当时正在球场打球，一身泥一身汗，听说有人找他，就跑到办公室来了，一看是用人单位在面试，他马上调整自己的站姿，双手放在前面说："对不起，老师，我不知道是您来面试，我这身衣服太不得体了，请您稍等一下，我回去换套衣服再谈，好吗？"用人单位说："没关系，学生嘛，打球就是这个形象啊，请坐。"这位学生说"谢谢"，然后双腿并在一起，双手放在膝盖上，非常严谨。

最后用人单位跟校方说："第二位学生，严谨自律，我们单位需要的就是这样的学生，而不是那位学生会主席。"

分析解读

面试是一种经过招聘单位设计过的，以谈话为主、观察为辅，以了解应聘者素质和相关信息为目的的测试方法。这是公司挑选职工的一种重要方法，也是公司和应聘者进行双向交流的机会。面试能使公司和应聘者之间相互了解，从而双方都可更准确作出聘用与否、受聘与否的决定。对于求职者而言，相当于抛开简历等书面材料站在主考官面前，通过自己的言谈举止来展现自己的才能和素质，让招聘单位相信自己是最合适的人选；同时还通过自己的主动咨询，更多地了解招聘单位的用工政策和运作情况。由于参加应聘的不会只是一个人，所以，面试过程还是与其他条件相当的应聘者竞争的过程，这就更需要应聘者善于突出自己的长处，争取最后的胜利。

面试，作为与未来老板或职场领导的初次见面，给对方留下的第一印象十分重要。而你，也肯定想给对方留下一个非常好的印象。因为第一印象一旦形成，便不容易改变，因此我们要珍惜这仅有的一次机会。我们在平时要注意自我修炼，比如观察自己，找到适合自己的打扮风格，不断学习和充实自己，适时展现自己的气质和风采。还有，一个具备一技之长的人通常也会给人留下相对美好的第一印象。

活动体验

1）如果你马上要去参加面试，想一想，你准备怎么做？

2）当休息室里坐满了等候面试的人，有人充满自信，志在必得；有人紧张异常，一遍遍地背着自我介绍。面对众多的求职竞争者，你会怎么想？你又该怎么做？

三、知识链接

（一）课堂体验：面试体态礼仪小测试

模拟面试现场，两人一组，相互打分，填入表4-3。

表4-3 面试体态礼仪测评表

序号	测评内容	有	否
1	出场造型是否有创新		
2	仪容仪表是否合格		

续表

序号	测评内容	有	否
3	表情是否自信		
4	是否面带笑容，给人以友好的感觉		
5	站立动作是否标准		
6	静坐动作是否标准		
7	行走动作是否标准		
8	离场造型是否得体		

评分说明：7～8个"是"，很优秀；5～6个"是"，还可以更好；3～4个"是"，仍需努力；3个"是"以下，还要多加练习才行。

（二）面试礼仪

1. 见面的礼仪

（1）必要的自我介绍。准时赴约，最好提前十分钟到达，这样可以稍微平静一下心态，整理一下服饰，然后以饱满的精神出现在面试官面前。

面试的介绍并不是不必要的重复，而是为了加深印象，给对方以立体的感觉。自我介绍一般要求简短，如果自己的名字很富有诗情画意，也不妨说："我叫×××，很高兴能够有机会到贵公司参加面试。"

（2）接收对方名片。假如对方递送名片应以双手接过来，并认真看一看，熟悉对方职衔，有不懂的字可以请教，然后将名片拿在手中。在谈话中，再从口袋里重新取出名片来看，会让人感到不够诚意，进而给对方不良的印象。最后告辞前，一定要记住把名片放入自己上衣兜里以示珍重，千万不要往裤袋里塞。

2. 入座的礼仪

不要自己主动坐下，要等面试官请你坐时再入座。

很多办公环境将企业经理室、办公室负责人的位置安排在面对门口、背朝窗户的地方。这样的位置安排，容易给拜访者造成一定的心理压力，某种意义上来讲，求职者从一走进办公室的时候起，就被摆在了一种极为不利的位置上。要想改变这种情况，求职者应当有意识地使自己位于避免直接背对门口的位置。侧一侧身或者把座位稍稍偏离正向位，就可以做到。

在面试中，坐的姿态非常重要。如果你坐时，双手相握，或者不断揉搓手指，那么，会使对方感到你缺乏信心，或显得十分紧张；如果你稳稳当当地坐在座位上，将双掌伸开，并随便自在地放在大腿上，就会给人一种镇静自若、胸有成竹的感觉。

3. 交谈中的礼仪

（1）诚恳热情。把自己的自信和热情"写"在脸上，同时表现出对去对方单位工作的诚意。

（2）落落大方。要把握住自己，应答时要表现得从容镇定，不慌不忙，有问必答。碰到一时答不出的问题可以用两句话缓冲一下："这个问题我过去没怎么思考过。从刚才的情况看，我认为……"这时脑子里就要迅速归纳出几条"我认为"了。要是还找不出答案，就先说你所能知道的，然后承认有的东西还没有经过认真考虑。考官在意的并不一定只是问题的本身，如果你能从容地谈出自己的想法，虽然欠完整，很不成熟，也不致影响大局。

（3）谨慎多思。回答提问之前，应对自己要讲的话稍加思索，想好了的可以说，还没有想清楚的就不说，或少说，切勿信口开河、夸夸其谈、文不对题、词不达意。

4. 聆听的礼仪

（1）专注有礼。当面试官向你提问或介绍情况时，应该注视对方以表示专注倾听，可以通过直视的双眼、赞许的点头，表示你在认真地倾听他所提供的更多的信息。

（2）有所反应。要不时地通过表情、手势、点头等必要的附和，向对方表示你在认真地倾听。如果巧妙地插入一两句话，效果则更好，如"原来如此"、"你说的对"、"是的"、"没错"等。

（3）有所收获。聆听是捕捉信息、处理信息、反馈信息的过程。一个优秀的聆听者应当善于通过面试官的谈话捕捉到有用的信息。

（4）有所判断。求职者倾听时要仔细、认真地品味对方话语中的言外之意、弦外之音、微妙情感，细细咀嚼品味，以便正确判断他的真正意图。

5. 告别的常规与礼仪

1）再次强调你对应聘该项工作的热情，并感谢对方抽出时间与你进行交谈。

2）表示与面试官们的交谈使你获益匪浅，并希望今后能有机会再次得到对方进一步的指导，有可能的话，可约定下次见面的时间。

3）记住了解结果的途径和时间。告别时可以主动与面试们握手，但要注意一般握手的基本礼节。一般来说，握手告别要讲究先后的顺序，握手的先后顺序是根据握手人双方所处的社会地位、身份、性别和条件来确定的，其基本原则是：上级在先，长辈在先，女士在先。

握手通常以三五秒钟为宜，并且要注意把握好力度，要双目注视对方，面带笑容，不可目光四顾，心不在焉，同时应配以适当的敬语，如"再见"、"再会"、"谢谢"等。

（4）面试后寄上一封感谢信。信中再次感谢对方抽出时间来接待你，并对该单位表示一番敬意，重申自己对所谈的工作很感兴趣，并简要地陈述自己能够胜任该项工作。

（三）成败取决于细节

1. 面试过程中应注意的礼仪细节问题

面试过程中应注意的礼仪细节问题如表4-4所示。

表4-4　面试过程中的礼仪细节

仪容仪表	个人卫生	1. 确保面部无污垢、汗渍、泪痕等，不要忽视耳朵与脖子的清洁 2. 可着淡妆，不可浓妆艳抹
	发型	1. 头发清洁。 2. 发型整齐、大方，与年龄、职业等相适应。 3. 不可过分张扬和花哨
着装	整体原则	符合时代、季节、场所、收入的程度，与自己的身材、身份相符，并与自己应聘的岗位相协调，表现出朴实、大方、明快、稳健、干练的风格，并体现自己的个性和职业特点
	正式场合	男生：着正装（西装）。一套完整的西装包括上衣、西裤、衬衫、领带、腰带、袜子和皮鞋。 女生：着正装（西装套裙）。一套完整的西装套裙包括上衣、裙子、衬衫、鞋袜
	一般场合	夏季可穿着整洁的衬衫、T恤衫或裙装，其他季节则以合体的正装为好，如果企业相对偏向休闲简洁，也可穿整洁、得体的休闲装
配饰	配饰种类	男生：常用配饰是手表、笔、打火机等 女生：常用配饰有首饰、手提包等
	配饰要求	男生：可将笔放在公文包或西装上衣内侧口袋，不要插在上衣口袋作为装饰 女生：配饰小巧、新颖、协调、精简，颜色要与季节、服装、场合、气氛相协调
体态	举止动作	1.举止文明。 2.在对方没有请你坐下时切勿急于坐下，请你坐下时，应说"谢谢" 3.坐下后不可挠头皮、抠鼻孔、挖耳朵等，不可跷起二郎腿、乱抖等
	神态表情	1.进门时，不要紧张，表情越自然越好。 2.微笑（自信与礼貌的表现）。 3.商务礼仪要求较高的岗位或需要经常面对客户的职位，表现更要稳重，不需太多手势，端正坐姿，保持微笑即可，记得有眼神交流（注视对方眉心的三角区域）
	静止体姿	1.站姿体现挺拔：平视前方，两肩平整，双臂自然下垂，中指对准裤缝；挺胸收腹，臀部向内向上收紧。 2.坐姿体现优雅。 　男：上身挺直，双肩正平，两手自然放在两腿或扶手上，双膝并拢，小腿垂直落于地面，两脚自然分成45度。 　女：上身挺直，双肩正平，两臂自然弯曲，双手交叉叠放在两腿中部，并靠近小腹，两膝并拢，小腿垂直于地面，两脚尖朝正前方。 　3.走姿体现有风度：面朝前方，双眼平视，头部端正，胸部挺起，背部、腰部、膝部尤其要避免弯曲，使全身看上去形成一条直线；起步时身体要前倾，重心前移；双肩平稳，双臂自然摆动，摆动幅度以30度左右为宜；步态要协调、稳健、匀速前进；行走时两脚内侧踏在一条直线上，脚尖向前

续表

其他	时间观念	1.守时，千万不能迟到。 2.最好能够提前十分钟到达面试地点
	现场纪律	1.在等候面试时，不要到处走动，更不能擅自到考场外面张望。 2.求职者之间交谈应尽可能地降低音量，避免影响他人应试或思考。 3.最好抓紧时间熟悉可能被提问的问题，积极做好应试准备
	与考官交流	1.进门时应主动打招呼："您好，我是×××"。 2.对方约自己面谈，要感谢对方给自己这样一个机会；自己约对方面谈，要表示歉意"对不起，打扰您了"等。 3.面谈时要真诚地注视对方，不可东张西望，心不在焉，不要不停地看手表。 4.注重面试时的相互交流，尊重对方，对对方谈话的反应要适度，要有呼应。 5.交流时三大切忌：夸夸其谈，锋芒毕露；拖沓冗长，词不达意；频繁跳槽，自我炫耀

忌：

1.缺乏尊重，无视礼仪；2.着装不当，举止不雅；3.腼腆害羞，踌躇不前；4.面试迟到，不知所措；5.不苟言笑，紧张焦虑；6.妄自尊大，口若悬河；7.断章取义，主观武断；8.轻易插言，自以为是；9.言语琐碎，词不达意；10.条理不清，逻辑混乱；11.面试胆怯，缺乏信心；12.怯于提问，不善表达；13.移花接木，答非所问；14.诚信不足，敷衍了事。

2. 面试后应注意的礼仪细节问题

面试后的礼仪细节如表4-5所示。

表4-5 面试后的礼仪细节

及时退出考场	当面试官宣布面试结束后，求职者应有礼貌地道谢，及时退出考场。不要再补充几句，也不要再提什么问题，如果你以为确有必要的话，可以事后写信说明或回访，不能在考试后拖泥带水，影响其他人的面试
不要过早打听面试结果	一般情况下，面试结束后面试官司们要进行讨论和投票，再由人事部门汇总，最后确定录用人员名单。这个过程可能要等三到五天甚至更长的时间，求职者在这段时间内一定要耐心等候，切不可到处打听，更不要托人"刺探"，急于求成往往会适得其反
学会感谢	面试结束后，即使对方表示不予录用，也应通过各种途径表示感谢
做好两手准备	参加面试往往是自己被单位挑选的时候，或被录取，或被淘汰。无论结果如何，都要有所准备。面试后的一段时间内最好不要到外地出差或游玩，以免错过用人单位录用或进入下一轮面试。当必须外出时最好向应聘单位率先说明，以表示你的诚意

3. 面试中的常见问题

面试中的常见问题如表4-6所示。

表4-6　面试中的常见问题

常见问题	考察目的	理想的回答方式
谈谈你自己吧!	面试官想从你的回答中知道：你的哪方面对于你要应聘的岗位最有意义	1.报出自己的姓名和身份。 2.简单介绍自己的学历、工作经历等基本个人情况。注意内容应与个人简历、报名材料一致。 3.介绍个人基本情况，自然地过渡到一两个自己学习或工作期间圆满完成的事件，用来形象、明晰地说明自己的经验与能力
你对我们公司了解吗	了解应聘者是否有备而来	对搜集到的公司资料作简要介绍，包括公司的性质、公司所在行业的状况、公司现在的应对策略、已经取得的成果、还存在的问题等
为什么来本公司应聘?	了解你对这个公司和相关岗位的看法	1.可以从自身条件与相应岗位的工作性质、工作职责相适应，自己的才能可以得到很好的发挥，可以为公司作出贡献方面来说。 2.也可以从公司的企业文化、管理哲学、价值观念、奋斗目标、远景规划来谈。 3.可提到公司的待遇和福利适合自己，表明自己很满意的态度
你认为自己有什么长处?	了解应聘者能否客观地分析自己	1.回答外语、计算机、口才、文笔、年龄等方面长处。 2.若有与目标岗位类似的工作经历，则应作为经验具体陈述。说清楚在什么时间、什么地点、做什么、原因是什么、经过怎样、后来的结果如何、有何收获等
你觉得自己适合干什么?	考查你对自己的能力有无正确认识	1.根据自己能力的特点，结合自己的理想、价值观念、兴趣爱好、性格类型、体质条件等分析出自己的优势和缺点。 2.切忌回答"我也不知道自己适合干什么"、"干什么都行，我都能干好"
你喜欢这个岗位的哪一点?	了解你选择具体工作岗位的原因，确认你是基于兴趣还是为了进入企业而应聘	1.如果接触过目标岗位或类似工作岗位，有些具体认识，可以谈自己个人兴趣与岗位性质的吻合。 2.如果没有接触过类似的工作岗位，可以从自己被这一岗位的工作所吸引，使自己产生职业自豪感来表述。 3.切忌笼统地说自己什么都喜欢而不具体列举
你还有什么问题吗?	再一次考验你对公司和目标岗位是否真正有兴趣	应该从最实际的考虑出发，借机揣测一下自己得到工作机会的把握有多大。比如，可以从下面问句中选出一两句来问："您能告诉我公司目前面临的最大挑战是什么吗?"、"您能否简要地为我介绍一下公司的长远战略目标?"、"您觉得在这个岗位上工作的人应该具备哪些能力?"、"决定这个岗位录用人员的最后期限大致是什么时候?"、"关于我的能力和素质，您还有什么要问的吗?"等

4. 警惕常见问题的风险

常见问题的风险如表4-7所示。

表4-7 常见问题的风险

常见问题	考察目的	理想的回答方式
你觉得你的学校怎么样？	影射你将来会怎么评价你的公司	学校是培养你的地方，给你提供了学习的机会，使你学到了知识和技能。如果因为某项规章制度妨碍了你的自由，不能借此泄愤。在这里说学校的坏话，只能使用人单位想到你今后也会这样对待它，从而打消录用你的念头
你能说出老师的几个缺点吗？	影射你将来会怎样对待公司的上司	老师毕竟是教育你的人，为你辛勤地讲课、批改作业等。如果老师在某件事上错怪了你，但总体上还是公正的，那你不该趁机贬低他。哪一个企业会要一个说上级坏话的下属呢？
你希望能有一个什么样的上司？	看你待人是否宽容，是否要求他人过严	上司不是你能选择的，回答越具体越只能反映出你度量狭窄。所以要从原则上讲，比如能具有长者风范、帮助下属、平易近人、公平待人等，几个字就够了
你最大的缺点是什么？	这个问题不是真正想看你有什么缺点，而是看你能否对自己一分为二地看待	不能直接回答自己的弱点，而应化腐朽为神奇。例如"我对自己要求过于严格"、"我办事讲究完美""我没脾气"、"我总是渴望挑战自我，当经过努力还得不到挑战机会的时候，我就会沉不住气了。"
你在业余时间喜欢做什么？	这个问题重点考查你的生活情趣，看看你是否有不断进取的意识	强调自己的社会适应性，如参加社会活动、社交活动、利用业余时间学习充电，努力学××技术，考××资格证书，或者钻研××问题，读××书等。
如果公司这次没录取你，过段时间腾出位置来，再通知你，你会再来吗？	考察你对公司的认可程度和你的性格	表达出自己会比首批录取者付出更多努力来满足公司要求的意愿，同时感谢对方给予这个机会

案例一

败后感谢，疑无路时路在前

史蒂文斯以前是计算机程序员，听说微软公司招程序员，他就信心十足地去应聘。面试时面试官问的问题是关于软件未来发展方向方面的，这点他从来没有考虑过，故而惨遭淘汰。史蒂文斯觉得微软公司对软件业的理解令他受益匪浅，就给公司写了一封信表示感谢。这封信后来被送到总裁比尔·盖茨的手中。3个月后，该公司出现空缺，史蒂文斯收到了微软公司的录用通知书。十几年后，凭着出色的业绩，史蒂文斯当上了微软公司的副总裁。

分析解读

求职面试难免遭遇暂时的失败。面对失败，如果对应聘单位或其负责人心生怨恨，不仅会显示出求职者心胸的狭窄，而且也于事无补；而如果摆正心态，以一颗感恩的心去对待应聘单位，则有可能为自己下一次应聘取胜赢得机会。

案例二

张同学的初次面试

2016年6月2日下午2点，深圳沃特玛电池有限公司唐山分公司来某技师学院进行招聘面试。该公司是国家高新技术企业及深圳百强企业，属国家及政府重点扶持项目，待遇优厚，面试成功更有机会到深圳总部深造，成为公司骨干。对于这样的机会，同学们报名踊跃，积极准备。2点15分，张同学穿着短裤、凉拖气喘吁吁跑到面试厅门口。老师追问其迟到原因，该同学不以为然地回答：睡过点了，路上还堵车……

活动体验

1）你认为张同学最终被企业录取了吗？

2）你认为张同学有哪些方面做得有欠缺？

3）结合所学内容，想一想，说一说，如果你去参加该场面试，你会怎么做？

四、名人如是说

1）举止是映照每个人自身形象的镜子。 ——歌德：《亲和力》

2）步从容，立端正，揖深圆，拜恭敬；勿践阈，勿跛倚，勿箕踞，勿摇髀；缓揭帘，勿有声，宽转弯，勿触棱。 ——《弟子规》

3）没有良好的礼仪，其余一切都会被人看成骄傲、自负、无用和愚蠢。 ——约翰·洛克

五、我该怎么做

面试礼仪测试

（请根据你的实际情况，在每一道题目中选择一个答案填入括号中）

（ ）1.作为职场新人，通常你选择的着装风格是：

A.清爽而干练 　　　　　　B.隆重而华丽

C.不讲究，看到什么穿什么

（ ）2.通常你会何时到达面试现场？

A.提前10～15分钟到达面试地点 　　　　B.提前半小时以上到达

C.常常会迟到或是匆匆忙忙赶到

（ ）3.如因有要事迟到或缺席面试，你会如何处理？

A.第一时间打电话通知该公司，并预约另一个面试时间

B.到面试时，再打电话通知该公司

C.事后再向公司解释不能到场的原因

（ ）4.在与面试官交流时，你的目光是怎样的？

A.不时注视着面试官 　　　　　　B.通常会看着桌面

C.死死地盯住面试官

（ ）5.你会选择哪种方式与面试官握手？

A.双眼直视对方，右手坚实而有的力与其握手   B.伸出两只手握住对方

C.轻轻地用指尖碰一下面试官的手

( ) 6.你在面试时会选择以下哪种坐姿？

A.坐满椅子的三分之二，身体稍向前倾   B.坐满椅子，身体紧贴椅

C.只坐椅子的三分之二，身体靠到椅背上

( ) 7.你在与人交谈时，有摸头发或耳朵的习惯吗？

A.没有   B.偶尔有   C.有，每几分钟就会出现这样的手势

( ) 8.在与面试官交流时，你通常的表现是？

A.回答迅速，谈吐自如   B.只回答面试官的提问

C.滔滔不绝，一直都是你在说话

( ) 9.你有没有在面试前吸烟、吃辛辣的习惯？

A.没有   B.偶尔有   C.有

( ) 10.别人对你的普通话评价通常是：

A.很标准，而且说话很有亲和力   B.一般，没有什么特别深的印

C.地方口音太重

( ) 11.上学期间，你发言时说话的语速是：

A.适中   B.比较快   C.十分缓慢

( ) 12.一般情况下，面试官让你进行自我介绍，你最常使用的表达方式是：

A."我的老师和朋友给我的评价是……"   B."我认为我是……的人"

C."我妈常说我是……的人"

( ) 13.在与面试官交流时，你会常常使用感叹词或停顿词吗？

A.不会   B.偶尔   C.常常使用

( ) 14.面试后的两三天内，作为求职者的你，会给招聘人员写信表示感谢吗？

A.无论结果如何，都会写信表示感谢   B.面试后，自己感到满意才会写

C.从来不写

( ) 15.当你正在进行自我介绍时，面试官打断你，你会……

A.微笑着看着他，并仔细倾听   B.听他说，但表情生硬   C.感到非常恼怒

( ) 16.在面试时你将如何处理你的手机？

A.将手机调整为静音   B.将手机调整为振动   C.不作任何处理

( ) 17.在以往的面试经历中，你曾说过类似于"以前单位薪水太低"的话吗？

A.没有   B.偶尔有   C.经常会这样说

( ) 18.在准备面试简历时，你曾将他人的成果当作自己的吗？

A.没有   B.只有过一两次   C.经常

( ) 19.你将如何应对面试官的提问？

A.归纳总结后作简单的阐述   B.简单回答，但一般不会超过两句

C.只针对问题回答是或者不是

( ) 20.你会在面试前调查了解该单位的企业文化吗？

A.会   B.偶尔会   C.不会

评分说明：选A得2分，选B得1分，选C得0分。

32分以上：毫无疑问，你是一个具有个人魅力和主见的人，你拥有良好的个人形象与修养。你的自信、勤奋以及得体的礼仪习惯，能为你赢得企业面试官的认可，你在面试中成功的概率非常大。

20～32分：你是一个具有发展潜力的人，你拥有一定的职场礼仪知识，但在某些方面还有缺点，只要你能够加强对职场礼仪的学习，就可以使自己成为一名具有个人魅力的职场新人，你与成功只有一步之遥。

20分以下：你往往忽略了一个职业人应有的礼仪修养，这样所导致的结果是，虽然你有才能，却容易在面试中被忽略。所以抓紧职场礼仪修养方面的学习，免得自己离成功越来越远，在职业生涯中碌碌无为。

六、拓展延伸

（一）面试的技巧

1. 应付群体面试的技巧

大多数用人单位的面试都是由一组人员负责的，因而面试时，你要同时面对一群职务、年龄及想法都不相同的人，怎样才能让他们对你产生好印象？

通常面试开始时都会有人先介绍面试官的姓名及职位，你最好要清楚记住面试负责人的姓名，其他面试者的名字一时记不住就记住姓氏，这样回答问题时可以有针对性。

面对一群面试官，应试者的眼光最好投向发问者；自己发问时可向主面试官提出，假如你希望某一成员回答，可面向他发问，并说明希望由他来回答。

面试时，面试官之间一般未必事先都作好安排，所以当他们互投眼光时，不要过分紧张，影响自己的应聘情绪。

如果其中一个面试官对你特别挑剔或表示不满，也无须紧张，更不要气愤，你只需从容应付即可，因为每个面试官都可能有偏见。

面试时若碰到两个面试官同时向你提出不同问题，你必须逐一回答，不能回答其一而不理会另一提问。

2. 面试中应对不利突发事件的技巧

（1）紧张情绪的出现。首先要树立信心。一旦过分紧张引起情绪失控，深呼吸是缓解紧张的最有效措施。在进入招聘者办公室以前，做几次深呼吸，有助于缓解紧张的情绪。当在回答问题过程中觉得情绪紧张以致无法控制时，可以坦率地告诉面试官，请求暂停一下。为克服紧张情绪，在参加面试之前，可以试着做一个模拟训练，请自己的同学、朋友协助提出问题，自己来回答。据悉，历届美国总统在发表国情咨文记者招待会之前，都要进行"行为预演"，把他们的新闻助理、政策顾问找来，让他们提出各种问题，由总统回答，再由顾问们进行补充、校正，这样总统才能在记者招待会上给人留下对答如流、诙谐潇洒的良好印象。由此看来，行为训练是必不可少的。现在一些学校举办"模拟招聘面试"的行为训练活动，实为一种好方法。

（2）"说错话"的情况出现。面试时由于一时紧张可能会说错话，这是经常会遇到的问题。应试者一旦发现自己讲错了，应该停下来，主动挽回。例如，说声"对不起，刚才我说错了，应该是……"等，之后一定要沉着冷静，以免再出差错。

（3）"不明白问题"的出现。有时应试者可能因为过度紧张一时没有听清楚面试官的问话，或者不明白面试官的意图，这时不妨有礼貌地请面试官再说一遍。例如，可以说"对不起，您的意思是……"或"不知您是否想问……的问题"，千万不要乱答。

（4）"不懂问题"的出现。人不可能什么都懂，面试过程中很有可能会遇到自己确实不懂的问题，碰到这类问题，一定不要不懂装懂或瞎猜一气，你可以坦率地说"对不起，我忘记了"或"对不起，这个问题我确实不清楚"，坦率真诚要胜过虚荣百倍。

3. 参加笔试的技巧

（1）用人单位笔试的大体内容。一般用人单位笔试包括以下几个方面。

第一，知识面的考试。内容包括基础知识和专业知识。基础知识，主要是一些通用性知识；专业知识，主要是担任某一职务所应具备的业务知识。

第二，智力测试。一般使用国外测试智力的试题，主要测试受聘者的记忆、分析观察能力、综合归纳能力、思维反应能力，以判断应聘者是否反应迅速、思维敏捷，从而了解其潜在的发展状况，以及能否胜任某种工作。

第三，技能测试。主要包括对受聘者处理实际问题的速度与质量的测试，检验其对知识的运用程度和能力。一般采用模拟考试的办法来进行。

（2）参加笔试前的注意事项。

第一，适当复习，认真准备。对于笔试，有的单位会告诉你考什么，此时，你可以有针对性地进行一些适当的准备，以便充分发挥自己的水平，争取好成绩。

第二，准时到场，遵守考场纪律。应聘者都应按要求的时间准时到场，最好提前一点，不要迟到。

七、课外阅读

苹果公司的面试

苹果公司中国总部要招聘一名高级财务主管，竞争异常激烈。

公司副总在每名考生面前放一个有溃烂斑点的苹果、一些指甲大的商标和一把水果刀。他要求考生们在10分钟内，对面前的苹果作出处理——交上考试答案。

副总解释说，苹果代表公司形象，如何处理，没有特别要求。10分钟后，所有考生都交上了"考卷"。

副总看完"考卷"后说："之所以没有考查精深的专业知识，是因为专业知识可以在今后的实践中学习。谁更精深，不能在这一瞬间作出判定，我们注重的是，面对复杂事务的反应能力和处理方式。"

副总拿起第一批苹果，这些苹果看起来完好无损，只是溃烂处已被贴上的商标所遮盖。

副总说，任何公司，存在缺点和错误都在所难免，就像苹果上的斑点，用商标把它遮住，遮住了错误却没有改正错误，一个小小的错误甚至会引发整体的溃烂。这批应聘者没有把改正公司的错误当成自己的责任，被淘汰了。

副总拿起第二批苹果，这些苹果的斑点被水果刀剜去，商标很随便地贴在各处。

副总说，剜去溃烂处，这种做法是正确的。可是这样一剜，形象却被破坏了，这类应聘者可能认为只要改正了错误就万事大吉了，没考虑到形象和信誉度是公司发展的生命，这批应聘者也被淘汰了。

这时，副总的手里只剩下一只苹果了，这只苹果又红又圆，竟然完好无缺！上面也没什么商标。

副总问："这是谁的答卷？"一个考生站起来说："是我的。""它从哪儿来的？"

这个考生从口袋里掏出刚才副总发给他的那只苹果和一些商标，说："我刚才进来时，注意到公司门前有一个卖水果的摊子。而当大家都在专心致志地处理手上的烂苹果时，我出去买了一个新苹果，10分钟足够我用了。当一些事情无法挽救时，我选择重新开始。"

副总当即宣布："你被录用了！"

原来，苹果公司的招聘答案是：你必须终止过去的坏，才能随时重新开始。

人生随时都可以重新开始，没有年龄限制，更没有性别区分，只要我们有决心和信心，梦想，即使到了70岁也能实现。

任务十三　职场礼仪

一、学习目标

通过学习，明确职场礼仪的含义，了解礼仪在职场中的重要性；初步掌握职场礼仪的方法，养成职场礼仪意识。

二、案例分析

案　例

礼仪是第一课

一批16人的应届毕业生，实习时被导师带到深圳某公司参观。同学们坐在会议室里等待总经理的到来，这时来了一位秘书给大家倒水。同学们有的表情木然地看着她忙活，有的拿着手机看，有的交头接耳，其中一个还问了句："有绿茶吗？天太热了。"秘书回答说："不好意思，刚用完了。"轮到杨同学时，他轻声说："谢谢，大热天的，辛苦了。"秘书抬头看了他一眼，满含着惊喜和感谢，虽然只是一句普通的客气话，但却是她今天听到的唯——一句感谢。

门开了，总经理走进来和大家打招呼，不知怎么回事，静悄悄地，没有一个人回应。杨同学向左右看了看，犹犹豫豫地鼓了几下掌，其他同学们这才稀稀落落地跟着拍手，由于不齐，越发显得凌乱。总经理挥了挥手："欢迎同学们到这里来参观。平时这些事一般都是由办公室负责接待的，因为我和你们的导师是老同学，所以这次由我来给大家介绍一些有关情况。我看同学们好像都没有带笔记本，这样吧，王秘书，请你去拿一些我们公司印的纪念手册，送给同学们作纪念吧。"接下来，更尴尬的事情发生了，大家都坐在那里，很随意地伸出一只手来接总经理双手发放的手册。总经理来到杨同学面前时，已经快没耐心了。这时，杨同学礼貌地站起来，身体微向前倾，双手接住手册，恭敬地说了一声："谢谢您！"总经理闻听此言，眼前一亮，伸手拍了拍他的肩膀："你叫什么名字？"杨同学如实作答，总经理微笑点头，回到自己的座位上。有点坐立不安的导师看到此景，才微微松了一口气。

两个月后，毕业去向表上，杨同学的去向栏里赫然写着深圳某公司。有几位颇感不满的同学找到导师："杨同学的学习成绩最多算是中等，凭什么选他而没选我们？"导师看了看他们，笑道："是人家点名来求的。其实你们的机会是一样的，甚至成绩比杨同学还要好，但是除了学习之外，你们需要学的东西太多了，礼仪是第一课。"

分析解读

在多元文化背景下，在经济快速发展的社会中，作为现代职场一员，不知礼则必失礼，不守礼则必被视为无礼。有的同学也许觉得，离进入职场还有一段时间，现在学习职场礼仪还派不上用场，将来也不一定记得。还不如以后再学，殊不知，职场礼仪的培养是日积月累、内外兼修的。"腹有诗书气自华"，内在修养和提炼是提高求职礼仪的最根本的源泉。初入职场，若缺少相关从业礼仪知识和能力，必定会经常感到尴尬、困惑、难堪与失落，进而会无缘携手成功。赶紧从现在开始，好好补上"职场礼仪"这一课，成长为一名懂礼讲礼的准职业人，甚至是未来领导眼中的"金牌员工"吧。

活动体验

1）本案例对你有哪些启示？

2）为什么说"礼仪是第一课"？

3）为什么学习中等的杨同学能够获得这家企业的青睐？你认为杨同学赢在了哪里？

三、知识链接

（一）职场礼仪的定义

所谓"职场礼仪"，就是指人们在职业场所应当遵循的一系列礼仪规范。它包括仪容礼仪、服饰礼仪、仪态礼仪、言谈礼仪、握手礼仪、名片礼仪、电话礼仪、接待礼仪、会务礼仪、办公礼仪等方方面面。

职场礼仪时刻贯穿于职场生活的点滴之中。职场中，如何穿衣打扮、站立行走、称呼握手、递名片、打电话……这些看似司空见惯的行为，都有着很多学问与规矩。同学们不仅要学会如何与领导、同事相处，还要学会如何在工作中散发个人魅力，赢得别人的尊重，成为受人欢迎的好员工，这就是我们所说的"职场礼仪"。

（二）职场礼仪的重要性

1. 职场礼仪：一张无言的名片

有人认为"成大事者不拘小节"。然而，往往正是这些小节，决定了事情或事业的成败，反映出人的教养与文明程度。人，不论财富有多少，成就有多大，或学历有多高，资历有多深，其仪容、仪表、言谈、举止都会一笔一画地直接勾画他的形象，有声有色地描绘着他的过去和未来。

案 例

一家公司招聘一位行政助理，应聘者有近98人，其中还有5位研究生、2位博士生，竞争相当激烈。经过多次选拔淘汰，最后人力资源管理经理决定聘用一位只有大专学历的小伙子，人力资源管理助理觉得挺奇怪。人力资源管理经理说："你看，他在进门前先蹭掉脚上的泥土，进门后又先脱帽，随手关上了门，这说明他很懂礼貌，做事很仔细。当看到那位残疾老人时，他立即起身让座，这说明他心地善良，知道体贴别人。那本书是我故意放在地上的，所有的应试者都不屑一顾，只有他俯身捡起，放在桌上，这说明他有独到的观察力，关注细节。当我和他交谈时，我发现他衣服穿得整整洁洁，头发梳得整整齐齐，指甲修得干干净净，这说明他很注重个人形象。怎么，难道你不认为这些细节都体现了一个人的能力和修养吗？"

2. 职场礼仪：社交之门的金钥匙

英国大哲学家约翰·洛克认为，礼仪的作用在于"使他尊重别人，和别人合得来"，这对于他"日后所得的好处是很大的，他凭着这一点点成就，门路可以更宽，朋友可以更多，在这世上的造诣就可以更高……"由此可见，职场礼仪在人际交往中就像一把金钥匙，能够顺利打开各种交际活动的大门。

现实中，每个人都有交往的愿望和需要。主动向对方敞开心扉，同样能够换得对方的理解和接受。不过，初次相识，要遵守必要的礼仪细节。比如，不可冒昧地询问交往不深的人的私人信息，不要过多地干涉他人的活动和私事等。与陌生人沟通，消除对方的警惕心理很有必要，需要用友好、热情的态度去接纳对方，或者在对方需要的情况下满足其心理需求，如帮个小忙、举手之劳等，都能赢得对方的好感，从而有利于彼此更深层的交往。

案例一

《林肯传》中记载着这样一个故事：一天，林肯总统与一位南方的绅士乘坐马车外出，途遇一位老黑人深深地向他鞠躬。林肯点头微笑并摘帽还礼。同行的绅士问道："为什么你要向'黑鬼'摘帽？"林肯回答说："因为我不愿意在礼貌上不如其他人。"1982年，美国举行民意测验，要求人们在美国历任总统中挑选一位"最佳总统"，当时名列前茅的就有林肯，可见林肯深受美国人民的热爱是有其原因的。

案例二

有位经理与多年不见的客户见面，一时竟想不起他的姓名。分手时，这位经理主动拿出纸来把自己的名字、电话、通信地址写下来，然后把笔交给客户，说："来，让我们相互留下自己的名片，今后多多联系。"对方也记下了他的名字、住址、电话。

这一来一往的细节说明，良好的职场礼仪有助于促进人的社会交往，改善人际关系，赢得好人缘。虽然，赢得好人缘并不只是靠记住别人的名字来实现，但记住别人的名字却是一个不可或缺的交际礼仪。人贵在勤沟通、多联系！主动联系是职场必备的一个社交礼仪。善于联系朋友，朋友也会勤于和你联系。

3. 职场礼仪：事业起飞的助推器

比尔·盖茨说过，企业的竞争，就是员工素质的竞争。员工的一举一动、一言一行，就是企业典型、生动的广告，无声胜有声。

可见，良好的仪容仪表，能给人端庄、稳重、大方的印象：既体现个人的自尊自爱，又能表示对他人的尊重与礼貌；既能振奋自己的精神，又可表现出个人的敬业态度；有时甚至代表着企业的形象和品牌。

案 例

一天，黄先生与两位好友小聚，来到某知名酒店。接待他们的是一位眉清目秀的服务员，接待服务工作做得很好，但有一点就是让黄先生不满意。原来在上菜时，黄先生不小心看到服务员涂的指甲油缺了一块，他的第一反应是"不知是不是掉到我的菜里了"。但为了不惊扰客人用餐，黄先生没有将他的顾虑说出来。用餐结束后，黄先生叫服务员结账，而这位服务员却一直对着反光玻璃修饰自己的妆容，对黄先生的呼唤毫无反应。自此以后，黄先生再也没去过这家酒店。

（三）如何练就过硬的职场礼仪

1. 仪态基本礼仪

仪态基本礼仪如表4-8所示。

表4-8 仪态基本礼仪

颜面要欢	举止要端
1.我在适当的时候微笑了吗？	1.我是否注意不交叉双臂，没有摆出方位姿势？
2.我的微笑是真诚的吗？	2.我是否注意将身体倾向讲话者而不是后仰了？
3.我是否做到过一段时间就点点头或露出赞同的表情？	3.我有没有不停地转移视线或死死盯住讲话的人？
4.我是否做到在80%的时间里眼睛在看着讲话者？	4.我有没有当着对方的面频频地看手表？
5.我表示出对别人讲话的兴趣了吗？	5.我在与对方谈话的时候有没有关闭手机呢？

2. 仪表基本礼仪

仪表基本礼仪如表4-9所示。

表4-9 仪表基本礼仪

仪容禁忌	着装禁忌
1.忌不注意个人卫生；	1.忌脏；
2.忌浓妆艳抹；	2.忌皱；
3.忌香水过于浓郁；	3.忌破；
4.忌不注意细节	4.忌乱穿

3. 沟通基本礼仪

沟通基本礼仪如表4-10所示。

表4-10 沟通基本礼仪

语言要谦	谈语禁忌	介绍他人礼仪
1.不打断对方； 2.不补充对方； 3.不纠正对方； 4.不质疑对方	1.不非议国家和政府； 2.不涉及国家和行业机密； 3.不涉及对方内部的事情； 4.不能在背后讲领导、同事、同行的坏话； 5.不涉及私人问题	1.征询双方的意见； 2.称谓准确； 3.态度友好； 4.实事求是； 5.一视同仁

4. 常见职场交际礼仪

常见职场交际礼仪如表4-11所示。

表4-11 常见职场交际礼仪

交际礼仪	正确方法	禁忌
握手	1.起身站立，以示尊重。 2.握手时面含笑意，注视对方。 3.双方将想要握的手各向侧下方伸出，伸直相握形成一个直角。 4.掌握力度。 5.握手时间以3秒为宜，握手双方彼此距离以1米为佳。 6.注意伸手顺序。一般情况下秉承以下先伸手原则：职位、身份高者与职位、身份低者，职位高者先；女士与男士，女士先；长辈与晚辈，长辈先；先至者与后来者，先至者先；主人待客，主人先；客人告辞，客人先	1.握手时，另一只手不能拿东西、插口袋。 2.女士可戴薄纱手套，男士不可戴手套；不可戴墨镜。 3.不可用左手，也不可交叉握手。 4.握手过程中不可拉拽对方的手，也不要仅仅握住对方手尖。 5.不可用脏手握手
接打电话	1.接打电话是个人素质的直接体现，因此接打电话时应有"形象"的意识。要微笑着接打电话，让你的声音传递你的心情。 2.拨打电话前要选择适当的时间与时机，谈话对象要选择准确，重要的内容应在打电话前用笔写出。 3.拨通电话后，对相识的人，简单问候即谈主题，对不相识的人，先将名字及身份、目的亮明再谈问题。交谈时声音应清晰、亲切、悦耳，第一声应使用礼貌用语，如"您好"、"请"、"对不起"等。 4.通话过程中表达要全面、简要扼要（交谈时间一般以3~5分钟为宜）；需谈论机密或敏感话题时，电话接通后要先问对方谈话是否方便；交谈中如有事情需要处理，要礼貌告知对方，以免误解；未讲清的事情要再约时间并履行诺言。如所找对象不在，应委托他人简要说明，主动留言，留下联系方式和自己姓名；记住委托人姓名，致谢。 5.接听电话时，要在响铃第二声以后，第三声要响起时，再拿起电话。挂断电话时要等对方放下电话后再挂断电话	1.在公共场合大声接打电话。 2.边和别人说话，边查看手机信息。 3.编辑或转发不健康的信息。 4.接打电话过程中吸烟、吃零食、打哈欠等。 5.忌在接电话时"喂，喂"后就没有声音，或者一张嘴就不客气地说"你找谁呀"、"你是谁"、"有什么事儿啊"，像查户口似的

续表

交际礼仪	正确方法	禁忌
使用名片	1.名片要用双手或右手接。用双手拇指和食指持名片两角，让文字正面朝向对方，递交时要目光注视对方，微笑致意，可顺带说一句"请多多关照"。 2.接名片时要用双手，并认真看一遍上面的内容。如果接下来还要与对方谈话，也不要将名片收起来，而应该放在桌子上，并保证不被其他东西压起来，使对方感觉到你对他的重视。 3.破旧名片应尽早丢弃，与其发放一张破损或脏污的名片，不如不送	1.忌胡乱散发。 2.忌逢人便要。 3.忌收藏不当。最好放在专门收藏的皮夹或名片夹里，并避免放在臀部后面的口袋。 4.忌玩耍名片。在交谈时不要拿着对方的名片玩耍，亦不要当着对方的面在上面作记录

案例

　　张玉是一家五金工厂的办公室文员，月收入2 200元。虽不算多，但张玉还是挺满足的。她文化不高，初中毕业，如果不是亲戚的介绍，凭她自己的本事是不容易找到这种相对轻松的工作的。她周围的许多朋友都是在工厂里当工人或在酒楼当服务员。但三个月过，张玉就失去了这份工作。

　　张玉到该厂后，老板考虑到她的介绍人的缘故，将她安排在办公室任文员，主要工作是负责接电话，为客户开单，购置一些办公用具等，工作并不复杂也不累，相对于整天工作在高温机器旁及在烈日下送货搬货的同事，张玉自己都感觉是人间天堂。尽管每天工作时间从早上8点一直到晚上8点，但张玉下班后都喜欢待在办公室，毕竟这里有空调吹，好过回到电风扇无法吹走暑气热浪的集体宿舍。因为善于交际，张玉有很多朋友，朋友们下班后也总喜欢来找张玉玩，张玉在她们的眼中已经属于了白领，且可以在张玉有空调的办公室内聊聊天、看看报纸等。张玉的老板认为，每个人都有朋友，张玉的朋友在下班时间来找她玩，在办公室聊天无可厚非，更可顺便接听一些业务电话。因此他对此事从来都没有加以限制。后来一次老板跑完业务后赶回厂里拿货，回到办公室时，遇到张玉和她的两个好朋友，不知为什么，张玉并没有将老板介绍给朋友认识，而是自顾自地干自己的活，而因为张玉没有介绍，她的两个朋友也没有和老板打招呼。虽然已停止了聊天、打牌，但坐在那里却不知所措。性格偏内向的老板也没主动向张玉的朋友打招呼，气氛好尴尬。片刻后，两个朋友起身走时也没有向老板打招呼。事后不久，张玉就失去了这份工作。

四、名人如是说

1）有些人学了一生，而且学会了一切，但却没有学会怎样才有礼貌。　　——大仲马

2）礼貌不周全不花钱，却比什么都值钱。　　　　　　　　　　　　——塞万提斯

五、我该怎么做

职场礼仪测试题

（请根据你的实际情况，在每一道题目中选择一个答案填入括号中）

（　　）1.初到一个新单位，你会选择以下哪种为人方式？

  A.积极地向前辈请教业务问题   B.和人缘较好的同事打成一片

  C.独来独往，小心为人

（　　）2.领导让你完成一个你认为有争议的任务，你会：

  A.向领导说出你的见解，与他取得协调   B.一切听从领导的安排

  C.直接拒绝

（　　）3.初到新单位，别人都在忙，自己却没事，你会：

  A.为复印机加纸，给饮水机加水，主动询问对自己是否有安排

  B.带一本学习类的书看

  C.打电话给朋友聊天

（　　）4.在陌生的工作环境，肯定会有很多不懂的事情，这个时候你会：

  A.向老同事请教   B.自己查找资料解决

  C.与一起进公司的同辈讨论

（　　）5.你会向同事说"早安"吗？

  A.会   B.心情好的时候会

  C.从来不

（　　）6.在单位接座机电话时你会说"你好×××公司"吗？

  A.会   B.偶尔会

  C.不会

（　　）7.公司里的保洁人员帮你清理了摔碎的玻璃杯，你会向她道谢吗？

  A.会   B.不一定

  C.不会，这是她的本职工作

（　　）8.早上，在写字间的电梯里看到有人急匆匆地向电梯跑来，你会：

  A.帮她（他）按住开门键   B.装作没看见

  C.赶快按关门键

（　　）9.在公司举行的周年派对上，某人说你的打扮很"土"，你会：

  A.友好地听他说   B.不予理睬

  C.向旁边人说"他不懂欣赏"

（　　）10.接收别人递来的名片时，通常你会：

  A.双手接收   B.右手单手接收

  C.左手单手接收

（　　）11.上班时间接到私人电话，你会说很长时间吗？

  A.不会   B.偶尔

  C.经常

（　　）12.你会翻动同事的业务资料吗？

  A.不会   B.偶尔

  C.会

（　）13.每天下班以后，你会将自己的办公桌整理整齐吗？

      A.会 　　　　　　　　B.偶尔会 　　　　　　　C.不会

（　）14.你在公司有打听或是传播小道消息的习惯吗？

      A.没有 　　　　　　　B.偶尔有 　　　　　　　C.有

（　）15.在炎热的夏天，你会穿吊带背心到单位上班吗？

      A.不会 　　　　　　　B.偶尔穿过一两次 　　　C.经常穿

（　）16.周末，在百货商店偶遇上司，你会选择以下哪种问候方式？

      A."您好"

      B."您好，上周那个计划书我已经放在你桌上"

      C."您怎么也在这儿逛啊，听说××品牌也在打折……；这是你老公吧，你们真有夫妻相呢……"

（　）17.你会在好友聚会上谈及公司机密吗？

      A.从来不会 　　　　　B.偶尔会 　　　　　　　C.经常谈及

（　）18.如果你对上司的指示有怀疑，你会：

      A.向他再确认一遍 　　B.直接指出错误 　　　　C.领导怎么说就怎么做

（　）19.在参加全公司的年终总结大会，你会选择以下哪种服装：

      A.深色西装套裙 　　　B.深色粗呢大衣配修身西裤 　C.长袖体恤配牛仔裤

（　）20.通常你在开会时的表现是：

      A.认真听讲 　　　　　B.悄悄翻阅报纸 　　　　　C.与同事小声聊天

评分说明：选A得2分，选B得1分，选C得0分。

32分以上：毫无疑问，你是一个具有个人魅力和主见的职场人士，你拥有良好的个人形象与修养。你的自信、勤奋以及得体的礼仪习惯，总能为你赢得同事或领导的认可，所以，无论你是新人还是前辈，都会是职场中的佼佼者。

20～32分：你是一个具有发展潜力的职场人士，你拥有一定的职场礼仪知识，但在某些方面还有缺点，只要你能够加强对职场礼仪的学习，就可以使自己成为一名具有个人魅力的职场人士，要知道你与成功只有一步之遥。

20分以下：你可能是一个很重视自己的外貌或是工作业绩的人，可你往往忽略了一个职场人士应有的礼仪修养。这样所导致的结果是，虽然你有才能，却在职场中越来越被人忽略。要知道不管你的外貌多美、业务能力多强，如果忽略了在职场中的礼仪修养，最终只会在职业生涯中碌碌无为。

六、拓展延伸

（一）倾听的学问

面试时彼此交流在面试过程中占有举足轻重的地位。怎样听人说话才能取得对方的好感呢？首先，要耐心。对对方提起的任何话题，你都应耐心倾听，不能表现出心不在焉或不耐烦的神色，要尽量让对方兴致勃勃地讲完，不要轻易打断或插话。其次，要细心。也就是要具备足够的敏感性，善于理解对方的"弦外之音"，即从对方的言谈话语之间找出他没能表达出来的潜在意思，同时要注意倾听对方说话的语调和说话的每一个细节。再次，要专心。专心的目的是要抓住对方谈话的要点和实质，这样既能弄清问题的要点和实质，又能给对方以专心致志的好印象。最后，要注意强化。要认真琢磨对方讲话的重点或反复强调的问题，必要时，你可以进行复述或提问，如"我同意您刚才所提的……"、"您是不是说……"重复对方强调的问题，会使对方产生"酒逢知己千杯少"的感觉，往往会促进情感的融通。

（二）交谈的学问

首先要注意交谈时的面部表情和动作：在与同事或上司谈话时，眼睛要注视对方谈话时间的2/3，并且要注意注视的部位。若注视额头，属于公务型注视，适于不太重要的事情和时间也不太长的情况下；注视眼睛，属于关注型注视；注视眼睛至唇部，属于社交型注视；注视眼睛到胸部，属于亲密型注视。所以对不同的情况要注视对方的不同部位。不能斜视和俯视。要学会微笑，微笑很重要。保持微笑，可以使自己在大家的心中留下好的印象，也可以使自己感到自信。另外，要尽量避免不必要的身体语言。当与别人谈话时不要双手交叉，身体晃动，一会倾向左边，一会倾向右边，或是摸摸头发、耳朵、鼻子，给人以不耐烦的感觉。切忌一边说话一边玩笔，有的人特别喜欢转笔，好像在炫耀，你看我转得多酷呀！也不要拿那个笔来回地按，这样做是很不礼貌的。

其次要注意掌握谈话的技巧。当谈话者超过三人时，应不时同其他所有的人都谈上几句话。谈话最重要的一点是话题要适宜，当选择的话题过于专业，或不被众人感兴趣时应立即止住，而不宜我行我素，当有人出面反驳自己时，不要恼羞成怒，而应心平气和地与之讨论。在自己讲话的同时也要善于聆听。谈话中不可能总处在"说"的位置上，只有善于聆听，才能真正做到有效的双向交流。听别人谈话就要让别人把话讲完，不要在别人讲得正起劲的时候，突然去打断。假如打算对别人的谈话加以补充或发表意见，也要等到最后。在聆听中积极反馈是必要的，适时地点头、微笑或简单重复一下对方谈话的要点，是令双方都感到愉快的事情，适当地赞美也是需要的。要掌握好告辞的最佳时机。一般性拜访，时间不宜太长，也不宜太匆忙。一般以半小时到一小时为宜。若是事务、公务性拜访，则可视需要决定时间的长短。客人提出告辞的时间，最好是与主人的一个交谈高潮之后，告辞时应对主人及家人的款待表示感谢。如果主人家有长辈，应向长辈告辞。

七、课外阅读

（一）职场用语伴我行

多说人人爱听的职场用语可以赢得好人缘，改善人际关系。请记住以下10句"人人爱听的职场常用语"，并把它运用到日常生活中。

——谢谢。

——我相信你的判断。

——告诉我更多吧。

——我来搞定它。

——我支持你。

——乐意效劳。

——让我来唱黑脸。

——让我想想。

——做得不错。

——你是对的。

（二）职场中14个必须远离的坏习惯

1）上班踩点，下班按点。

2）上班总是有事，下班总是没事。

3）QQ、微信、MSN、ICQ，一个都不能少。

4）上网多，上班少。

5）桌子、本子、脑子一样乱。

6）事前计划少，事后补救多。

7）耻于下问。

8）紧拖慢等，明天再整。

9）牢骚满腹，抱怨连天。

10）拍马溜须，取悦他人。

11）乐当小蜜蜂。

12）求全责备，尖酸刻薄。

13）人云亦云，迷失自我。

14）只工作不合作，不求功求无过。

（三）企业老板最在意的12项职场礼仪禁忌

1）直呼老板名字。

2）以"高分贝"讲私人电话。

3）开会不关手机或调为振动。

4）让老板提重物。

5）称呼自己为"某先生/某小姐"。

6）对"自己人"才注意礼貌。

7）迟到、早退或太早到。

8）谈完事情不送客。

9）看高不看低，只跟老板打招呼。

10）老板请客，专挑昂贵的餐点。

11）不喝别人倒的水。

12）想穿什么就穿什么。

任务十四　社交礼仪

一、学习目标

通过学习，了解社交礼仪的含义，明确社交礼仪对人际交往的重要性；初步掌握职场社交的基本要领，在生活中学以致用，不断提高礼仪素养和礼仪品质。

二、案例分析

案　例

电梯间的面试

两个月前，我到一家德国的汽车进出口公司参加面试。刚刚走入社会的我，没有丰富的面试经验，也不具备较好的外在条件。面试地为市中心的写字楼里，看着出入大厅的靓丽都市白领，再瞅瞅自己特地从室友那借来的略显肥大的套裙，唉！

下午两点半面试，我是提早15分钟到达的，面试在大厦的12层进行。但我并没有急着上楼，而是先在大厅中整理了一下自己的心情。还差5分钟时，我准备上去了。站在电梯门口，周围的人大多与我的目的相同，只是有些人刚到，比较匆忙。

电梯开了，大家鱼贯而入，满满当当地挤了十几个，刚要关门，一个西装笔挺的人跑了进来，电梯间里立刻响起了刺耳的警告声，超载了。大家都把目光投向了那个最后进来的人身上，但他丝毫不为所动。顿时，电梯间陷入了刹那的尴尬之中，虽然还有时间等下一班电梯，但谁也不愿意冒这个险，毕竟大家都想给面试人员留下不错的印象。

我站在靠边的位置，自然地走了出去，转过身，在关门的瞬间，不自觉地冲电梯中的人微扬了一下嘴角。我乘下一班电梯上来时，并没有迟到，面试也没有开始。有一两个人和我说起刚才的那一幕，替我抱怨那个男的太不自觉了，我也只是笑笑。

考试进行得紧张而顺利，每个人都回家等通知。第三天，我被这家公司正式聘用了。

工作中，我见到了那个最后跑上电梯的男人，他是我的同事，进公司已经两年了。当我问他那天面试时的详情，他说，他也只是依照上级老板的意思，在电梯门口等待时机，公司除了要看应聘人与面试人员的交流，还会参考很多因素，如到会场的时间、与周围人的沟通等。许许多多的测试都是无形之中就完成了的——"其实，面试在你一迈进大楼就已经开始了！"

分析解读

在社交或商务场合，征服人的往往不仅仅只是第一印象，更多是日常礼仪。因为它们不仅是读对他人的尊重，更体现了一个人的修养、情感、智商。

柏拉图说：成也细节，败也细节。如果没有小石头，大石头也不会稳稳当当地矗立着。要想体现人格魅力，从细节做起，学习和重视日常社交中的点滴吧！

活动体验

通过阅读本案例，你有何感想？为什么衣着不靓丽的作者被企业录取了？他是怎么通过面试的？生活和工作中的礼仪细节你了解多少？你对社交礼仪的重要性有何了解？

三、知识链接

（一）社交礼仪的定义

社交礼仪是指人们在人际交往、社会交往活动中，用于表示尊重、亲善和友好的首选行为规范和惯用形式。我们在本任务中重点讨论职场中的社交礼仪。

（二）社交礼仪的重要性

1. 交流信息（信息资源共享）

我们在生活中需要获取大量信息以供生计参考，由于个人的活动范围有限，直接获取一手信息资源的能力也就受到很大的限制，而这众多的信息大多是在我们与他人打交道时所获取来的。

比如，我们开车到另外一个地方，而其中有段路正在修路或发生交通事故而禁止通行，那么如果我们不知道这个信息的话，我们便会按原路线行进，在中途不得不改道而行，但是如果我们通过朋友或亲戚或同事或者广播电视网络等社会媒体那里得知此消息后，我们便可提前修正去往的路线，少走冤枉路。

2. 增进感情

在社交上投入的时间将带来感情上的收获，如我们与亲戚朋友在一起休闲娱乐。

3. 建立关系

社交在很多情况下是建立人与人之间、组织与组织之间、地域与地域之间的相互依赖与合作、感情交流等关系的纽带。在市场经济的氛围下，人们应更注重社交礼仪。如不懂得现代的社交礼仪，那么就很难在市场上站稳脚跟，因此要学会跟进关系，避免忘记。日近日密，日疏日远。

4. 充实自我

多学一点社交礼仪，它可以免除你交际场上的胆怯与害羞，它可以指点交际场中的迷津，它可以给你平添更多的信心和勇气，使自己知礼懂礼，丰富人生阅历和人性情感，树立起自身的形象，给人留下彬彬有礼、温文尔雅的美好印象，使自己成为有教养的、有礼貌的、受欢迎的现代人。

（三）社交礼仪的基本原则

礼交礼仪的基本原则如图4-3所示。

互惠原则	平等原则	信用原则	相容原则	发展原则
社交是生活中不可避免的一堂课，学习好的社交方式是自己在交往生活中互相取利的直接方式	社交是在双方互相尊重地位平等的基础上发展的	信用是人和人之间敞开心扉的基础，一个拥有高信用度的人会在社交中得到更多收获	与人交往中难免会遇到矛盾与不和谐的地方，这就需要互相包容	与人社交就是一个与人发展的过程，需要持续不断的进行了解进而加深关系

图4-3

（四）社交礼仪面面观

1. 正确称呼他人

正确称呼他人的礼仪如表4-12所示。

表4-12　正确称呼他人的礼仪

适用场合	遇到他人，需要打招呼之时
正确方式	1.国内最普遍使用的称呼是"同志"，不论何种职业、年龄、地位的人均可称为"同志"。 2.知识界人士在其工作场合或与之有关的场合，可以直接称呼职称或在职称前冠以姓名，如王大夫、张教授……在私下仍可称"同志"或"先生"。 3.对于老前辈或师长，为表示敬重还可以称"×老"。 4.对于享有学位的人，只有博士才能作为称谓来用，而且只能在工作场合或是与工作有关的场合使用。 5.对男士称"先生"，对女士称"小姐"或"夫人"也较为得体。 6.一般同事间，可以称呼"老×"、"小×"。 7.关系较密切的人之间，可以直呼其名而不称姓
注意事项	1.称呼老师、长辈、领导要用"您"而不用"你"，切不可直呼其名，一般可在其姓氏后面加限制词。 2.初次见面或相交未深，用"您"而不是"你"以示谦虚与敬重。 3.熟人、熟友见面，不可称呼"您"，以免给人以生疏、拘谨之感。 4.称呼任何人都要尽可能了解其民族的习惯、地域特点，做到尊重对方，不损伤对方的感情。

2. 鞠躬礼

鞠躬礼如图4-4、图4-5和表4-13所示。

图4-4

图4-5

表4-13　鞠躬礼

适用场合	1.在庄严肃穆或喜庆欢乐的仪式中，如上台演讲、演员谢幕等。 2.一般的社交场合，如下级向上级、学生向老师、晚辈向长辈行鞠躬礼表示敬意等。 3.既可应用于社会，也可应用于家庭，如各商业场所向宾客表示欢迎和敬意
形式	一鞠躬礼：适用于社交场合、演讲、谢幕等。行礼时身体上部向前倾斜15～20度，随即恢复原态，只做一次。 三鞠躬礼：又称最敬礼。行礼时身体上部向前下弯约90度，然后恢复原样，如此连续三次
正确方式	1.行礼者和受礼者互相注目，不得斜视和环视； 2.行礼者在距受礼者两米左右进行； 3.行礼时以腰部为轴，头、肩、上身顺势向前倾20～90度，具体前倾幅度可视对受礼者的尊重程度而定；双手应在上身前倾时自然下垂放两侧，也可两手交叉相握放在体前，面带微笑，目光下垂，嘴里还可附带"你好"、"早上好"等问候语。施完礼后恢复立正姿势。 4.通常，受礼者应以与行礼者的上身前倾幅度大致相同的鞠躬还礼。上级或长者还礼时，可以欠身点头或在欠身点头的同时伸出右手答之，不必以鞠躬还礼
注意事项	1.一般情况下不可戴帽。如需脱帽，脱帽所用之手应与行礼之边相反，即向左边的人行礼时应用右手脱帽，向右边的人行礼时应用左手脱帽。 2.鞠躬时，目光应该向下看，不可以一面鞠躬一面翻起眼看对方。 3.鞠躬礼毕起身时，双目还应该有礼貌地注视对方。 4.鞠躬时，嘴里不能吃东西或叼着香烟。 5.上台领奖时，要先向授奖者鞠躬，以示谢意，再接奖品。然后转身面向全体与会者鞠躬行礼，以示敬意

3. 各类介绍的礼仪

（1）自我介绍的礼仪。自我介绍的礼仪如图4-6和表4-14所示。

图4-6

表4-14　自我介绍的礼仪常识

适用场合	1.应聘求职时或应试求学时。 2.在社交场合，与不相识者相处时、有不相识者表现出对自己感兴趣时或有不相识者要求自己作自我介绍时。 3.在公共聚会上，与身边的陌生人组成交际圈时或打算介入陌生人组成的交际圈时。 4.交往对象因为健忘而记不清自己，或担心这种情况可能出现时。 5.有求于人，而对方对自己不甚了解，或一无所知时。 6.拜访熟人遇到不相识者挡驾，或是对方不在，而需要请不相识者代为转告时。 7.前往陌生单位，进行业务联系时。 8.在出差、旅行途中，与他人不期而遇，并且有必要与之建立临时接触时。 9.在公共场合进行业务推广或利用传媒向社会公众进行自我推荐、自我宣传时		
自我介绍的形式	应酬型	适用于一般性人际接触，简单介绍自己	"您好！我叫×××。"
	沟通型	意在寻求与对方交流或沟通，也适用于普通的人际交往，内容可包括姓名、单位、籍贯、兴趣等	"您好！我叫××，浙江人。现在在一家银行工作，您喜欢看足球吧，我也是一个足球迷。"
	工作型	以工作为介绍的中心，重点集中于姓名、单位及工作性质	"各位好！很高兴有机会把我介绍给大家。我叫××，是××公司的业务经理，专门营销电器，有可能的话，随时愿意替在场的各位效劳。"
	礼仪型	适用于正式而隆重的场合，属于一种出于礼貌而不得不作的自我介绍。其内容除了必不可少的三大要素以外，还应附加一些友好、谦恭的语句	"大家好！在今天这样一个难得的机会中，请允许我作一下自我介绍。我叫××，来自杭州××公司，是公司公关部经理。今天，是我第一次来到美丽的西双版纳，这美丽的风光一下子深深地吸引了我，我很愿意在这多待几天，也很愿意结识在座的各位朋友，谢谢！"
	问答式	适用于应试、应聘和公务交往。问答式的自我介绍，应该是有问必答，问什么就答什么	"你好！请问您怎么称呼？" "先生您好！我叫××。" "请介绍一下你的基本情况。" "各位好！我叫××，26岁，唐山人……"
正确方法	1.掌握时间：一般认为，用半分钟左右的时间来介绍就足够了，最多不超过1分钟。有时，适当使用三言两语一句话，用上不到十秒钟的时间，也不错。 2.神态表现：在作自我介绍时，态度一定要亲切、自然、友好、自信。介绍者应当表情自然，眼睛看着对方或大家，要善于用眼神、微笑和自然亲切的面部表情来表达友谊之情。介绍可将右手放在自己的左胸上		
注意事项	1.注意时机选择：①对方空闲时；②对方心情好时；③对方有认识你的兴趣时；④对方主动提出认识你的请求时；⑤其他需介绍自己的场合。 2.注意掌握时间，忌滔滔不绝，用时过长。为了节省时间，作自我介绍时，还可利用名片、介绍信加以辅助。 3.自我介绍时要实事求是，真实可信，不可自吹自擂，夸大其词。 4.注意神态，不要显得不知所措，面红耳赤，更不能作出一副随随便便、满不在乎的样子。不要慌慌张张，毛手毛脚，也不要用手指指着自己		

（2）为他人介绍的礼仪。为他人介绍的礼仪如图4-7和表4-15所示。

图4-7

表4-15　为他人介绍的礼仪常识

适用场合	为他人介绍是经第三者为彼此不相识的双方引见、介绍的一种介绍方式。为他人介绍通常是双向的，即将被介绍者双方各自均作一番介绍	
正确方法	介绍人的做法	1.要有开场白，如："请允许我介绍一下，李先生，这位是×××。"
		2.手势动作要文雅，介绍时应手心朝上，手背朝下，四指并拢，拇指张开，指向被介绍的一方，并向另一方点头微笑。
		3.介绍人在介绍时要分清先后顺序，语言清晰明了，使双方记清对方姓名。在介绍优点时要恰到好处，不宜过分称颂而导致难堪的局面。必要时，可以说明被介绍的一方与自己的关系，以便新结识的朋友之间相互了解和信任
	被介绍人的做法	被介绍的双方都应表现出结识对方的热情。双方都要正面对着对方，介绍时除了女士和长者外，一般都应该站起来。但若在会谈中或宴会等场合，不必起身，只略微欠身致意就可以了。如方便的话，介绍完毕，被介绍人双方应握手致意，面带微笑并寒暄。如"你好"、"见到你很高兴"、"认识你很荣幸"、"请多指教"、"请多关照"等。如需要还可互换名片
介绍的顺序	1.先介绍男士，后介绍女士。 2.先介绍年少者，后介绍年长者。 3.先介绍职位低的，后介绍地位高的。 4.先介绍未婚女子，后介绍已婚女子。 5.先介绍宾客，后介绍主人	
注意事项	1.一般介绍被介绍者的姓名全称、供职的单位、担负的具体工作等主体内容三大要素。 2.为他人介绍前要确定被介绍双方有结识的愿望；其次要遵循介绍的规则；再次在介绍彼此的姓名、工作单位时，要为双方找一些共同的谈话材料，如双方的共同爱好、共同经历或相互感兴趣的话题	

（3）集体介绍的礼仪。集体介绍的礼仪如表4-16所示。

表4-16　集体介绍的礼仪

适用场合		被介绍的双方，其中一方是个人，一方是集体时。
正确方法及适用范围	将一个人介绍给大家	适用于在重大的活动中对于身份高者、年长者和特邀嘉宾的介绍。介绍后，可让所有的来宾自己去结识这位被介绍者
	将大家介绍给一个人	适用于在非正式的社交活动中，使那些想结识更多的、自己所尊敬的人物的年轻者或身份低者满足自己交往的需要，由他人将那些身份高者、年长者介绍给自己；也适用于正式的社交场合，如领导者对劳动模范和有突出贡献的人进行接见；还适用于两个处于平等地位的交往集体的相互介绍；开大会时主席台就座人员的介绍。 介绍形式分两种： 一是按照座次或队次介绍。 二是按照身份的高低顺序进行介绍
注意事项		集体介绍时千万不要随意介绍，以免使来者产生厚此薄彼的感觉，影响情绪

5. 乘坐电梯的礼仪

乘坐电梯的礼仪如表4-17所示。

表4-17　乘坐电梯的礼仪

乘梯情况	正确方法及注意事项
伴随客人或长辈乘坐电梯	1.先按电梯呼梯按钮。打开时：若客人不止1人，可先行进入电梯，一手按"开门"按钮，另一手按住电梯侧门，礼貌地说"请进"，请客人们或长辈们进入电梯。 2.进入电梯后：按下客人或长辈要去的楼层按钮。 3.若电梯行进间有其他人员进入，可主动询问要去几楼，帮忙按下楼层按钮。 4.电梯内可视状况是否寒暄，例如：没有其他人员时可略做寒暄，有外人或其他同事在时，可斟酌是否有必要寒暄。 5.电梯内尽量侧身面对客人。 6.到达目的楼层：一手按住"开门"按钮，另一手做出请出的动作，可说："到了，您先请!"。 7.客人走出电梯后，自己立刻步出电梯，并热诚地引导行进的方向
男女同乘电梯	升降电梯：男士应该主动按电梯开启键；待电梯门开启后，男士应该手挡电梯边门，让女士先进；进电梯后男士应站在按键旁边，应该问女士到几楼，得到答案后帮忙按楼层按钮。 扶手电梯：应该让女士先上，站在靠右边的扶手的位置
其他情况	1.乘坐自动扶梯，应靠右侧站立，空出左侧通道，以便有急事的人通行；应主动照顾同行的老人与小孩踏上扶梯，以防跌倒；如需从左侧急行通过，应向给自己让路的人致谢。 2.乘坐厢式电梯，应先出后入。如果电梯有司机，应让老人和妇女先进入；如无电梯司机，可先进入轿厢操控电梯，让老人和妇女后进电梯以确保安全。先进入轿厢的人要尽量往里站。与同乘电梯人不相识时，目光应自然平视电梯门；在电梯里不高声谈笑，保持安静。 3.在没有明令禁止宠物乘电梯的地方，小宠物应由主人抱起乘梯；大宠物应在没有其他乘客的情况下方可由主人带乘电梯。 4.如果你是一位接待人员，经常接待尊贵客人，那你还必须牢记，电梯里也有上座和下座之分。所谓上座，就是最舒适、视野最好、最尊贵的位置。越靠里面的位置，越尊贵。上座是电梯操作板之后最靠后的位置，下座就是最靠近操作板的位置了，因为这个人要按楼层的按钮，相当于司机

四、名人如是说

1）如果你要别人喜欢你，或是改善你的人际关系，如果你想帮助自己也帮助别人，请记住这个原则：真诚地关心别人！

——卡耐基

2）对上司谦虚，是一种责任；对同僚谦虚，是一种礼遇；对部属谦虚，是一种尊贵。

——富兰克林

3）付出才会杰出；为别人创造价值，别人才愿意和你交往。

——陈安之

五、我该怎么做

人际关系自我诊断测试题

请根据你的实际情况选择Y或N作答，然后计分评判。

1.你是否常常在别人没有提出要求的情况下主动表达你的观点？

2.你是否认为在你的好朋友中，你比他们中至少三人更有本事？

3.你是否认为独自一人吃饭是一种享受？

4.你对报刊上的侦探故事、破案消息等报道是否很有兴趣？

5.你对测验题是否有兴趣？

6.你是否喜欢向别人谈论自己的抱负、失望和困难？

7.你是否经常向别人借东西？

8.和朋友一起外出娱乐、吃饭时，你是否希望各付各的钱？

9.当你讲述一件事情时，是否把每个细节都讲出来？

10.如果你招待朋友需要花少量钱，你是否喜欢这种招待？

11.你是否为自己绝对坦率直言而自豪？

12.当你和别人约会时，你是否常常让对方等候你？

13.你是否从内心喜欢孩子（不包括自己的孩子）？

14.你是否爱开庸俗的玩笑？

15.你是否对人常常怀有恶意？

16.你讲话时是否常常使用"非常好"、"特别好"或"坏极了"一类的字眼？

17.购物、乘车时，如果售货员和售票员服务态度不好，你是否非常生气？

18.对那些不像你一样对音乐、书籍或体育活动充满热情的人，你是否认为他们愚蠢无聊？

19.你是否常常许诺但不兑现？

20.当你处在不利的情况下，你是否会变得灰心失望？

答案：1.N；2.N；3.N；4.Y；5.Y；6.Y；7.N；8.N；9.N；10.Y；11.N；12.N；13.Y；14.N；15.N；16.Y；17.N；18.N；19.N；20.N。

每答对一题得1分。如果你的分数在15分以上，则说明你与别人的关系状态良好；如果得分不足10分，则说明你在许多方面都需要改善自己的交往行为。

六、拓展延伸

提高人际关系的要诀

在我们的人生道路上，建立稳固的人际关系，不仅有益于我们的生活与事业，而且能使我们结识更多的朋友。下面介绍提高人际的要诀，可以帮助您与身旁的同事、朋友们建立起坚固而珍贵的人际关系。

1）以诚待人：以礼貌与魅力，多关心他人的态度打入人群。

2）信守承诺：说到做到，做事卖力，讲求效率。

3）全神贯注：集中注意力，心无旁骛，积极参与活动。

4）勤加浇灌：投资时间在培养人际关系上，在无求于人时，用电话、卡片、传真等与人保持联络，孕育出彼此的信任与支持。

5）尊重对方：别把人只视作工作上该联络的对象。

6）赞美别人：不吝于给予赞美与鼓励，表达感激，让好话传遍千里。

7）时时感恩；别忘了在听过别人赞美之后说声谢谢。

8）承担责任：懂得人际艺术的人应勇于为自己犯下的错误承担责任，不推托找借口。

9）绝不居功：功劳该归谁，就给谁。

10）不忘幽默：保持对生活的感性与幽默，享受建立人际网络的过程。

七、课外阅读

好话当面说

公司新来了一名女文员小林，说话斯文细气，乍看似乎很有人缘。但接触的时间一长，人们便发现了问题：小林满嘴说的都是些关于他人的好话，当然也包括听者在内。有道是说者无意，听者有心，听过她好话的人更在意的往往是她说别人的好话，特别是某些自己厌恶的人的好话，并因此认为小林跟自己不是一路人。时间一长，大伙就开始对小林疏远了。年终考评的时候，小林得票排公司倒数第一，不得不跳槽转行。为此，她很迷惘：我一向与人为善，从来没得罪过谁呀，为啥大伙都这般看我呢？

其实单纯的小林犯了一个很简单的错误：虽然人人都喜欢听好话，但说好话者应注意场合，即好话必须当着被表扬者的面说，并且最好还是单独说。因为大千世界，人心叵测，有些人之间闹矛盾，你心里不是很清楚，如果当着其中一个人的面说另一个人的好话，而恰巧那两个人又闹矛盾的时候，很容易让人误解成对立面，等于间接地卷进矛盾之中。在这样的情况下，就有可能好心办坏事。足见，在生活中，仅怀一颗善良的真诚待人之心是远远不够的。

话又说回来，是不是当面说好话的人就一定是知己知音呢？持这种观点的人也会走进和小林一样的误区。生活中"两面三刀"的人很多，而你自己又不是别人肚子里的蛔虫，不可能了解到别人的真实想法。在这样的情况下，还是要以退为守，好话当面说，而且要说得中肯，实事求是，不要弄巧成拙。另一方面，好话当面说，不是虚与委蛇，也不是图听话的人有什么回报，最重要的一点还是学会在复杂的人际交往中有效地保全自己。

第五单元 沟通能力

任务十五 学会倾听

一、学习目标

通过学习，了解沟通中"倾听"的重要性；掌握倾听的三大基本功；熟识倾听的礼节；初步掌握倾听的技巧。

二、案例分析

案 例

善于倾听

有人曾向日本的"经营之神"松下幸之助请教经营的诀窍，他说："首先要细心倾听他人的意见。"

松下幸之助留给拜访者的深刻印象之一就是他很善于倾听。一位曾经拜访过他的人这样记述道："拜见松下幸之助是一件轻松愉快的事，根本没有感到他就是日本首屈一指的经营大师。他一点也不傲慢，对我提出的问题听得十分仔细，还不时亲切地附和道'啊，是吗'，毫无不屑一顾的神情。见到他如此和蔼可亲，我不由得想探询：松下先生的经营智慧到底蕴藏在哪里呢？调查之后，我终于得出结论：善于倾听。"

豪斯先生曾是美国威尔逊总统在位时的副总统，工作非常出色。他的一位朋友曾经这样评价道："豪斯先生一向是一名好听众。他之所以能够出任威尔逊的副总统，可能多半是出于他对人恭听的态度。因为豪斯和威尔逊首次在纽约会面时，他就用善于恭听的策略赢得了威尔逊的好感，同时也引起了威尔逊对他的注意。"？

心理学研究表明，越善于倾听的人，与他人关系就越融洽。因为倾听本身就是对对方的一种褒奖，你能耐心倾听对方的谈话，等于告诉对方"你是一个值得我尊敬的人"，对方又怎能不积极回应、表现出对你的好感呢？

人人都想说好话、说巧话，都想通过会说话赢得好人缘，却忽略了沟通的另一面——

倾听。其实，会倾听同样可以使你在沟通中赢得对方的好感，帮你打开成功的另一扇窗。如果和人沟通时不注意倾听，即使你巧舌如簧，也可能是一个失败者。

松下幸之助和豪斯虽然都是大人物、名人，但他们在交际中丝毫没有摆出傲慢的姿态，而是恭听他人哪怕是初次见面者的谈话，使对方禁不住油然而生好感。他们这种愿意耐心倾听他人谈话的谦恭姿态，对于身为上司的职场中的人是一个有益的启迪——要想更好地赢得下属的尊重，从而更轻松地驾驭下属的心，倾听无疑是一种行之有效的秘密"法器"。

上帝给我们一个闭着的嘴巴，但给了我们两个24小时开着的耳朵，他的意思是要我们多听少说。作为领导者，想要有效地交流与发挥领导力，第一步就得了解对方，取得信赖。领导力并不是靠地位、职权、魅力，而是靠"至诚"的沟通来感动别人的。

汪总在商界被誉为谈判高手，在一次关于供货合同的谈判上，供货商先谈到他们合作的愉快，又谈到现在原材料价格波动较大，加工成本攀升，还谈到省外的几家公司上门求货，给出优惠价格等。俗话说，"敲锣听声，说话听音。"汪总听出了弦外之音：供货商想提高供货价格，又担心伤了合作的基础，到头来价格未提高反而得罪了一个可靠的合作伙伴，所以，在那里费尽心机、弯来绕去地说。

汪总考虑现在成品出厂价格确实在逐渐上涨，如果在其他地方进货，价格也要比原来高，适当提高价格也行，而且又是长期合作的关系，于是就直截了当地说："这样吧，明年的供货合同照签，价格按现行的市场价。"

供货商听后，眼睛发亮，朗声大笑道："哈哈，和你这样的聪明人合作就是愉快！"就这样，合同在很短的时间里就谈妥了。

在职场沟通中，当对方不直截了当说明他的意图而我们又需要知道其话语的含义时，认真细致地听显得特别重要。碰到这样的情况，就要边听边思考，完全听明白了对方的言外之意后，再发表自己的看法，不仅能得到对方的好感，还能创造良好的交际氛围。

汪总这次谈判为什么会成功呢？供货商并没有直接说要涨价格，而是说了"加工成本攀升"、"别的公司上门求货，给出优惠价格"一类的话。这些话语里隐含的意思很明显——成本攀升，产品价格相应要增长；而且我的货很抢手，别人争着要，不和你合作我也能找到买主。汪总没有急于评判，而是细致地听明白了对方的言外之意，然后权衡利弊得失，主动把价格抬高，从而使谈判达到了双赢。难怪供货商情不自禁地赞赏："和你这样的聪明人合作就是愉快！"？

"筐未编好不结口。"与下属交谈时，要耐心完整地倾听对方的话，不抢话，更不拦话。"半路插一杠子"，那样做既不尊重下属，也在贬低自己。即使自己突然有话要说，需要讨论，也要等下属把话说完了，再来探询相关的问题，否则，你就会错过话语里的重要内容，悔恨不已。

分析解读

苏格拉底说："上帝让每个人有一张嘴巴，两只耳朵，就是让你多听少说。"在听的过程中，身为领导还要做到神情专注，认真细致。当然，听的技巧还有很多，在这里就不再赘述。

学会倾听，一定会帮你打开成功沟通的另一扇窗。在倾听的过程中，你带给下属的是理解和温暖，收获的却是信任和爱戴，以及与下属相处的默契和融洽。

活动体验

同学们，回想一下，你有没有认真倾听过朋友的诉说？你有没有被别人的认真倾听或不认真倾听而感动或恼怒过？你对松下幸之助和豪斯善于倾听的优秀品质有什么感想？你认为文中的汪总为什么被大家誉为"谈判高手"？

三、知识链接

（一）倾听，沟通的开始

1. 倾听的内涵

倾听，词典中解释为"侧身前倾地听"，这是一种认真的态度。它不仅是生理意义上的"听"，更应该是一种积极、主动、有意识的听觉和心理活动。

2. 倾听的重要性

（1）倾听，往往带来"意外"的收获

积极主动地投入"倾听"中，你会发现它会带给你许多益处，可以使你得到别人无法得到的意外收获。

案 例

遗失的金表

一农场主不慎将一只名贵的金表遗失在谷仓里，他让自己的几个儿子都帮自己去找。

儿子们听说父亲的金表丢了，心里都很着急，于是立刻来到谷仓，卖力地四处翻找。无奈谷仓内米粒成山，还有成捆成捆的稻草，要想在其中找寻一只金表如同大海捞针。

一直忙到太阳下山，他们仍然没有找到金表，于是，开始抱怨金表太小，抱怨谷仓太大、稻草太多，最后他们都慢慢放弃了。只有农场主的小儿子仍不死心，还在努力地寻找。他已经整整一天没有吃饭了，但还是希望在天黑之前能找到金表。父亲平时最宠爱的就是他，虽然他已经 14 岁了，但父亲总是把他当成小孩子，他要通过找到金表证明自己已经长大成人了。天越来越黑，整个谷仓安静无声，安静得有些让人害怕，可小儿子仍然继续寻找着。突然，他隐约听见谷仓内似乎有一种特别的声音"嘀嘀"响个不停。小儿子顿时屏住呼吸，那声音更加清晰。没错，那就是金表走动的声音！小儿子循声找到了金表，最终得到了父亲的赞扬和肯定。

（2）倾听，帮你获取重要的信息。耐心地倾听，才能最大限度地了解对方要传达的正确甚至重要的消息，促进彼此的沟通。

案 例

巴顿将军为了显示他对部下生活的关心，搞了一次参观士兵食堂的突然袭击。在食堂里，他看见两个士兵站在一个大汤锅前。

"让我尝尝这汤！"巴顿将军向士兵命令道。

"可是，将军……"士兵正准备解释。

"没什么'可是'，给我勺子！"巴顿将军拿过勺子喝了一大口，怒斥道："太不像话了，怎么能给战士喝这个？这简直就是刷锅水！"

"我正想告诉您这是刷锅水，没想到您已经尝出来了。"士兵答道。

（3）倾听，能发现说服对方的关键。有选择性地倾听，可能会显失客观，影响听者对事实的客观判断甚至让公司蒙受损失。

案　例

有一位业务员完成了上门销售服务，收了顾客的钱后离开。不久，顾客就从后面赶了过来。他边跑边喊："你收错钱了，差了五十元钱！"

业务员听了，非常恼火，心想：明明是一手钱一手货，怎么会差你钱呢！于是，他很生气地说："钱没有错，是你自己出错了。"

顾客说："你说的当真吗？"

业务员："千真万确！"

顾客："我是说，你多找给了我五十元钱！"

（4）倾听，是双方达成共识的前提。认真倾听，善于倾听，不仅是对说话者的尊重，还能提升沟通的效果，让对方感受到被尊重，能够快速建立起沟通双方的信任。

案　例

美国汽车销售大王乔·吉拉德曾有过一次深刻的体验。一次，某位名人来向他买车，他推荐了一种最好的车型给他。那人对车很满意，并掏出10 000美元现钞，眼看就要成交了，对方却突然变卦而去。乔·吉拉德为此事懊恼了一下午，百思不得其解。到了晚上11点，他实在忍不住打电话给那位顾客："您好！我是乔·吉拉德，今天下午我曾经向您介绍一部新车，眼看您就要买下，却突然走了。"

"喂，你知道现在是什么时候吗？"

"非常抱歉，我知道现在已经是晚上11点钟了，但是我检讨了一下午，实在想不出自己错在哪里了，因此特地打电话向您讨教。"

"真的吗？"

"肺腑之言。"

"很好！你用心在听我说话吗？"

"非常用心。"

"可是今天下午你根本没有用心听我说话。就在签字之前，我提到了犬子吉米即将进入密歇根大学念医科，我还提到了犬子的学科成绩、运动能力以及他将来的抱负，我以他为荣，但是你却毫无反应。"

乔·吉拉德不记得对方曾说过这些事，因为他当时根本没有注意听。乔·吉拉德认为已经谈妥那笔生意了，他不但无心倾听对方说什么，而且还在听办公室内另一位推销员讲笑话。

（5）倾听，可以使你获得友谊和信任。你听到别人说话时……你真的听懂了他说的意思吗？听话不要听一半，不要把自己的意思，投射到别人所说的话上头！真正学会了倾听，可获得真挚的友谊和信任。

美国著名主持人林克莱特一天访问一名小朋友："你长大后想当什么呀？"小朋友天真地回答："嗯……我要当飞机的驾驶员！"林克莱特接着问："如果有一天，你的飞机飞到太平洋上空时所有引擎都熄火了，你会怎么办？"小朋友想了想："我会先告诉坐在飞机上的人绑好安全带，然后我挂上我的降落伞跳出去。"现场的观众笑得东倒西歪。没想到，接着孩子的两行热泪夺眶而出。林克莱特发觉这孩子的悲悯之情远非笔墨所能形容。于是林克莱特问他说："为什么要这么做？"小孩的答案透露出一个孩子真挚的想法："我要去拿燃料，我还要回来！"

（二）学会倾听

1. 要体察对方的感觉

一个人感觉到的往往比他的思想更能引导他的行为，体察感觉，意思就是指将对方的话背后的情感复述出来，表示接受并了解他的感觉，有时会产生相当好的效果。

2. 要注意反馈

倾听别人的谈话要注意信息反馈，及时查证自己是否了解对方。你不妨这样："不知我是否了解你的话，你的意思是……"一旦确定了你对他的了解，就要进入积极实际的帮助和建议。

3. 听重点、抓关键

善于倾听的人总是注意分析哪些内容是主要的，哪些是次要的，以便抓住事实背后的主要意思，避免造成误解。

4. 细听真实意图，注意"弦外之音"

比如：在一次聚会中，两个人正相谈甚欢，忽然走过来一人，于是两人中的一个人向另一个人介绍："这位是我多年不见的同班同学，好久没和他联系了。"

此时，如果对方是一位善解人意会听的人，应马上理解此人的言外之意是希望与这位新来的谈谈，无法陪他继续聊了。

一个小孩有段时间上学总迟到，老师为此找其爸爸谈话。爸爸知道后，没有打骂孩子。在临睡觉前，他问儿子："告诉我，为什么你那么早出去，却总迟到？"

孩子先是愣了愣，见爸爸没有责怪的意思，就说："我在河边看日出，太美了！看着看着，就忘了时间。"爸爸听后笑了。第二天一早，爸爸跟儿子一起去了河边看日出，面对眼前的景色，他感慨万分："真是太美了，儿子，你真棒！"

这一天，儿子没有迟到。放学回家，儿子发现书桌上放着一块精致的手表，下面压着一张纸条："因为日出太美了，所以我们更要珍惜时间和学习的机会，你说是吗？爱你的爸爸！"

这是一位深深懂得爱的好爸爸。爱孩子，没有粗暴的责问、无情的惩罚，而是选择了倾听。倾听之中，融入了对孩子的爱、宽容、耐心和激励，给孩子创设了幸福、温暖的成长环境。试想，如果这位爸爸听了老师的话后，不问青红皂白地将孩子打骂一顿，结果会是怎样呢？我想，那颗热爱生活、发现美、欣赏美的稚嫩的心可能再也找不到了吧。

（三）倾听的艺术

工作中，要面对不同的客户、同事，仅用心倾听还不够，还需要一些技巧来配合。

1. 目光对接，尊重对方

"安全"倾听时，人们常通过调整眼光的落点营造一种安全的沟通氛围，表明听者对内容的关注度，传达一种认真、耐心的态度。一般而言，倾听中的目光落点要遵循金三角原则。

1）与不熟悉的人交流时，眼睛要看他面部的大三角，即以肩为底线、头顶为顶点的大三角形。

2）与比较熟悉的人说话时，眼睛要看他面部的小三角，即以下巴为底线、额头为顶点的小三角形。

3）与很熟悉的人沟通时，眼睛要看着他面部的倒三角形，即双眼与嘴巴间的区域。

2. 体态语言，提高品质

沟通中体态语言占重要的信息表达的55%。倾听时，一个无意识的小动作、一点情绪化的态度，都可能影响说话者的情绪和兴致。例如，倾听时，一次点头伴随跷起的大拇指表示赞扬，表达了认真倾听的"诚意"；相反，东张西望、抖晃四肢等不礼貌的动作会挫伤他人的自尊心；不合时宜的插话、武断的评论都会使沟通不欢而散。

3. 平心静气，及时反馈

倾听中及时反馈自己的意见，可以促进沟通双方的交流。反馈形式多样，常见的有以下几种：

1）同理心反馈：站在对方的立场，体会与理解他此时的感受，确认自己所理解的是否与他的表述一致。

2）提问式反馈："您所讲的是不是……""我明白你所说的是……"

3）体态语言反馈：眼神交流、点头、记笔记等方式。

4）试探性反馈：告诉对方对其动作与语言的理解。例如，"你刚才说喜欢你的职业，可是又皱了皱眉头。是不是有什么地方令你不太满意？"

总之，只要用心倾听、用心体会，即使初见面也能"心有灵犀"。

（四）日常倾听的必备技巧

在社交场合，经常听到有人这样抱怨"他这人总是打断我的话""真让人受不了"等。之所以如此，就是因为有些人不懂得倾听他人说话的礼节，以至于出现不该有的言辞，让人不能接受。那么，倾听有哪些礼节呢？

日常倾听的技巧如表5-1所示。

表5-1 日常倾听的技巧

日常倾听的技巧	具体表现及效果
注视说话者	这是有礼貌的表现，也会让对方感到你的诚意和尊重
倾听时应稍稍向倾诉者前倾身子	有利于表明自己是注意听对方话的，同时也有助于观察对方的表情和姿态，以更好地了解对方的感情和心境
向对方表示我们关心他说话的所有内容	赞成对方所说的话时，可以轻轻地点点头，脸部露出代表诚意与兴趣的微笑。不能拉长脸，或露出苦笑，或露出鄙夷的神态
不应东张西望、腿晃来晃去，或低头只顾自己做事	倾听时不要被别的事情分散注意力，应注意对方的语调、态度以及表情、动作等，以便充分了解对方的说话本意。否则让对方产生误以为我们有意不尊重他
不要随意打断对方说话	让对方把话说完，自己再表明意见也不迟，显得持重有礼
要有耐心	倾听时不要匆忙下结论，也不要贸然提建议

四、名人如是说

1）对别人述说自己，这是一种天性；因此，认真对待别人向你述说他自己的事，这是一种教养。
　　　　　　　　　　　　　　　　　　　　　　　　　　　　——歌德

2）自然赋予人类一张嘴，两只耳朵，也就是要我们多听少说。　　——苏格拉底

五、我该怎么做

（一）你是合格的倾听者吗

（每道测试题均有五个选项，请对应选择：A—几乎都是 ，B—常常，C—偶尔，D—很少，E—几乎从不）

（　　）1.你喜欢听别人说话吗？

（　　）2.你会鼓励别人说话吗？

（　　）3.你不喜欢的人说话时，你也注意听吗？

（　　）4.无论说话人是男是女，年长年幼，你都注意听吗？

（　　）5.朋友、熟人、陌生人说话时，你都注意听吗？

（　　）6.你是否会目中无人或心不在焉？

（　　）7.你是否注视说话者？

（　　）8.你是否忽略足以使你分心的事物？

（　　）9.你是否微笑、点头以及使用不同的方法鼓励其他人说话？

（　　）10.你是否深入考虑说话人所说的话？

（　　）11.你是否试着指出说话者所说的意思？

（　　）12.你是否让说话者说完他的话？

（　　）13.你是否试着指出他为何说那些话？

（　　）14.当说话者在犹豫时，你是否鼓励他继续说下去？

（　　）15.你是否重述他的话，弄清楚再发问？

（　　）16.在说话者讲完之前，你是否避免批评他？

（　　）17.无论说话者的态度和用词如何，你是否都注意倾听？

（　　）18.若你事先知道说话者要说什么，也会注意听吗？

（　　）19.你是否询问说话者有关他所用字词的意思？

（　　）20.为了请他更完整解释他的意见，你是否询问？

评分说明：选择A得5分，选择B得4分，选择C得3分，选择D得2分，选择E得1分，将得分加起来。

总分90～100分者，你是一个优秀的倾听者；

总分80～89分者，你是一个很好的倾听者；

总分65～79分者，你是一个勇于改进、尚算良好的倾听者；

总分50～64分者，在有效倾听方面，你确实需要再训练；

总分50分以下者，你注意听别人讲话吗？

（二）小游戏：你能"听"出他的需要吗

和同桌合作，其中一人为说话者，另一个人为倾听者，倾听者事先准备好一张写有短句的字条（字条内容不限，但是不能让说话者看到）。

游戏规则

1）说话者的任务是在讲话过程中根据倾听者的反馈，在最短时间内猜出字条上短句的意思。

2）倾听者的任务是不能说话，只能通过肢体语言进行反馈以帮助说话者尽快猜出句意。

分享收获

1）如何做好积极倾听的心理准备？

2）如何倾听才更有效？

共勉

倾听是一种心智、一种情绪、一门艺术。作为"准职业人"，保持开放的心态，接受不同观点，学会认真倾听，便掌握了有效沟通的秘诀。

六、拓展延伸

面对面沟通——有效倾听

在日常工作中，管理者与员工之间、员工与员工之间、员工与客户之间要想做到有效沟通，倾听是关键。在面对面沟通时，如果我们能够做到有效倾听，将会大大提高我们的沟通成效。一般情况下，有效倾听会从三个维度进行，既看、抬、倾斜，也就是心无旁骛地看着别人，经常性地抬起眉毛，及时地做出向前倾斜的动作。按照这样的方式进行倾听，能够很快地帮助沟通双方建立信任，使整个对话过程更为流畅。

1）忽略其他所有的事情。在倾听对方谈话时，我们一定要努力做到这一点，不要去看手机或者将手机进行设置，不要去看电脑或处理其他与当前对话不相关的事项。如果我们把注意力全力聚焦到沟通上，对方就能很快地感受到我们对其是发自内心的重视。当然寻找一下相对不受打扰的环境也是非常重要的。

2）听听对话说了些什么。不要过于频繁地打断对话，这一点很重要。在日常沟通交流过程中，其实我们很多时候没有让对方持续完整地表达相关信息，就立即着手打断对方，这一点在上下级沟通时表现得最为明显。当然在对话过程中，如果对方有明显瑕疵的或者偏离对话主题的，我们可以做一些相对及时的纠正。

3）做记录。要想实现更为有效的倾听，做记录是一个很重要的环节，如果对方在讲述某一具体事项或观点时，我们能够及时快速地加以记录，会明显提高对话的质量。在记录时，也可以进一步对相关信息进行确认，让对方感受到我们发自内心的诚意。

4）自我修正。如果我们在面对面沟通时无法进行有效倾听或者说发现自己注意力不集中时，要时刻提醒自己当前自己的状态，经常性地开展换位思考是非常有必要的。

七、课外阅读

倾听的价值

古希腊哲学家阿那克西米尼晚年的时候声望很高，拥有上千名学生。一天，这位两鬓花白的老者蹒跚着走进课堂，手中捧着一摞厚厚的纸张。他对学生说："这堂课你们不要忙着记笔记，凡是认真听讲的人，课后我都会发一份笔记。一定要认真听讲，这堂课很有价值！"

学生们听到这番话，立刻放下手中的笔，专心听讲。但没过多久就有人自作聪明——反正课后老师要发笔记，又何必浪费时间去听讲呢？于是开起了小差。临近下课时，这些学生觉得并没听到什么至理名言，不禁怀疑起来：这不过是一堂普通的课，老师为什么说它很有价值呢？

课讲完了，阿那克西米尼将那摞纸一一发给每位学生。领到纸张后，学生们都惊叫起来："怎么是几张白纸呀！"阿那克西米尼笑着说："是的，我的确说过要发笔记，但我还说过请大家一定要认真听讲。如果你们刚才认真听讲了，那么请将在课堂上所听到的内容全部写在纸上，这不就等于我送你们笔记了嘛。至于那些没有认真听讲的人，我并没有答应要送他们笔记，所以只能送白纸！"

学生们无言以对。有人懊悔刚才听讲心不在焉，面对白纸不知该写什么；也有人快速地将所记住的内容写在白纸上。后来，只有一位学生几乎一字不落地写下了老师所讲的全部内容，他就是阿那克西米尼最得意的学生，日后成为古希腊著名哲学家的毕达哥拉斯。阿那克西米尼满意地把毕达哥拉斯的笔记贴在墙上，大声说："现在，大家还怀疑这堂课的价值吗？"

注：阿那克西米尼一贯主张，人生最大的财富是倾听。只有乐于并善于倾听的人，才可能成为知识的富翁，而那些不愿意倾听的人，其实是在拒绝接受财富，终将沦为知识的穷人。

任务十六 沟通技巧

一、学习目标

通过学习，了解沟通与有效沟通的定义，认识两者之间的联系；明确有效沟通的重要性；基本掌握有效沟通原则和技巧；培养有效沟通的意识，逐步提升沟通能力。

二、案例分析

案例

有效沟通，击败世界五百强竞争对手

小王在韩国晓星公司北京办事处工作，主要工作是销售韩国的钢材到中国。在开发广东美的集团股份有限公司这个客户的时候，碰到了强大的竞争对手韩国三星公司（世界五百强企业）。这两家韩国公司代理销售的都是韩国浦项钢铁公司（当时是世界第二大钢铁公司）的产品，三星香港公司距离美的公司只是半个小时的乘船时间，而小王所在北京办事处，乘飞机加短途汽车，至少需要大半天，更糟糕的是小王不太懂粤语，所以跟客户的电话沟通比较难，起初晓星公司明显处于劣势。面对这么多困难，开发该新客户不容易。但小王并不气馁，相信通过沟通，真正了解客户的需求，就一定能赢得客户的青睐。

经过多次的电话沟通，小王发现客户还是不能充分相信晓星公司的能力和服务。当时，该客户急需一批韩国钢材（客户需要1 000吨），小王所在公司希望通过供给这批钢材来建立彼此的合作关系，但是小王所在公司当时能够提供的数量（300吨冷轧优质钢材）并不能满足客户的需求，况且客户认为单独进口300吨需要办理额外的进口手续，很麻烦，不如从当地购买。

在这种情况下，小王说服经理亲自去拜访未曾谋面的客户。当经理和小王到达客户所在地广东顺德时，已经晚上8点了，在与客户沟通过程中，小王明显感觉到客户这次不打算从晓星公司进口了，因为300吨钢材进口实在太麻烦，下次再考虑。但小王觉得客户是因为不了解晓星公司，才没有信心采购。于是小王建议在宾馆坐一坐，尽量地向客户介绍晓星公司的背景和提供钢材的能力，同时也注意倾听客户的意见。通过两个小时的谈话沟通，客户最终被小王的诚意打动了，最后说："明天签订合同吧"。那一晚，客户全面了解了晓星公司与美的公司合作的能力和诚意，并彻底打消了对晓星公司的疑虑。最终小王的真诚和专业彻底打动了该客户，并赢得了订单。

分析解读

本案例中，小王在开发这个客户的过程中，与客户的真诚交流非常重要，如果小王当时没有与客户进行有效的沟通，这个客户很可能会被三星香港公司抢去了。足见，有效沟通的至关重要性。对于即将就业的准职业人来讲，要赢在未来的职场，就要先赢在"沟通"。沟通能为自己或团队建立和谐的人际关系，以便在未来职场开拓自己的天地。

活动体验

案例中的小王是怎么拿下订单的？同学们，在日常生活中，你是一个擅长有效沟通的人吗？在学校中，你和老师、同学相处融洽吗？在企业实习中，你善于和车间领导、同事间有效沟通吗？

三、知识链接

（一）沟通的内涵

1. 沟通的定义

沟通是人与人之间的交流过程，指信息凭借一定的符号载体，在个人和群体之间从输出者到接受者进行传递或交换并获取理解的过程。

2. 沟通的组成

人与人的沟通过程包括输出者、接收者、信息、沟通渠道四个主要因素。

（1）输出者。信息的输出者就是信息的来源，他必须充分了解接受者的情况，以选择合适的沟通渠道以利于接收者的理解。

（2）接收者。接收者是指获得信息的人。接收者必须从事信息解码的工作，即将信息转化为他所能了解的想法和感受。这一过程要受到接收者的经验、知识、才能、个人素质以及对信息输出者的期望等因素的影响。

（3）信息。信息是指在沟通过程中传给接受者（包括口语和非口语）的消息，同样的信息，输出者和接收者可能有着不同的理解，这可能是输出者和接收者的差异造成的，也可能是由于输出者传送了过多的不必要信息。

（4）沟通渠道。企业组织的沟通渠道是信息得以传送的载体，可分为正式或非正式的沟通渠道、向下沟通渠道、向上沟通渠道、水平沟通渠道。

3. 沟通的基本模式

（1）语言沟通。语言是人类特有的一种非常好的、有效的沟通方式。语言的沟通包括口头语言、书面语言、图片或者图形。口头语言包括我们面对面的谈话、开会议等。书面语言包括我们的信函、广告和传真，甚至现在用得很多的E-mail等。图片包括一些幻灯片和电影等，这些都统称为语言沟通。

（2）肢体语言的沟通。肢体语言非常丰富，包括我们的动作、表情、眼神。实际上，在我们的声音里也包含着非常丰富的肢体语言。我们在说每一句话的时候，用什么样的音色去说，用什么样的语调去说等，都是肢体语言的一部分。

沟通的模式有语言和肢体语言这两种，语言用于沟通信息，肢体语言更多用于沟通人与人之间的思想和情感。

案 例

小王是某学院某系的一个男生，因家庭贫困，平时比较沉默寡言，为人比较内向。有次班长通知他到系办公室去签领助学金，来到系办公室门口，看到里面几个老师都在忙碌。他进门后，站在一个老师前面，低着头，不敢出声。那个老师见他站了半天不说话，问他有什么事，小王低着头更加紧张，满头大汗，一脸通红，吞吞吐吐。说了老半天，才让那个老师明白是怎么回事。结果几分钟就可以办完的一件事，他竟然花了十几分钟。

4. 沟通的作用

（1）传递和获得信息。信息的采集、传送、整理、交换，无一不是沟通的过程。通过沟通，交换有意义、有价值的各种信息，生活中的大小事务才得以开展。

掌握低成本的沟通技巧、了解如何有效地传递信息能提高人的办事效率，而积极地获得信息更会提高人的竞争优势。好的沟通者可以一直保持注意力，随时抓住内容重点，找出所需要的重要信息。他们能更透彻了解信息的内容，拥有最佳的工作效率，并节省时间与精力，获得更高的生产力。

（2）改善人际关系。社会是由人们互相沟通所维持的关系组成的网，人们相互交流是因为需要同周围的社会环境相联系。

有效的沟通可以赢得和谐的人际关系，而和谐的人际关系又使沟通更加顺畅。相反，人际关系不良会使沟通难以开展，而不恰当的沟通又会使人际关系变得更坏。

> **案　例**
>
> 狮子和老虎之间爆发了一场激烈的战争，最后两败俱伤。
>
> 狮子快要断气的时候对老虎说："如果不是你非要抢我的地盘，我们也不会弄成现在这样。"老虎吃惊地说："我从未想过要抢你的地盘，我一直以为是你要侵略我！"
>
> 由此可见，相互沟通是维系同事、老板之间的一个关键要素。有什么话不要憋在肚子里，多同同事、员工交流，也让同事、员工多了解自己，这样可以避免许多无谓的误会和矛盾。

（二）有效沟通的内涵

1. 有效沟通的定义

从广义上讲，有效沟通指的是为了一个设定的目标，把信息、思想和情感，在个人或群体间传递，并且达成共同协议的过程。只有当沟通中的双方都能准确理解并与对方达成一致，实现共赢时，沟通才是有效的。

英国管理学家L. 威尔德曾说，管理者的最基本能力是有效沟通。有效沟通也是人与人之间和平共处的基本能力。可以说，有效沟通是沟通成功的标志。无论何时何地，沟通双方任务的完成与实现都是与其自身的利益息息相关、紧密相连的。

2. 有效沟通的技巧

（1）倾听技巧。倾听能鼓励他人倾吐他们的状况与问题，而这种方法能协助他们找出解决问题的方法。倾听技巧是有效影响力的关键，而它需要相当的耐心与全神贯注。

倾听技巧由四个个体技巧所组成，分别是鼓励、询问、反应与复述。

1）鼓励：促进对方表达的意愿。

2）询问：以探索方式获得更多对方的信息资料。

3）反应：告诉对方你在听，同时确定完全了解对方的意思。

4）复述：用于讨论结束时，确定没有误解对方的意思。

（2）气氛控制技巧。安全而和谐的气氛，能使对方更愿意沟通，如果沟通双方彼此猜忌、批评或恶意中伤，将使气氛紧张、冲突，加速彼此心理设防，使沟通中断或无效。

气氛控制技巧由四个个体技巧所组成，分别是联合、参与、依赖与觉察。

1）联合：以兴趣、价值、需求和目标等强调双方所共有的事务，造成和谐的气氛而达到沟通的效果。

2）参与：激发对方的投入态度，创造一种热忱，使目标更快实现，并为随后进行的推动创造积极气氛。

3）依赖：创造安全的情境，提高对方的安全感，而接纳对方的感受、态度与价值等。

4）觉察：将潜在"爆炸性"或高度冲突状况予以化解，避免讨论演变为负面或破坏性的。

（3）推动技巧。推动技巧用来影响他人的行为，使其逐渐符合我们的议题。有效运用推动技巧的关键，在于以明白具体的积极态度，让对方在毫无怀疑的情况下接受你的意见，并觉得受到激励，想完成工作。

推动技巧由四个个体技巧所组成，分别是回馈、提议、推论与增强。

1）回馈：让对方了解你对其行为的感受，这些回馈对人们改变行为或维持适当行为是相当重要的，尤其是提供回馈时，要以清晰具体而非侵犯的态度提出。

2）提议：将自己的意见具体明确地表达出来，让对方能了解自己的行动方向与目的。

3）推论：使讨论具有进展性，整理谈话内容，并以它为基础，为讨论目的延伸而锁定目标。

4）增强：利用增强对方出现的符合沟通意图的行为来影响他人，也就是利用增强来激励他人做你想要他们做的事。

案　例

一位教授精心准备一个重要会议上的演讲，会议规格之高、规模之大都是他平生第一次遇到的。全家人都为教授的这次露脸而激动，为此，妻子专门为他选购了一套西装。晚饭时，妻子问："西装合身不？"教授说："上身很好，裤腿长了那么两厘米，倒是能穿！"

晚上教授早早就睡了。妈妈却睡不着，琢磨着儿子这么隆重的演讲，西裤长了怎么能行，就翻身下床，把西装的裤腿剪掉两厘米，缝好烫平，然后安心地入睡了。

早上五点半，妻子睡醒了，想起丈夫西裤的事，心想时间还来得及，便拿来西裤又剪掉两厘米，缝好烫平，惬意地去做早餐了。

一会，女儿也起床了，看妈妈的早餐还没有做好，就想起爸爸西裤的事情，寻思自己也能为爸爸做点事情了，便拿来西裤，再剪短两厘米，结果……

故事中的主人公们因为沟通不到位，付出了三倍的劳动得到的结果却是废了一条裤子。由此看出，有效沟通在日常生活、工作中是何等重要！

3. 有效沟通助你职场"闯"关成功

石油大王洛克菲勒说，假如人际沟通能力也是同糖或咖啡一样的商品的话，他愿意付出比太阳底下任何东西都珍贵的价格买这种能力。

（1）有效沟通是你成功就业的关键。美国著名的普林斯顿大学对一万份人事档案进行了分析，结果发现："智慧"、"专业技术"、"经验"只占成功因素的25%，而75%取决于良好的人际沟通能力。沟通已经成为生活中一项不可或缺的技能。学会有效沟通能在求职、交往方面为你加分。

案　例

两位毕业生的回答

在上海某单位组织的一次面试中，主考官先后向两位毕业生提出了一道同样的问题：我们单位是全国数一数二的大集团公司，下面有很多子公司，凡被录用的人员都要到基层去锻炼，基层条件比较艰苦，请问你们是否有这个思想准备？

毕业生甲说："吃苦对我来说不成问题。因为我从小在农村长大，父亲早逝，母亲年迈，我很乐意到基层去，只有在基层摸爬滚打才能积累丰富的工作经验，为今后发展打下基础。"

毕业生乙则回答："到基层去锻炼我认为很有必要，我会尽一切努力克服困难，好好工作。但作为年轻人总希望有发展的机会，不知贵公司安排我们下去的时间有多长？还有可能上来吗？"

面试结果很显然，毕业生甲被录用，乙被淘汰了。

分析解读

在面试过程中，考官往往不在乎面试者回答内容的多少，而在于考察他对问题本身的思维方式，进而了解他对职业的态度和职业素养等。只要能准确把握提问者输出的信息，并给予正面回答，沟通就容易产生正面效果；反之，则容易事与愿违。

（2）有效沟通是和谐职场人际关系的保障。被誉为美国20世纪伟大的心灵导师和成功学、人际关系学大师的戴尔·卡耐基曾说，一个人事业上的成功，只有15%是由于他的专业技术，另外的85%要依赖人际关系、处世技巧。要建设良好的人际关系，有效沟通就是它最好的保障。

案　例

不善沟通，小乔与机会擦肩而过

小乔记得自己刚做记者那会儿，非常喜欢看一些与文学相关的文章和书，也特别向往有自己的私人空间。上班的第一个月，他感觉过得还不错，基本上不用加班，觉得很快乐。

但到了第二个月，报社来了很多新闻素材，领导经常叫小乔去现场采访。一开始他还觉得很新鲜，后来就感到疲惫了。连加了三天班后，他正准备下班回家，领导进来了："小乔，你先别走，报社有一个非常重要的客户来了，你帮忙招待一下。"因为年轻，小乔根本没想到报社的重要客户由他接待其实是器重他的举动。当时，他感到疲惫和委屈，所以就没好气地说："凭什么叫我接待呀？我已经下班了，当时招聘我来的时候，你们也没有说要干这么多事啊！"

这时，旁边的一位同事赶紧对领导说："我去接待吧，小乔可能有事。"那天走在回家的路上，小乔的心里不好受，隐约感觉自己说错话了，但还在为自己解释：我已经加了三天班，很疲惫了，领导应该知道呀！

两个月后，那位替小乔招待客人的同事升为主管。这时，他才醒悟：原来机会被自己错过了！

分析解读

由此可见，擅于沟通是多么重要。有效沟通中，双方的情绪、认知等分歧会影响沟通的效果。职场上，沟通不利有时直接影响双方的诚信与合作，影响一个人是否能获得更多的机会。学会有效沟通，是奔向职场前的必修课。

（3）有效沟通是企业发展的动力。美国沃尔玛公司创始人山姆·沃尔顿曾说过，如果必须将沃尔玛管理体制浓缩成一种思想，那可能就是沟通。因为它是我们成功的真正关键之一。让员工了解企业业务进展情况，与员工共享信息，让其产生责任感和参与感，最大限度地干好本职工作，有效沟通已经成为激励员工的重要源泉，并成为促进企业成功的最大动力。

案 例

> 一个分管公司生产经营的副总经理得知一较大工程项目即将进行招标，由于采取向总经理电话形式简单汇报未能得到明确答复，使这位副总经理误以为被默认因而在情急之下便组织业务小组投入相关时间和经费跟踪该项目，最终因准备不充分而成为泡影。事后，在总经理办公会上陈述有关情况时，总经理认为副总经理"汇报不详，擅自决策，组织资源运用不当"，并当着部门面给予他严厉批评，而副总经理反驳认为是"已经汇报、领导重视不够、故意刁难，是由于责任逃避所致"。由于双方在信息传寄、角色定位、有效沟通、团队配合、认知角度等方面存在意见分歧，致使企业内部人际关系紧张、工作被动，恶性循环，公司业务难以稳定发展。

四、名人如是说

当你对一个人说话时，看着他的眼睛；当他对你说话时，看着他的嘴。——富兰克林

五、我该怎么做

你的沟通能力如何？

1.当你阐述自己的重要观点时，别人却不想听你说，你会（　　）。

　A.马上气愤地走开　　　　　　　　B.很生气，所以也就不继续说下去了

　C.等等看还有没有说的机会　　　　D.仔细分析自己的原因，找机会换一个方式去说

2.去参加老同学的生日会回来，你很高兴，而你的朋友对生日会的情况很感兴趣，这时你会（　　）。

　A.详细述说从你进门到离开时所看到和听到的一切相关细节

　B.说些自己认为重要的

　C.朋友问什么就答什么

　D.告诉他自己很累了，没什么好说的

3.若正在主持一个重要的会议，而下属却在玩弄他的手机甚至发出声音干扰到会议现场，这时你会（　　）。

　A.幽默地劝告下属不要再玩手机　　B.严厉地叫下属不要再玩手机

　C.装着没看见，任其发展　　　　　D.给那位下属难堪，让其下不了台

4.正在向老板汇报工作时，助理急匆匆地跑过来说，有一位重要客户打来的长途电话，这时你会（　　）。

A.让助理告诉对方你在开会，稍后再回电话过去

B.向老板请示后，去接电话

C.说你不在，叫助理问对方有什么事

D.不向老板请示，直接跑去接电话

5.去与一个重要的客人见面，你会（　　　）。

A.与平时一样随便着装　　　　　　B.只要穿得不要太糟就可以了

C.换一件自己认为很合适的衣服　　D.精心打扮一番

6.有下属已经连续两天下午请了事假，第三天中午快下班的时候，他又拿着请假条过来说下午要请事假，这时你会（　　　）。

A.详细询问对方要请假的原因，然后再做决定

B.告诉他今天下午有一个重要的会议，不能请假

C.很生气，什么都没说就批准了他的请假

D.很生气，不理会他，不批假

7.若刚到一家公司就任部门经理，上班不久，就了解到本来公司中有几位同事想担任部门经理，老板不同意，才招了你。对这几位同事，你会（　　　）。

A.主动认识他们，了解他们的长处，争取成为朋友

B.不理会这个问题，努力做好自己的工作

C.暗中打听他们，了解他们是否有与你进行竞争的实力

D.暗中打听他们，并找机会为难他们

8.与不同身份的人讲话，你会（　　　）。

A.对身份低的人说话，你总是漫不经心

B.对身份高的人说话，你总是有点紧张

C.在不同的场合，你会用不同的态度与之讲话

D.不管是什么场合，你都是一样的态度与之讲话

9.在听别人讲话时，你总是会（　　　）。

A.对别人的讲话表示很感兴趣，记住所讲的要点

B.请对方说出问题的重点

C.在对方老是讲些没用的话时，立即打断他

D.在对方不知所云时，去想或做别的事

10.在与人沟通前，你认为比较重要的是，应该了解对方的（　　　）。

A.经济状况、社会地位　　　　　　B.个人修养、能力水平

C.个人习惯、家庭背景　　　　　　D.价值观念、心理特征

评分说明：题号为1、5、8、10选A得1分，B得2分，C得3分，D得4分；其余题号选A得4分，B得3分，C得2分，D得1分。将10道测试题的得分加起来，就是总分。

得分10～20分，说明经常不能很好地表达自己的思想和情感，所以不被他人所了解。许多事情本来是可以很好地解决，却因为采取了不作为的方式，所以把事情弄得越来越糟。但是，只要学会控制自己的情绪、改掉一些不良的习惯，还是能够获得他人的理解和支持的。

得分21～30分，说明懂得一定的社交礼仪，能够尊重他人。能通过控制自己的情绪来表达自己，并

能实现一定的沟通效果。但是，缺乏高超的沟通技巧和主动性，许多事情只要再努力一点，就可以大功告成。

得分31~40分，说明你很稳重，是控制自己情绪的高手，所以人们一般不会轻易知道你的底细。能不动声色地表达自己，有很高的沟通技巧和人际交往能力；只要能意识到自己性格的不足，并努力优化，定能取得更好的成绩。

六、拓展延伸

你会"因人"沟通吗?

与不同人际风格的人交流，最好有的放矢，有针对性地与之进行沟通，更能收到良好的效果，如表5-2所示。

表5-2 与不同人际风格的人交流的技巧

人际风格	主要特征	沟通特点
分析型（猫头鹰型）	有条不紊、合乎逻辑、严肃认真、动作慢、语调单一、语言准确、注意细节、缄默寡言、面部表情少、喜欢有较大的个人空间	①注重细节。 ②遵守时间。 ③尽快切入主题。 ④要一边说一边拿纸和笔记录，像他一样认真、一丝不苟。 ⑤不要有太多和他眼神的交流，更避免有太多身体接触，你的身体不要太过前倾。 ⑥在与分析型的人说话过程中，要多列举一些具体的数据，多做计划，使用图表
支配型人（老虎型）	指挥人、强调效率、有能力、独立而热情、说话快且有说服力、面部表情比较少、语言直接、有目的性面部表情比较少、果断情感不外露	①你给他的回答一定要非常准确。 ②你和他沟通的时候，可以问一些封闭式的问题，他会觉得效率非常高。 ③对于支配型的人，要讲究实际情况，有具体的依据和大量创新的思想。 ④支配型的人非常强调效率，要在最短的时间里给他一个非常准确的答案，而不是一个模棱两可的结果。 ⑤同支配型的人沟通的时候，声音要洪亮，充满信心，一定要直接，不要有太多的寒暄，直接说出你的来历，或者直接告诉他你的目的，要节约时间。 ⑥在与支配型的人沟通时，一定要有计划，并且最终要落到一个结果上，他看重的是结果。在和他沟通的过程中，要有强烈的目光接触，身体一定要略微前倾
表达型人（孔雀型）	外向、合群、直率、友好，热情活泼，动作和手势比较快速，不注重细节，比较幽默，语调生动活泼、抑扬顿挫	①声音一定要洪亮。 ②沟通中要有一些动作和手势。 ③表达型人的特点是只见森林，不见树木。所以，在与表达型的人沟通的过程中，我们要多从宏观的角度去说一说："你看这件事总体上怎么样"、"最后怎么样"。 ④说话要非常直接。 ⑤表达型的人不注重细节，甚至有可能说完就忘了。所以达成协议以后，最好与之进行一个书面的确认，这样可以提醒他

续表

人际风格	主要特征	沟通特点
和蔼型人（考拉型）	合作友好，面部表情和蔼可亲，频繁的目光接触，说话慢条斯理，声音轻柔，有耐心，经常使用鼓励性的语言	①和蔼型的人看重的是双方良好的关系，他们不看重结果。因此首先要建立好关系。 ②对他办公室的照片及时加以赞赏。 ③时刻充满微笑。 ④说话要比较慢，要注意抑扬顿挫，不要给他压力，要鼓励他，去征求他的意见。 ⑤遇到和蔼型的人一定要时常注意同他要有频繁的目光接触，每次接触的时间不长，但是频率要高（三四分钟）
综合型人（变色龙型）	看似没有个性，但擅长整合内部资源，具有高度的应变能力	与综合型人很容易沟通，只要任务明确且目标清楚，基本可以愉快地合作

七、课外阅读

如此"水上漂"

有一个博士分到一家研究所，成为学历最高的一个人。有一天他到单位后面的小池塘去钓鱼，正好正副所长在他的一左一右，也在钓鱼。他只是微微点了点头，这两个本科生，有啥好聊的呢？不一会儿，正所长放下钓竿，伸伸懒腰，噌噌噌从水面上如飞地走到对面上厕所。博士眼睛睁得都快掉下来了，心想："水上漂？不会吧，这可是一个池塘啊！"

正所长上完厕所回来的时候，同样也是噌噌噌地从水上漂回来了。"怎么回事？"博士生又不好去问，"自己是博士生啊"！

过一阵，副所长也站起来，走几步，噌噌噌地漂过水面上厕所。这下子博士更是差点昏倒：不会吧，到了一个江湖高手集中的地方？博士生也内急了。这个池塘两边有围墙，要到对面厕所非得绕十分钟的路，而回单位上又太远。

博士生也不愿意去问两位所长，憋了半天后，也起身往水里跨：我就不信本科生能过的水面，我博士生不能过。只听咚的一声，博士生栽到了水里。两位所长将他拉了出来，问他为什么要下水，他问："为什么你们可以走过去呢？"两所长相视一笑："这池塘里有两排木桩子，由于这两天下雨涨水正好在水面下。我们都知道这木桩的位置，所以可以踩着桩子过去。你怎么不问一声呢？"

任务十七　会话艺术

一、学习目标

通过学习，了解会话的基本礼节；掌握会话的艺术；锻炼语言表达能力，培养良好的沟通习惯，逐步提高沟通能力，为进入职场打好基础。

二 案例分析

案　例

研发部的梁经理

研发部梁经理才进公司不到一年，工作表现颇受领导赞赏，不管是专业能力还是管理绩效，都获得大家肯定。在他的缜密规划之下，研发部一些拖延已久的项目，都在积极推进当中。

部门主管李总发现，梁经理到研发部以来，几乎每天加班。他经常看到梁经理电子邮件的发送时间是前一天晚上10点多，接着甚至又看到当天早上7点多发送的另一封邮件。这个部门下班时总是梁经理最晚离开，上班时第一个到。但是，即使在工作量吃紧的时候，其他同仁似乎都准时走，很少跟着他留下来。平常也难得见到梁经理和他的部属或是其他经理们进行语音沟通。

李总对梁经理怎么和其他同事、部属沟通工作觉得好奇，开始观察他的沟通方式。原来，梁经理都是以电子邮件交代部署工作。他的属下除非必要，也都是以电子邮件回复工作进度及提出问题。很少找他当面报告或讨论。对其他同事也是如此，电子邮件似乎被梁经理当作和同仁们合作的最佳沟通工具。

但是，最近大家似乎开始对梁经理这样的沟通方式反应不佳。李总发现，梁经理的部属对部门逐渐没有向心力，除了不配合加班，还只执行交办的工作，不太主动提出企划或问题。而其他各部门经理，也不再像梁经理刚到研发部时，主动到他房间聊聊，大家见了面，只是客气地点个头。开会时的讨论，也都是公事公办的味道居多。

李总和另一部门的陈经理闲聊时，陈经理向李总介绍说：梁经理工作相当认真，可能对工作以外的事就没有多花心思。虽然他俩的办公室相邻，可每次有业务来往时，梁经理总是直接打来电话，好像梁经理非常乐意用电话来讨论工作，而不是当面沟通。陈经理也曾试着要在梁经理房间当面谈，而梁经理往往不是用最短的时间结束谈话，就是眼睛一直盯着计算机屏幕，让他不得不赶紧离开。陈经理说，几次以后，他也宁愿用电话的方式沟通，免得让别人觉得自己过于热情。

了解这些情形后，李总找到梁经理。梁经理觉得：效率应该是最需要追求的目标，所以他希望用最节省时间的方式，达到工作要求。李总以过来人的经验告诉梁经理，工作效率重要，但良好的沟通绝对会让工作进行顺畅许多。

分析解读

很多管理者都忽视了语言沟通的重要性，而是一味地强调工作效率。实际上，面对面沟通所花的些许时间成本，绝对能让沟通大为增进。沟通看似小事情，实则意义重大。沟通顺畅，工作效率自然就会提高，忽视沟通，工作效率势必下降。

活动体验

同学们，梁经理的问题出在哪里了？你了解会话在沟通中的重要性吗？你熟悉会话的技巧吗？你平时都采取什么方式与人沟通？你擅长用语言与师长、同学、朋友们沟通吗？

三　知识链接

（一）会话的技巧

我们与人沟通时，关键的四个环节就是"说"、"问"、"听"、"答"。良好的沟通会形成双方心灵上的共鸣，最终获得对方的信任。

1."说"的技巧

说对的话，用对的方式说话，这是我们说话的基本要求，也只有这样，我们才能轻松地与沟通对象相互理解，达成共识。我们在与他人沟通的时候，需要注意以下这些基本的规则：

·说话的时候，多用陈述句，少用否定句、反问句、疑问句。

·多用"能不能"、"可以吗"、"好吗"、"帮个忙"这样的语气。

·多说对方关心和感兴趣的事物，而不是自己所关心的事物。

·说话要讲对象、讲时机、讲场合、讲方式，要言之有物、目的明确。

·注意观察对方的反应，给对方表达的机会，不要一个人没完没了地说。

·跟对方说话时声音不要太高，而要柔和、悦耳，态度要积极。

·适时地赞美和肯定对方，活跃谈话氛围。

案　例

一位"海龟"在描述他回国创业的故事时，讲了一个与他人沟通时运用转折词的精彩片段。

你说的……很对，但是……（刚回国时，实话直说）

你说的……很对，如果……（学会表达得更委婉些了）

你说的……很对，并且……（老练以后，很精明地表达）

同样一件事，用不同的转折词进行表达，给人的感觉完全不一样。"但是"是反对，人家会反感；"如果"是补充，对方会接受，但万一遇到心理敏感的人，觉得自己做得挺好的，他的心理可能还是会排斥；而用"并且"这个转折词就更好了，因为这个词给他的感觉就好像后面这个意思还是他自己说的一样，而不是我们加上去的。

2."问"的技巧

发问是一种说话艺术，对"拉近"沟通双方的距离起着重要的作用。在与人交往的过程中，只有恰当地提问，才能达到顺利沟通的目的，使交谈局势和结果对自己有利。

问话还是转移话题、获取信息、打破冷场、引导思路的有效手段。聪明的问话，可以立即打开对方的话匣子，使对方觉得相见恨晚，瞬间成为我们的好朋友。

在社交场合中，我们应该尽可能地多用开放式提问，给予对方畅所欲言的交流情境。开放式提问常常以"什么"、"怎样"、"如何"、"怎么"或"为什么"开头。

·"您有什么特别的想法？"

·"您对这件事怎样看？"

- "您为什么总是喜欢买新衣服呢？"
- "您的家庭情况怎样？"
- "您最近工作怎么样？"
- "您希望我怎么做呢？"

3. "听"的技巧

"听"也要讲究技巧。"听话听声，锣鼓听音"，"听"并非简单地用耳朵听就行了，必须用"心"去理解，并积极地做出反应。

被认真积极地倾听，是讲话者对对方的期望。如果你善于倾听，定会令对方感到满足，从而对你产生好感。只要你善于倾听，对方就会把你视为朋友和知音。

- 专注地听，集中注意力。
- 保持适当的目光接触和积极的肢体语言。
- 具备足够的敏感性，善于从对方的话语间找出他无意中透露的信息。
- 不要有意打断对方，并适时引导。
- 复述，强化你对对方的关注。
- 适当提问，以便加深对对方的了解。

4. "答"的技巧

在沟通中，我们要在对方的表达过程中，适时地做出回应，让对方感觉到交流双方的快乐和积极态度。回答对方的提问，可以增加对方对我们的了解，表达我们对对方的重视和尊重，从而获得对方的认可和好感。积极地回应对方可以从以下几个方面进行。

- 面对对方的提问、观点和要求，我们要积极回应。
- 我们在回答时，态度要诚恳。
- 将话题巧妙转嫁到对方身上，获取对方更多的信息，并使沟通持续进行。
- 对方陈述性表达时，在停顿的间隙，我们要适时地点头回应。

案　例

该更换的洗衣机

某家用电器公司的推销员挨家挨户推销洗衣机。当他走到一户人家里时，看见这户人家的太太正在用洗衣机洗衣服，就忙说："哎呀！这台洗衣机太旧了，用旧洗衣机洗衣服是很浪费时间的，太太，该换新的了……"结果不等这位推销员说完，这位太太马上产生反感，驳斥道："你说什么呀！这台洗衣机很耐用的，到现在都没有故障，新的也不见得好到哪儿去，我才不换新的呢！"

过了几天，又有一名推销员来拜访，说："这是令人怀念的旧洗衣机，因为很耐用，所以对太太有很大的帮助。"这位推销员先站在太太的立场上说出她心里想说的话，使得这位太太非常高兴，于是她说："是啊！这倒是真的！我家这台洗衣机确实已经用了很久，是旧了点，我倒想换台新的洗衣机！"于是推销员马上拿出洗衣机的宣传小册子，提供给她作参考……

（二）会话的常识

1. 言之有物

交谈的双方都想通过交谈，获得知识、拓宽视野、增长见识、提高水平。因此，交谈要有观点、有内容、有内涵、有思想，而空洞无物、废话连篇的交谈是不会受人欢迎的。没有材料做根据，没有事实做依凭，再动听的语言也是苍白的、乏味的。我们在交谈时，要明确地把话说出来，将所要传递的信息准确地输送到对方的大脑里，正确反映客观事物，恰当地揭示客观事理，贴切地表达思想感情。

2. 言之有序

言之有序，就是根据讲话的主题和中心设计讲话的次序，安排讲话的层次，即交谈要有逻辑性、科学性。有些人讲话，一段话没有中心，语言支离破碎，想到哪儿就说到哪儿，东一榔头西一棒槌，给人的感觉是杂乱无章，言不及义，不知所云。所以，交谈时，先讲什么，后讲什么，思路要清晰，内容有条理，布局要合理。

3. 言之有礼

交谈时要讲究礼节礼貌。知礼会为你的交谈创造一个和谐、愉快的环境。讲话者，态度要谦逊，语气要友好，内容要适宜，语言要文明；听话者，要认真倾听，不要做其他事情。这样就会形成一个信任、亲切、友善的交谈气氛，为交谈获得成功奠定基础。

案　例

　　小刘刚办完一个业务回到公司，就被主管马林叫到了他的办公室。"小刘哇，今天业务办得顺利吗？""非常顺利，马主管，"小刘兴奋地说，"我花了很多时间向客户解释我们公司产品的性能，让他们了解到我们的产品是最合适他们使用的，并且在别家再也拿不到这么合理的价钱了，因此很顺利就把公司的机器，推销出去一百台。"

　　"不错！"马林赞许地说，"但是，你完全了解了客户的情况了吗，会不会出现反复的情况呢？你知道我们部的业绩是和推销出的产品数量密切相关，如果他们再把货退回来，对于我们的士气打击会很大，你对于那家公司的情况真的完全调查清楚了吗？"

　　"调查清楚了呀，"小刘兴奋的表情消失了，取而代之的是失望的表情，"我是先在网上了解到他们需要供货的消息，又向朋友了解了他们公司的情况，然后才打电话到他们公司去联系的，而且我是通过你批准才出去的呀！"

　　"别激动嘛，小刘，"马林讪讪地说，"我只是出于对你的关心才多问几句的。"

　　"关心？"小刘心里暗想，"你是对我不放心才对吧！"

（三）会话的礼貌性原则

在日常生活中，人们往往通过会话与他人沟通以获取信息，获得知识，达到各种目的。为了取得沟通成功，人们必须在与他人会话中采用一些重要的会话策略。一般情况下，人们在会话沟通中都应遵守礼貌性原则，即说话时应尽量多尊重别人，多给别人一些方便，尽可能多让自己吃一点亏，从而使沟通双方都感到受尊重，同时又反过来使对方获得对自己的好感。

当然，人们并非在任何时候、任何场合都要恪守礼貌原则，如在紧急的情形下，或在意外事件中，在激烈争辩或紧张工作的场合，或在十分亲密友好的朋友间，礼貌原则可能会让位于话语的内容，屈居于次要地位。

会话的礼貌性原则包含六项准则。

1）策略准则：减少表达有损于他人的观点。

2）宽宏准则：减少表达利己的观点。

3）赞扬准则：减少表达对他人的贬损。

4）谦虚准则：减少对自己的表扬。

5）赞同准则：减少自己与别人在观点上的不一致。

6）同情准则：减少自己与他人在感情上的对立。

案 例

近来小芳心情很不好，原因是，和她住在同一个宿舍的舍友小丽本学期带了一台计算机回来，每天晚上都上网直到凌晨，严重影响了小芳和其他舍友的休息，但碍于同班同宿舍的关系，她和其他舍友都不好意思提意见。这天晚上，小芳准备休息时，小丽仍然在和网友聊天，而且还把音响开得很大声。在翻来覆去睡不着后，小芳实在忍无可忍，冲着小丽大声说："喂，快把音响关了!"小丽听了，也不高兴了，回答道："这是我的宿舍，我爱怎么样就怎么样，你管得着吗?"

（四）会话的艺术

会话是人们表达思想及情感的重要工具，是人际交往的主要手段。在人际关系中的"礼尚往来"中有着十分突出的作用。

1. 学会赞美，传递"正能量"

赞美，是指通过语言使别人的某种态度、思想及行为表现得更为强烈，而采取的定向激励方式。赞美是真诚的爱的流露，是对人的一种鼓励、支持与肯定。真正的赞美能让听者感到舒服、感动，产生愉悦、被认可与理解的感受，甚至使对方受到激励并在行动上给予反馈。真正的赞美可以消除人际间的龃龉和怨恨，激发人潜在的能量。真正的赞美能强化沟通者之间的信任和合作的意愿。需要注意的是，赞美并非对着别人夸夸其谈，也并非见人就说好话，更不是用好词佳句进行堆砌。

案 例

被赞美的拿破仑

拿破仑曾经被认定是一个坏孩子。每个人都认定"没有母亲管教"的拿破仑会变坏。母牛走失、树莫名其妙被砍倒这些事都归于他的"杰作"。甚至父亲和哥哥都认为他很坏。于是，他也就无所谓了。有一天父亲带回新妈妈时，那陌生的女人走到每个房间，愉快地向每个房间里的人打招呼。看着新妈妈，拿破仑冷漠地瞪着她，一丝欢迎的意思也没有。

"这就是拿破仑。"父亲介绍说，"全家最坏的孩子。"

"最坏的孩子？"她把手放在拿破仑肩上，看着他，眼里闪烁着光芒说，"一点也不，他是全家最聪明的孩子，我们要把他的本性诱导出来。"

拿破仑永生难忘继母当时所说的话，此后奋发图强，最后成为一代伟人。

2. 调整状态，追求风格同步

在开场时，可以模仿对方的站姿、坐姿、手势、呼吸、面部表情等，用适当的方式拉近双方的心理距离。如果对方是站立状态，也应当站立回应；如果对方表情愉快，也应笑脸相迎。还可以通过调整自己的肢体动作来消除对方的不适感。

案 例

销售员王女士约好一位顾客在茶楼见面。见面时，她看到对方正双手交叉地抱在胸前，跷起二郎腿坐着。王女士立刻读懂了对方的肢体语言：对方对自己缺乏信任。经验丰富的王女士明白自己需要做的第一步是取得对方的信任。"你好，我姓王，是××的朋友，很高兴认识你。"王女士的问好，友好又落落大方。接着，王女士手掌朝上、摊开双手（使用了表达"我很友好"的肢体语言），在谈话的时候，她还把一只手伸向对方，消除对方的警惕心理。也许是被王女士开放的肢体语言所打动。对方的肢体语言发生了变化，慢慢将交叉的双臂放下，二郎腿也慢慢放下，为了看清楚王女士展示的资料，他将身体微微前倾。等到交流结束，对方的肢体语言已经变得和王女士同频率了。他们的沟通也自然达到了预期的效果。

3. 调整语速语调，找到共同点

开场时，尽快地寻找到沟通中的"同频"，即相同的共同点，有效减少沟通障碍。沟通中以对方的"性格特性"为突破口，增强沟通的有效性，也是不错的选择。例如，及时回应对方说话时惯用的术语、词汇，争取与对方保持语气、语调上的统一。

案 例

保健品直销员阿涛遇到了一名退休老教师。他发现这位老师虽然说话速度特别慢，但保健意识很强，每个月都要买不少的保健品，对直销商而言是一个幼稚顾客。可是之前有不少年轻的直销员无法接受这个顾客说话特别慢的特点，和他交谈过程中往往很不耐烦，使得这位老师很不满意，于是他经常在不同的直销员那里购买保健品。尽管阿涛是一名充满朝气与活力的年轻人，可当他遇到像这个老教师一样说话很慢的顾客，他就努力放慢说话的速度。正是这一点，让他深受这个老教师的喜爱，也使这个老师成了他最忠实的客户。

4. 贴近兴趣爱好，达到志趣相投

开场时，如果发现对方的某种兴趣爱好，可以调整自己的方式，和对方在兴趣上同步。用"对"方式亮丽开场，将给对方留下难忘和友好的印象，让沟通变得愉快而有益。

案 例

美国电影《当幸福来敲门》中的主人公克里斯为争取到一个证券公司实习的机会，费尽了心思，但总是不能和人事部主管见面。在他的围追堵截下，终于在公司门前见到了主管。克里斯准备了一肚子推销自己的语言，但当他兴致勃勃地介绍自己时，发现主管在玩魔方，根本没有在意他的介绍。克里斯很无奈，他急中生智请求和主管一同完成魔方。在主管的轻蔑和不信任中，克里斯拿着魔方，迅速旋转。当车到站的时候，魔方回复了六面的统一。人事部主管的眼神由惊叹变成赞赏甚至崇拜。后来，当公司开始招聘时，人事部主管主动通知了克里斯来参加面试。

四、名人如是说

1）倘若你有一个苹果，我也有一个苹果，而我们彼此交换这个苹果，那么，你和我自然各有一个苹果。但是倘若你有一种思想，我也有一种思想，而我们彼此交流这些思想，那么，我们每个人将各有两种思想。　　　　　　　　　　——萧伯纳

2）谈话，和作文一样，有主题，有腹稿，有层次，有头尾，不可语无伦次。

　　　　　　　　　　——梁实秋

3）急事，慢慢地说；大事，清楚地说；小事，幽默地说；没把握的事，谨慎地说；做不到的事，不要乱说；伤害人的事，不能说；开心的事，看场合地说；伤心的事，不要见人就说；别人的事，最好别说；自己的事，看自己心里怎么说；现在的事，做了再说；未来的事，未来再说；如果对我有不满的地方，请您一定明说。　　——美国前国务卿　鲍威尔

五、我该怎么做

交际能力测试题

（　）1.一位朋友邀请你参加他的生日。可是，任何一位来宾你都不认识。

　　A.你借故拒绝，告诉他说："那天已经有别的朋友邀请过我了。"

　　B.你愿意早去一会儿帮助他筹备生日

　　C.你非常乐意借此去认识他们

（　）2.在街上，一位陌生人向你询问到火车站的路径。这是很难解释清楚的，况且，你还有急事。

　　A.你让他去向远处的一位警察打听　　　　　　　　B.你尽量简单地告诉他

　　C.你把他引向火车站的方向

（　）3.表弟到你家来，你已经有两个月没有见到过他了。可是，这天晚上，电视上有一部非常精彩的电影。

　　A.你让电视开着，与表弟谈论　　　　　　　　B.你说服表弟与你一块看电视。

　　C.你关上电视机，让表弟看你假期中的照片

（　）4.父亲给你寄钱来了。

　　A.你把钱搁在一边

　　B.你买一些东西，如油画、一盏漂亮的灯，装饰一下你的卧室

　　C.你和你的朋友们小宴一顿

（　　）5.你的邻居要去看电影，让你照看一下他们的孩子，孩子醒后哭了起来。

  A.你关上卧室的门，到餐厅去看书

  B.你看看孩子是否需要什么东西。如果他无故哭闹，你就让他哭去，终究他会停下来的

  C.你把孩子抱在怀里，哼着歌曲哄他入睡

（　　）6.如果有闲暇，你喜欢干些什么？

  A.待在卧室里听音乐   B.到商店里买东西

  C.与朋友一起看电影，并与他们一起讨论

（　　）7.当你的同事生病住医院时，你常常是：

  A.有空就去探望，没有空就不去了   B.只探望同你关系密切者

  C.主动探望

（　　）8.在你选择朋友时，你发现：

  A.你只能同你趣味相同的人们友好相处 B.兴趣、爱好不相同的人偶尔也能谈谈

  C.一般说来你几乎同任何人都合得来

（　　）9.如果有人请你去玩或在聚会上唱歌，你往往：

  A.断然回绝   B.找个借口推辞掉

  C.饶有趣味地欣然应邀

（　　）10.对于他人对你的依赖，你的感觉如何？

  A.避而远之，我不喜欢结交依赖性强的朋友

  B.一般地说，我并不介意，但我希望我的朋友们能有一定的独立性

  C.很好，我喜欢被人依赖

  评分说明：选择A得1分，选择B得2分，选择C得3分。

  分数为25～30分：你非常善于交际，你的伙伴们非常爱你，你总是面带笑容，为别人考虑比为自己考虑得要多，朋友们为有你这样一位朋友而感到幸运。

  分数为15～25分：你不喜欢独自一个人待着，你需要朋友围在身边，你非常喜欢帮助朋友。

  分数为15分以下：注意，你置身于众人之外，仅仅为自己而活着。你是一位利己主义者。不要奇怪为什么你的朋友这样少，从你的贝壳中走出来吧。

六、拓展延伸

与人结束会话时的常用方式

1. 关照式收尾

  这种收尾方式，是交谈双方说完了自己的思想、意见或流露了某些内心意向之后，觉得有些话一定带有范围性、对象性、保密性，不便于传播给他人，因此在结束交谈时要对此特别关照。

  譬如："刚才我讲的一些话，是一些不成熟的看法，别人听说了难免会见笑，所以还是你知我知就好了，不要传出去，以免引起麻烦……"

  "小王，我要讲的都讲了，全是心里话。你千万不要告诉别人。"

  这种关照式收尾，能引起对方的注意，起到强调重点、防患于未然的作用。

2. 征询式收尾

交谈完之后，可以根据交谈目的，向对方征求意见、要求、忠告、劝诫等。

譬如："通过这次谈话，你应该对我有一定的了解吧，你觉得我最糟糕的'毛病'是什么？希望你下次开诚布公地提出来。"

"张小姐，我没有什么恋爱经验，第一次约会有一点紧张，有什么需要注意和改进的地方，希望你能讲出来。"

当与陌生下属交谈工作结束时，你应该说："你还有别的什么要求和意见吗？""你生活上还有困难和要求吗？我将全力帮你解决……"

征询式的收尾往往给人谦逊大度、仔细周到和稳重老成的印象。对方听到之后，会有一种受尊重、倍感亲切的感觉，有利于你们之间保持融洽的关系。

3. 感谢式收尾

感谢式收尾方式具有较强的礼节性，它的基本特征是用讲"客气话"作为交谈的结束语。这样的结束方式应用非常广泛，无论是上下级之间还是同事、邻舍之间都是适宜的。

七、课外阅读

会话的艺术

沟通"迷路"

公司为了奖励市场部的员工，制订了一项海南旅游计划，名额限定为10人。可是13名员工都想去，部门经理需要再向上级领导申请3个名额，如果你是部门经理，你会如何与上级领导沟通呢？

部门经理向上级领导说："朱总，我们部门13个人都想去海南，可只有10个名额，剩余的3个人会有意见，能不能再给3个名额？"

朱总说："筛选一下不就完了吗？公司能拿出10个名额就花费不少了，你们怎么不多为公司考虑？你们呀，就是得寸进尺，不让你们去旅游就好了，谁也没意见。我看这样吧，你们3个部门经理，姿态高一点，明年再去，这不就解决了吗？"

沟通"达标"

同样的情况下，去找朱总之前用异位思考法，树立一个沟通低姿态，站在公司的角度上考虑一下公司的缘由，遵守沟通规则，做好与朱总平等对话，为公司解决此问题的心理准备。

部门经理："朱总，大家今天听说去旅游，非常高兴，非常感兴趣。觉得公司越来越重视员工了。领导不忘员工，真是让员工感动。朱总，这事是你们突然给大家的惊喜，不知当时你们如何想出此妙意的？"

朱总："真的是想给大家一个惊喜，这一年公司效益不错，是大家的功劳，考虑到大家辛苦一年。年终了，第一，是该轻松轻松了；第二，放松后，才能更好地工作；第三，增加公司的凝聚力。大家要高兴，我们的目的就达到了，就是让大家高兴的。"

部门经理："也许是计划太好了，大家都在争这10个名额。"

朱总："当时决定10个名额是因为觉得你们部门有几个人工作不够积极。你们评选一下，不够格的就不安排了，就算是对他们的一个提醒吧。"

部门经理："其实我也同意领导的想法，有几个人的态度与其他人比起来是不够积极，不过他们可能有一些生活中的原因，这与我们部门经理对他们缺乏了解，没有及时调整都有关系。责任在我，如果不让他们去，对他们打击会不会太大？如果这种消极因素传播开来，影响不好吧。公司花了这么多钱，要是因为这3个名额降低了效果太可惜了。我知道公司每一笔开支都要精打细算。如果公司能拿出3个名额的费用，让他们有所感悟，促进他们来年改进。那么他们多给公司带来的利益要远远大于这部分支出的费用，不知道我说的有没有道理，公司如果能再考虑一下，让他们去，我会尽力与其他两位部门经理沟通好，在这次旅途中每个人带一个，帮助他们放下包袱，树立有益公司的积极工作态度，朱总您能不能考虑一下我的建议？"

任务十八　处置"沟通冲突"

一　学习目标

通过学习，了解沟通冲突产生的原因，及非暴力沟通的形成；认识和理解情绪ABC理论；初步掌握解决沟通冲突的方法，从中学会情绪的把控方法。

二　案例分析

案例

维拉扎诺大桥项目的沟通与冲突

位于纽约港的维拉扎诺大桥（图5-1）被誉为"世界上最大的桥梁"，其总设计师兼项目经理奥斯马·阿曼的名字，因维拉扎诺大桥结构简单、造型别致而流芳百世。可是一个叫莫里斯的年轻成员在这个项目中的作用却鲜为人知。莫里斯当时是一位25岁的小伙子，两年前从MIT毕业来到了奥斯马的建筑设计公司。

图5-1

维拉扎诺大桥项目对于奥斯马来说是一个新的挑战，它是市政府该年度的重点项目，不仅要求把纽约港的布鲁克林和斯塔顿两个小岛连接起来，以解决交通上的难题，而且还要求该桥具有一定的艺术风格，使其成为纽约港的一道风景。

经过近三个月的勘探和设计，项目团队设计出了吊桥方案，奥斯马对项目的设计和计划都颇为满意。在一个落日的黄昏，规划完项目计划的奥斯马来到了布鲁克林岛，望着对面的斯塔顿岛自言自语道："这将是一道美丽的风景"，他显然已沉浸在自己的伟大计划中。"可是，能否找到一种更好的设计方法使这道风景流芳百世呢？"这时身边突然出现一位小伙子。奥斯马从落日美景中突然惊醒，马上想起了眼前这位小伙子正是两年前来公司的莫里斯。"难道我的设计有什么不正确的地方吗？"奥斯马试探着向莫里斯问道。"如果要把桥梁设计成弧形，压力将会更小一些。"莫里斯短短的一句话无异于对整个项目设计的否定。

在项目会议上这个问题再次被提了出来。"谁能保证技术上的成功？"老设计师詹姆斯首先提出了质疑。"一座弧形的桥梁架在两岛之间确实是纽约港的一道美丽彩虹，而且建筑史也早有先例，如中国的赵州桥"，另一位设计师布朗对莫里斯的设想显示出了强烈的兴趣。"可是那桥只有50余米，而我们的大桥将是它的几十倍！"詹姆斯对布朗的冒犯表示强烈的不满。"但是弧形桥梁的压力确实会减少很多"，奥斯马一边聆听成员们的争论，一边陷入了苦苦的思索中。

面对相持不下的局面，最后奥斯马亲自担任设计组组长，对弧形桥梁方案和吊桥方案进行了认真的研究和对比，并最终作出了决策：采用弧形桥梁方案。

"世界上最大的桥梁"就这样诞生了。

分析解读

由本案例可见，原本是不可调和的两种观点，在奥斯马的客观分析和冷静处理之下，化解了矛盾，把不利因素转化为有利因素，并获得了巨大的成功。

活动体验

1）维拉扎诺大桥项目的进程中是否存在这冲突，它发生在项目生命期的哪一个阶段？

2）发生冲突时，项目是否发生了变更？

3）维拉扎诺大桥项目冲突的主要焦点是什么？这种冲突是有益的还是有害的？

4）奥斯马对项目冲突采取了什么样的态度？他采用了哪种方式来解决冲突？

5）如果该冲突发生在项目生命期较后的一个阶段又会有什么样的后果？为什么？

6）技校生在沟通方面，既欠缺丰富的经验，也没有高文凭的平台，如何凭一技之长与职场中形形色色的人友好相"伴"，让自己在"人和"的氛围中愉快地工作？

7）同事作为工作中的伙伴，难免有利益上的或其他方面的冲突。遇到这些矛盾时，你将如何解决？

三、知识链接

（一）"沟通冲突"的内涵

美国著名的人际关系学大师卡耐基曾说，如果你是对的，就要试着温和、技巧地让对方同意你；如果你错了，就要迅速而热诚地承认。这要比为自己争辩有效和有趣得多。沟通出现障碍时，如果不能及时疏导对方并尽快达成理解一致，容易演变成"沟通冲突"。

L. 沟通冲突的含义

冲突就是人与人之间、组织和组织之间发生意见分歧导致的争端。"冲突"被认为是造成不安、紧张、不和、动荡、混乱乃至分裂瓦解的重要原因之一。沟通中，如果冲突的表现过于明显，就会导致不良的沟通后果。

案　例

小明的不满

星期三，小明去找班长请假，理由是去送参军的同学。但是班长说："首先，作为班长我没有权利批假，只有班主任才能给学生批假；其次，按照学校的有关规定，非直属亲属当兵不可以准予特殊权利。"也就是说，小明请假是不符合要求的。小明听后大为不满，认为班长没有人情味，有什么了不起的，变通一下，私自放行不就行了吗。两人因此有点不愉快。

分析解读

可见，沟通冲突双方一般都有各自的理由，主要是人们在认识、信息、目标、角色等差异权限方面的影响，使信息在传递过程中出现歪曲，激起了潜在的不良情绪所致，引发沟通双方或一方的冲突行为。

2. 冲突的两面性

人们通常认为：凡是冲突都是负面的、消极的。其实不然，冲突分为"有利的冲突"和"不利的冲突"，这就是沟通冲突的两面性。如果能促使事情向好的方面发展，视为有利冲突，因为没有这样的火花碰撞，就没有新的事物出炉。反之，不利于团结、使事情恶化的，则为不利的冲突，是负面的，要积极采取有效措施避免或修正它。

一般情况下，冲突在经过处理后，也会有好的结果。所谓不打不相识，有些冲突，在双方把问题说清楚后，反而容易去欣赏对方的优点、品格。冲突本身是生活中很正常的事情，如果我们能够把它处理好，就会有更好的效果。

案　例

解决冲突不利，从同事到冤家

小贾是公司销售部一名员工，为人比较随和，不喜争执，和同事的关系处得都比较好。但是，前一段时间，不知道为什么，同一部门的小李老是处处和他过不去，有时候还故意在别人面前指桑骂槐，对跟他合作的工作任务也都有意让小贾做得多，甚至还抢了小贾的好几个老客户。

起初，小贾觉得都是同事，没什么大不了的，忍一忍就算了。但是，看到小李如此嚣张，小贾一赌气，告到了经理那儿。经理把小李批评了一通，从此，小贾和小李成了绝对的冤家了。

分析解读

小贾所遇到的事情是在工作中常常出现的一个问题。在一段时间里，同事小李对他的态度大有改变，这应该是让小贾有所警觉的，应该留心是不是哪里出问题了。但是，小贾只是一味地忍让，忍让不是一个好办法，更重要的应该是多沟通。

小贾应该考虑是不是小李有了一些什么想法，有了一些误会，才让他俩产生了沟通冲突，他应该主动及时和小李进行真诚的沟通，比如问问小李是不是自己什么地方做得不对，让他难堪了之类的。任何一个人都不喜欢与人结怨的，可能他们之间的冲突在初期就会通过及时的沟通而消失了。

小贾到了忍不下去的时候，他选择了告状。其实，找主管来说明一些事情，不能说方法不对。关键是怎么处理。但是，在这里小贾、部门主管、小李三人犯了一个共同的错误，那就是没有坚持"对事不对人"，主管做事也过于草率，没有起到应有的调节作用，他的一番批评反而加剧了二人之间的冲突。正确的做法是应该把双方产生冲突的疙瘩解开，加强员工的沟通来处理这件事，这样做的结果肯定会好得多。

3. 团队冲突

（1）团队冲突的定义。团队成员在交往的过程中产生意见分歧，出现争论、对抗，导致彼此间关系紧张的状态称为冲突。从企业管理角度来讲，企业管理制度不合理、资源整合不到位、上下级关系处理不当、员工性格不合等都会产生冲突。

（2）团队冲突的分类。从冲突的性质来看，冲突可以分为两类：建设性冲突与破坏性冲突。

1）建设性冲突是指支持团队目标并增进团队绩效的冲突，冲突双方乐意了解对方的观点和意见，它能激发团队成员的才干与能力，带动创新与改变。

案例分析

苹果公司与曹操

在某段时间，苹果公司面临倒闭的困境，为了挽救公司，苹果公司领导人推出了一项政策：不管是谁，只要拥有才华都可以加入苹果公司；如果设计被采纳，可以成为苹果公司的股东，永久性享受苹果公司的利益。

此政策一出，立即吸引了大批人才前往，创造出了大批充满创意的产品。苹果公司迅速逆转颓败的局面，成为全球知名的企业。

分析解读

在本案例中，苹果公司制定的一系列措施增强了员工的主人翁感，调动了工作的激情与活力，将公司带出泥潭，成为一个世纪性的神话。俗话说"变则通，通则行"，建设性的冲突就如一场变革，可为企业的发展注入新鲜有力的血液。

2）破坏性冲突指干扰协作、妨害团队绩效的冲突。破坏性冲突具有如下特点：在团队中制造对立态度，扭曲事实真相，消耗组织的时间与能量，可能使个人和团队都为此付出极大的情绪上和经济上的代价。

案例分析

1+1 一定大于等于 2？

2004年6月，拥有NBA历史上最豪华阵容的湖人队在总决赛中的对手是14年来第一次闯入总决赛的东部球队活塞。赛前，很少有人会相信活塞队能够坚持到第七场。从球队的人员结构来看，科比、奥尼尔、马龙、佩顿，湖人队是一个由巨星组成的"超级团队"（图5-2），每一个位置上的成员几乎都是全联盟最优秀的，再加上由传奇教练菲尔·杰克逊对其的整合，在许多人眼中，这是20年来NBA历史上最强大的一支球队，要在总决赛中将其战胜只存在理论上的可能性，更何况对手是一支缺乏大牌明星的平民球队。

图5-2

然而，最终的结果却出乎所有人的意料，湖人几乎没有做多少抵抗便以1∶4败下阵来。湖人的失败有其理由：队员之间相互争风吃醋，都觉得自己才是球队的领袖，在比赛中单打独斗，全然没有配合；而马龙和佩顿只是冲着总冠军戒指而来的，根本就无法融入整个团队，也无法完全发挥其作用，缺乏凝聚力的团队如同一盘散沙，其战斗力自然也就会大打折扣。

明星员工的内耗和冲突往往会使整个团队变得平庸，在这种情况下，1+1不仅不会大于或等于2，甚至还会小于2。在工作团队的组建过程中，管理层往往竭力在每一个工作岗位上都安排最优秀的员工，期望能够通过团队的整合使其实现个人能力简单叠加所无法达到的成就。

然而，在实际的操作过程中，众多的精英分子共处一个团队之中反而会产生太多的冲突和内耗，最终的效果还不如个人的单打独斗。

分析解读

如果团队成员之间的冲突造成了人力、物力的分散，成员之间的敌意，团队凝聚力的下降，影响了团队的绩效，那么这种冲突就是破坏性的冲突，具有很大的危害性。

一般来说，团队需要适当的建设性冲突，优秀团队中冲突不见得少，但优秀团队中的冲突更多的是建设性冲突，要善于将破坏性冲突转化为建设性冲突。

（二）沟通冲突的原因与危害

1. 沟通冲突的原因

俗话讲：冰冻三尺非一日之寒。沟通冲突在沟通过程中逐渐形成、发展，最终爆发的。导致冲突的产生一般经过四个阶段。

（1）情感对立"惹"不满。情绪的变化是冲突的导火线。首先，窗口上"告示"的内容让患者在情感上难以接受，继而产生对立情绪。其次，人们因自己的喜恶不同、关注点不同，对此事做出不同的理解，甚至从个人的行为转向对行业职业道德的激烈争辩，冲突升级。

案 例

> 2012年有一张医院的图片被传至网络，引起了许多网友的愤怒。在挂号的窗口公然贴着一张手写的纸，上面写着"不管你是发烧、拉肚子……都要等6~8小时。不能等，请去别的医院。"事件被媒介曝光后，当事人受到了行政处分。但事件并没停息。此后，更是引发了一场对"医院管理"与"医德"的网络争论。

（2）想法不同"招"是非。"一千个人眼里有一千个哈姆雷特"，这种现象是由人们在思维方式、角度的差异性导致的。上述的医院事件，患者正处在痛苦中，对"告示内容"心生愤怒，认为医者仁者也，理应以病人的需要为先；而医者则"认为"患者应该理解其难处。双方立场不同，使沟通信息传递出现严重的差异。

（3）信息不等"生"误解。走进职场后，面对全新的工作流程，不仅要转换心态与角色，还要与不同风格的同事、上司一起共事，有时会遇到意想不到的突发状况，一些看似微不足道的小事都有可能激发出潜在被压抑的不满情绪，从而促进冲突的产生。

案 例

> 有人做过一个有趣的心理实验：把一辆车的左边涂成黑色，右边涂上红色。然后在一个有红绿灯的路口，让该车闯红灯。结果当交警问话时，道路两边的人各自坚持自己的看法，有人说是一辆红色的车闯红灯，有人说是一辆黑色的车闯红灯，始终无法统一意见。这如同"盲人摸象"一般：摸鼻子的认为"大象像一条弯弯的管子"，摸着尾巴的就说"像个细细的棍子"，摸到了身体的则说像一堵墙"，摸到腿的人则强调"像一根粗粗的柱子"。可见，信息不对称时，沟通无法有效地进行。

（4）方式不对"闹"矛盾。当不良情绪升温时，如果不及时调整沟通，往往容易"小事化大，大事化恶"。如果选择合适的方式就能"大事化小，小事化了。"

案 例

> 有一名旅客在购票时等得极不耐烦，破口大骂女售货员："你是在跟男人谈情说爱吗，没完没了！"那位售货员相当有风度，立刻很温和地回答旅客："非常抱歉，让您久等了！"一句话，旅客的气便消了大半，事情很快平息。

2. 沟通冲突的危害

（1）沟通冲突伤害个人情感。冲突不仅容易造成矛盾，使误会加深，而且容易伤害情感。如果一个家庭总是"战火"不断，夫妻间伤感情，孩子的成长也会受到影响；有时候可能因为一点情绪对父母的唠叨大肆埋怨，却因为一个眼神伤害了父母关怀的心……同学们闹不和，班级的团结会受影响；同事间伤感情，团队的合作会受影响。

案 例

> 小刚是一名高一的学生。他和父亲的关系到了水火不容的地步，原因是他想进入体育特长班学习，父子俩产生了分歧。他很喜欢体育，希望进入学校的体育特长班，高考时报考体校，但是他的父亲坚决不同意。为此，父子俩有一次争吵了起来，谁也说服不了谁。父亲愤怒地指责儿子说："你真没出息，搞体育的都是四肢发达、头脑简单的人，你绝对

不能报特长班！"

儿子不满父亲的武断，也冲着他吼起来："你才头脑简单呢，搞体育怎么了？总比你这不学体育的更通情达理！"

之后，父子俩谁也不理谁。每次谈起这个话题，两人总会唇枪舌剑、互不相让。后来，儿子干脆住到了同学家，为的就是躲避父亲。

（2）沟通冲突影响企业发展。沟通冲突严重时还可能会导致企业双方的合作破裂，引发严重的后果，造成双方经济效益、社会效益等方面的重大损失，甚至会由此扩大负面影响，中断了另外的一些有牵手意愿的企业来合作，使企业的业绩受到影响。

案　例

一位业绩一直第一的员工，认为一项具体的工作流程应该改进，她和主管包括部门经理提出过，但没有得到重视，领导反而认为她多管闲事。

一天，她私自违犯工作流程进行改变。主管发现了就带着情绪批评她。她不但不改，反而认为主管有私心，于是就和主管吵翻了，并退出了工作岗位。主管反映到部门经理处，经理也带着情绪严肃批评了她。她置若罔闻，于是经理和主管决定严惩。讨论中有认为应该开除她的，也有认为应该扣她三个月奖金的。然而这位员工拒不接受任何惩罚。于是冲突升级，部门经理就把问题报告到老总处。

（3）沟通冲突影响国际和谐。对于国家而言，两国之间发生冲突，小则互不往来，大则干戈不息，最终还是老百姓遭殃。例如，个别地区的大规模群体冲突事件等，最后受难的还是普通群众。

（三）寻找化解"冲突"的方法

1. 仔细观察

观察对沟通很重要。通过观察，沟通双方都可以了解到对方情绪的信号。要管理好情绪，首先要学会观察情绪，即能观察自己的情绪发展到什么层次，其中的表现是什么？是愤怒焦虑、忧伤委屈还是失落？

情绪的发展一般分为四个阶段：舒适、高兴阶段，怀疑、犹豫阶段，固执、执拗阶段，时空、愤怒阶段。

2. 客观解析

沟通是否有效，受沟通中双方的情绪变化的影响。关注沟通双方的情绪，能更好地了解对方对同一事物的认知程度。

案例分析

肯德基的环境干净整洁，给人一种放松、温馨、舒服的感觉，人们去肯德基都会产生愉悦的感受和期待。假设当队伍排到窗口时，突然有服务员说："此窗口暂停业务，请在旁边重新排队。"而这种情况接二连三地出现，你的感觉如何？

解析：当被要求重新排队时，可能你开始对肯德基的服务产生了怀疑，甚至会考虑是不是还要把时间消耗在这里。这时的情绪处在第二阶段的位置。

当重新排好队点餐后，服务员给你找回一把破旧的零钱。你要求更换时服务员却不太情愿。同时，还被告知所要的汉堡还需要等2分钟，此时你的感觉又是什么？

解析：当得知要多花时间等待汉堡时，又会从最初的"怀疑"变成了判断：肯德基的服务不如想象中好。这时情绪到了第三阶段。此时，你更相信自己亲眼看到的"事实真相"，很肯定此刻自己的感受和判断，并坚持自己的判断是正确的。

若安静地坐在旁边，耐心地等待十多分钟，还没人送来那个汉堡。当有礼貌地向服务员了解情况时，发现他竟然把这件事给忘了! 这个时候，又有什么感觉？

解析：当有着良好的修养的你最后得知服务员把汉堡的事给忘了，无论是委婉还是直接表现你的想法，此时内心一定感到愤怒。

总之，人在沟通中情绪通常是这样一步步发展的。学会观察、分析情绪，可以有效地控制"冲突"的升级，甚至避免冲突的形成。

3．积极应对

沟通是情绪的转移。要化解沟通中的冲突，说话人可以结合沟通对象的情绪做出相应的反馈，采取不同的措施，如表5-3所示。

表5-3　不同阶段的应对措施

阶段	表现	应对措施	目的与效果
第一阶段	舒适、高兴	舒适沟通	效果好
第二阶段	怀疑、犹豫	消除顾虑	有方法
第三阶段	固执、执拗	旁敲侧击	解心结
第四阶段	失控、愤怒	沉默应对	表关心

4．正常表达

何为正常表达？失恋时，伤心是正常的；遇到抢劫时，恐惧是正常的；亲人离世时，悲伤是正常的；被人误会时，愤怒是正常的；无法解答老师布置的题目时，沮丧是正常的；被拒绝时，出现难堪是正常的等。当情绪体验符合客观事件时，暗示自己：我现在的情绪是正常的。这样能使情绪张力下降，有利于内心自然恢复平静。

5．正确表达情绪

这里所强调的正常表达，不等同于宣泄。

案　例

宣泄：小芳在周末回家时，不满桌上的饭菜。随口嘀咕了一句："连续几星期都做一样的饭菜，烦死了! 妈，我在学校吃这样的菜都吃一周了，难得回家，你也不换换花样？"母亲听后一定一脸难过。

正常表达：周末放学回到家，看到桌上的菜，笑着对妈妈说："妈妈辛苦了，为我做了这么多好吃的，可惜今天胃口不太好，在学校吃了几天这样的饭菜了。要不明天我陪妈妈去买菜，做些我想吃的？"母亲听后多半会笑着点头答应。

6. 陶冶情操

情绪管理能力不是一蹴而就的，需要一段时间的培养和锻炼。

1）培养至少两项的兴趣爱好，尽量保持有规律、良好的生活习惯；

2）多和情绪稳定的人交往，时常听听轻音乐；

3）多照顾或帮助他人；

4）至少有两个可以谈隐私的知心朋友。

7. 巧用非暴力沟通

非暴力沟通方式，指沟通中使用非暴力语言，即不用"暴力"的语言，使用让对方听着舒服、不挫伤自尊的语言，使人感受温暖的话语。使用这种方式来开展谈话和聆听，能使人们情意相通，"信息"对接，更容易达到"对等"。

（1）慎用言辞效果好。当针对同一事件发表不同观点时，应尽可能少用"但是"、"可是"、"就是"等转折性的词语，因为它的转折语气往往是对前面内容的否定，容易使人产生心理抗拒或不接受情绪。如果将这类词语改为"同时也"等，那么效果也许会出人意料。

示　例

> 在听取别人不同的意见后，说话者可以用"我尊重你的观点，同时也请……"的句式来表达自己的观点。那么，沟通的气氛会比"我知道你的意思，但是……"来得更和谐。

（2）"四要素"的妙用。

首先，要注重观察发生的事情。

其次，表达感受，如受伤、害怕、喜悦、开心、气愤等。

再次，说出哪些需求导致了怎样的感受。

最后，提出具体请求。

综合"四要素"，就可转换成下面的表述方式："当……（具体事实），我觉得……（感受），因为……（原因），你可不可以……（解决方案）。"

案　例

> 陈某是一名中等职业学校一年级新生。他平时沉默少语，甚少与其他人交流。一天，在计算机课堂上，遭遇同班同学王某的挑衅。开始时，王某玩陈某的鼠标，两人边笑边打闹玩耍。反复多次后，王某越来越兴奋，甚至要去拔掉陈某正在练习用的电脑电源，陈某觉得很烦。后来，在陈某多次提示"别闹了"并遭到王某拒绝后，意外出现了。陈某怒目相对，从座位上站起来朝王某脸上就是一拳。王某进而反击，两人厮打在一起。最后，在老师的干预下结束事件，受了外伤的陈某由同学护送至校医室包扎伤口。
>
> 想一想，如果你分别是事件中的两个主人公，应该如何沟通，才能避免这场冲突？同时谈谈还有哪些方法可以避免沟通冲突。

四、名人如是说

1）任何时候，一个人都不应该做自己情绪的奴隶，不应该使一切行动都受制于自己的情绪，而应该反过来控制情绪。无论情况多么糟糕，你应该努力去支配你的环境，把自己从黑暗中拯救出来。——罗伯·怀特

2）意见相左甚至冲突是必要的，也是非常受欢迎的事。如果没有意见纷争与冲突，组织就无法相互了解；没有理解，只会做出错误的决定。——史隆

3）能控制好自己情绪的人比能拿下一座城池的将军更伟大。——拿破仑

五、我该怎么做

人际冲突平息能力测验

（下面每项有4个备选答案。请根据自己的实际情况，选择一个最适合的答案）

（   ）1.要是你与某同学产生了矛盾，关系紧张起来，你将怎么办？

    A.你从此不再搭理他，并设法报复他

    B.请别人帮助，调解我们之间的紧张关系

    C.我将主动去接近对方，争取消除矛盾

    D.他若不理我，我也不理他；他若主动前来招呼我，那么我也招呼他

（   ）2.如果你被人误解干了某件不好的事情，你将怎么办？

    A.同亲友捏造一些莫须有的事加在对方身上，进行报复

    B.找这些乱说的人对质，指责他们

    C.要求相关部门调查，以弄清事实真相

    D.置之一笑，不予理睬，让时间来证明自己的清白

（   ）3.如果你父母之间的关系紧张，你将怎么办？

    A.谁厉害就倒向谁一边   B.采取不介入态度，不得罪任何人

    C.谁正确就站在谁一边，态度明朗   D.努力调解两人之间的关系

（   ）4.如果你的父母老是为一些小事争吵不休，你准备怎么办？

    A.尽量少回家，眼不见为净   B.根据自己的判断，支持其中正确的一方

    C.威胁他们：如果再吵，就不认你们为父母了   D.设法阻止你们争吵

（   ）5.如果你的好朋友和你发生了严重的意见分歧，你将怎么办？

    A.下决心中断我们之间的朋友关系

    B.为了友谊迁就对方，放弃自己的观点

    C.请与我俩都亲的第三者来裁决谁是谁非

    D.暂时避开这个问题，以后再说，以求同存异

（   ）6.别人妒忌你所取得的成绩时，你将怎么办？

    A.以后再也不冒尖了，免得被人妒忌   B.同这些妒忌者争吵，保护自己的名誉

    C.走自己的路，不管别人怎么看待我   D.一如既往地工作，但同时反省自己的行为

（   ）7.如果有一天需要你去处理某一件事（不是坏事），而处理这件事的结果不是得罪甲，就是得罪乙，而甲和乙恰恰又都是你的好朋友，你将怎么办？

A.为了不得罪甲和乙,宁可不顾当时的需要,不去做这件事

B.瞒住甲和乙,悄悄把这件事做完

C.事先不告诉甲和乙,事后再告诉得罪的一方

D.向甲和乙讲明这件事的性质,想办法取得他们的谅解,再处理这件事情

( )8.如果你的好朋友虚荣心太强,使你很看不惯,你将怎么样?

A.听之任之,随他(她)怎么做,以保持良好关系

B.只要他(她)有追求虚荣的表现,就同他(她)争吵

C.检查一下对方的虚荣心是否同自己有关

D.利用各种机会劝导他(她)

( )9.如果你对某一问题的正确看法被教师否定了,你将怎么办?

A.同教师争吵,准备离开该校或者所在班级

B.学习消极,以发泄自己的不满

C.向学校领导反映,争取学校领导的支持

D.一如既往地认真学习,在适当的时候再向教师陈述自己的看法

( )10. 如果你同朋友在假日活动的安排上意见很不一致,你准备怎么办?

A.与朋友争论,迫使朋友同意自己的安排　　　　　B.到时独自活动,不和朋友在一起度假了

C.双方意见都不采纳,另外商量双方都不反对的安排　D.放弃自己的意见,接受朋友的主张

评分说明:选A得0分,选B得1分,选C得2分,选D得3分,把各项相加为总分。

总分0~6分:表明处理人际冲突的能力很弱;总分7~12分:表明处理人际冲突的能力较弱;

总分13~18分:表明处理人际冲突的能力一般;总分19~24分:表明处理人际冲突的能力较强;

总分25~30分:表明处理人际冲突的能力很强。

六、拓展延伸

冲突处理的5种方式

依据著名的冲突管理的"托马斯—基尔曼"模型,如何处理冲突,我们有五种选择,即竞争、回避、退让、妥协和合作。

示例:比如现在有一个橘子,你想要,我也想要。如果我不管不顾,抢先把橘子抢到,这是"竞争"方式;如果我考虑到你更需要这个橘子,故而把橘子让给你,这是"退让";我们都不想争,大家都不要这个橘子,这是"回避";如果我们把橘子掰开,一人一半,这是"妥协";如果我们能坐下来共同探讨为什么想要这个橘子,原来我要吃橘子肉,你要的是橘子皮做糕点,这样我们两个人的需求都得到满足。这种方式就是"合作"。

1. 竞争

"竞争"是我们处理那些既有重要性又有紧迫性的问题通常采取的方式。每当一提起竞争,就会想到两败俱伤的结局,就认为是不好的,不可取的。其实并非如此,并不是在任何情况下采取竞争的方式都是不可取的。在有些情况下,竞争策略是十分必要的并且是行之有效的,甚至有些情况还必须使用竞争方式:比如当处于紧急情况下,需要迅速果断地作出决策并及时采取行动;或在公司至关重要的事情或利益上,你明确知道自己是正

确的情况下。再如，公司为了提高公司业绩需要在销售部门推行销售业绩考核——不达标淘汰制度，这个制度能否贯彻执行下去直接影响公司能否在市场上生存下去，在推广的过程中不管在销售部有多大的阻力都要严格执行下去。

2. 回避

"回避"是我们处理那些既不重要又不紧迫的问题时通常采取的方法。不要以为回避就是不负责任，其实在工作中，有时候采取回避会有意想不到的结果。在以下情况我们会采取回避策略：冲突的事件微不足道，不重要也不紧急；你发现还不到解决问题的时机，收集信息比立刻决策更重要；冲突双方都在非理性的情绪中；或者处理这个冲突会可能引发一个更大的冲突时。

3. 退让

"退让"也是我们处理那些既不重要又不紧迫的问题通常可以采取的方法，选择退让并不是说明自己软弱，或者是害怕对方，我们常说的"退一步海阔天空"就是指这种处理冲突的方法。采用这种方法有时更需要智慧和宽容心。在下面这些情况，我们可以尝试着选择退让：当别人给你带来麻烦，但你可以承受这种麻烦事，你明知道得到冲突的利益对别人来说比你更重要，维护关系的融洽比理性上的对错更为重要时，我们回想一下在我们的家庭生活中夫妻之间的冲突，很多时候为了保持家庭稳定，我们大多会采取退让的方式来处理，因为这个时候对错并不重要，良好的关系才是最重要的。

4. 妥协

"妥协"是我们处理具有紧迫性但不具有重要性的问题时通常可以采用的方式。当目标十分重要但过于坚持己见可能会造成更坏的后果；当对方作出承诺不再出现类似的问题时，当时间十分紧迫需要采取一个妥协方案时；当为了一个复杂问题达成暂时的和解时，我们都可以采取妥协的方式。

5. 合作

"合作"是处理重要但不紧急事件时应该采用的方式，合作需要事先的沟通达成共识，既满足了自己的愿望，同时也站在对方的立场上为对方的利益考虑。对于以那些重要性很强，但不是特别紧迫的，有时间进行沟通的问题，必须采取这种策略。要达成合作的关键点在于双方不再是冲突的对立面，他们能携起手来，站在同一战线上共同来面对他们遇到的问题。有了相互认同这个前提方能进行下一步的沟通，通过积极倾听、提问、反馈这些沟通技巧找出冲突的根本原因和对方真实深层需求并努力寻找共同的利益点，创新性地寻找大家都认可的解决方案。

七、课外阅读

善用旁人提醒减少个人盲点

盲点的存在，大家都知道。但是，"盲点"是无法"自我感知"的，必须借助旁人的提醒，才有办法得知，就如"当局者迷，旁观者清"的道理一样。

因此，建立外在（旁人）的"提醒机制"，是减少个人盲点非常重要且是唯一的方法。

组织当中因为人员互动频繁，不论是主管、部属或是跨部门的同事间，因彼此的接触频繁较易察觉盲点，原是一个最佳的互相提醒来源；然而，组织中却常常见到少有人愿意主动点醒"当局者"的现象，原因何在？

事实上，大部分的人并不排斥旁人提醒，事后也接受、承认盲点的存在，只是人易在被提醒的过程中，会不经意浇熄旁人的热情。

比方说，有些人被提醒时神情僵硬，说不出话；有些人则是懊恼不已，表情沮丧；有些人甚至当场面露不悦，并尝试辩解。

听者虽无排斥之意，却因种种瞬间表情，让提醒者以为对方不悦，从而减少主动提醒的意愿，无形中导致提醒机制无从发挥，而这些都是导因于"不习惯被提醒"。

人从出生到成年，原本已养成"被人提醒"的习惯。婴儿自呱呱落地开始，不论是走路、吃穿、明辨是非，到进入学校、社会，都需父母与师长的教导以及随时的提醒，各种生活习惯与规范才会逐渐成形。经常地接受提醒，无形中养成"被提醒的习惯"，被提醒时只会有"对喔，我怎么忘记了"的反应，改正时也极为自然。

"被提醒的习惯"却在叛逆期时出现逆转。叛逆性格较显著的孩子，认为自己应独立自主，对大人的提醒较易排斥；而长辈感受到小孩排拒的态度，为维持良好互动，逐渐减少提醒。进大学后，大学师长则专注专业知识的教授，更少主动指正学生。

换言之，从中学到进入职场，人已逐渐不习惯外人的提醒。

因此，若在别人提醒时能以微笑或"怎么没想到"的态度面对，并持续注意一段时间，恢复"被提醒的习惯"，即能破除提醒者的戒心，表情也会恢复自然，提醒机制也就能回复。

除了习惯问题之外，另一种造成"提醒机制"无法发挥的因素，则是因为太看重面子。特别是事事追求完美者，因较他人投注更多的心力于提升完美度，一旦经人指正盲点，在加倍努力反遭质疑的情况下，其当下的情绪反应将更为激烈，更易令提醒者感到退却，进而减少主动的提醒。

不论是习惯或是面子问题，要能启动个人的"提醒机制"，根源都在于要先有"人不可能完美"这个认知，当他人指正，心态上预留"可能没想到"的空间，自然而然就能启动旁人持续提醒盲点→盲点愈少→完美度愈高此一良性循环。

第六单元　团队合作能力

任务十九　团队释意

一、学习目标

了解团队概念，明确团队构成的要素；初步感知团队合作的重要性，学习从团队利益、团队发展出发的思路，便于形成高效合作的团队关系。

二、案例分析

案例一

> 在非洲的大草原上，如果你看到羚羊在奔逃，那一定是狮子来了；如果见到狮子在躲避，那一定是象群发怒了；如果见到成百上千的狮子和大象集体逃命的壮观景象，那是什么动物来了呢？
> ——蚂蚁军团！

分析解读

随着信息化的发展，各种知识、技术不断推陈出新，社会竞争日趋紧张激烈，我们在工作中所面临的情况和环境越来越复杂，单靠个人能力不能完全处理各种错综复杂的问题，很难采取切实高效的行动。所有这些都需要我们组成团体，并要求团体成员之间相互关联、共同合作，进行必要的行动协调，开发团队应变能力和持续的创新能力，依靠团队合作的力量来解决错综复杂的问题，创造奇迹。团队合作往往能激发出团体不可思议的潜力，集体协作的成果往往能超过成员个人业绩的总和。正所谓"同心山成玉，协力土变金"。

活动体验

蚂蚁是何等的渺小微弱，任何人都可以随意地处置它，但它的团队，为什么连兽中之王都退避三舍？弱小的个体如何变成巨人？这段文字中值得我们永远铭记学习的蚂蚁精神是什么？

案例二

> 　　某职业学校学生张森及同班同学来到廊坊某手机组装厂参加工学结合实习，张森同学聪明好学，认真钻研，很快就掌握了本工序的组装技术，加之埋头苦干得到车间主任的认同，成为班组长。为了确保自己能超过他人，每次同班的同学向他请教时，他总是把自己的独特见解、技术隐藏起来，只说一些皮毛的方法，使得别人的组装速度缓慢，经常完不成任务，而他自己总能超额完成，拿到奖金。当然，张森自认为所做的一切很聪明、很隐蔽，常常很得意，觉得自己能力强。一个月以后，张森仍然保持着组装业绩第一名的好成绩。然而车间主任决定更换班组长，这一决定让张森大跌眼镜。面对车间主任的决定，张森问他为什么，车间主任平和地说："你的技术、业绩都是数一的，非常棒，但是你的班组成绩却不高，而且进步不大，这与你这班组长有关系呀，在企业里能跟工友共同提高的人才可以做领头人。"

分析解读

　　一个领头人和几个队员组合在一起就认为是一个团队，其实不然。团队需要有一个核心将队员牢牢地团结在一起，朝着共同目标前进。团队要求队员之间能够取长补短，能够借物使力，尤其需要队员能够把自己的长处、优点分享给大家，互相学习交流，共同进步。在实际工作中，如果大家没有沟通，没有共享，每一个人都想自己的事，追求自己的利益，个人表现主义强，这就形成不了好的团队。

活动体验

　　张森同学哪些做法是对的，哪些是不恰当的？车间主任为什么会撤换班组长？如果你是班组长，你觉得应该怎样做？

三、知识链接

（一）团队的概念

　　团队是由员工和管理层组成的一个共同体，为了共同的目的和业绩目标组合在一起，该共同体合理利用每一个成员的知识和技能，协同工作，相互信任并承担责任解决问题，以期实现共同目标，如图6-1所示。

（二）团队的要素

图6-1

1. 目标

　　团队应该有一个既定的目标，为团队成员导航，知道要向何处去。没有目标，这个团队就没有存在的价值。

小知识

> 自然界中有一种昆虫很喜欢吃三叶草（也叫鸡公叶），这种昆虫在吃食物的时候都是成群结队的，第一个趴在第二个的身上，第二个趴在第三个的身上，由一只昆虫带队去寻找食物，这些昆虫连接起来就像一节一节的火车车厢。管理学家做了一个实验，把这些像火车车厢一样的昆虫连在一起，组成一个圆圈，然后在圆圈中放了它们喜欢吃的三叶草。结果它们爬得精疲力竭也吃不到这些草。

分析解读

这个例子说明在团队中失去目标后，团队成员就不知道上何处去，最后的结果可能是饿死，这个团队存在的价值可能就要打折扣。团队的目标必须跟组织的目标一致，此外还可以把大目标分成小目标具体分到各个团队成员身上，大家合力实现这个共同的目标。同时，目标还应该有效地向大众传播，让团队内外的成员都知道这些目标，有时甚至可以把目标贴在团队成员的办公桌上、会议室里，以此激励所有的人为这个目标去工作。

2. 人员

人员是构成团队最核心的力量，两个（包含两个）以上的人就可以构成团队。目标是通过人员具体来实现的，所以人员的选择是团队中非常重要的一部分。在一个团队中可能需要有人出主意，有人订计划，有人实施，有人协调不同的人一起去工作，还有人去监督团队工作的进展，评价团队的目标，在人员选择方面要考试人员的能力如何，技能是否互补，人员的经验如何，不同的人通过分工来共同完成团队的目标。

3. 定位

定位包含两层意思：一是团队的定位，团队在企业中处于什么位置，由谁选择和决定团队的成员，团队最终应对谁负责，团队采取什么方式激励下属？二是个体的定位，作为成员在团队中扮演什么角色？是订计划还是具体实施或评估？定位合理就为团队提供了核心价值观念。

4. 职权

团队当中领导人的权利大小跟团队的发展阶段相关，一般来说，在团队发展的初期阶段，领导权是相对比较集中的，团队越成熟，领导者所拥有的权利相应越小。团队权限关系的两个方面：

1）整个团队在组织中拥有什么样的决定权？如财务决定权、人事决定权、信息决定权。

2）组织的基本特征，如组织的规模多大，团队的数量是否足够多，组织对于团队的授权有多大，它的业务是什么类型。

5. 计划

计划的两层面含义：

1）目标最终实现，需要一系列的具体行动方案，可以把计划理解成目标的具体工作的程序。

2）提前按计划进行可以保证团队的正常进度。只有在计划的操作下，团队才会一步一步地贴近目标，从而最终实现目标。

六、课堂练习

辨析训练

1.下面四个类型，（　　）是群体？（　　）是团队？

　A.龙舟队　　　　B.看电影的观众　C.足球队　　　　D.候机旅客

解答：龙舟队和足球队是真正意义上的团队；而旅行团是由来自五湖四海的人组成的，它只是一个群体；候机室的旅客也只能是一个群体。

2.NBA在每赛季结束后都要组成一个明星队，由来自各个队伍中不同的球员组成一支篮球队，跟冠军队比赛，这个明星队是团队还是群体，或其他组织？

解答：明星队至少不是真正意义上的团队，只能说是一个潜在的团队，因为最关键的一点是成员之间的协作性还没有那么熟练，还没有形成一个整体的合力，当然从个人技能上来说，也许明星队个人技能要高一些。所以认为它是一个潜在的团队，在国外也有人叫它伪团队。

（三）团队的基本特征

1）明确的目标。团队成员清楚地了解所要达到的目标，以及目标所包含的重大现实意义。

2）相关的技能。团队成员具备实现目标所需要的基本技能，并能够良好合作。

3）相互间信任。每个人对团队内其他人的品行和能力都确信不疑。

4）共同的诺言。这是团队成员对完成目标的奉献精神。

5）良好的沟通。团队成员间拥有畅通的信息交流。

6）谈判的技能。高效的团队内部成员间角色是经常发生变化的，这要求团队成员具有充分的谈判技能。

7）合适的领导。高效团队的领导往往担任的是教练或后盾的作用，他们对团队提供指导和支持，而不是试图去控制下属。

8）内部与外部的支持。团队既包括内部合理的基础结构，也包括外部给予必要的资源条件。

9）团队需要执行力，更需要有效战斗力。任何一个团队领导都要认识到，执行力不等于战斗力，战斗力也不等于有效战斗力。只有学习，才能持续成长。

四、名人如是说

1）用众人之力，则无不胜也。

　　　　　　　　　　　　　　　　　　　　　　　　　　　——《淮南子》

2）一堆沙子是松散的，可是它和水泥、石子、水混合后，比花岗岩还坚韧。

　　　　　　　　　　　　　　　　　　　　　　　　　　　——王杰

3）个人如果单靠自己，如果置身于集体的关系之外，置身于任何团结民众的伟大思想的范围之外，就会变成怠惰的、保守的、与生活发展相敌对的人。　——高尔基

4）别人永远不可能相信你。不要让你的同事为你干活，而让我们的同事为我们的目标干活，共同努力，团结在一个共同的目标下面，就要比团结在你一个企业家底下容易得多。所以首先要说服大家认同共同的理想，而不是让大家来为你干活。　——马云

五、我该怎么做

（一）测试团队的健康度

（请根据实际情况，用1～4分来评定下列各种陈述是否符合你所在的团体。其中：1分—不适合，2分—偶尔适合，3分—基本适合，4分—完全适合？）

（　　）1.每个人有同等发言权并得到同等重视。

（　　）2.把团队会议看作头等大事。

（　　）3.大家都知道可以互相依靠。

（　　）4.我们的目标、要求明确并达成一致。

（　　）5.团队成员实践他们的承诺。

　　　　A：共同领导，指一个团队是大家共同来领导的，1～5题之和（　　）分。

（　　）6.大家把参与看作自己的责任。

（　　）7.我们的会议成熟、卓有成效。

（　　）8.大家在团队内体验到透明和信任感。

（　　）9.对于实现目标，大家有强烈一致的信念。

（　　）10.每个人都表现出愿为团队的成功分担责任。

　　　　B：团队工作技能，指成员在一起工作相处的技巧，6～10题之和（　　）分。

（　　）11.每个人的意见总能被充分利用。

（　　）12.大家都完全参与到团队会议中去。

（　　）13.团队成员不允许个人事务妨碍团队的绩效。

（　　）14.我们每一个人的角色十分明确，并为所有的成员所接受。

（　　）15.每个人都让大家充分了解自己。

　　　　C：团队氛围，指团队成员共处的情绪和谐度和信任感，11～15题之和（　　）分。

（　　）16.在决策时，我们总请适当的人参与。

（　　）17.在团队会议时，大家专注于主题并遵守时间。

（　　）18.大家感到能自由地表达自己真实的看法。

（　　）19.如果让大家分别列出团队的重要事宜，每个人的看法会十分相似。

（　　）20.大家都能主动而创造性地提出自己的想法和考虑。

　　　　D：团队凝聚力，是团体成员对目标的一致性，16～20题之和（　　）分。

（　　）21.所有的人都能了解充分的信息。

（　　）22.大家都很擅长达成一致意见。

（　　）23.大家相互尊敬。

（　　）24.在决策时，大家能顾全大局，分清主次。

（　　）25.每个人都努力完成自己的任务。

　　　　E：成员贡献水平，是指团队成员为实践自己的责任所付出的努力和成就程度，21～25题之和（　　）分。

评分说明：A、B、C、D、E五项，每一项的满分为20，每项得分越高，表明本团队在此方面的健康程度越高。比较所在团队各项的得分情况，就可以粗略地了解自己的团队的优缺点。如果让所在团队的每一个成员都作此评定，就可以得到两种结论：其一，得到团队成员对团队的总体的（平均化）的评价；其二，可以比较总体评价和每一个团队成员的评价，了解每一个人与其他人的看法的差距。这些结果都可以应用于团队建设的具体设计中去。

（二）实践训练

训练题目：传球夺秒。

游戏规则：将全班八人一组分成若干组，推荐一名组长，每个组长向教师领取彩球一个，由队长处开始发球，每个学生都要接球，但前后接球者不可以是相邻者，每个成员都要接过球，最后球又回到队长处，用时最短的组获胜。计时员为各个小组计时。

根据游戏情况填写表6-1。

表6-1　分析"传球夺秒"活动中团队构成要素

目标	团队应该有一个既定的目标，为团队成员导航，成员知道努力的方向，没有目标，这个团队就没有价值
人员	人是构成团队最核心的力量。不同的人通过分工来共同完成团队的目标。在人员选择方面要考虑每个人的能力水平，技能是否互补，人员的经验如何
定位	一是团队的定位，即团队在组织中处于什么位置，由谁选择和决定团队的成员，团队最终应对谁负责，采取何种方式激励下属。二是个体的定位，即成员在团队中扮演什么角色
权限	一是整个团队在组织中拥有什么样的权限，如财务权、人事权、信息权等。二是组织的基本特征，如组织规模、业务范围
计划	目标最终实现需要一系列具体的行动方案，可以把计划理解成具体工作程序。只有在计划的指导下，团队才会一步步贴近目标，从而实现目标

六、拓展延伸

（一）团队与群体的区别

1. 群体的概念

两个以上相互作用又相互依赖的个体，为了实现某些特定目标而结合在一起。群体成员共享信息，作出决策，帮助每个成员更好地担负起自己的责任。

2. 团队和群体的差异

团队和群体经常容易被混为一谈，但它们之间有根本性的区别，汇总为六点：

1）在领导方面。作为群体，应该有明确的领导人；团队可能就不一样，尤其团队发展到成熟阶段，成员共享决策权。

2）目标方面。群体的目标必须跟组织保持一致，但团队中除了这点之外，还可以有自己的目标。

3）协作方面。协作性是群体和团队最根本的差异，群体的协作性可能是中等程度的，有时成员还有些消极，有些对立；但团队中是一种齐心协力的气氛。

4）责任方面。群体的领导者要负很大责任，而团队中除了领导者要负责之外，每一个团队的成员也要负责，甚至要一起相互作用，共同负责。

5）技能方面。群体成员的技能可能是不同的，也可能是相同的，而团队成员的技能是相互补充的，把不同知识、技能和经验的人综合在一起，形成角色互补，从而达到整个团队的有效组合。

6）结果方面。群体的绩效是每一个个体的绩效相加之和，团队的结果或绩效是由大家共同合作完成的产品。

（二）能力训练

训练任务：根据自愿的原则，全班同学自由组合，6～7人一组，组建团队，设计自己的队名、口号、标志等，并进行展示。

训练器材：挂图纸、彩笔、胶带。

所需时间：20分钟。

活动场地：教室。

训练目的：了解和认识团队，建立团队形象；增进团队成员之间的熟悉感，并形成高效的合作关系。

要求规则：全班同学自由结组，每6～7人一队，每个小队选出队长，通过讨论给自己的团队设计一个名称、标志和口号（12字以内），并把它们画在挂图上。20分钟后，各小队进行汇报展示，评出优秀团队。汇报展示每小队3～5分钟，每小队选出一名发言人，向同学们介绍自己团队名称、口号及标志的含义。

讨论分享：

1）你认为哪个团队设计方案最好？为什么？

2）你在这次活动出了多大的力？你喜欢你的团队吗？为什么？

3）在今后的任务中，你的团队是否会取得更大的成绩？

七、课外阅读

振超效率

青岛港前湾集装箱码头是由青岛港集团、英国铁行集团、中远集团、丹麦马士基集团总投资8.87亿美元合资经营的目前世界上最大的集装箱码头企业之一。许振超团队就是该企业的桥吊队，这个团队在许振超（图6-2）的带领下，立足本职，务实创新，干一行，爱一行，精一行。他们苦练技术，练就了"一钩准"、"一钩净"、"无声响操作"等绝活，涌现出"王啸飞燕"、"显新穿针"、"刘洋神绳"等一大批具有社会影响的工作品牌。许振超团队按照"泊位、船时、单机"三大效率的标准要求，深入开展比安全质量、比效率、比管理、比作风的

"四比"活动，先后六次打破集装箱装卸世界纪录，使"振超效率"令世人赞叹，将"振超精神"名扬四海。

2003年4月27日，青岛港新码头灯火通明，许振超和他的工友们在"地中海阿莱西亚"轮上开始了向世界装卸纪录的冲刺。20时20分，320米长的巨轮边，8台桥吊一字排开，几乎同时，船上8个集装箱被桥吊轻轻抓起放上拖车，大型拖车载着集装箱在码头上穿梭奔跑。安装在桥吊上的大钟，记录了这个激动人心的时刻。4月28日凌晨2时47分，经过6小时27分钟的艰苦奋战，全船3 400个集装箱全部装卸完毕。许振超和他的工友们创下了每小时单机效率70.3自然箱和单船效率339自然箱的世界纪录。5个月后，他率领团队又把每小时单船339自然箱这个纪录提高到每小时单船381自然箱。

图6-2

许振超总是说："装卸效率是集体协作的结晶，现代化大生产说到底最需要团队协作。仅凭我一个人，就是一身铁又能打几个钉。"几十年来，许振超创出了许多绝活儿，也带出了一支会干绝活又能创新的团队。现在，队里涌现出了许多像他一样的装卸专家，不少技术主管成功地主持了许多桥吊的电控改造，桥吊队维修班还改进了桥吊钢丝绳更换方式，大大缩短了换钢丝的时间——这个时间又为全国沿海港口最短。更令许振超和他的桥吊队振奋的是，"振超效率"产生了巨大的名牌效应，青岛港在世界航运市场的知名度越来越高。一年来，海内外，世界许多知名航运公司，主动寻求与青岛港合作，纷纷上航线、增航班、加箱量，仅短短8个月时间，青岛港就净增了13条国际航线，实现了全球通。

任务二十　角色认知

一、学习目标

学习团队角色理论；认识自己与同事在工作集体中的角色；掌握分析工作团队的方法；讨论工作实践中的启示。

二、安全分析

案例

《西游记》中，唐僧、孙悟空、沙和尚、猪八戒西天取经的故事，是大家耳熟能详的，许多人会被这个群体中四位性格各异、兴趣不同的人物所感染。唐僧师徒四人历经九九八十一难，行程十万八千里，降妖捉怪，克服困难，终于到达西天取到了真经。人们不禁会诧异：这么四个在各方面差异如此之大的人竟然能在一个群体中，相处得很融洽，甚至能做出去西天取经这样的大事情来。

德者居上——唐僧无疑就是团队里面的领导人和核心，他目标明确、品德高尚，负责传达上级命令，督促下属工作，对下属的表现作出评判和考核。然而，在整个团队里，他并不是能力最出色的，决策能力也不见得很强，但对于要完成的任务坚持到底。

他能力一般，为什么却能掌控整个团队的管理呢？首先，凭借他明确的目标和坚定的意识，他能够贯彻上级的命令和指示，不让团队方向有所偏离。其次，以权制人，权威无私。在取经路上，唐僧一直都以取经为最重要目的，毫无私心、以身作则，并且在孙悟空不听使唤时，及时使用紧箍咒制服他。除了强硬的约束措施，唐僧最重要的本领还是他的高尚品德，凭其人格魅力感化徒弟，让徒弟们心服口服。

能者居前——孙悟空能力无边、个性率直、想法多端、行动灵活，可谓是团队内的优秀人才。然而，孙悟空却欠缺自我约束力、团队合作精神和全局决策能力。

智者在侧——关于猪八戒的评价褒贬不一，但他在团队中确实是不可或缺的角色，虽然好吃懒做，但是干起活儿来也保质保量；虽然自私自利，但会坚持大立场；虽然喜欢打小报告，但也不会无中生有；虽然奉迎领导，但也愿意与群众为伍。还有八戒的协调能力是孙、沙二人不具备的：时而劝服孙悟空继续西行；时而替孙悟空跟师傅说情，从这些点我们看到，团队里是不能缺少八戒式的员工。虽然没有宏大目标、过人能力，但也能按时按质完成工作任务，并且给团队增添活力和欢乐，所以说在团队里也是重要角色。

劳者居其下——最后就是沙僧了，也许有人觉得沙僧作用不大，但是试想没有了沙僧，唐僧团队完整吗？唐僧只知发号施令，无法推行；悟空只知降妖伏魔、不做小事；八戒只知打打下手、粗心大意；那谁挑担子、谁喂马、谁管后勤？沙僧能力一般，但忠心耿耿、工作踏实、任劳任怨、心思缜密，并且有良好的团队合作精神。这种角色虽然不会有大作为，但是团队运行也离不开他。

分析解读

团队是由不同的人员构成的，每个人都有各自独特的优势，没有好坏之分。只有结合团队发展，个人在组织的定位才有意义，把每个成员放在对的位置，适当调整和控制，他们都会发挥团队的最大能量。所以，让每一个人做其擅长的事，不要轻视任何人的力量。在团队中没有无能的人，只有被放错位置的人。

活动体验

西游记中师徒四人组建的团队，虽然有分歧、有矛盾，但是他们为何能整合在一起？他们在团队中都扮演着什么角色？

三、知识链接

（一）团队角色

一个团队是由不同的角色组成的，团队中一般有八种不同的角色，他们是实干者、协调者、推进者、创新者、信息者、监督者、凝聚者、完善者。

1. 实干者

1）角色描述：实干者非常现实，传统甚至有点保守，他们崇尚努力，计划性强，喜欢用系统的方法解决问题；他们有很好的自控力和纪律性；对团队忠诚度高，为团队整体利益着想而较少考虑个人利益。

2）典型特征：有责任感、高效率、守纪律，但比较保守。

3）作用：由于其可靠、高效率及处理具体工作的能力强，因此在团队中作用很大；实干者不会根据个人兴趣而是根据团队需要来完成工作。

4）优点：有组织能力、务实，能把想法转化为实际行动；工作努力、自律。

5）缺点：缺乏灵活性，可能会阻碍变革。

2. 协调者

1）角色描述：协调者能够引导一群不同技能和个性的人向着共同的目标努力。他们代表成熟、自信和信任，办事客观，不带个人偏见；除权威之外，更有一种个性的感召力。在团队中能很快发现各成员的优势，并在实现目标的过程中能妥善运用。

2）典型特征：冷静、自信，有控制力。

3）作用：擅长领导一个具有各种技能和个性特征的群体，善于协调各种错综复杂的关系，喜欢平心静气地解决问题。

4）优点：目标性强，待人公平。

5）缺点：个人业务能力可能不会太强，比较容易将团队的努力归为已有。

3. 推进者

1）角色描述：说干就干，办事效率高，自发性强，目的明确，有高度的工作热情和成就感；遇到困难时，总能找到解决办法；推进者大都性格外向且干劲十足，喜欢挑战别人，好争端，而且一心想取胜，缺乏人际间的相互理解，是一个具有竞争意识的角色。

2）典型特征：挑战性、好交际、富有激情。

3）作用：行动的发起者，敢于面对困难，并义无反顾地加速前进；敢于独自做决定而不介意别人的反对。推进者是确保团队快速行动的最有效成员。

4）优点：随时愿意挑战传统，厌恶低效率，反对自满和欺骗行为。

5）缺点：有挑衅嫌疑，做事缺乏耐心。

4. 创新者

1）角色描述：创新者拥有高度的创造力，思路开阔，观念新，富有想象力，是"点子型的人才"。他们爱出主意，其想法往往比较偏激和缺乏实际感。创新者不受条条框框约束，不拘小节，难守规则。

2）典型特征：有创造力，个人主义，非正统。

3）作用：提出新想法和开阔新思路，通常在项目刚刚起动或陷入困境时，创新者显得非常重要。

4）优点：有天分，富于想象力，智慧、博学。

5）缺点：好高骛远，不太关注工作细节和计划，与别人合作本可以得到更好的结果时，却喜欢过分强调自己的观点。

5. 信息者

1）角色描述：信息者经常表现出高度热情，是一个反应敏捷、性格外向的人。他们的强项是与人交往，在交往的过程中获取信息。信息者对外界环境十分敏感，一般最早感受到变化。

2）典型特征：外向、热情、好奇，善于交际。

3）作用：有与人交往和发现新事物的能力，善于迎接挑战。

4）优点：有天分，富于想象力，智慧、博学。

5）缺点：当最初的兴奋感消逝后，容易对工作失去兴趣。

6. 监督者

1）角色描述：监督者严肃、谨慎、理智、冷血质，不会过分热情，也不易情绪化。他们与群体保持一定的距离，在团队中不太受欢迎。监督者有很强的批判能力，善于综合思考、谨慎决策。

2）典型特征：冷静、不易激动、谨慎、精确判断。

3）作用：监督者善于分析和评价，善于权衡利弊来选择方案。

4）优点：冷静、判别能力强。

5）缺点：缺乏超越他人的能力。

7. 凝聚者

1）角色描述：团队中最积极的成员，他们善于与人打交道，善解人意，关心他人，处事灵活，很容易把自己同化到团队中。凝聚者对任何人都没有威胁，是团队中比较受欢迎的人。

2）典型特征：合作性强，性情温和，敏感。

3）作用：凝聚者善于调和各种人际关系，在冲突环境中其社交和理解能力会成为资本；凝聚者信奉"和为贵"，有他们在的时候，人们能协作得更好，团队士气更高。

4）优点：随机应变，善于化解各种矛盾，促进团队合作。

5）缺点：在危急时刻可能优柔寡断，不太愿意承担压力。

8. 完美者

1）角色描述：具有持之以恒的毅力，做事注重细节，力求完美；他们不大可能去做那些没有把握的事情；喜欢事必躬亲，不愿授权；他们无法忍受那些做事随随便便的人。

2）典型特征：埋头苦干，守秩序，尽职尽责，易焦虑。

3）作用：对于那些重要且要求高度准确性的任务，完美者起着不可估量的作用；在管理方面崇尚高标准严要求，注意准确性，关注细节，坚持不懈。

4）优点：坚持不懈，精益求精。

5）缺点：容易为小事而焦虑，不愿放手，甚至吹毛求疵。

（二）团队角色的关系

一个团队能够想到、能够做到、能够做好、能够做久，就是一个成功的团队，如图6-3所示。

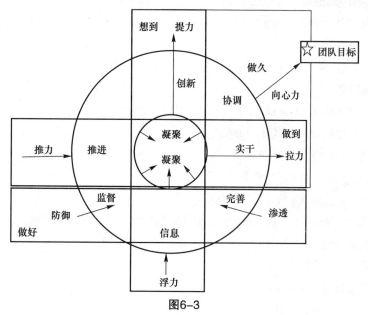

图6-3

四、名人如是说

1）个人之于社会等于身体的细胞，要一个人身体健全，不用必须每个细胞都健全。

——闻一多

2）为了进行斗争，我们必须把我们的一切力量拧成一股绳，并使这些力量集中在同一个攻击点上。

——恩格斯

3）科学家不是依赖于个人的思想，而是综合了几千人的智慧，所有的人想一个问题，并且每人做它的部分工作，添加到正建立起来的伟大知识大厦之中。

——卢瑟福

4）不用花心思打造明星团队，团队即是可以和自己脚踏实地将事情推进者。

——马云

五、我该怎么做

（一）如何认知团队中的角色

1. 判断题

1.团队的各角色是完全平等的，并不因为你是领导，就拥有高于其他成员的特权。　　（　　）

2.团队角色中，完美者就是指没有任何缺点的人。　　（　　）

3.团队角色中，实干者是最为重要的，因为他们对工作勤勤恳恳，吃苦耐劳。　　（　　）

4.团队角色中，信息者说话不太讲究艺术，喜欢直来直去，直言不讳。　　（　　）

5.对于每一位团队成员来说，认知别人的角色，有时候比认知自己的角色还要重要。　　（　　）

6.在西游记师徒四人的队伍中，孙悟空扮演的是创新者和推进者的角色。　（　　　）

7.团队的成员各有差异，正因为不同才需要合作，通过合作来弥补各自的不足。　（　　　）

8.实干家的性格一般都比较外向，对人、对事总是充满热情。表现出很强的好奇心，与外界联系比较广泛，各方面的消息都很灵通。（　　　）

9.凝聚者比较擅长日常生活中的人际交往，能与人保持和善友好的关系，为人处事都比较温和，对人、对事都表现得比较敏感。（　　　）

10.凝聚者的缺点是缺乏激发团队中其他成员活力的能力。　（　　　）

2. 不定项选择题

1.组织角色与团队角色是有区别的，以下关于对团队角色说法错误的是（　　　）。

　A.团队角色是按照指挥链层层任命的

　B.组织角色是自发的，是自然形成的

　C.团队角色之间的奖惩是团队给予个人的

　D.团队中有一定的考核系统，就是事先设定一个绩效

2.团队角色和组织角色不同，关于团队角色和组织角色的差异，以下说法正确的是（　　　）。

　A.团队里的各角色是完全平等的

　B.团队中角色有职位高低的不同

　C.组织角色是按照指挥链层层任命

　D.团队角色是自发的，是自然形成的

3.在团队角色中，推进者的优点包括（　　　）。

　A.比较愿意虚心听取来自各方对工作有价值的意见和建议

　B.对自己的工作有比较严格的要求，表现出很强的自我约束力

　C.具有超出常人的非凡想象力

　D.勇于向来自各方面的、保守的、落后的传统势力发出挑战

4.下列选项是实干家的缺点的是（　　　）。

　A.注重人际关系，容易忽略组织目标　　　　　B.瞧不起人

　C.缺乏激情和想象力　　　　　D.使别人感到与他们不好相处

5.下列选项是协调者的优点的是（　　　）。

　A.对自己的工作有比较严格的要求，表现出很强的自我约束力

　B.在工作中无论做什么事情，总是表现得充满活力

　C.具有丰富而渊博的知识

　D.对待事情、看问题都能站在比较公正的立场上，保持客观、公正的态度

（二）团队角色自我认知问卷

答题说明：

· 本问卷共有七个部分，每部分有八项陈述。每部分的总分是10分。请将10分分配给你认为最准确地描述你的行为或感觉的项目上。

· 你可以自由分配这10分，你认为哪一项越能反映你的行为或感受，就给这一项一个较高的分数；这10分既可以分别打给几项，也可以只打到一项上。

· 注意：每一部分的总分必须是10分。

· 请将答案写在"答题表"（6-2）中。

1.我认为自己能为团队作出的贡献是（　　　）。

  A.我能很快地发现并把握新的机会

  B.我能与不同类型的人融洽地合作做事

  C.我生来就爱出主意

  D.我善于发掘对实现团体目标有价值的人

  E.我能靠个人实力把事情办成

  F.为创造有益的结果，我愿意面对寂寞和冷淡的对待

  G.通常我能意识到什么是现实的，什么是可能

  H.我能理由充分而且不带偏见地提出可供选择的方案

2.如果我在团队中存在弱点，这可能是（　　　）。

  A.如果会议安排不合理、缺乏控制并不能顺利进行，我就感到不自在

  B.只要他的意见确实有见地，我不在乎他的表达方式

  C.集体讨论新问题时，我说得多

  D.我的观点、看法太客观，有时显得有些不近人情，使我很难与同事打成一片

  E.当处理重要问题时，人们有时认为我武断、专横

  F.我太重视集体气氛了，以至于显得过分随和

  G.我太注重捕捉头脑中的一闪念，而忽视了眼前的事情

  H.别人认为我过分注意细节，总有不必要的担心

3.当跟他人共同完成一个项目或计划时（　　　）。

  A.我不需要施加压力就能影响别人

  B.我善于防止因大意而引起的错误或遗漏，保证计划的成功

  C.我会尽力使会议不浪费时间或者偏离主题

  D.我善于提出崭新的见解

  E.我乐于支持为了大家利益的好建议

  F.我能很快洞察新主张中的可能发生的变化

  G.我相信自己的判断能力能带来正确的决定

  H.别人会信任我用有条理的方法来满足工作的需要

4.我处理团队工作的特点或方式是（　　　）。

  A.我有兴趣更多地了解同事们

  B.我会向不同观点提出质疑，即使处于少数地位也能保留自己的意见

  C.我通常能发现争论的线索，以反驳不好的建议

  D.当一个计划付诸实施时，我有能力把事情顺利推进

  E.我不在意使自己太突出或出人意料

  F.我总想把自己承担的工作做得更加完美

  G.我喜欢为团队或组织跟外界建立联系

  H.尽管我有兴趣听取别人的观点，但当作决定时我会当机立断

5.我在工作中获得满足是因为（　　　）。

A.我喜欢分析情况，权衡各种可能的选择

B.我喜欢发掘解决问题的实际方法

C.我感到自己能够促进团队的工作关系

D.我对决策权有重大的影响力

E.我能适应有新意的人

F.我能使人们在关键问题和目标上达成共识

G.我感到自己有一种能使自己聚精会神地投入工作的素质

H.我很高兴能找到可以发挥自己想象力的天地

6.当突然接受一份困难的工作并且时间紧、人员不熟时（　　　）。

A.在有新方案之前，我宁愿先躲进角落，拟订出一个解脱困境的方案

B.我愿意与表现得积极的人一起工作，即使他可能难于相处

C.我会根据不同的人的长处，寻求减轻工作量的办法

D.我天生的紧迫感能确保我们按时完成任务

E.我相信自己会保持冷静，富有条理地思考

F.尽管有冲突的压力，我还是能将该做的工作向前推动

G.如果团队工作没有起色，我会带头发挥作用

H.我会公开进行讨论，从而激发起新思想，推动工作

7.与团队一起工作时遇到问题时（　　　）。

A.对阻碍进度的人，我会显得不耐烦

B.一些人批评我太注重理性分析、缺少直觉

C.我希望做好工作，并且确保工作持续进展

D.我常常容易厌烦，需要有人激励

E.当工作目标不明确时，我发现自己很难开始做事

F.有时我面对棘手的问题，感到无能为力

G.当我自己不能独立完成任务时，我会主动要求他人的帮助

H.当我与对立面发生冲突时，我没有把握使对方理解我的观点

表6-2　答题表

大题号	分值	分值	分值	分值	分值	分值	分值	分值
1	G		D		F		C		A		H		B		E	
2	A		B		E		G		C		D		F		H	
3	H		A		C		D		F		G		E		B	
4	D		H		B		E		G		C		A		F	
5	B		F		D		H		E		A		C		G	
6	F		C		G		A		H		E		B		D	
7	E		G		A		F		D		B		H		C	
总分																

注：从左往右依次是实干者、协调者、推进者、创新者、信息者、监督者、凝聚者、完善者。

六、拓展延伸

（一）团队角色类型给我们的启示

1. 每一种角色都很重要

"世间万物各有功用"，人亦如此。团队中的每一个角色都是需要的、重要的，"一个都不能少"。当团队中同一角色类型的成员较多而缺乏其他类型的成员时，团队管理者需要根据实际需要，进行人员的合理调配或培养；团队成员也要不断学习提高，胜任多种角色，不仅保证团队的完整，同时避免遭到淘汰。

2. 没有完美的个人，但可以有完美的团队

"人无完人"，一个人不可能什么都懂，什么都能干。但具有不同性格和能力特征的成员一旦组成了一个团队，则这样的团队就可能完美，就可能创造出"奇迹"。

3. 尊重团队角色的差异

"世界上没有完全相同的两片树叶"，人亦如此。我们特别是管理者需要尊重团队角色的差异，千万不能只认可与自己性格和能力相同或相似的成员，而排斥甚至打击与自己性格和能力相异的成员。

4. 通过合作弥补不足？

"没有人十全十美，也没有人一无是处。"只有合作才能弥补个体的不足，才可能创造出"完美"。迷失在大森林中的瞎子和瘸子的故事告诉我们，只有瞎子和瘸子合作（瞎子背瘸子，瘸子指路，瞎子走路）才有可能都走出森林，单独行动都只能是死路一条。

"生活不是缺少美，而是缺少对美的发现。"同样，不同的团队角色，不是他们缺少优点，而是缺少对优点的发现和利用。

人性的弱点是："容易看到自己的优点，不容易发现自己的缺点；容易看到别人的缺点，不容易发现别人的优点"。我们一定要努力克服这个弱点，善于根据团队成员的特点合理安排工作，否则高绩效团队的建设将举步维艰，甚至是缘木求鱼。

作为团队成员，我们不仅要学会尊重其他成员，注重队员间的合作，更要善于扬长避短，学会把自己的缺点（或弱点）限制在可以接受的水平，不要让它们影响工作。

（二）能力训练

游戏训练：

1）训练任务：牢记自己的角色。

2）游戏目的：可让学员牢记自己在团队中的角色，训练学员在团队协作中的反应意识。

3）活动器材：海报若干张，剪刀或刀子。

活动时间：40~50分钟。

活动场地：教室。

4）要求步骤：学生五人一组，自由组队。教师将几张人物海报剪成若干碎片，打乱顺序后分发到各个小组。请各个小组合理安排学生的角色，由一部分学生担任拼图人员，另一部分负责到其他组找到本组需要的碎片，还有一部分学生提出要求。要求负责找碎片的学生不能回到本组，而只能在其他组听指挥。在20分钟内完成任务的组获胜。

5）活动体验：

①负责拼图的学生有何感受？

②负责找碎片的学生接受的任务是否明确？

③中间负责布置任务的学生能否准确地传递信息？

④三者在整个任务的完成中谁的作用更大一些？

⑤优胜组和失败组的感受分别是怎样的？

6）分析解读：一个人不可能单独地在社会中生活，人与人之间的合作是我们在社会生存和发展的动力，同时也是我们个人不断进取的捷径。尺有所短，寸有所长。我们每个人都有自己弱势的缺点，同时又独有各自值得称道的地方，只有将各自的优势组合起来，才能更加顺利地完成任务。合作可以给我们智慧和力量，让我们在合作中健康快乐地成长！

七　课外阅读

雁的启示

每年的九月至十一月，加拿大境内的大雁都要成群结队地往南飞行，到美国东海岸过冬，第二年的春天再飞回原地繁殖。在长达万里的航程中，它们要遭遇猎人的枪口，历经狂风暴雨、电闪雷鸣及寒流与缺水的威胁，但每一年它们都能成功往返。

雁群是由许多有着共同迁徙目标的大雁组成的（图6-4）。在组织中，它们有明确的分工合作，当队伍中途飞累了停下休息时，它们中有负责觅食、照顾年幼或老龄大雁的青壮派，有负责雁群安全的巡视放哨的大雁，有负责安静休息、调整体力的领头雁。在雁群进食的时候，巡视放哨的大雁一旦发现有敌人靠近，便会长鸣给出警示信号，群

图6-4

雁便整齐地冲向蓝天，列队远去，而那只放哨的大雁，在别人都进食的时候自己不吃不喝，非常警惕，恪尽职守，具有牺牲精神。据科学研究表明，大雁组队飞行要比单独飞行提高22%的速度，比单独飞行多出12%的距离。飞行中的大雁两翼可形成一个相对的真空状态，而飞翔的头雁是没有谁给它真空的，但漫长的迁徙过程中总得有人带头搏击，这同样是一种牺牲精神。在飞行过程中，雁群大声嘶叫以相互激励，通过共同扇动翅膀来形成气流，为后面的队友提供了"向上之风"，而且V字队形可以增加雁群70%的飞行范围。如果在雁群中，有任何一只大雁受伤或生病而不能继续飞行，雁群中会有两只大雁自发地留下来守护照看受伤或生病的大雁，直至其恢复或死亡，然后它们再加入到新的雁阵，继续南飞直至目的地，完成它们的迁徙。

分析解读

我们要如雁一般向着共同的目标前进，彼此相互尊重、共享资源，发挥所有人的潜力，无论在困境或顺境，都彼此维护、互相依赖，哪怕路程再远、再艰辛，我们也能跟着带队者到达目的地。其实，生命的奖赏是在终点，而非起点，在旅程中历尽坎坷，你可能多次失败，只要团队相互鼓励，坚定信念，终究一定能够成功。

活动体验

通过对本文的阅读，你感受到什么了吗？你在工学结合的实习岗位上有如雁般的成就感吗？如果有，请你在工作岗位上继续坚持，享受这一份集体团结友爱所成就的荣誉感。如果你还没尝试过，请你尽快学会付出，也学会接受，因为你所在的团队需要你的协助，而你也需要大家的协助，是不是？

回想一下我们一路走来的历程，在工作上，我们大部分人都勤勤恳恳，团结互助。因此，我们应该努力走向优秀。那我们应该如何做呢？请结合以上大雁的例子对你自己所在的工作环境进行分析，相信你会更了解个人和团队的鱼水关系，你也将了解自己在团队中的重要作用，从而享受付出所带来的成就感。

任务二十一　融入团队

一、教学目标

掌握团队精神的内涵；使个人的行为符合团队精神；积极适应团队特点，尽快融入团队。

二、案例分析

案　例

格兰仕精神

广东格兰仕集团有限公司是一家全球化家电专业生产企业，是中国家电业最优秀的企业集团之一。

自1978年创立以来，公司一直保持稳健、向上的发展势头，定位于"全球名牌家电制造中心"，到2005年，3万余名格兰仕人致力于推动"全球微波炉（光波炉）制造中心"、"全球空调制造中心"、"全球小家电制造中心"三大名牌家电制造基地的发展，保持微波炉制造、光波炉制造世界第一，进入世界一线空调、小家电品牌阵营。2005年，格兰仕集团销售收入达160亿元，其中，格兰仕微波炉全球年销量突破2000万台，出口1 400万台，全球市场占有率高达近50%；格兰仕空调全球产销350万台，是2005年度最具成长力、产销增幅最大的空调品牌；格兰仕小家电更以800%的增长率横扫全球市场，其中电烤箱、早餐机遥遥领先同行，电饭煲进入行业前二强，电磁炉进入行业四强。随着格兰仕电器畅销近200个国家和地区，格兰仕"全球制造、专业品质"的形象享誉世界。坚持"伟大，在于创造"的企业理念和"努力，让顾客感动"的经营宗旨，格兰仕正在加速向国际一流企业、世界名牌进军。2010年，格兰仕已经全面启动了"综合性、领先性白电集团战略"，并选择以低碳发展推进优势家电产业升级转型，立志打造全球领先的综合性白色家电品牌，与时俱进，造福世界百姓。

格兰仕之所以伟大不在于格兰仕的战略，也不在于格兰仕的管理，而在于格兰仕的精神。格兰仕的精神简单地讲就是特别"实干"，具体地说：第一，以十足的信心实干；第二，以忠诚的态度实干；第三，以敬业的激情实干；第四，以创新的思维实干；第五，以自觉的奉献实干；第六，以合作的精神实干。正是这种实干的格兰仕精神，使一个七人创业的乡镇小厂发展成为拥有近5万名员工的跨国白色家电集团，中国家电业最具影响力的龙头企业之一。

分析解读

团队精神是团队的精神支柱，良好的团队精神会像冲锋的号角，激励员工勇往直前，奋力争先，取得胜利。打造优良的团队精神，才能促进团队发展壮大。同样，团队成员必须具备团队精神，才能融入团队，才能与团队的发展目标保持一致，才能发挥自己的才智，实现自身的价值。

活动体验

1）为什么格兰仕人能够把事情做到如此地步，成为中国家电业的龙头企业？

2）面对老员工的流失，新人加盟，格兰仕集团是如何保持一如既往的品牌和形象的？

3）如果你去格兰仕集团工作，你将如何融入这个团队呢？

三 知识链接

（一）团队精神的概念

团队精神是大局意识、协作精神和服务精神的集中体现，核心是协同合作，反映的是个体利益和整体利益的统一，并进而保证组织的高效率运转。

团队精神的形成并不要求团队成员牺牲自我，相反，挥洒个性、表现特长保证了成员共同完成任务目标，而明确的协作意愿和协作方式则产生了真正的内心动力。团队精神是组织文化的一部分，良好的管理可以通过合适的组织形态将每个人安排至合适的岗位，充分发挥集体的潜能。如果没有正确的管理文化，没有良好的从业心态和奉献精神，就不会有团队精神。

（二）团队精神的作用

1. 目标导向功能

团队精神能够使团队成员齐心协力，拧成一股绳，朝着一个目标努力，对于团队的个人来说，团队要达到的目标即是自己必须努力的方向，从而使团队的整体目标分解成各个小目标，在每个队员身上都得到落实。

2. 团结凝聚功能

任何组织群体都需要一种凝聚力，传统的管理方法是通过组织系统自上而下的行政指令，淡化了个人感情和社会心理等方面的需求，团队精神则通过对群体意识的培养，通过队员在长期的实践中形成的习惯、信仰、动机、兴趣等文化心理来沟通人们的思想，引导人们产生共同的使命感、归属感和认同感，逐渐强化团队精神，产生一种强大的凝聚力。

3. 促进激励功能

团队精神要靠每一个队员自觉地向团队中最优秀的员工看齐，通过队员之间正常的竞争达到实现激励功能的目的。这种激励不是单纯停留在物质的基础上，而是要能得到团队的认可，获得团队中其他队员的认可。

4. 实现控制功能

在团队里，不仅队员的个体行为需要控制，群体行为也需要协调。团队精神所产生的控制功能，是通过团队内部所形成的一种观念的力量、氛围的影响，去约束、规范、控制团队的个体行为。这种控制不是自上而下的硬性强制力量，而是由硬性控制转向软性内化控制；由控制个人行为，转向控制个人的意识；由控制个人的短期行为，转向对其价值观和长期目标的控制。因此，这种控制更为持久且更有意义，而且容易深入人心。

（三）团队精神的影响因素

1. 团队精神的基础——挥洒个性

尊重个人的兴趣和成就是团队精神形成的基础。团队中设置了不同的岗位，给予不同的待遇、培养和肯定，就是让每一个成员都拥有特长，都能表现特长。

2. 团队精神的核心——协同合作

团队精神强调的不仅仅是一般意义上的合作与齐心协力，它要求发挥团队的优势，其核心在于大家在工作中加强沟通，利用个性和能力差异，在团结协作中实现优势互补，发挥积极协同效应，带来"1+1>2"的绩效。

3. 团队精神的最高境界——团结一致

全体成员的向心力、凝聚力是从松散的个人集合走向团队最重要的标志。团队精神在这里，有一个共同的目标并鼓励所有成员为之奋斗固然是重要的，但是，向心力、凝聚力来自于团队成员自觉的内心动力，来自于共同的价值观，很难想象在没有展示自我机会的团队里能形成真正的向心力；同样也很难想象，在没有明确的协作意愿和协作方式下能形成真正的凝聚力。

4. 团队精神的外在形式——奉献精神

团队总是有着明确的目标，实现这些目标不可能总是一帆风顺的。因此，具有团队精神的人，总是以一种强烈的责任感，充满活力和热情，为了确保完成团队赋予的使命，和同事一起，努力奋斗、积极进取、创造性地工作。在团队成员对团队事务的态度上，团队精神表现为团队成员在自己的岗位上"尽心尽力"，"主动"为了整体的和谐而甘当配角，"自愿"为团队的利益放弃自己的私利。

（四）培养自己的团队精神，成为团队的脊梁

团队精神鼓舞着每一个成员的信心，团队精神激发着每一个成员的热情，团队精神带领着每一个成员发挥最大效能。融入团队就要以团队为荣，与团队成员协同合作，努力培养自己的团队精神。

1. 了解团队文化，遵守团队管理制度

作为新人，你必须理解、认可、传播团队文化，了解岗位职责、规章制度、领导风格与期望；主动培育共同的价值观，认真遵守制度规范，自觉履行责任和义务，这样能够帮助你更快地适应新的工作环境，迅速地融入团队，愉快地开展工作。

2. 尊重他人，培养宽容合作品质

尊敬同事是团队中最基本的行事准则。礼节周到地对待同事，关心帮助同事，善于看到身边人的闪光点，不要总着眼于一些负面的地方。学会以宽己之心宽人、克人之心克己，谦虚谨慎、脚踏实地，不管在什么地方，都会受到欢迎。对自己不明白的事情，可以采用与老员工探讨请教的方式，一方面表达对老员工的尊重，另一方面，可以检验自己想法的可行性。这种方式是帮助你学习新技能的最佳方法。

年轻人喜欢炫耀，殊不知，老员工都是从年轻走过来的，你的炫耀会给别人留下了坏印象，对自己的成长极为不利。培养合作品质，团结身边所有的同事，不要介入团队的是是非非中，把精力集中到自己的工作中去，这不仅是培养团队精神的需要，而且也是获得人生快乐的重要方面。

3. 培养表达与沟通的能力

培养良好的表达与沟通能力，是妥善处理人际关系的基石。首先要主动友善地接近身边同事，使双方彼此熟悉和了解，才能使自己更快地融入团队，发展提升自己。此外，尽快熟悉工作流程，明确工作责任，在遇到困惑和不解时，能得到有效的帮助，有利于工作的开展。要知道你与团队中其他人会存在某些差别，知识、能力、经历的不同会使你们处理问题时产生不同的想法。交流是协调的开始，大胆地把自己的想法说出来，学会耐心地倾听别人的想法，你要经常说这样一句话："你看这件事怎么办？我想听听你的看法。"有效的沟通能及时消除和化解分歧与矛盾，被大家所接纳。

4. 培养主动做事的品格

每一个人都有成功的渴望，但是成功不是等来的，而是靠努力做出来的。任何一个团队的成员，都不能被动地等待别人告诉你应该做什么，而应该主动去了解我们做什么，自

己想要做什么，然后进行周密规划，并全力以赴地去完成，积极为团队的发展出谋划策，贡献自己的力量与智慧。

为了考核新员工，有时团队会让新人做一些难题，并非故意刁难，而是希望通过新人新思维，来处理过去无法解决的问题。这时，应该果断地接下任务，认真负责地对难题进行处理，如果你处处推托，无法把思维带进新的工作环境，那么，你的工作价值在哪里？又有哪个团队，愿意留用一位事事推托的队员呢？

5. 培养全局意识，树立团队荣誉观

要知道你与你所在的团队命运是紧紧相连的，维护团队的利益就是维护自己的利益，因此做事要有整体意识、全局观念，考虑团队的需要。要勇于牺牲个人利益来维护团队的利益，要培养风雨同行、同舟共济的精神，以团队荣誉观来衡量自己的行为，那么你必将成为团队的脊梁。

案　例

同舟共济

美国西南航空公司在纽约证券交易所的股票代码是LUV，它象征着"爱"。这亦是西南航空从1973年以来的广告主题。无论是在经济衰退年，还是在公司遇到困难之时，西南航空都尽量做到不裁员。"9·11"事件后，西南航空公司一度每天亏损三四百万美元，但该公司仍然坚持不裁减员工。西南航空公司在"9·11"事件后坚持不裁员的决定感动着公司员工，他们更加努力地工作，提出了许多降低成本的建议，与公司荣辱与共。为帮公司渡过难关，有的员工将自己的红利甚至部分工资捐给了公司，还有的员工在联邦退税支票上签字将钱转到公司名下。"9.11"事件发生后，各大航空公司举步维艰，而西南航空公司却能保持优势地位。西南航空公司处理这种危机的方法与其他公司恰恰相反：没有取消一次航班，没有解雇一个员工，正是"爱"的理念使其团队成员紧紧地团结在一起，他们将自己的命运与团队的命运紧密相连，不惜牺牲个人的利益，与公司共担风雨，共同度过困难期。

分析解读

西南航空公司的企业精神产生了巨大的凝聚力，将团队成员紧密团结在一起。团队成员在企业文化的感染下，将团队精神融入了自己的行为，当企业遭遇困难时，团队成员能够从公司的利益出发，与公司同舟共济，勇于牺牲个人利益，与公司荣辱与共。也正是如此，他们永远不会被所抛弃。

活动体验

西南航空公司的团队精神是什么？为什么西南航空公司的员工把自己的红利甚至工资捐给了公司？你从中悟出了什么道理？

四、名人如是说

1）只要千百万劳动者团结得像一个人一样，跟随本阶级的优秀人物前进，胜利也就有了保证。

——列宁

2）一个人如果单靠自己，如果置身于集体的关系之外，置身于任何团结民众的伟大思想的范围之外，就会变成怠惰的、保守的、与生活发展相敌对的人。　　——高尔基

3）要永远觉得祖国的土地稳固地在你脚下，要与集体一起生活，要记住，是集体教育了你。哪一天你若和集体脱离，那便是末路的开始。　　——奥斯特洛夫斯基

4）一滴水只有放进大海里才永远不会干涸，一个人只有当他把自己和集体事业融合在一起的时候才能最有力量。　　——雷锋

五、我该怎么做

"做自己情绪的主人"小测试

指导语：你在多大程度上受理智的控制，又在多大程度上受"本能"情绪的控制？回答以下问题，将每题分值相加的总和与结果对照，可以确定情绪状态与类型。

（一）答题要求

1.单项选择题，请把每题中你认为最适合的答案填写在答题卡中。

2.评分标准：选A得1分，选B得2分，选C得3分。

（二）答题内容

1.如果让你选择，你更愿意（　　）。

　　A.同许多人一起工作并亲密接触　　　　B.和一些人一起工作　　　　C.独自工作

2.当为解闷而读书时，你喜欢（　　）。

　　A.读史书、秘闻、传记类　　　　　　　B.读历史小说、"社会问题"小说

　　C.读幻想小说、荒诞小说

3.对恐怖影片反应如何？（　　）

　　A.不能忍受　　　　　　　　　　　　　B.害怕　　　　　　　　　　　C.很喜欢

4.下列情况符合你的是（　　）。

　　A.很少关心他人的事　　　　　　　　　B.关心熟人的生活

　　C.爱听新闻，关心别人的生活细节

5.去外地时，你会（　　）。

　　A.为亲戚们的平安感到高兴　　　　　　B.陶醉于自然风光　　　　　C.希望去更多的地方

6.你看电影时会哭或觉得要哭吗？（　　）

　　A.经常　　　　　　　　　　　　　　　B.有时　　　　　　　　　　　C.从不

7.遇见朋友时，通常是（　　）。

　　A.点头问好　　　　　　　　　　　　　B.微笑、握手和问候　　　　　C.拥抱他们

8.如果在车上有一个烦人的陌生人要你听他讲自己的经历，你会（　　）。

　　A.显示你颇有同感　　　　　　　　　　B.真的很感兴趣　　　　　　　C.打断他，做自己的事

9.是否想过给报纸的问题专栏写稿？（　　）

　　A.绝对没想过　　　　　　　　　　　　B.有可能想过　　　　　　　　C.想过

10.被问及私人问题，你会（　　）。

　　A.感到不快活和气愤，拒绝回答　　　　B.平静地说出你认为适当的话

　　C.虽然不快，但还是回答了

11.在咖啡店里要了杯咖啡，这时发现邻座有一位姑娘在哭泣，你会（　　）。

　　A.想说些安慰话，但羞于启口　　　　B.问她是否需要帮助　　　　　　　C.换个座位远离她

12.在朋友家聚餐之后，朋友和其爱人激烈地吵了起来，你会（　　）。

　　A.觉得不快，但无能为力　　　　　　B.立即离开　　　　　　　　　　　C.尽力为他们排解

13.送礼物给朋友：（　　）

　　A.仅仅在新年和生日　　　　　　　　B.全凭兴趣

　　C.在觉得有愧或忽视了他们时

14.一个刚相识的人对你说了些恭维话，你会（　　）。

　　A.感到窘迫　　　　　　　　　　　　B.谨慎地观察对方

　　C.非常喜欢听，并开始喜欢对方

15.如果你因家事不快，上班时你会（　　）。

　　A.继续不快，并显露出来　　　　　　B.工作起来，把烦恼丢在一边

　　C.尽量理智，但仍因压不住而发脾气

16.生活中的一个重要关系破裂了，你会（　　）。

　　A.感到伤心，但尽可能正常生活　　　B.至少在短暂时间内感到痛心

　　C.无可奈何地摆脱忧伤之情

17.一只迷路的小猫闯进你家，你会（　　）。

　　A.收养并照顾它　　　　　　　　　　B.扔出去

　　C.想给它找个主人，找不到就让它安乐死

18.对于信件或纪念品，你会（　　）。

　　A.刚收到时便无情地扔掉　　　　　　B.保存多年　　　　　　　　　　C.两年清理一次

19.是否因内疚或痛苦而后悔？（　　）

　　A.是的，一直很久　　　　　　　　　B.偶尔后悔　　　　　　　　　　C.从不后悔

20.同一个很差怯或紧张的人谈话时，你会（　　）。

　　A.因此感到不安　　　　　　　　　　B.觉得逗他讲话很有趣　　　　　C.有点生气

21.你喜欢的孩子是（　　）。

　　A.很小的时候，而且有点可怜巴巴　　B.长大了的时候

　　C.能同你谈话的时候，并形成了自己的个性

22.亲人抱怨你花在工作上的时间太多了，你会（　　）。

　　A.解释说这是为了家庭的共同利益，然后仍像以前那样去做

　　B.试图把时间更多地花在家庭上

　　C.对两方面的要求感到矛盾，并试图使两方面都令人满意？

23.在一场特别好的演出结束后，你会（　　）。

　　A.用力鼓掌　　　　　　　　　　　　B.勉强地鼓掌

　　C.加入鼓掌，但觉得很不自在

24.当拿到母校出的一份刊物时，你会（　　）。

　　A.通读一遍后扔掉　　　　　　　　　B.仔细阅读，并保存起来　　　　C.不看就扔进垃圾桶

25.看到路对面有一个熟人时，你会（　　　）。

　　A.走开　　　　　　　　　　　　B.走过去问好

　　C.招手，如对方没反应便走开

26.听说一位朋友误解了你的行为，并且正在生你的气，你会（　　　）。

　　A.尽快联系，作出解释　　　　　　B.等朋友自己清醒过来

　　C.等待一个好时机再联系，但对误解的事不作解释

27.怎样处置不喜欢的礼物？（　　　）

　　A.立即扔掉　　　　　　　　　　　B.热情地保存起来

　　C.藏起来，仅在赠者来访时才摆出来

28.对示威游行、爱国主义行动、宗教仪式的态度如何？（　　　）

　　A.冷淡　　　　　　　　B.感动得流泪　　　　　　　　C.使你窘迫

29.有没有毫无理由地觉得过害怕？（　　　）

　　A.经常　　　　　　　　B.偶尔　　　　　　　　　　　C.从不

30.下面哪种情况与你最相符？（　　　）

　　A.十分留心自己的感情　　　　　　B.总是凭感情办事

　　C.感情没什么要紧，结局才最重要？

（三）情绪测试答题卡（表6-3）

表6-3　答题卡

题目	1	2	3	4	5	6	7	8	9	10
选项										
题目	11	12	13	14	15	16	17	18	19	20
选项										
题目	21	22	23	24	25	26	27	28	29	30
选项										
统计	选A　个，选B　个，选C　个							总分		

（四）评分说明

30～50分：理智型情绪。

很少为什么事而激动，即使生气，也表现得很有克制力。主要弱点是对他人的情绪缺少反应。爱情生活很有局限，而且可能会听到人们在背后说你"冷血动物"。目前需要松弛自己。

51～69分：平衡型情绪。

时而感情用事，时而十分克制。即使在很恶劣的环境下握起了拳头，但仍能从情绪中摆脱出来。因此，很少与人争吵，爱情生活十分愉快、轻松。即使偶尔陷入情感纠纷，也能不自觉地处理得妥帖。

70～90分：冲动型情绪。

非常重感情的人。如果是女人，一定是眼泪的俘虏。如果是男人，可能非常随和，但好强，且喜欢自我炫耀。可能经常陷入那种短暂的风暴式的爱情纠纷，因此麻烦百出，想劝你冷静，简直是不可能的事情。这里有必要提醒你：限制自己。

（五）应对情绪的方法？

1）要学会接纳自己的情绪，负面情绪同样具有重要的适应价值。

2）要学习管理自己的情绪，做情绪的主人。

在管理情绪时，好的情绪要与人分享，坏的情绪要与人分担，这有助于我们增加对情绪的敏感度并加深自我认识和把握。我们还要学会表达负面情绪，但在表达时要注意一个原则：就事论事，对事不对人。

3）改变自己的某些想法来调适情绪。

案例中我们已经谈到，你的想法是一副眼镜，它决定了你看到的世界样子，所以我们要调适情绪，有时可以从改变消极歪曲的想法入手。

（六）应对不良情绪的其他方法？

1）学会转移。当火气上涌时，有意识地转移话题或做点别的事情来分散注意力，便可使情绪得到缓解。在余怒未消时，可以通过看电影、听音乐、下棋、散步等有意义的轻松活动，使紧张情绪松弛下来。

2）学会宣泄。在自己处于较激烈的情绪状态时，允许自己直接或者间接地表达情绪体验与反应。简单而言，即高兴就笑，伤心就哭，"男儿有泪不轻弹"不符合情绪调控的疏泄方法，不值得提倡。坦率地表达内心强烈的情绪，如愤怒、苦闷、抑郁情绪，心情会舒畅些，压力会小些，与情绪体验同步产生的生理改变将较快地恢复正常。

①直接疏泄法：在刺激引发情绪反应之后，即时表达自己的内心感受，如遭遇到不公平对待，可以马上委婉提出来，被人伤害后，直接告诉对方自己很生气，要求赔礼道歉。但也要学会自我控制，防止冲动和鲁莽。

②间接疏泄法：在脱离引发强烈情绪的情境之后，向与情境无关的人表达当时的内心感受，发泄自己的愤怒、悲痛等体验。例如，在受到欺侮后，向家人或能够主持公道的人倾诉，以平息激烈的情绪活动；写日记；运动等。

③愉快记忆法：回忆过去经历中碰到的高兴事，或获得成功时的愉快体验，特别回忆那些与眼前不愉快体验相关的过去的愉快体验。

④幽默化解法：培养幽默感，用寓意深长的语言、表情或动作以及用讽刺的手法机智、巧妙地表达自己的情绪。

六　拓展延伸

团队中的"刺猬效应"

"冬天里刺猬面临两难的困境。天气太冷，两只刺猬靠在一起取暖。靠得太近，会被对方身上的刺扎到，于是离远一些。离得太远，又感觉到冷，于是靠近一些。这样反反复复地靠近又离远，两只刺猬终于找到一个既不会冻着也不会扎着的最佳距离。"

这是德国哲学家叔本华在散文集中收录的一则寓言故事，用以说明人们之间的亲密程度，也像刺猬一样面临着困境。我们渴望靠近他人，却又对过于亲密的关系产生恐惧。在组织中，我们也很难把握成员之间相互连接的紧密度，太松造成效率低下，太紧造成一个个利益小集团，导致组织的割裂。

　　我们之所以喜欢融入团队，很重要的一点不是因为金钱与福利，而是在团队中所带来的安全感、自豪感、成就感和自我价值的实现。从某种意义上来说，这种情感是无法用物质多寡来衡量的，因为自我实现的过程是人们最想要的。

　　当我们融入团队时，要注意刺猬法则，就是人际交往中的"心理距离效应"。融入团队要与领导者搞好工作，要与同事搞好关系，这些"亲密有间"的关系，应是一种不远不近的恰当合作关系。要做到"疏者密之，密者疏之"，这才是成功之道。

分析解读

　　团队成员之间和谐相处是非常重要的，但需要保持一定的距离。亲密无间地相处，容易导致彼此不分、称兄道弟，在工作中丧失原则。而关系疏远不利于协作，影响工作绩效。保持适当的距离，不会使彼此互相混淆身份，既有利于政令畅通，也有利于相互配合工作。融入团队把握距离是门艺术。

活动体验

　　1）你如何看待恭维、奉承、送礼、行贿等行为？

　　2）你进入职场后会与同事称兄道弟、吃喝不分吗？这样做对你融入团队有益吗？

七、课外阅读

华为新员工怎样融入新团队
——180天8阶段行动清单

　　第一阶段：新人入职，让他知道来干什么的（3~7天）

　　为了让员工在7天内快速融入企业，管理者需要做到下面七点：

　　1）安排位置：给新人安排好座位及办公的桌子，拥有自己的地方，并介绍位置周围的同事相互认识（每人介绍的时间不少于1分钟）。

　　2）开欢迎会：开一个欢迎会或聚餐介绍部门里的每一个人，相互认识。

　　3）公司介绍：直接上司与其单独沟通，让其了解公司文化、发展战略等，并了解新人专业能力、家庭背景、职业规划与兴趣爱好。

　　4）岗位介绍：HR主管沟通，告诉新员工的工作职责及给自身的发展空间及价值。

　　5）第一周的工作任务介绍：直接上司告诉，每天要做什么、怎么做、与任务相关的同事部门负责人是谁。

　　6）日常工作指导：对于日常工作中的问题及时发现及时纠正（不作批评），并给予及时肯定和表扬（反馈原则）；检查每天的工作量及工作难点在哪里。

　　7）安排新老同事接触：让老同事（工作1年以上）尽可能多地和新人接触，消除新人的陌生感，让其尽快融入团队。关键点：一起吃午饭，多聊天，不要在第一周谈论过多的工作目标及给予工作压力。

　　第二阶段：新人过渡，让他知道如何能做好（8~30天）

转变往往是痛苦的，但又是必需的，管理者需要用较短的时间帮助新员工完成角色过度，下面提供五个关键方法：

1）熟悉公司各部分：带领新员工熟悉公司环境和各部门人，让他知道怎么写规范的公司邮件，怎么发传真，电脑出现问题找哪个人，如何接内部电话等。

2）安排老同事带新员工：最好将新员工安排在老同事附近，方便观察和指导。

3）积极沟通反馈：及时观察其情绪状态，做好及时调整，通过询问发现其是否存在压力。

4）经验传授：适时把自己的经验及时教给他，让其在实战中学习，"学中干，干中学"是新员工十分看重的；

5）肯定与表扬：对其成长和进步及时给予肯定和赞扬，并提出更高的期望。要点：4C、反馈技巧。

第三阶段：让新员工接受挑战性任务（31～60天）

在适当的时候给予适当的压力，往往能促进新员工的成长，但大部分管理者却选了错误的方式施压。

1）讲清工作要求和关键指标：知道新员工的长处及掌握的技能，对其讲清工作的要求及考核的指标要求。

2）开展团队活动：多开展公司团队活动，观察其优点和能力，扬长避短。

3）给予包容：犯了错误时给其改善的机会，观察其逆境时的心态，观察其行为，看其培养价值。

4）多给机会：如果实在无法胜任当前岗位，看看是否适合其他部门，多给其机会，管理者很容易犯的错误就是一刀切。

第四阶段：表扬与鼓励，建立互信关系（61～90天）

管理者很容易吝啬自己的赞美，或者说缺乏表扬的技巧，而表扬一般遵循三个原则：及时性、多样性和开放性。

1）及时表扬：当新员工完成挑战性任务，或者有进步的地方时及时给予表扬和奖励，体现表扬鼓励的及时性。

2）鼓励的多样性：采用多种形式给予新员工表扬和鼓励，要多给他惊喜，多创造不同的惊喜感，体现表扬鼓励的多样性。

3）分享成功经验：向公司同事展示下属的成绩，并分享成功的经验，表现表扬鼓励的开放性。

第五阶段：让新员工融入团队主动完成工作（91～120天）

对于新生代员工来说，他们不缺乏创造性，更多的时候管理者需要耐性地指导他们如何进行团队合作，如何融入团队。

1）鼓励发言：鼓励下属积极踊跃参与团队的会议并在会议中发言，并在他们发言之后作出表扬和鼓励。

2）团队经验分享：对于激励机制、团队建设、任务流程、成长、好的经验要多进行会议商讨、分享。

3）鼓励提建议：与新员工探讨任务处理的方法与建议，当下属提出好的建议时要去肯定他们。

4）处理矛盾：如果出现与旧同事间的矛盾，要及时处理。

第六阶段：赋予员工使命，适度授权（121～179天）

当度过了前3个月，一般新员工会转正成为正式员工，随之而来的是新的挑战，当然也可以说是新员工真正成为公司的一分子，管理者的任务中心也要随之转入以下五点：

1）帮助下属重新定位：让下属重新认识工作的价值、工作的意义、工作的责任、工作的使命、工作的高度，找到自己的目标和方向。

2）及时处理负面情绪：时刻关注新下属，当下属有负面的情绪时，要及时调整，要对下属的各个方面有敏感性；当下属问到一个负面的、幼稚的问题时，要转换方式，从正面积极的一面去解除他的问题，即管理者做到思维转换。

3）提升员工企业认同感：让员工感受到企业的使命，放大公司的愿景和文化价值、战略决策和领导意图等，聚焦凝聚人心和文化落地，聚焦方向正确和高效沟通，聚焦绩效提升和职业素质。

4）引导分享公司成长：当公司有重大的事情或者振奋人心的消息时，要引导大家分享；要求随时随地激励下属。

5）适当放权：开始适度放权让下属自行完成工作，发现工作的价值与享受成果带来的喜悦，放权不宜一步到位。

第七阶段：总结，制订发展计划（180天）

6个月过去了，是时候帮下属做一次正式的评估与发展计划，一次完整的绩效面谈一般包括下面六个步骤：

1）准备绩效面谈：每个季度保证至少1～2次1个小时以上的正式绩效面谈，面谈之前做好充分的调查，谈话做到有理、有据、有法。

2）明确绩效面谈内容：明确目的、员工自评（做了哪些事情，有哪些成果，为成果做了什么努力、哪些方面做得不足，哪些方面和其他同事有差距）。

3）先肯定，后说不足：领导的评价包括成果、能力、日常表现，要做到先肯定成果，再说不足，再谈不足的时候要有真实的例子做支撑（依然是反馈技巧）。

4）协助下属制定目标和措施：让他作出承诺，监督检查目标的进度，协助他达成既定的目标。

5）为下属争取发展提升的机会：多与他探讨未来的发展，至少每3～6个月给下属评估一次。

6）给予下属参加培训的机会：鼓励他平时多学习，多看书，每个人制订出成长计划，分阶段去检查。

第八阶段：全方位关注下属成长（每一天）

度过了前90天，一般新员工会转正成为正式员工，随之而来的是新的挑战，当然也可以说是新员工真正成为公司的一分子。

1）关注新下属的生活：当他受打击、生病、失恋、遭遇生活变故、内心产生迷茫时，多支持、多沟通、多关心、多帮助。

2）庆祝生日：记住部门每个同事的生日，并在生日当天部门集体庆祝；记录部门大事记和同事的每次突破，给每次的进步给予表扬、奖励。

3）团队活动：每月举办一次各种形式的团队集体活动，增加团队的凝聚力。关键点是坦诚、赏识、感情、诚信。

任务二十二　合作共赢

一、教学目标

理解合作双赢的含义，掌握合作双赢的基础；了解凝聚力和团队激励的作用；树立良好的合作意识和正当的竞争意识，体会合作带给团队和个人的快乐从而实现共赢。

二、案例分析

案例一

地衣的生命力

在植物世界中，地衣的生命力几乎是首屈一指的。据实验，地衣在零下273摄氏度的低温下能生长，在真空条件下放置6年仍保持活力，在比沸水温度高一倍的温度下也能生存。因此无论沙漠、南极、北极，甚至大海龟的背上，我们都能看到地衣的身影。

地衣为什么有如此的生命力？人们经过长期研究，终于揭开了"谜底"。原来地衣不是一种单纯的植物，它由两类植物"合伙"组成，一类是真菌，另一类是藻类。真菌吸收水分和无机物的本领很大，藻类具有叶绿素，它以真菌吸收的水分、无机物和空气中的二氧化碳做原料，利用阳光进行光合作用，制成养料，与真菌共同享受。这种紧密的合作，就是地衣有如此顽强的生命力的秘密。

分析解读

小溪只能泛起破碎的浪花，百川才能激起惊涛骇浪。只有通过合作，才能拥抱成功。一个人，纵使才华横溢、能力超群，如果不能较好地融入团队，不善于跟周围的人沟通、协作，他就不会在成功的路上走很远，更无法实现自己的理想与目标。相反，你只有照顾和维护别人，别人才会感恩并回报你一份善意。别人因你而温暖，你也会因别人而享受阳光。只有合作，才能共赢，才能创造出美好未来。

活动体验

1）地衣为什么具有强大的生命力？

2）从这个故事中你得到了什么启示？

3）我们知道人与人之间的关系是相互的，在团队中，我们应该如何相处？

案例二

囚徒困境

两个嫌疑犯作案后被警察抓住，分别关在不同的屋子里接受审讯。警察知道两人有罪，但缺乏足够的证据。警察告诉每个人：如果两人都抵赖，各判刑一年；如果两人都坦白，各判八年；如果两人中一个坦白而另一个抵赖，坦白的放出去，抵赖的判十年。于是，每个囚徒都面临两种选择：坦白或抵赖。然而，不管同伙选择什么，每个囚徒的最优选择是坦白：如果同伙抵赖，自己坦白的话放出去，不坦白的话判一年，坦白比不坦白好；如果同伙坦白，自己坦白的话判八年，不坦白的话判十年，坦白还是比不坦白好。结果，两个嫌疑犯都选择坦白，各判刑八年。

分析解读

这个故事告诉我们保持合作的状态，各方所得利益的总和方可最大化。而信任沟通是合作的基础，如果在合作当中，双方的信息不对称，出现互相猜疑的情况，就会陷入上面所说的"囚徒困境"，所以及时、坦率地沟通、互通有无很重要，在沟通的时候当面沟通又比电话、邮件等远程沟通更加有效。

活动体验

1）两个囚徒面对困境最佳的方案是什么？他们达到了这个最佳方案了吗？

2）在现实生活中，对双方都有利的合作其实是困难的，为什么？

三　知识链接

（一）什么是合作共赢

所谓合作共赢就是指共事双方或多方在完成一项活动或共担一项任务的过程中互惠互利、相得益彰，能够实现双方或多方的共同利益。"合作"是指双方互相配合做某事或共同完成某项任务，"共赢"是指合作的双方或多方能够共同获得利益。

（二）合作共赢的基础

1. 建立信任

信任是合作的基础和前提，信任可以使每个成员的注意力集中在团队的目标上，减少防卫心理，坦诚地分享信息，彼此支持、鼓励，敢于冒险，不欺骗、不夸大。一个有凝聚力、高效的团队成员必须学会自如、迅速、心平气和地承认自己的错误、弱点、失败，还要乐于认可别人的长处，即使这些长处超过了自己。

案　例

锁和钥匙

一日，锁对钥匙埋怨道："我每天辛辛苦苦为主人看守家门，而主人喜欢的却是你，总是每天把你带在身边。"？而钥匙也不满地说："你每天待在家里，舒舒服服的，多安逸啊！我每天跟着主人，日晒雨淋的，多辛苦啊！"

一次，钥匙也想过一过锁那种安逸的生活，于是把自己偷偷藏了起来。主人出门后回家，不见了开锁的钥匙，气急之下，把锁给砸了，并把锁扔进了垃圾堆里。主人进屋后，找到了那把钥匙，气愤地说："锁也砸了，现在留着你还有什么用呢？"说完，把钥匙也扔进了垃圾堆里。

在垃圾堆里相遇的锁和钥匙，不由感叹起来："今天我们落得如此可悲的下场，都是因为过去我们在各自的岗位上，不是相互配合，而是相互妒忌和猜疑啊！"

分析解读

很多时候，人与人之间的关系都是相互的，彼此互相信任、互相配合、互相协作，方能共同成就、共同繁荣。个人的价值实现不是孤立的，离开了与你密切相关的他人和集体，就会变得毫无生命价值。

活动体验

团队成员就像锁和钥匙，只看到对方的优势和好处，忘记甚至丢失了自己的本分和职责，彼此相互妒忌和猜疑，结果怎样？团队成员都不是完美的，他们如何成就完美的团队呢？

2. 良性的冲突

团队合作一个最大的阻碍，就是对于冲突的畏惧。担心冲突会使团队失去控制，担心解决冲突太浪费时间，尽可能地避免破坏性的意见分歧。久而久之，将需要解决的重大问题掩盖起来。团队需要做的，是学会识别虚假的和谐，引导和鼓励适当的、建设性的冲突。良性冲突会让团队成长。

3. 坚定不移地行动

要成为一个具有凝聚力的团队，领导必须学会在没有完善的信息、没有统一的意见时作出决策。决策一经产生，团队成员都能积极响应、坚定不移地执行。

4. 彼此负责

卓越的团队不需要领导提醒团队成员竭尽全力工作，因为他们很清楚需要做什么，彼此提醒注意那些无助于成功的行为和活动。而不够优秀的团队一般对于不可接受的行为采取向领导汇报的方式，甚至更恶劣：在背后说闲话。这些行为不仅破坏团队的士气，而且让那些本来容易解决的问题迟迟得不到办理。

案 例

> **羽泉组合**
>
> 　　年轻的你一定喜欢听羽泉的歌曲吧，这一组合红透了半边天，可以说在大陆到了大红大紫的地步。羽泉，中国内地组合，由陈羽凡和胡海泉组成，组合名称各取两人名字中的一个字。1998年11月17日，陈羽凡、胡海泉签约滚石唱片，宣告羽泉组合正式成立。1999年，羽泉推出首张创作专辑《最美》，销量突破百万。那首《最美》的传唱及演绎，更使这支绝配的团队组合达到了演唱的巅峰。但我们如此设想——如果他们单飞呢？也可能各自更好，但更可能的是——他们各自的演艺事业也就再也无法达到团队的登峰造极所创造的辉煌。
>
> 　　团队合作、团队协作的道理虽然浅显易懂，但说起来容易，做起来难，团队的协作不易，达成配合与默契更需要不断的沟通、磨合与深厚的信任。

（三）凝聚力是合作共赢的必要条件

　　为什么有的团队内部总是有矛盾？为什么有的团队服务总是不到位？为什么有的团队领导布置的工作属下总是做不好？关键在于：团队凝聚力！凝聚力是团队常青的原动力、团队生存的核心竞争力、团队发展的第一战斗力。

　　团队凝聚力是指团队对成员的吸引力、成员对团队的向心力，以及团队成员之间的相互吸引。团队凝聚力是维持团队存在、促进合作、实现共赢的必要条件。那么如何提高团队的凝聚力呢？

1. 塑造团队文化，建立团队愿景

　　团队文化就是团队共同认知的价值观、总结出来的行为准则，团队愿景是团队未来的发展图景。通过文化建设，愿景展望，使每个团队成员懂得团队是什么，我该怎样做，努力方向是什么，以最大限度地统一大家的意志，规范团队成员的行为，凝聚团队成员的力量，为实现总体目标而奋斗。

案 例

> 　　日本著名跨国公司"松下电器"的创始人，号称"经营之神"的松下幸之助就非常重视团队文化的建设，早在1945年就提出："公司要发挥全体员工的勤奋精神"，并不断向员工灌输"全员经营"、"群智经营"的思想。他每周都要在员工大会上作演讲，并制订了松下员工守则，还创作了松下的歌曲。为打造坚强的团队，在20世纪60年代，松下电器公司会在每年正月的一天，由松下带领全体员工，头戴头巾，身着武士上衣，挥舞着旗帜，把货物送出。在目送几百辆货车壮观地驶出厂区的过程中，每一个工人都会升腾出由衷的自豪感，为自己是这一团体的成员感到骄傲，使团队的凝聚力大大提升。

2. 发挥团队领导在团队凝聚力中的影响力

　　（1）主动与团队成员保持良好的沟通。积极主动地与团队成员沟通，了解团队成员

的工作状态和生活状况，多了解成员的合理需求并尽力满足他们，创造一个良好和谐的沟通氛围。

（2）尊重团队成员，充分信任。作为管理者，对团队成员要给予充分的信任，缺乏信任关系是做不好工作的。

（3）让团队成员有适度的自行工作空间。不断给予团队成员鼓励，不与成员争利，不与成员争权，给予充分授权。善于放权于下属，给予团队成员适度的自行工作空间，方能调动团队的主动性与积极性。

（4）让团队成员感受到成长的快乐。在团队中，我们要让团队成员真正能体验到自身得到了成长，在成长的过程当中体会到成就的快感，方能塑就团队成员的向心力与归属感。

案　例

卫青的带兵之道

卫青是汉代名将，他一生征战，守土稳疆，为汉朝立下了不朽功勋，而这一切与他的带兵之道有着很大的关系。

卫青治军甚严。一次，探军呈报，一个前哨小队驻地遭遇突袭，军粮被抢，前哨校尉请求卫青速拨军粮救急，可卫青因军务繁忙，没有注意到校尉的呈报，这件事一直被压着。

前哨小队一直得不到补给，又要抗击匈奴的袭扰，士兵们饥饿疲惫，苦于应付，如再不补给，恐怕生变。于是，这位校尉便违反纪律擅自到老百姓家征粮，不想，这件事被卫青知道。

这一天，卫青亲自到前哨视察，小队校尉认为卫青必是来处罚自己的，便让士兵绑了自己，跪迎卫青。谁知，卫青到了前哨，马未停便直接跳下来，单膝跪地，扶起这位校尉并亲自给他解开绳索，第一句话便说："此事怪我卫青不周，我是来请罚的。"校尉一听这话，感激得痛哭流涕。卫青在所有士兵面前向这位校尉道了歉，并补上了老百姓的征粮，最后还将这位校尉官衔升了一级。这件事当时在军中迅速传开，卫青得到了所有士兵的拥戴。

公元前124年，卫青率领骑兵三万，追击匈奴右贤王。为了一战制胜，卫青冲锋陷阵，一直冲在队伍的最前面，带领军队获得大胜。

汉武帝得到捷报，立刻派使者拿着大将军印送到军营，宣布卫青为大将军，册封他的三个还未成年的儿子为侯。使者宣读完皇上的嘉奖令，卫青便立即对使者说："请使者大人转告皇上，我几次打胜仗，都是部下将士的功劳。我那三个孩子还都是娃娃，什么事都没干过，不能封侯。如果圣上能为我部下将士们封侯，这就是对卫青的最大褒奖，也是对全军将士的最大勉励……"使者回朝后，立即向皇上禀报了此事，汉武帝被卫青所感动，一次封了卫青部下七名将军为侯。卫青的这一行动，使他帐下的将士对他佩服得五体投地，死心塌地跟着他征战疆场。

公元前119年，卫青从定襄郡出塞，穿过大沙漠，行军一千多里，一直将匈奴追到大沙漠以北，一举稳定了汉代边疆。

（四）团队激励合作共赢的助推剂

1. 激励的定义

激励，就是组织通过设计适当的外部奖酬形式和工作环境，以一定的行为规范和惩罚性措施，借助信息沟通来激发、引导、保持和归化组织成员的行为，以有效地实现组织及其成员个人目标的系统活动。

2. 激励的方法

（1）目标激励。目标激励就是通过目标的设置来激发人的动机、引导人的行为，使被管理者的个人目标与组织目标紧密地联系在一起，以激励被管理者的积极性、主动性和创造性。

（2）榜样激励。榜样的力量是无穷的，榜样是一面旗帜，使人学有方向、赶有目标，起到巨大的激励作用。在实现目标的过程中对做法先进、成绩突出的个人或集体，加以肯定和表扬，要求大家学习，从而激发团体成员的积极性。

（3）情感激励。情感激励就是尊重员工的人格和劳动成果，尊重他们提出的一些合理化意见和建议。当员工通过踏实肯干取得成绩时，要激励其再接再厉、继续努力；当员工由于思想麻痹犯了错误时，要诚恳地指出问题的根本原因和今后的努力方向，并希望下次不要有类似的事情发生或希望下次能见到他表现好的一面，而不是一味地加以指责。

（4）考评激励。考评激励法是指各级组织对团队成员的工作及各方面的表现进行考核与评定。通过考核和评比，及时指出职工的成绩、不足及下一阶段努力的方向，从而激发职工的积极性、主动性和创造性。通过批评来激发职工改正错误的信心和决心，达成激励的效果。为了让考评激励发挥最大的作用，在考评过程中必须注意制定科学的考评标准，设置正确的考评方法。

（5）奖罚激励。奖罚激励法是指利用奖励或惩罚的方法，对人们的一些行为予以肯定而对另一些行为予以否定，激发人们内在动力的激励方法。奖励基本上可分为物质奖励和精神奖励，可以成为不断鞭策获得者保持和发扬成绩的力量，还可以对其他人产生感召力，从而产生较好的激励效果。惩罚的方式也是多种多样的，例如，点名与不点名批评、处分、检讨、制裁等。惩罚要注意掌握时机，合理得当，要与教育相结合，做到心服口服，变消极因素为积极因素。

案 例

竞争与合作

这是关于石油大王哈默的一个小故事。有一年世界原油价格大涨，哈默的对手对东欧国家的石油输出量都略有增加，唯独哈默的石油输出量明显减少，这让许多人非常不解。黑人记者杰西克·库思千方百计找到哈默，就这个问题请教他。哈默说了一段让他终生难忘的话："关照别人就是关照自己。那些总想在竞争中出人头地的人如果知道，关照别人需要的只是一点点的理解和大度，却能赢来意想不到的收获，那他一定会后悔不已。关照是一种最有力量的方式，也是一条最好的路。"

下过跳棋的人都知道，六个人各霸一方，互相是竞争对手。大家彼此都想先人一步，将自己的六颗棋子尽快移到预定地点。如果你只讲求合作，放弃竞争，一味地为别人搭桥铺路，那别人会先到达目的地，而你则会落后于人，最终落得失败的下场。相反，如果你只注意竞争，而忽视合作，一心只想拆别人的路，反而延误了你自己的正事，你还是不会获胜的。

分析解读

在合作中，我们不仅要争取自己的利益，还需要尽力为合作方争取利益，唯有这样的合作才会长久而持续。

活动体验

1）上述材料说明了什么道理？

2）作为一名中职学生，我们该如何面对竞争？

四、名人如是说

1）钱只是保健因子，而不是激励因子。　　　　　　　　　　　　——赫兹伯格

2）对员工最大的激励就是帮助他获得业绩，只有业绩才能让他获得成就感。不是加薪，不是晋升，不是奖励，那只是结果而已。　　　　　　　　　　——德鲁克

3）天时不如地利，地利不如人和。　　　　　　　　——《孟子·公孙丑》

4）上下同欲者胜。　　　　　　　　　　　　　——《孙子兵法·谋攻》

五、我该怎么做

活动一：坐地起身

（一）活动过程

1.将全班同学分成若干小组，每组4～8人，每组成员围成一圈，背对背坐在地上。

2.在不用手撑地的情况下站起来。

3.随后依次增加人数，每次增加2人，直到8人。

4.每次站起用时最短者获胜。

友情提示：坐地起身的过程中，可以采用多种方法，如挽臂、拉拽等，但不可以手触地。

（二）问题讨论

1.第一次站起，和最后一次站起用时一样吗？你们是否觉得一开始比较没有章法？

2.后来你们是不是找到了窍门？怎样做，最好起身？

3.当你们完成了任务，大家是不是非常高兴？

4.在这个游戏中你们懂得了什么道理？

（三）分析解读

1.在活动过程中，一开始四个人没有方法，坐在地上怎么也起不来，但是大家知道必须不断地尝试才能成功。

2.后来全组同学积极想办法，发现大家只有靠得紧，一起发力才能成功。于是每个组都选出了组长进行指挥，共同喊号，步调必须一致。

3.问题解决了，大家懂得团队队员之间必须密切配合，步调一致才能得胜利，明白合作的重要性。

活动二：团队合作能力测试

（一）测试要求

以下测验能帮助你检查自己是否具有团队合作与协调能力。测验中的每一项都陈述了一种团队行为，你可以根据自己表现这种行为的频率来打分。

（二）评分标准

总是这样（5分），经常这样（4分），有时这样（3分），很少这样（2分），从不这样（1分）。

（三）测试内容

假如你是一名团队成员：

1.我集中小组成员的相关观点或建议，并总结、复述小组所讨论的主要论点。

2.我提供事实和表达自己的观点、意见、感受和信息以帮助小组讨论。

3.我提出小组后面的工作计划，并提醒大家注意需完成的任务，以此把握小组的方向。我向不同的小组成员分配不同的任务。

4.我带给小组活力，鼓励小组成员努力工作以实现我们的目标。

5.我要求他人对小组的讨论内容进行总结，以确保他们理解小组决策，并了解小组正在讨论的材料。

6.我热情鼓励所有小组成员参与，愿意听取他们的观点，让他们知道我珍视他们对群体的贡献。

7.我从其他小组成员那里征求事实、信息、观点、意见和感受以帮助小组讨论。

8.我利用良好的沟通技巧帮助小组成员交流，以保证每个小组成员理解他人的观点。

9.我观察小组的工作方式，利用我的观察去帮助大家讨论小组如何更好地工作。

10.我促成有分歧的小组成员进行公开讨论，以协调思想，增进小组凝聚力。当成员们似乎不能直接解决冲突时，我会进行调解。

11.我会讲些笑话，并会建议以有趣的方式工作，借以减轻小组中的紧张感，增加大家在一同工作的乐趣。

12.我向其他成员表达支持、接受和喜爱，当其他成员在小组中表现出建设性行为时，我给予适当的赞扬。

（四）测评分析：以上1~6题为一组，7~12题为一组，将两组的得分相加对照下列解释：

（6，6）只为完成工作付出了最小的努力，总体上与其他小组成员十分疏远，在小组中不活跃，对其他人几乎没有任何影响。

（6，30）你十分强调与小组保持良好关系，为其他成员着想，帮助创造舒适、友好的工作气氛，但很少关注如何完成任务。

（30，6）你着重于完成工作，却忽略了维护关系。

（18，18）你努力协调团队的任务与维护要求，终于达到了平衡。你应该继续努力，创造性地结合任务与维护行为，以促成最优生产力。

（30，30）祝贺你，你是一位优秀的团队合作者，并有能力领导一个小组。

当然，一个团队的顺利运行除了以上两种行为以外，还需要许多别的技巧，但这两种技巧是最基本且较易掌握的。如果你得分比较低，也不要气馁，只要参照上面的做法，就会有所提高。

六 拓展延伸

"个性特点鲜明" or "团队合作共赢"

随着90后步入职场，一些拥有鲜明特点和个性的员工加入，让企业管理者陷入了个人主义和集体主义的矛盾之中。

个人特点鲜明

1. 认为工作的意义不同

以前的员工更多地把工作当作头等大事来做，很多人认为一切就是为了工作。低的方面把工作当作养家糊口的经济来源，高的方面把工作当作实现人生价值的重要途径，不管怎样都非常重视工作，都很难想象没有工作会怎样。

如今的员工似乎更多地把工作当作一种可有可无、可大可小的生活选择的一种，有的将工作当作展示自己能力的舞台，有的将工作当作积累自己能力的跳板，甚至有的将工作当作一个消磨时间的东西，因为没事干不如找个工作，免得无聊。很多人认为工作是为了生活，今天想工作就工作，不想工作马上辞职不干。

现在一切都多元化了，选择的余地大了，获得经济收入的方式也多了，工作对于很多人来说也只是选择的一种了。

2. 接受沟通的方式不同

以前的员工更会执行，只要是公司提出的、领导分配的，员工绝大多数时候会不折不扣地去完成。以前员工生长的环境是在家听家长的话，在学校听老师的话，在单位听领导的话，即使员工不认同领导分配的东西，但也会出于对领导的尊重将工作完成。以前的员工执行的前提是明确地分配任务就可以了，领导与员工的沟通是命令指示也可以完成目标。

现在的员工更会争辩，公司提出的、领导分配的又怎么样？不认权威认自己的道理，员工认为有理、有利的才去做，员工认为没道理、没利益的很可能不做，或表面做但实际打折扣。

要让现在的员工做好一件事情，最好先做好沟通，要让员工认为有道理，有做的动力才可以将事情做好。现在的主管与员工最好平等沟通，启发加引导，让员工自己认为一件工作值得去做。

团队合作共赢

1. 做好分内的事

团队合作的学问，无非是一群人在一起如何有组织地做好事的学问。整体要把事情做好，前提当然是每个人把自己分内的事情做好。这里所谓把自己分内的事情做好，是指接到任务后，保质、保量、及时交付成果。这是最基础的要求，但实现起来并不那么简单。"质"、"量"、"时"这三点中，"量"比较直观，但是"质"和"时"，在团队成员间分配任务的时候，就可能出现问题。

做好分内的事之后，不妨更积极主动一些。这种积极主动，首先可以是给团队成员提供帮助和支持——所谓"攒人品"嘛。平时攒人品，难时有受用。

同时，积极主动还可以是主动发挥更大作用，承担更多责任。关于积极主动，估计大家都听过这则故事——雇员被要求到超市看土豆的价格，积极主动的雇员把潜在的供应商直接带到老板面前。

2. 有沟通的意识和沟通的技巧

有和别人合作完成项目经验的人都知道，信息不对称往往是混乱、脱节、犯错的根源，但常会有相当一部分人意识不到这本身是一个问题。

沟通，永远是在团队协作中最为基础和重要的一个工作。对内，沟通能让团队保持一致的行动方向，不跑偏，不走弯路；跨部门协作时，沟通往往能避免和解决大部分的问题。

沟通本身建立在对环境的理解上——理解团队的目标是什么，事态发展的方向和趋势是什么，各方的利益诉求是什么，感知的风险是什么——有清醒的认识，才能进行有效的沟通，才有说服相关方达成目标的基础。

3. 解决问题的能力很重要

做事的时候，意外的麻烦总会来。要想把事情做成，必须和各种各样的问题作斗争，这样的问题可能是内部的，可能是外部的，可能是人的问题，可能是技术的问题。

那么如何解决问题呢？核心的一点是，始终尝试抓住问题的本质，追问问题是什么？通常我们可以问自己这四个问题：我们的目的是什么？人们的真实需求是什么？我们现有的方法是否是最优的方法？事情最大的阻碍可否绕过去？

比如，20世纪20年代的美国，某农场主对你说他想买一辆马车，以便不时去城里看农产品的价格，而真正该做的也许是给他安装一台电话。

谷歌是怎么做的？

谷歌公司的人力运营部门对谷歌公司180个销售和技术团队进行研究，并跟踪观察了近百场新人面试之后发现，拥有鲜明特点的个体成员对于影响整个团队方面的作用并不大，指望发挥个人特点刺激团队实现高效也几乎是不可能的。

因此，谷歌公司用数据和事实来证明这一点：相比于强调员工个人实力之外，更应该帮助成员学会如何协调工作，才能调试出一个运作良好的集体。

七、课外阅读

蛋卷冰激凌的共赢

一位名叫哈姆的西班牙人从小喜欢制作糕点。伴随着狂热的移民浪潮，他也怀着一颗不甘平凡的心，毅然决然地来到了美国。但事实上，美国并非他想象中的那样遍地黄金，他的糕点生意与在西班牙相比，并没有多大的起色。

1904年夏天，哈姆得知美国即将举行世界博览会，于是，他就把自己的糕点工具搬到了会展地——路易斯安那州。值得庆幸的是，他被政府允许在会场的外面出售他的薄饼，可人们对他的薄饼似乎没多大兴趣，反而与之相邻的一位卖冰淇淋的商贩倒是生意红火，不一会儿就售出了许多冰淇淋，并很快用完了自带的冰淇淋碟子。乐于助人的哈姆见状，就把自己的薄饼卷成锥形，让他盛放冰淇淋，卖冰淇淋的商贩见哈姆生意不太好，出于善心，便买了哈姆的薄饼，大量的锥形冰淇淋便源源不断地送入顾客口中。

令哈姆意想不到的是，这种锥形冰淇淋被顾客一致看好，还被评为此次世界博览会上"最受欢迎的产品"。从此，这种锥形冰淇淋开始迅速传播，广为流行，并逐步演变成今天的蛋卷冰淇淋。它的发明者恐怕永远都不会想到，他一次偶然间的创意却整整延续了一百年，而且直到今天它仍是风靡世界的美味食品，难怪有人把蛋卷冰淇淋的发明称为"神来之笔"呢！卖冰激凌的人得到了"碟子"，哈雷则卖出了自己的薄饼，两者的合作可谓天衣无缝，都取得了成功，获得了巨大的利润。这笔生意也因其"共赢"效果，被后人交口称赞，成为人们做生意的一个经典范例。

分析解读

柔弱的牵牛花依托篱笆汲取阳光、雨露，篱笆也因为牵牛花收获一份独特的美丽；苍翠的松树扎根贫瘠的岩壁，岩壁为松树提供宝贵的营养，松树为岩壁增添一份坚韧，这就是共赢独具的魅力！

共赢不但能给人物质上的财富，而且还赐予人们精神上的财富，使我们在当今的工作与生活中，无论遇到怎样的困难，都会乐观向上，积极进取，实现精神财富到物质财富的转化。一个不为别人着想的人，就不会有自己的繁荣，越想赚钱反而赚不到钱。所以说，成功者的捷径不是一个人的成功，而是彼此双方的成功。

第七单元　解决问题

任务二十三　发现问题

一、学习目标

明确发现问题的重要性；初步掌握发现问题的一般方法；掌握描述问题的4W2H工具，并会运用工具描述工作、生活中问题；培养问题意识，以积极的心态去工作，摒弃安于现状的思想，有意识地去发现问题，进而解决问题。

二、案例分析

案例一

20世纪初，世界500强企业美国福特公司正处于高速发展时期，订单源源不断，这也意味着出现任何问题都会造成巨大损失。有一天，福特公司的一台巨型发电机出现故障，不能正常运转，相关的生产工作也被迫停了下来。公司内部很多资深技术员看了很久都没能找到问题出在哪里，更谈不上维修了。福特火冒三丈，别说停一天，就是停一分钟，对于福特来讲也是巨大的经济损失。这时，有人提议去请著名的物理学家、电机专家斯坦门茨来帮忙。

斯坦门茨在发电机旁整整观察了两天，然后用粉笔在发电机外壳画了一条线，对工作人员说："打开发电机，在记号处把里面的线圈减少16圈。"人们照办了，令人惊异的是，故障解除，生产立刻恢复了！

谈及酬金，斯坦门茨说："不多，只需要1万美元。"1万美元？就只简简单单画了一条线！当时福特公司最著名的薪酬口号就是"月薪5美元"，这在当时是很高的工资待遇——为了这5美元月薪，全美许多经验丰富的技术工人和优秀的工程师从各地纷纷涌来。看到大家迷惑不解，斯坦门茨转身开了一个清单：画一条线，1美元；知道在哪儿画线，9 999美元。福特听到后，不仅照价付酬，还重金聘用了斯坦门茨。

分析解读

企业在发展的过程中总是存在着各种各样的问题，企业就是在不断解决问题的过程中完善前进的。企业员工解决工作职责内的各种问题的能力将直接影响企业的竞争力。而努力发现工作中的问题是正确地分析问题、解决问题的前提，是企业摆脱困境完成目标的途径。

活动体验

这位德国专家向福特公司索要1万美金的酬金。很多人认为不值，因为故障很简单，排除也很容易。但是福特公司老总却认为很值。因为专家发现了问题，而不在于排除故障的复杂与简单。你认为值吗？为什么？

案例二

有一位年轻人，在美国某石油公司工作，也没有什么特别的技术，他的工作，连小孩都能胜任，那就是巡视并确认石油罐盖有没有焊接好。没过几天，他便对这项工作产生了厌烦，很想改行，但又找不到其他合适的工作。他想，要使这项工作有所突破，就必须找些事做。因此，他留神观察，发现罐子旋转一次，焊接剂滴落39次。

他努力思考：在这一连串的工作中，有没有可以改善的地方。一次，他突然想到：如果能将焊接剂减少一两滴，是否能节省成本？

他经过一番研究，研制出"37滴型"焊接机，经试用后并不实用。他不灰心，继续用心钻研，终于又研制出"38滴型"焊接机。这次的发明非常完美，虽然节省的只是一滴焊接剂，但那一滴却替公司增加了每年5亿美元的新利润。这个年轻人，就是后来掌握全美制油业百分之九十五实权的石油大王——约翰·洛克菲勒。

分析解读

"问题"就潜伏在我们的工作、生活中，普通人往往会忽略这些平凡的小事。然而，"一滴焊接剂"的智慧却改变了洛克菲勒的普通人生，发现问题、解决问题就是在为成功开辟道路。工作不是"完成任务"，不是苦干、卖苦力，不是领导吩咐什么我们就照章执行，然后就可以等待薪水。工作的实质就是凭借我们自身的能力、经验、智慧，凭借我们自身的干劲、韧劲、钻劲，去克服困难，去解决妨碍我们实现目标的问题。同时这些问题引导我们创新思考，促进企业的持续发展。

活动体验

洛克菲勒一开始对自己的工作是什么样的看法？他在自己的工作找出了什么"问题"？他只停留在发现问题这个层次吗？研制出"38滴型"焊接机是不是洛克菲勒最终成为石油大王的原因？在你的实习过程中是不是把工作当成消极的"打工"和"完成任务"？思考一下你的工作中目前有没有问题？

三、知识链接

（一）什么是"问题"

何谓"问题"，目标与现状的差距，就是问题即问题＝差距＝目标－现状，如图7-1所示。

问题包含以下三个基本因素：

1）目标：希望的状态、应有的状态及期待的结果。

2）现状：实际的状态、目前的状态及未料到的结果。

3）差距：目标和现状之间的差距。

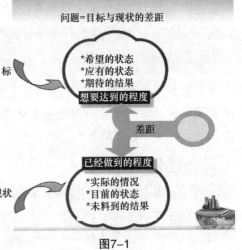

图7-1

（二）问题的类别

一般来说，问题主要可划分为三类，如表7-1和图7-2所示：

表7-1　问题的类别

序号	问题	应有状态	现在状态	问题意识
1	救火类问题（看得见的问题）	已了解	已了解	并非特别需要
2	发现类问题（需寻找的问题）	发现、寻找、思考	和应有状态对照，使它清楚	与"现有问题"对应的问题意识
3	预测类问题（新创的问题）	预测、创新	预测将来状态	与"未来机会"对应的问题意识

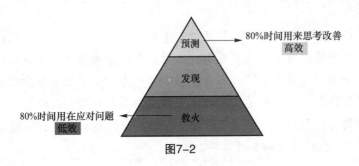

图7-2

1. 救火类问题

救火类问题指看得见的、已经发生的问题。此类问题通常是无法预料而突然发生的，让人措手不及且被动地去应付。是需要从"现在状态"恢复为原来的"应有状态"的问题。例如，"工作中不良率增高了"，"出门办事身份证丢了"，"机器突然出故障了"，"有人受伤了"等。针对这类问题，人们通常情况下要查找原因，弄清楚"为什么会变成这样"。对于救火类问题，一旦发生就应立即处理，即进行危机处理。案例一中福特公司出现的问题就属于这类问题，机器出了故障，急需寻找故障原因并排除故障，顺利生产，减少损失。

2. 发现类问题

发现类问题指现在状态已经知道，与目标没有出现差距的情况下，人们思考能否提升"目标"而产生的问题。这类问题是凭意识性和主观性创造出来的差距，主要是人们对现状不满足，主动探索和思考，导致问题浮现出来。例如，"库存成本太高需要降低"，"如何提升自己的人际关系"，"如何提高自己的组装技术使效率更高"等等。这类问题的目标往往是原来目标的强化和提升。案例二中洛克菲勒工作的问题就属于发现类问题，洛克菲勒面对周而复始、枯燥乏味的工作，不是得过且过、应付差事，而是从当前的工作做起，从自己的日常工作"39滴焊接机"的现状中，积极地去发现问题"将焊接剂减少一两滴能否可以节省成本？"最终研制出"38滴焊接机"，为企业创造出了巨额价值，更实现了自身的价值。

3. 预测类问题

预测类问题指新创的、未来应该如何的问题，也就是"现在状态"能否形成"将来应有状态"的问题。这类问题主要是思考现状是否能应付将来的需要，如果维持现状，将来会不会出现危机。例如，"如果把产品打入非洲市场，我们必须具备哪些条件？"，"假如开发了新产品，明年的销售额会提升吗？"，等等。这需要我们把"将来"与"现状"经过比较，才能掌握差距，形成问题。

每个人都必须站在自己的立场，思考应该解决的问题属于哪一类别。如果组织中每个阶层的人，都成为问题的解决者，那么这样的组织就是创造性的组织。

（三）问题意识

1. 问题意识的概念

问题意识，是指对现状不满，不断地谋求更先进做法的想法。具体来说，问题意识包括从环绕组织的现状到将来激烈的环境变化，做严密观察，以使组织能适应下去的强烈意志。企业作为社会的重要组成部分，其经营与发展受到内外部因素的制约和影响，诸多不可预知问题使企业不可避免地面临各种挑战，如市场问题、质量问题、生产管理问题等，面对随时可能出现的问题，如何恰当、快速地解决问题体现了企业各级员工能力的水平。为此，员工拥有问题意识很关键。而要培养问题意识，需要明确以下方面：

（1）问题无人不有。工作中的问题一定很多，哪个岗位，哪个层级，都可能存在不足。问题面前，无贵贱。即便成绩斐然，功绩卓越，在高目标、高要求、高标准下也会黯然失色。扪心自问，谁敢说工作中没有问题？谁能说自身没有不足？谁又愿意放弃目标与追求，甘愿平庸？问题使人思考、实践，最终实现个人进步。问题意识要求全员勇敢地自我检查、自我批评，有则改之，无则加勉。

（2）问题无时不有。问题不仅仅是新机构、新团队、新员工所独有的，老员工日子久了也容易忽略问题的存在，个别人或充耳不闻或熟视无睹。要发展，公司必须因时而度，员工也要因势而动。问题意识就是要求全体员工，无论新老，都应该主动、自动、自发，超越现实，突破停滞。

（3）问题无处不在。工作中偶尔出现一些事件，于是人们或关注，或默然，甚至麻木。事虽不关己，但高高挂起的态度不值得提倡。更重要的是，问题发生了，那是"警钟"，没发生的、潜在的问题危害却更大。正所谓"明枪易躲，暗箭难防"，问题意识就是要求我们要学会未雨绸缪，防患于未然，将可能的"暗箭"挖掘出来，坚决折断。

（4）问题有分大小。从公司经营、战略管理，到部门运作，促销，甚至到客户拜访中的一句话，都有提升的可能。换句话说，各个层面都存在或多或少的问题。这些问题可能是自身不足带来的绝对缺憾，也可能是高要求下产生的相对差距。因此，提升自我、提升业绩，就是要在实践中出发，细处入手，以明察秋毫地敏锐发现问题，填补任何可能的"蚁穴"，防护来之不易的"千里之堤"。这个"堤"，是企业的伟业，也涉及全体员工的切身利益，关乎全体员工的发展。

总之，问题面前，人人平等。遇到问题，千万要顶住，不要退缩，不要委屈，要学会化阻力为动力，化问题为机会。大胆发现问题，解决问题，主动迎接问题的挑战是职业人应该有的问题意识。

2. 问题意识的培养

（1）明确企业目标，发现问题。认真理解企业方针、目标。将企业的整体目标、单位部室的目标和自己的努力方向有效结合起来，实现三者利益一致，制订自己的短期努力目标，将自己的时间及精力投入到工作目标中，做细、做透，发现不足，提出切实可行的改进办法。

（2）学会与人沟通，发现问题。通过与人沟通，可以及时地发现生活与工作中存在的问题。通过创造和谐的沟通氛围来分享、披露、接收信息，根据沟通信息的内容，我们可以获得事实、情感、价值取向、意见观点，从而提高自己的竞争优势。良好的沟通者可以一直保持注意力，随时抓住内容重点，找出所需要的重要信息，透彻了解信息的内容，发现自己工作与生活中存在的问题，改进工作决策，获得更高的生产力。

（3）培养差距意愿，发现问题。平时我们多见这样的现象：安于现状，对问题视而不见或不屑于去发现，丧失了积极探索的精神。就像"温水煮青蛙"，由于水是慢慢加热的青蛙并不知道大祸将临，依然在水中怡然自得。水温缓慢提升，青蛙一直都没有感到异样。当它觉察情形不对时，已经为时已晚。最终，它全身瘫软，欲跃乏力，翻起了白肚皮。和故事中的青蛙一样，每个员工都如同在一口锅里，如果满足于现状，你就会失去工作激情，没有寻找现状与应有状态之间差距的意愿，就不会发现问题，这样是极端危险的。

我们要努力培养寻找现状与应有状态之间差距的意愿，主动寻找工作细微处的问题，善于多问几个"为什么"，定期选定课题思考分析，找出解决策略并付诸实践，大胆变革挑战现状，这样我们就能防患于未然，为企业创造业绩，为自己带来美好前途。

（4）积累专业知识，发现问题。我们对于熟悉的事物会比陌生的事物更敏感，我们更善于从熟悉的事物当中发现问题或价值。湖州职业技术学院机电与汽车工程学院学生沈佳晨根据自己所学专业知识，结合现在社会上由于接线板短路引起火灾频发的现状，萌生一个想法：从杜绝安全隐患的角度出发，能否研制一种自动灭火插线板，以减少火灾的发生？经过反复比较、摸索，融会课本知识、不断动手尝试，他探索出了一种"自动灭火插线板"，并获得国家知识产权局颁发的发明专利证书。

我们要想发现问题，就应该努力学习、勇于探索，多积累知识、经验，这样才能敏锐地发现专业及专长方面所存在的问题，或者根据专业知识发现工作、生活中存在的问题。

（5）借鉴他人经验，发现问题。古人云："他山之石，可以攻玉。"事实证明，善于学习、借鉴别人发现问题的经验，模仿他人发现问题的方法，可以帮助我们透过事物的表象，挖掘事物的实质，提高我们的发现能力。毕竟个人经验是有限的，如果能够通过向多数人学习经验，接受他们的观点和方法，与自己的实际工作经验相结合，提高自己的发现意识，何乐而不为呢？

（四）描述问题

我们都有过看病的经历，医生在诊断病情的过程中，会不断向患者询问症状和表现，目的是更准确地把握患者病情。例如，一个因为头疼去医院的患者，在问诊的过程中，医生一般会像下面这样问他。

医生：哪里不舒服啊？

患者：我头疼。

医生：什么时候开始的？

患者：一个星期左右的时间。

医生：之前有没有类似的情况发生过？

患者：没有。

医生：最近几天你接触过什么？

患者：最近几天我家隔壁养了一只小狗，我每天都会和它玩一会儿，不是因为对狗过敏才头疼吧？

医生：之前你经常接触小狗吗？

患者：之前在小区遛弯的时候，我也经常逗别人家的小狗。

医生：其他还有什么和之前不同的情况吗？

患者：这几天单位新买了一些办公家具，总有一股味道。

医生：……

通过案例可以看到医生在问诊的时候，会一直问患者一些事实性问题，基于这些事实，医生做出更进一步的判断：是过敏造成的头疼，还是因为新家具甲醛等异味造成的头疼。不同的病因会给出不同的处方。把一个问题问清楚，已经解决了问题的一半。相反，如果不能把问题搞明白，后期也就无法有效地求得解决方案。

1. 4W2H工具（表7-2）

表7-2　4W2H要素

要素		说明
4W2H	Who（人物）	谁遇到了问题？谁的问题？（与谁有关、对象与执行者）
	What（事件）	出现了什么问题？（差距/错误行为/负面结果）
	When（时间）	问题发生在什么情景？（时间/阶段）
	Where（地点）	问题发生在什么场景？（地点/场合）
	How（形式）	如何发生的？发生的形式是怎样的？
	How much（程度）	问题发生量——问题发生的程度有多大？

案　例

王师傅的报告

　　王师傅是某滤油厂的领班。国庆节那天，王师傅当班，发现一号滤油机出渣槽下有小片油渍，他并没有在意，只是将油渍清理干净。10月4日早晨，王师傅又当班，这次发现一号滤油机出渣槽下有大量油污，而且油量较多，他估算了一下有5加仑左右。王师傅进行了仔细的检查，发现一号滤油机漏油了，从出渣槽焊接口外渗出。根据这一情况，王师傅决定要把问题报告厂技术处，王师傅在报告中这样描述发生的问题。

> 厂技术处：
> 　　一号滤油机漏油了，滤油厂内的地上到处都是油。速派人来修。
>
> 王健民
> 2016年10月4日

　　根据4W2H工具，我们来帮王师傅分析一下。

　　人物（Who）：谁遇到了问题——王师傅。

　　时间（When）：什么时间发生的问题？——10月1日到4日，三天前交接班到现在。

　　地点（Where）：在什么地方发生的问题？——出渣槽。

　　事件（What）：遇到了什么问题？——一号机漏油了。

　　形式（How）：发生的形式是怎样的？——出渣槽焊接口渗出。

　　程度（How much）：这个问题严重吗？很急吗？——每一个工作班次5～10加仑，给油厂造成较大浪费，增加成本。

　　综合上述分析，我们发现王师傅的报告对问题描述不清楚，有可能使厂办制定错误的抢修方案，委派不恰当的维修人员，进一步造成维修时间拖延，损失更大。

　　王师傅的报告中问题的描述应该改为

> 厂技术处：
> 　　王师傅三天前开始交班到现在10月4日，发现一号滤油机漏油了，而且油是从出渣槽焊接口处渗出的，每一个工作班次漏油五～十加仑。现已停工，速派相关人员前来维修。
>
> 领班：王健民
> 2016年10月4日

2. 体验探究

案例分析

火警911

　　放假了，某技师学院的学生周明、王小山决定去同学李强家玩，李强家住在唐山市路北区×××小区×楼××室。三个人正在看电视聊天，然后李强家的接线板着火了，紧接着电线起火，迅速蔓延，电视柜也着火了，三个人被迫跑到阳台，情况紧急，他们三个人用手机报警求救。

> 周明（拨119）：着火了！着火了！快来救火呀！
>
> 王小山（拨119）：着火了！电线着火了！我们三个人出不去了。
>
> 李强（拨119）：路北区×××小区×楼××室着火了，三个人困在阳台，快来救我们！
>
> 请根据关于问题的描述知识，评点周明、王小山、李强三人的报警电话。请准确描述三个人所面临的问题。

3. 总结分享

（1）不正确的问题描述。

用疑问句式来表达：这样好吗？

用隐含解决方案的句式来表达：唯有增加人员，才足以……

用主观性的陈述来表达：你就是不听我的话……

描述的内容抽象模糊，没有可以观察到的行为：这个问题牵涉层面很复杂……

用否定句叙述来表达：我们是做不到的……

（2）问题描述常犯的错误。

1）主题不明（即目标不够具体）。只能停留在"工作效率很低"、"销售额总是上不去""设备不好""质量不好"等模糊描述上。

2）理所当然（大家都知道的）。工作辛苦，竞争的公司多，优秀人才少等。

3）夸大其词（带有明显情绪色彩的陈述）。"只要是A员工干的工作，就根本不能看。"

4）别人的错（永远与自己无关）。下属水准低，上司的方针模糊，产品设计不良等。

5）只讲原因（缺乏有效的对话）。设备老化，作业标准不完备，新员工失误太多等。

不要被各种"问题描述"迷惑，抓住"问题描述"现状与目标这两个关键，用4W2H清晰地把握现状，找准目标，精准、有效地描述自己的问题。

四、名人如是说

1）提出一个问题往往比解决一个问题更为重要，因为解决一个问题也许只是一个数学上或实验上的技巧问题，而提出新的问题、新的可能性，从新的角度看旧问题，却需要创造性的想象力，而且标志着科学的真正进步。

——爱因斯坦

2）一切推理都必须从观察与实验得来。

——伽利略

五、我该怎么做

> 1）请各位同学写出你目前工作或生活需要解决的问题是什么？只需写出一个即可。
>
> 要求：请把问题写在记事贴上，各位同学要"自力更生"，不要"互相帮助"哟，写上姓名。
>
> 范例："××问题"，具体表述为"×××"。
>
> 2）某职业学校组成的划龙舟队伍，参加比赛获得最后一名。不晓得是不是赛前的练习不够？缺乏默契、队员不听队长的口令，彼此有心结，还是他们根本就不想参加这项活动，表现得很失常，他们应该好好挑选参加的队员才是。
>
> 这段文字在问题描述中犯了哪些错误，同学们进行讨论后记录下来。

3）学生分组练习，盘点自己所面临的三大问题，尝试用4W2H工具进行描述，并互相点评，完成后选取其一，记录下来，班上分享。

4）小测试。

问题识别能力测试

（在企业中，识别能力是指管理者通过一定的程序发现、甄别和界定工作中隐藏的问题的能力。请通过下列问题对自己的该项能力进行差距测评）

（ ）1.你如何理解问题识别能力？

    A.是发现、甄别、界定问题的能力   B.是发现、甄别问题的能力

    C.是辨别问题的能力

（ ）2.你通常如何观察周围的事物？

    A.总会仔细观察周围的一切事物   B.当遇到特别的事物时会特别留意

    C.往往不在意周围的事物？

（ ）3.你是否能够察觉工作中出现的异常？

    A.通常能？   B.有时能   C.不能

（ ）4.你是否有过将自己不理解的事物看成是问题的情况？

    A.经常有   B.偶尔有   C.从来没有

（ ）5.你是否能够准确地识别出主要问题和次要问题？

    A.通常能   B.有时能   C.不能

（ ）6.你是否有过只看到他人的问题而忽视了自己同样的问题的情况？

    A.经常有   B.偶尔有   C.从来没有

（ ）7.你是否发生过曾经搁置的小问题演变成为严重问题的情况？

    A.从来没有   B.有过一两次   C.有过三次以上

（ ）8.你能否识别出隐藏在工作中的潜在问题？

    A.通常能   B.有时能   C.不能

（ ）9.你是否能在平时工作的数据分析中识别出问题？

    A.通常能   B.有时能   C.不能

（ ）10. 你如何理解识别问题的重要性？

    A.能够让工作更有价值   B.是解决问题的前提   C.是分析问题的前提

评分说明：选A得3分，选B得2分，选C得1分。

24分以上，说明你的识别能力很强，请继续保持和提升；

15～24分，说明你的识别能力一般，请努力提升；

15分以下，说明你的识别能力较差，急需提升。

六、拓展延伸

1）学生实习过程中常见问题：部门间、同事间配合不顺畅；作业效率低导致成本提高；产品不良率高；设备故障率高；出勤率较低，爱请假；违反厂规厂纪率较高；库存周率低；员工工作积极性不高，不爱岗不敬业；管理人员缺少领导艺术，不能有效影响部属等。

2）在单位最受欢迎的五种员工：自动自发的员工、找方法提升业绩的员工、从不抱怨的员工、执行力强的员工、能提建设性意见的员工。

3）在单位最不受欢迎的五种员工：找借口的员工、损公肥私的员工、斤斤计较的员工、华而不实的员工、受不得委屈的员工。

4）日本松下电器公司的用人原则：如果你有智慧，请贡献你的智慧；如果你没有智慧，请贡献你的汗水；如果你两样都不贡献，请离开公司。

5）拓展训练。

钱到哪里去了

活动宗旨：使学生认识到思考方向的重要性，提高学生的识别和分析问题的能力。

活动形式：全体参与。

活动地点：室内。

活动时间：8分钟。

活动过程：教师将印有以下内容的试卷发给学生，请学生分析失踪的1元钱去哪里了。

有3个学生去参加考试，途中投宿在一家旅店。这家旅店的房价是每间30元。3个学生决定合住一间房间，于是每个学生掏了10元钱凑够了30元交给了老板。后来，老板见3个学生没收入，说今天优惠只要25元就够了，拿出5元，命令服务生退给他们。服务生心想：5元3个人怎么分？于是自己偷偷藏起了2元，然后，把剩下的3元分给了那3个学生，每个学生1元。这样问题就来了：一开始每个学生实际掏了10元，现在又退回了1元，也就是每个学生每人只花了9元，共计27元。加上服务生偷偷藏起来的2元，等于29元。那么，还有1元钱去哪里了？

学生分析讨论，完成后撰写分析报告。

本活动的障碍是什么？它是如何产生并影响我们思考的？在这个活动中我们有哪些收获或心得？

七、课外阅读

日本剑道大师冢原卜传的三个儿子，都向他学习剑道。一次，冢原卜传要测试一下三个儿子对剑道掌握的程度，就在自己的房门帘上放置了一个枕头，只要有人进行稍微碰动门帘，枕头就会落下砸到头上。他叫大儿子进来，大儿子走近房门发现了枕头，便将之取下，进门后又放回原处。二儿子接着进来，他碰到了门帘，当他看到枕头落下时，便用手抓住，然后也放回原处。最后，三儿子急匆匆跑进来，当他发现枕头向下落时，情急之下挥剑将枕头斩为两截。不难看出，大儿子敏感性最强，发现问题早，并将问题消灭在萌芽状态；二儿子发现问题晚一点，当问题发生时处理得当；三儿子根本就没有发现问题，当问题出现时应急处理又欠妥，造成了新的问题。面对同样问题，因为三个人对问题的觉察和处理方法不一，结果也就不一样。

冢原卜传的三儿子，不能在第一时间发现问题并进行妥善处理。如果能像大儿子那样，善于发现问题，能正确应对和处理问题，那他一定是一个高明的"问题猎手"。

总结分享

《风赋》有云："夫风生于地，起于青蘋之末。"大风是从微风开始的，大风好辨别，小风却不易辨别。要当"问题猎手"，就应该学会从"青蘋之末"抓起，任何时候、任何问题只要一露端倪，就应敏感地预料到可能发生的问题，并果断采取有效措施，把问题及早解决，消灭在萌芽状态，防止事故的发生，成为一个高明的"问题猎手"。

问题好比隐藏着的敌人，发现它是需要"火眼金睛"的。经验证明，一般情况下问题大多集中在事情的"关键点"、"薄弱点"、"盲点"和"结合点"上，只要我们时刻关注事情的主要矛盾，洞察事情的细微之处，善于抓住关键环节，善于寻找并归纳事物的发展规律，就一定能够及时敏锐地发现问题，防患于未然，成为一名好的"问题猎手"。

任务二十四　分析问题

一、学习目标

学会分析问题查找原因；掌握分析问题的方法和工具，并能在工作、生活中熟练运用。

二、案例分析

小故事

古时候有个财主张员外，某年夏天，不知何故，家里接连发生了4次火灾，幸好周围的乡邻帮着救火，才没有受太大的损失。尽管如此，张员外的心里仍然惶惶不安。因为他不知哪一天又会发生火灾。张员外于是在院子里、过道上、大门内外多摆放几个大缸，随时装满水，再摆上几个水桶备用。第五次火灾刚一发生，就被迅速扑灭，几乎没有损失。但张员外庆幸之余仍心存焦虑，不知要防到何时才是尽头。

一天，有位客人来到张员外家做客，刚聊了几句，客人突然问："您家中经常失火吧？"张员外很奇怪："先生真是神人！请问，您如何得知？"客人说："员外家灶上的烟囱是直的，旁边又有很多木柴。只要火星从烟囱里掉到柴堆上，必定会着火。您应当把烟囱改弯曲，移走木柴，不然还会有火灾。"

张员外半信半疑，但还是按客人的建议做了。结果不言自明，从那以后，张员外家中再也没有着火。

分析解读

消除火灾隐患，蓄水备用只不过是治标，只有认清问题并找出问题的症结，才能从根本上解决问题，才能治本。所以，查找出问题的真正原因，对解决问题至关重要。

活动体验

张员外采用在院子里、过道上、大门内外多摆放装水大缸，蓄水备用的方法，解决了他家的问题吗？请同学们分析一下张员外家失火的原因是什么？你的生活、学习中遇到过类似的问题吗？最后你是如何解决的？

三、知识链接

（一）why-why分析法

why-why分析法是我们在分析问题时经常会使用到一种工具。它能够让你系统地将所有可能的原因都挖掘出来，并逐一进行验证。通过不断地对问题问为什么，最终找到问题的根本原因，就是古语所说的"打破砂锅问到底"。如果能熟练地掌握这个工具，就能快速、准确地锁定根本原因，从而制订相应的行动计划，彻底地解决问题。

案例

杰弗逊纪念堂维修方案的取消

美国华盛顿广场有名的杰弗逊纪念堂，有很大的落地玻璃窗，非常具有特色。为保护这个建筑，博物馆逐渐减少了参观量。但还是有人发现，因年久，墙面出现裂纹。由于是重要的文物，为能保护好这幢大厦，博物馆馆长立即向政府进行了汇报，政府成立了以馆长为首的专家组，对墙体裂痕的原因进行调查分析。有关专家进行了专门研讨，最初大家认为损害建筑物表面的元凶是侵蚀的酸雨。专家们进一步研究，却发现：由于博物馆的墙体很容易脏，用水总是无法清洗，所以最近一段时间使用了一种化学清洗剂，清洁剂对建筑物有酸蚀作用，是这种化学物品使墙体变脆进而开裂的。

问题一：每天为什么要冲洗墙壁呢？　答案一：因为墙壁上每天都有大量的鸟粪。
问题二：为什么会有那么多鸟粪呢？　答案二：因为大厦周围聚集了很多燕子。
问题三：为什么会有那么多燕子呢？　答案三：因为墙上有很多燕子爱吃的蜘蛛。
问题四：为什么会有那么多蜘蛛呢？　答案四：因为大厦四周有蜘蛛喜欢吃的飞虫。
问题五：为什么有这么多飞虫？　答案五：因为飞虫在这里繁殖特别快。
问题六：为什么飞虫在这里繁殖特别快？　答案六：因为这里的尘埃最适宜飞虫繁殖。
问题七：为什么这里最适宜飞虫繁殖？　答案七：因为开着的窗阳光充足，大量飞虫在此，超常繁殖……

由此发现解决的办法很简单，只要关上整幢大厦的窗帘。此前专家们设计的一套套复杂而又详尽的维护方案也就成了一纸空文。

分析解读

问题的解决方案既有"根本解"，也有"症状解"，"症状解"能迅速消除问题的症状，但作用是暂时的，如果根本原因没有找到，则后患无穷。"根本解"是根本解决问题的方式。why-why分析法可以帮助我们在处理问题时，透过重重迷雾，系统思考，追本溯源，总揽整体，通过不断地追问"为什么"抓住事物的根源，收到四两拨千斤的功效。就如杰弗逊大厦出现的裂纹，只要关上窗帘就能解决几百万美元的维修费用，这是那些专家始料不及的。在遇到重重问题迷雾的时候，你真的能关上你的窗帘吗？

活动体验

很多时候，看起来复杂无比的问题，只要找到了产生的真正原因，解决起来其实很简单。

专家组在分析墙体裂痕的原因时，采用的是什么分析工具？该分析工具的内涵是什么？该故事对你有何启示？

why-why分析法就是反复提问，通过不断地问"为什么"，挖掘出问题产生的根本原因。鼓励解决问题的人要努力避开主观或自负的假设和逻辑陷阱，从结果着手，沿着因果关系链条，顺藤摸瓜，直至找出原有问题的根本原因。

why-why分析法小贴士

1）提问要找可控的原因，避免找借口。

why-why分析法不是随意进行的，必须是朝着解决问题的方向进行分析。找原因要找可以控制的原因，可控因素才是我们能着眼去改进的因素，比如设备维修是我们内部可以做到的，而金融危机、顾客因素则是我们无法改变的现实。千万不能用类似借口的内容回答所提出的"为什么"，如图7-3所示的推理最后就是无效的，企业经营的目的就是盈利，缺乏理性、客观性，成了推脱责任的借口。

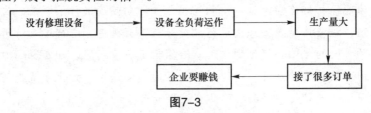

图7-3

2）避免牵涉心理原因的推理，避免无对策。

推导原因少说人的因素，尽量不牵涉到人的心理层面，如担当者很忙，作业者心情烦躁，检查人员在检查时候想着其他的事情等，这些原因不是合适的推导方向，很难形成再发防止对策。推导原因要指向设备层面、管理制度层面、执行层面等，通过完善质量管理流程，优化企业质量管理体制，严格管理制度，杜绝问题的再发生，实现企业可持续发展。

3）围绕问题本身推理，避免推卸责任。

查找原因尽量找自身的原因，否则"问题分析"势必变成"责任推卸"，于是彼此踢皮球，真正的原因被掩盖。比如某产品质量不好，问生产人员：为什么做不好？生产人员会说：材料不好。于是问采购人员：为什么买的材料不好？采购人员一般会答：财务人员不让我们买贵的材料。于是问财务人员：为什么一定要采购买便宜的材料？财务人员答：现在收到的货款少，资金紧张。问业务人员：为什么货款少？业务人员答：经济危机订单量减少了，老板不给钱让我们去发展新业务……结果很多问题大家最终都归结到老板不支持、老板不给钱等失败的原因，回答"why"的人不是在找原因，而是在推卸自己的责任，如图7-4所示。

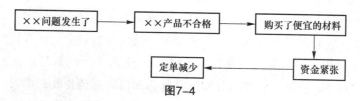

图7-4

4）避免层与层间跳步，避免无逻辑性

why-why分析法就是从结果入手，通过反复地问"为什么"查找原因。这就要求因果关系环环相扣，共同存在于同一个整体之中，所有事件都是一系列原因连续作用的结果。

5）分析过程要充分，避免临时策略。

很多时候，我们只是针对问题产生的近端原因进行了分析，然后提出了解决措施，这只是一个纠正措施，只能解决目前存在的问题，但不能防止其再发生。

例如：对于图7-5所示的推理，我们发现开关失效并不是问题的根本原因，如果只更换开关，问题会再发生，甚至会更严重。开关的位置不合理才是根本原因，移动开关位置才是"根本解"。

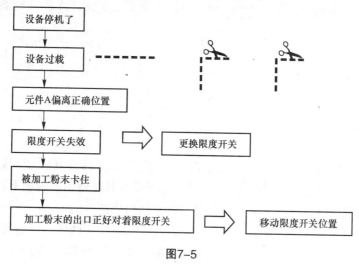

图7-5

6）避免无确认的结果，避免不断"试错"。

在用why-why分析法分析问题前，必须要身处现场，亲自去发现事物所呈现出来的实际情况，并且依据固有的技术理论，去探究事件的应有状态，制定规范和标准，否则就会误入歧途。

案　例

袋鼠的故事

澳洲政府捐赠了两只袋鼠给新西兰的一家动物园，以好好哺育繁衍更多的袋鼠。园方咨询了动物专家，然后耗资兴建了一个既舒适又宽敞的围场，同时也筑了一个2米高的篱笆，以免袋鼠跳走。奇怪的是隔一天早上，动物管理员发现袋鼠们居然在围场外吃青草。

所有的管理员经过仔细研究以后，认为可能是篱笆高度的原因。因为袋鼠的身高是1.5米，而篱笆只有2米高，袋鼠用力一跳就可以跳出篱笆。于是他们决定把篱笆从2米围到了2.5米高。但是，围起来的第二天，袋鼠又统统都跑出去了。

接着，管理人员打电话询问澳洲的动物学家：袋鼠最高到底能跳多高？澳洲的动物学家告诉动物园管理员一个事实：袋鼠最高只能跳到2.5米。所以篱笆应该没有问题，可能是篱笆本身的结构存在问题。管理人员马上将篱笆拍照，迅速传真到澳洲。澳洲的动物学家发现，果然是篱笆本身的结构不对。因为动物园管理人员没有注意到袋鼠的两只前爪很有力，篱笆不是铁栏杆的，而是网做成的，袋鼠就是通过网格爬出去了。因此，管理员决定在加高篱笆的同时向内弯折。因为一旦折进去，袋鼠爬到最上面时自然就会掉下来。当管理人员完成篱笆改造后，第二天，发现所有的袋鼠又跑出去了。管理人员更加奇怪了，百思不得其解，只好将所有的篱笆再加高，并且再加第二道、第三道篱笆，这样的抗争持续了很久。但是，一个月之后，管理人员发现袋鼠又全跑到长颈鹿那边去了。

现在篱笆的高度已经有10米多高了，甚至已经比长颈鹿还要高。不过管理人员还在开会研究要不要把篱笆再继续加高，或者像鸟笼一样关起来。

这时，隔壁的长颈鹿忍不住问其个一只袋鼠："你猜，接着他们要把篱笆加到多高？"袋鼠笑着回答说："这很难说，如果他们还是忘记了关掉篱笆门的话。"

分析解读

解决问题首先要掌握"三现"：现场、现时、现物，不能凭主观想象进行推理，必须确认结果，才能找到问题的根本原因，制定正确的对策。

（二）因果分析法

因果分析法又称鱼骨图分析法，就是把一个问题分成若干个子系统问题，分别予以考察，并用图形方式绘制分析结果的方法，如图7-6所示。具体使用步骤如下：

第一步，选择要分析的问题，并对问题进行具体的描述。

第二步，针对问题系统分析，充分探讨，查找出引发问题的所有可能原因。

第三步，画一条线象征脊椎，以一端的空白框（鱼头）为顶点，写上要分析的问题。

第四步，确定主要原因类型，常用类型有"人"、"机"、"物"、"法"、"环"。

第五步，分析哪些原因引发了此类问题，并把它们用箭头像鱼骨一样连接到图上。

第六步，认真研讨，逐一分析，查找根本原因。

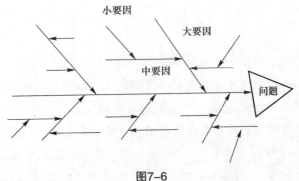

图7-6

案　例

用鱼骨图分析电灯坏了的原因

小谭、小李、小吴、小张4个人中午回到宿舍，就发现宿舍的电灯不亮了，是什么原因造成的呢？上午刚刚学习了因果分析法，小谭提议大家按照这个方法来分析分析，得到了室友的一致赞同。

大家首先明确了问题，即宿舍电灯不亮了。然后，围绕电灯不亮这个问题，大家发挥头脑风暴，开始寻找各种原因。小谭认为可能灯泡松了，或者是灯泡烧坏了，或者是没交电费被断电了；小李觉得可能是开关坏了，或者开关没连上，又或者是灯泡太旧了；小吴想了想，是不是今天上午的暴风雨使得电源断了，或者是发电机故障，又或者是电线被老鼠咬了；小张补充道，是不是保险丝不合适，或者根本就没插入电源，又或者开关根本没打开。大家你一言我一语，想了很多原因。

原因差不多都找到了，小谭提议大家把这些原因进行归类，大家经过仔细思考和充分探讨，把原因类型确定为四个，即灯泡、电源供应、电灯和电线。于是，大家开始把原因转移到鱼骨图（图7-7）上。然后小谭他们四个又经过仔细地思考与探讨，最后找出工作粗心，没插入电源和开关关掉了两个根本性原因。至此，小谭他们完成了电灯不亮问题的原因分析。

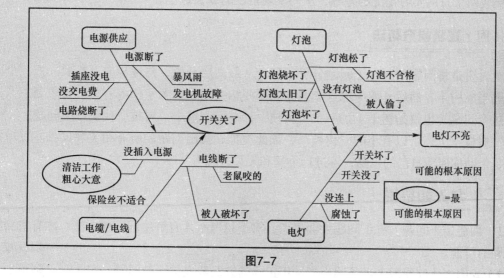

图7-7

（三）比较分析法

比较分析法是一种把遇到的问题与观察到的类似问题进行比较，寻找它们之间的相同点与不同点，并通过分析，从而查找出问题原因的方法。

案　例

某技师学院数控专业的学生来到某汽车配件厂进行操作实习，被安排在汽车轮毂生产工艺中的机械加工工序上工作。13高级数控班的学生跟随李师傅完成线外去除冒口，然后以毛坯外圆定位先车后钻这几道工序，对于铝轮毂而言加工精度非常足够。工作了一段时间，几个学生大胆向李师傅建议改进工序，结果生产效率和加工精度大大提高。一个月下来，李师傅的班组远远超额完成了任务。厂方技术部发现了这一情况，对李师傅班组连续超额完成任务、不合格率低这一情况进行了详细的调查了解，并与其他的班组进行比较，发现李师傅并没增加或减少工序，与其他班组一样依然是去除冒口、车、钻三道工序，所不同是顺序发生了变化，李师傅班组将原来的先车后钻改为了先钻后车，并将去冒口在钻床上完成，效率自然提高了。经过厂技术部的比较论证，发现李师傅的改进可行，迅速向全厂推广。这里厂技术部就是使用的比较分析法。

比较分析法小贴士

1．明确比较标准

比较是为了做出判断和选择，分析原因的目的是找到根本原因，确定统一的比较标准，使结果更有说服力。

2．比较对象的选择

首先要选择相似性的事件来比较。比较的目的是发现差异，作出判断，上述轮毂的生产工艺改进就是运用了比较分析法，发现了工艺上的差异，从而进行了工艺技术革新，提高了生产效率。其次比较的对象除了外部的，也可以是内部的或是自己本身。同学们可以自己比较两个月的实习情况的差异，从而发现自己的成长进步。

（四）逻辑树分析法

逻辑树是将问题的所有子问题分层罗列，从最高层开始，并逐步向下扩展。把一个已知问题当成树干，然后开始考虑这个问题和哪些相关问题或者子任务有关。每想到一点，就给这个问题（也就是树干）加一个"树枝"，并标明这个"树枝"代表什么问题。一个大的"树枝"上还可以有小的"树枝"，如此类推，找出问题的所有相关联项目。逻辑树主要是帮助你厘清自己的思路，不进行重复和无关的思考。

四、名人如是说

1）创造始于问题，有了问题才会思考，有了思考，才有解决问题的方法，才有找到独立思路的可能。　　　　　　　　　　　　　　　　　——陶行知

2）我们失败的原因多半是因为尝试用正确的方法解决错误的问题。　　——阿可夫

五、我该怎么做

（一）案例分析

2014年某月某日，某内部APP IOS版应用相关负责人小美接到大量用户投诉，IOS的APP启动时出现闪退现象，导致大量用户不能进入应用，虽说接到反馈后及时修复，但还是造成了一些不良的影响，针对此次事故，领导要求对事故进行总结，要求深入分析事故的原因。

小美基于4W2H分析法先对事故进行描述：

事故起止时间：2014年某月某日10时30分至2014年某月某日10时40分。

责任人：小美。

事故详情：小美对此次事故进行了详细描述，包含整个事故经过的时间、事件，在什么时间节点什么人做了什么事，谁发现的问题，谁解决的问题，怎样解决的问题。

影响范围：此次事故造成的影响和损失。

然后小美再结合why—why分析法中的原因分析实践深刻总结造成此次事故的所有原因：

（1）为什么会发生此次事故？

事故的直接原因是某个服务端API的返回值新增加了一个字段导致此次事故的发生。

（2）为什么服务端API的返回值变更会影响IOS版APP的崩溃而Android版正常？

主要还是由于IOS版代码兼容性问题，服务端API的变更导致了类似空指针异常的发生。

（3）为什么事故发生前未能发现程序代码的兼容性问题而导致质量低的代码到线上？

一方面是由于小美是新人，另一方面组内缺少对代码进行质量控制的手段。

（4）为什么组内没有对代码进行质量控制的手段呢？

一方面由于组内人手不足，另一方面缺少一个比较好的代码review流程去推动质量控制。

（5）为什么不尽早推动这套代码review流程去预防类似事故的发生？

组内人员对代码质量的重视程度不够，存在侥幸心理。

结合why—why分析法的实践，从以下三个层面分析了此次事故的原因：

1．为什么会发生？

2．为什么没有提早发现？

3．为什么没有从系统或流程上预防事故？

表面上看因为服务端API的变动造成了此次事故，次级原因是IOS程序的兼容性导致，但其发生的根本原因还是在于开发人员对于代码质量存在侥幸心理并且上线流程上有漏洞，未能建立一套合理的代码review和审核机制，只有制度或流程上的改进才能尽量避免类似问题的再次发生。

找到根本原因后，小美所在团队针对此次事故做了一个Casestudy总结，强调代码质量的重要性，并将代码review的流程提上日程，利用公司Git平台提供的fork和pull request机制建立起一套合理的代码review流程，并要求组内人员遵守这套规则，使得代码质量大大提升，降低了事故的风险。

（二）辨析训练

看看图7-8中有几种颜色的圆圈，每种颜色的圆圈各有多少个？

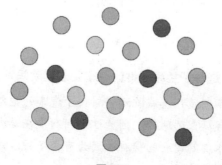

图7-8

（三）小测试

分析能力自测题

（请通过下列问题对自己的分析问题能力进行差距测评。）

（　）1.你如何认识"分析问题"？

    A.没有分析就不能解决问题　　　　　　　　B.仔细分析才能制定出有效的解决方案

    C.分析问题是问题解决的必要步骤

（　）2.在分析某个问题时，你能意识到几种促使问题发生的因素？

    A.三种以上　　　　　　B.两三种　　　　　　C.最多一种

（　）3.当你在分析完某个问题以后，别人能找到某些遗漏吗？

    A.通常找不到　　　　　　B.有时候能找到　　　　　　C.经常能找到

（　）4.你是否有过因为对问题认识不清而受到上司指责的情形？

    A.经常有　　　　　　B.偶尔有　　　　　　C.从来没有

（　）5.遇到问题时，你是否会不加分析就着手解决？

    A.从来没有　　　　　　B.偶尔有　　　　　　C.经常有

（　）6.你认为自己的逻辑思考能力如何？

    A.很好，我善于逻辑推理　　　　　　B.一般

    C.很不好，我不善于逻辑推理

（　）7.你是否能从一个问题联想到另一个与它相关的问题？

    A.经常会　　　　　　B.有时会　　　　　　C.不会

（　）8.你认为自己是否能够透过问题的表象看到问题的本质？

    A.通常能　　　　　　B.有时能　　　　　　C.不能

（　）9.你是否能够准确找到与问题相关的人？

    A.通常能　　　　　　B.有时能　　　　　　C.不能

（　）10.你是否能够通过分析问题及时制定出解决问题的方案？

    A.通常能　　　　　　B.有时能　　　　　　C.不能

评分说明：选A得3分，选B得2分，选C得1分。

24分以上，说明你分析问题的能力很强，请继续保持和提升。

15～24分，说明你的分析问题能力一般，请努力提升。

15分以下，说明你的分析问题能力较差，急需提升。

六、拓展延伸

是香子兰冰淇淋让汽车无法起动吗？

    通用汽车公司黑海汽车制造厂总裁收到一封关于汽车的抱怨信："这是第二次给你写信，我不会怪你没有答复我提出的问题，因为这个问题实在是太荒诞，但它的确是事实。我家一向有一个晚餐后吃冰淇淋甜食的传统。因为有很多种冰淇淋，故全家举手表决吃哪一种，然后，我就开车去商店购买。

    最近我买了一辆新的黑海牌车，从此以后，去商店就出现了一个问题。你知道，每次

我从商店买完香子兰冰淇淋回家，汽车就起动不了。但我买其他种类的冰淇淋，车起动得很好。

无论这个问题有多愚蠢，但我还是想让你知道我对这个问题非常关注："是什么使得我买香子兰冰淇淋时，汽车起动不了，而买其他冰淇淋，车就容易起动。"？

黑海厂总裁对这封信感到迷惑不解，但还是派了一个工程师去查看。使工程师很惊讶的是，在一个整洁的居民区，一个受过良好教育、修养很好的男子接待了他。这位男子安排这位工程师在晚饭后开始工作。晚上他们跳上汽车去冰淇淋店，也是买香子兰冰淇淋，返回时，车起动不了。

工程师又连续去了三个晚上。第一个晚上，车主买的巧克力冰淇淋，车起动了；第二个晚上，买的草莓冰淇淋，车也能起动；第三个晚上，买的香子兰冰淇淋，车起动不了。工程师绝不相信这部车对香子兰冰淇淋过敏。于是他加倍工作以求解决问题。

每次他都作记录，写下各种数据，像日期、所用的汽油类型、汽车往返的时间等。在这几天里，他发现了点线索：车主买香子兰冰淇淋所花的时间比买其他冰淇淋所花的时间要短。这是为什么呢？答案就在冰淇淋店的货架上。香子兰冰淇淋很受欢迎，故分箱摆在货架前面，很容易取到。而其他冰淇淋都摆在货架后面的分格里，这就需要花较长的时间去找，然后顾客才能得到。

经过分析，问题就变成了：为什么车停很短时间，就起动不了。工程师进一步找到了问题的答案，即不是因为香子兰冰淇淋，而是因为汽锁使汽车起动不了。每天晚上买其他冰淇淋就需要额外一段时间，而这段时间可使汽车充分地冷却以便起动。而当车主买完香子兰冰淇淋时，汽车引擎还很热，所产生的汽锁耗散不掉，因而汽车起动不了。

用why—why分析法分析：

why：

why：

why：

why：

why：

根本原因：

（二）练习

请同学们用因果分析法讨论一下抄袭作业问题的原因。

七、课外阅读

阿波罗13号

阿波罗13号是阿波罗计划中的第三次载人登月任务。1970年4月，阿波罗13号太空船正在飞往月球的途中，突然，控制中心从25万英里以外收到宇航员发来的讯息——太空船服务舱的氧气罐发生爆炸严重损坏了航天器，失去氧气、动力和导向仪。三位宇航员，吉姆·洛弗尔、杰克·斯威格特和弗雷德·海斯，在遥远的外太空面临前所未有的考验。他们必须争分夺秒，靠三个人的团结和智慧，在76小时之内返回地球，如若不然，他们将与飞船一起毁灭……三位宇航员使用航天器的登月舱作为太空中的救生艇，指令舱系统并没有损坏，但是为了节省电力在返回地球大气层之前都被关闭。三位宇航员在太空中经历了缺少电力、正常温度以及饮用水的问题，但仍然成功返回了地球。那次登月飞行虽然失败，但飞船的返回本身在美国太空探索史上具有极为深远的意义。

利用因果分析法分析阿波罗13号氧气舱爆炸的原因，如图7-9所示。

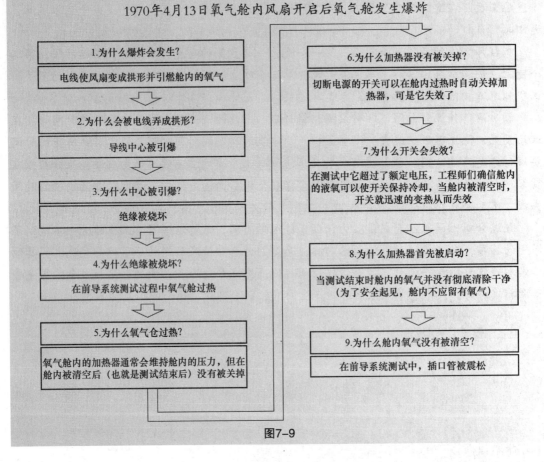

1970年4月13日氧气舱内风扇开启后氧气舱发生爆炸

图7-9

任务二十五　制定决策

一　学习目标

分辨问题产生的根本原因及表面的症状，遵循科学的决策程序解决问题；掌握决策方法，学习用有效的方法制定方案、评估每个可能的选择与方向，以进行更为客观有效的决策。

二、案例分析

案 例

去寺庙推销梳子

经理给四位营销员出了一个题目——到寺庙里向和尚推销梳子。

第一个营销员空手而回，说到了庙里，和尚说没头发不需要梳子，所以一把都没卖掉。

第二个营销员回来了，销售了十多把。他介绍经验说，我告诉和尚，头皮要经常梳梳，不仅止痒，还可以活络血脉，有益健康。念经累了，梳梳头，头脑清醒，这样就卖掉一部分梳子。

第三个营销员回来，销了百十把。他说，我到庙里去，跟老和尚讲，你看这些香客多虔诚呀，在那里烧香磕头，磕了几个头起来头发就乱了，香灰也落在他们头上。你在每个庙堂的前面放一些梳子，他们磕完头、烧完香可以梳梳头，会感到这个庙关心香客，下次还会再来，这一来就卖掉了百十把。

第四位营销员回来说，他销掉了好几千把，而且还有订货。他说，我到庙里跟老和尚说，庙里经常接受客人的捐赠，得有回报给人家，买梳子送给他们是最便宜的礼品。你在梳子上写上庙的名字，再写上三个字："积善梳"，说可以保佑对方，这样可以作为礼品储备在那里，谁来了就送，保证庙里香火更旺，这一下就销掉了好几千把梳。

分析解读

我们知道，"人们往往不是在购买广告中的减肥茶，而是在购买苗条的身材。"营销人员应该清醒地意识到自己不仅是在推销某种产品或服务，而是在满足顾客的需求。要善于发现顾客的真实需求，才能真正赢得顾客的信任，获取可靠的收益。作为一名员工，面对问题，要充分发挥自己的聪明才智，积极地寻找问题的根源，主动设计解决方案，做出最佳决策，从而取得最大胜利。

活动体验

面对"去寺庙推销梳子"这个相同的问题，四位营销员选择了不同的解决方案，也得到了不同的结果。他们各自的解决策略有什么不同？谁的解决方案最好？他的方案优点是什么？

三、知识链接

（一）决策的定义

决策是指组织或个人为了实现一定的目标，对所提出的若干决策方案进行分析评价，最终选出满意方案的过程。

（二）决策的过程

决策的过程如图7-10所示。

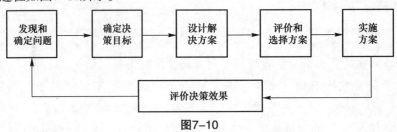

图7-10

1. 发现和确定问题

一切决策都是从问题开始地，科学分析问题，查找问题产生的原因，寻找关键的问题点，从而明确出解决问题的目标。如果对问题认识不清，就无从决策；如果找错问题，就会一错百错，使企业的利益受到严重的损失。

2. 确定决策目标

决策目标是指在一定的环境和条件下，根据预测，希望能达到的结果，是决策过程中人们共同努力的方向，是对问题点一定程度的改善或解决。目标的确定直接关系到方案的拟定、选择和实施。

案 例

> 美国派克公司是闻名全球的跨国公司，产品行销150多个国定和地区。但进入20世纪80年代以后，公司每况愈下，马乔里出任总经理后，通过市场调查发现，公司有一个错误的决策，即开拓廉价、低档市场，而把派克公司的优良传统即生产高档、优质笔市场拱手让给了克劳斯公司。到1984年年末，在美国高档钢笔市场上，克劳斯公司的市场占有率达50%，而派克公司只剩下17%。于是马乔里当机立断，坚决取消开拓每只3美元以下的廉价铅笔市场，重新树立派克笔优质可靠的形象，他提出："要把派克笔作为个人的收藏物来销售"的目标，这样才使公司的销售量不断回升，1985年半年的时间就收益510万美元。

分析解读

目标是决策的出发点，也是归宿。确定目标就是明确决策要达到的目的，它是评价决策正确与否的标准。马乔里的"要把派克笔作为个人的收藏来销售"的目标，使美国派克公司扭亏为赢，重新确立了派克公司在世界的地位。

3. 设计解决方案

设计方案是研究实现目标的有效途径和办法。根据已经具备和经过努力可以具备的各种条件，充分发挥积极性、创造性和丰富的想象力，设计两种或两种以上的解决方案。只有在多个方案中，人们才能进行比较，才能选出比较满意的方案。该阶段是解决问题的关键步骤，需要对已有的知识经验进行组织，涉及大量的认知活动。

4. 评价和选择方案

我们面对各种解决方案时，首先建立一套有助于指导、检验判断正确性的标准。标准包括主观上的目标，即人们的期望，还包括客观上要考虑的条件，如环境、人、财、物、技术等。明确规定方案执行必须达到和满足的情况、客观条件和期望性标准。其次评估方案。对拟定的各种备选方案，从理论上进行分析，以目标为准绳进行检验，考察每种方案的结果，衡量预期收获与风险，从而得出各备选方案优劣利弊的结论。最后选择方案。在对各备选方案进行全面分析评估的基础上，选取一个较优的方案。由于我们只能根据有限信息来预测未来的结果，根据自己的主观期望作出符合自己的期望选择。多数情况下，这个选择并不是理论上最好的，只是在现实应用中是最恰当、最有效的。

5. 实施方案

方案选择之后，就要付诸实施。决策的成功还取决于有效地实施决策。在执行过程中，方案实施还需要随时随地对进度进行监督，一旦发现偏离目标的行为出现，就需要及时地进行控制。

6. 评价决策效果

建立评价机制和反馈渠道，分析决策的实施结果与决策制定的目的是否符合，计算决策实施的成本、效益，寻找决策的负面因素及长远影响。及时发现实际执行情况与决策目标之间有无偏差，以便进行追踪决策。

案　例

张厂长该怎么办?

捷达自行车厂是一家以生产燃油助动车为主的国营老厂。该厂现有职工850人，其中500人左右的年龄在40～50岁，厂长张耀明本人也已经53岁。全厂80%的销售额和90%的利润额来自于燃油助动车，该厂生产的燃油助动车90%是在当地销售的。然而，当地政府已发出通知，该市将在一年内禁止销售、三年内全部淘汰燃油助动车。该厂面临了空前的困境。

以张耀明为首的厂领导班子作出了对现有产品迅速减产并开发和转产新产品的决定。但是这两项决定遇到了多重的阻力。迅速减产的一个直接后果是大量的员工将失业待岗，同时，企业无法获得足够的收入，因而要给那些下岗员工支付国家规定的工资将变得不可能。减产的方案还没有具体实施，一批又一批的车间工人已经来到厂部，表示坚决不同意下岗。开发新产品的困难同样不小。捷达厂如果转产电动自行车虽然有一定的可能性，但是，目前电动自行车的技术尚不成熟，捷达厂对电动自行车的技术了解、掌握得还不够充足。有人给张厂长举荐了一位工程师，他具有一项电动自行车的重要专利。张厂长很想该工程师加盟该厂，但该工程师开出的条件让张厂长犹豫不决。工程师的条件是捷达厂一次性支付他50万的购房款以及每年不低于？12万的年薪，另外按销售额的0.1%提取奖金。张厂长认为，如果工程师的专利能够用得上，捷达厂付出这样的代价还是值得的。问题在于，对于平均年薪只有2万元的全厂职工能够接受这样的条件吗？最近，有家大公司主动上门提出兼并的方案：工厂整体迁移郊区，80%的员工继续上岗，原厂址另作他用。

张厂长举棋不定，想想企业，想想职工，再想想自己本人兼并以后的安排，还有那些跟随他几十年的副职们将面临怎样的命运呢？张厂长再一次陷入沉思……

思考分析

1）张厂长面临的问题是什么？

2）对于张厂长来说，当他在减产、转产以及兼并方案中作出决策的时候，有哪些环境和条件是要特别予以考虑的？

3）如果你是张厂长，你会做出什么样的选择？

分析解读

1）张厂长面临的问题是什么？

燃油助动车被禁止是政府政策对企业的限制。企业必须对此作出相应的反应，这是张厂长必须面对的问题。

2）张厂长想通过自身的变化来摆脱困境时，又遇到了来自内部环境因素和条件的制约：

①人力资源和技术资源的制约。捷达自行车厂现有的人力资源是与几年来的燃油助动车生产和销售相匹配的，况且目前厂里职工60%的年纪在40～50岁，已有些偏大，对接受新的技术有一定的难度。捷达厂缺乏转产电动自行车所需要的技术和生产条件，另外，目前电动自行车的技术条件还不成熟。

②成本和资金的因素。当发现一位拥有电动自行车专利技术的人才，张厂长很想该工程师加盟该厂，但该工程师开出的条件过高，使得张厂长犹豫不决。

③文化的制约。张厂长认为，如果工程师的专利能够用得上，捷达厂付出这样的代价还是值得的。但是，对于平均年薪只有2万元的全厂职工能够接受这样的条件吗？职工和干部是否认同应当花那个代价，让一个外面的人来打破组织内原有的分配机制。实际上，组织内的任何一项改革措施，哪怕是技术变革，其面临的最大阻力有时候并不是技术性，更多的可能是来自文化的阻力，因为任何一项变革都将打破组织内原有的关系格局和利益机制。

④当有家大公司提出兼并方案时，张厂长本人的需要和动机又成为影响怎样决策的一个内部因素，52岁的张厂长不可能不考虑自己本人在兼并之后的安排，还有那些跟随他几十年的副职们将面临怎样的命运呢？

⑤可见，对于张厂长来说，当他在上述方案中作出决策的时候，是有很多因素需要考虑的，特别是内部人员的因素最为重要。

3）在进行了上述的分析后，你应该作出自己的选择。但应该注意的是，应该有自己的理由和做法。可以发挥自己的决策能力。

（三）决策的方法

1. 头脑风暴法

头脑风暴法又称智力激励法。它是一种通过小型会议的组织形式，让所有参加者畅所欲言，自由交换想法或点子，彼此互相激发创意及灵感，使各种设想在相互碰撞中激起脑海的创造性"风暴"，从而形成宏观的智能结构，产生创造性思维的定性研究方法。

（1）头脑风暴法的操作程序。

1）准备阶段。策划与设计的负责人应事先对所议问题进行一定的研究，弄清问题的实质，找到问题的关键，设定解决问题所要达到的目标。同时选定参加会议人员，一般以5～10人为宜，不宜太多。然后将会议的时间、地点、所要解决的问题、可供参考的资料和设想、需要达到的目标等事宜一并提前通知与会人员，让大家做好充分的准备。

2）热身阶段。这个阶段的目的是创造一种自由、密切配合、祥和的氛围，使大家得以放松，进入一种无拘无束的状态。主持人宣布开会后，先说明会议的规则，然后随便谈点有趣的话题或问题，让大家的思维处于轻松和活跃的境界。

3）明确问题。主持人扼要地介绍有待解决的问题。介绍时须简洁、明确，不可过分周全，否则，过多的信息会限制人的思维，干扰思维创新的想象力。

4）重新表述问题。经过一段讨论后，大家对问题已经有了较深程度的理解。这时。为了使大家对问题的表述能够具有新角度、新思维，主持人或书记员要记录大家的发言，并对发言记录进行整理。通过记录的整理和归纳，找出富有创意的见解，以及具有启发性的表述，供下步畅谈时参考。

5）畅谈阶段。畅谈是头脑风暴法的创意阶段。为了使大家能够畅所欲言，需要制定的规则是：第一，不要私下交谈，以免分散注意力。第二，不妨碍及评论他人发言，每人只谈自己的想法。第三，发表见解时要简单明了，一次发言只谈一种见解。主持人首先要向大家宣布这些规则，随后引导大家自由发言，自由想象，自由发挥，使彼此相互启发，相互补充，真正做到知无不言，言无不尽，畅所欲言，然后将会议发言记录进行整理。

6）筛选阶段。会议结束后的一两天内，主持人应向与会者了解大家会后的新想法和新思路，以此补充会议记录。然后将大家的想法整理成若干方案，再根据一般标准，诸如可识别性、创新性、可实施性等标准进行筛选。经过多次反复比较和优中择优，最后确定1～3个最佳方案。这些最佳方案往往是多种创意的优势组合，是大家集体智慧综合作用的结果。

案　例

美国的西部冬季寒冷，每年的大雪都会压断供电线路，给供电公司带来了巨大的经济损失，许多人试图解决这一问题，但都未能如愿以偿。后来，供电公司经理应用头脑风暴法，尝试解决这一难题。他召开座谈会，按照头脑风暴的原则，以量求质、延迟评判、组合运用，在热烈的风暴过程中，大家七嘴八舌地议论开来，有人提出设计一种专用的电线清雪机；有人想到用电热来化解冰雪；也有人建议用振荡技术来清除积雪；其中，一个员工因为实在想不出太好的办法，就半开玩笑地说："我没什么办法了，叫上帝拿个扫把，打扫多好！"。这时另一个员工顿时醒悟"就给上帝一个扫把！"大家还没明白过来，他接着解释到"让直升机，沿线路飞行，直升机产生的巨大风力可以吹散线路上的积雪！"公司领导立即拍板，并给执行扫雪任务的飞机取名"上帝"号，真正成了让上帝来扫雪。从此西部供电公司解决了一个大难题，每年仅此一项就节约了几百万美元的开支，节省了大量的人力，创造了良好的社会效益！

分析解读

头脑风暴法应遵循的原则：

第一，自由思考，即要求与会者尽可能解放思想，无拘无束地思考问题并畅所欲言，不必顾虑自己的想法是否"离经叛道"或"荒唐可笑"。

第二，延迟评判，即要求与会者在会上不要对他人的设想评头论足，不要发表"这主意好极了！""这种想法太离谱了！"之类的"捧杀句"或"扼杀句"，至于对设想的评判，留在会后组织专人考虑。

第三，以量求质，即鼓励与会者尽可能多而广地提出设想，以大量的设想来保证质量较高的设想的存在。

第四，结合改善，即鼓励与会者积极进行智力互补，在增加自己提出设想的同时，注意思考如何把两个或更多的设想结合成另一个更完善的设想。

活动体验

题目一：用头脑风暴法说说"空易拉罐"的各种可能用途，越多越好，时间5分钟。

1）考查流畅性。考查想出大量点子的能力，一共能想出多少个点子？（1~10个每个1分，10个以上每个5分）

2）考查灵活性。考查不同类型的点子，也就是空易拉罐的不同类型的用途。数一下有几种不同类型用途，分数就乘以几倍。

3）考查原创性。如果总是想到空易拉罐的典型用途就不得这项分。非典型用途，每种加10分。

4）考查衍生性。如果点子是需要把易拉罐熔化、磨成粉末、涂上油漆或与另一个罐子组合起来等等才能得到这项分数。衍生想法每种加10分。

头脑风暴法以后，看看同学们你能得到多少分呢？

题目二：尝试用一条线把图7-11中的点连接起来。

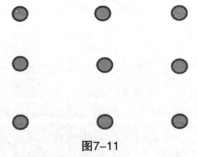

图7-11

2. 信息交合法

信息交合法是一种在信息交合中进行创新的思维技巧，即把物体的总体信息分解成若干个要素，然后把这种物体与人类各种实践活动相关的用途进行要素分解，把两种信息要素用坐标法连成信息标X轴与Y轴，两轴垂直相交，构成"信息反应场"，每个轴上各点的信息可以依次与另一轴上的信息交合，从而产生新的信息。

信息交合法的实施步骤（图7-12）：

信息交合法——以杯子为例

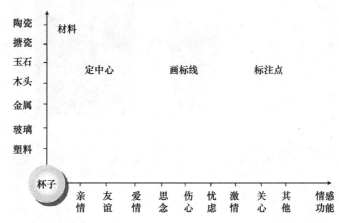

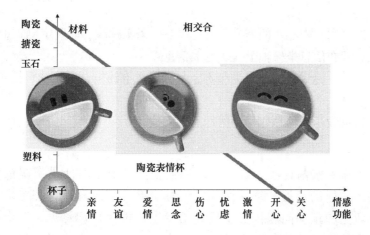

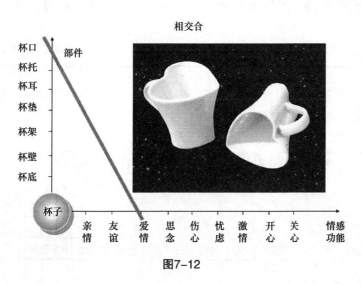

图7-12

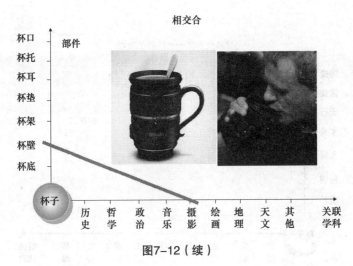

图7-12（续）

1）定中心，即确定研究中心。也就是说，你解决的问题是什么，你研究的信息为何物，要首先确定下来。

2）画标线。根据"中心"的需要，确定画多少条坐标线，即确定X轴和Y轴。

3）标注点，即在信息坐标轴上注明有关信息点。

4）相交合。以一标线上的信息为母本，另一标线上的信息为父本，相交合后便可产生新信息。

5）列产品。可顺标线移动变量，使产品系列化。

3. 德尔菲法

德尔菲法也称专家调查法，是一种采用通信方式分别将所需解决的问题单独发送到各个专家手中，征询意见，然后回收、汇总全部专家的意见，并整理出综合意见；随后将该综合意见和预测问题再分别反馈给专家，再次征询意见，各专家依据综合意见修改自己原有的意见，然后再汇总；这样多次反复，逐步取得比较一致的预测结果的决策方法。

德尔菲法依据系统的程序，采用匿名发表意见的方式，即专家之间不得互相讨论，不发生横向联系，只能与调查人员发生关系，通过多轮次调查专家对问卷所提问题的看法，经过反复征询、归纳、修改，最后汇总成专家基本一致的看法，作为预测的结果。这种方法具有广泛的代表性，较为可靠。

德尔菲法的步骤（图7-13）如下：

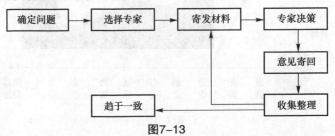

图7-13

1）根据问题的特点，选择和邀请作过相关研究或有相关经验的专家。

2）将与问题有关的信息分别提供给专家，请他们各自独立发表自己的意见，并写成书面材料。

3）管理者收集并综合专家们的意见后，将综合意见反馈给各位专家，请他们再次发表意见。如果分歧很大，可以开会集中讨论；否则，管理者分头与专家联络。

4）如此反复多次，最后形成代表专家组意见的方案。

四、名人如是说

1）当你只有一个主意时，这个主意就太危险了。——查提尔

2）最有用的知识就是关于方法的知识。——笛卡尔

3）管理就是决策——赫伯特·西蒙

五、我该怎么做

测试一：最佳方案选择

（材料：德国客人生病了）早晨9点，深圳某饭店8楼的一个客房里，从德国来的一支团队的几名主要负责人在商量一件事。这支团队共有40人，大多数是退休教师，是应我国某单位邀请来中国旅游考察的。两天前到达深圳，参观了深圳的学校。准备今天上午10点离开酒店乘机前往北京。不巧的是团里一名叫罗杰斯的客人发高烧，急坏了带队的林芳。

她该怎么办？冷静下来，林芳想了三个方案：

1）整个团队留下，等到罗杰斯先生康复后一起去北京。

2）团队按计划去北京，罗杰斯先生随团带病前往。

3）罗杰斯先生留在深圳接受治疗，其余成员前往北京。

根据林芳画出的决策分析表（表7-3），请同学们讨论并完成该表，选出最佳方案。

表7-3　决策分析表

方案	效果	可行性	成本	风险	合计
方案1					
方案2					
方案3					

测试二：决策风格小测试

遇到问题时，每个人都有自己独特的决策风格，你属于哪一种决策风格呢？请阅读情景描述，并填写表7-4右边的选项。没有对错之分，只要是你真实意愿的表达就可以，并将得分计算出来。

表7-4　决策风格小测试

序号	情景描述	符合	不符合
1	我时常草率地作出判断		
2	我常凭第一感觉就作出决定		

续表

序号	情景描述	符合	不符合
3	我经常会改变自己所作的决定		
4	做决定之前，我一般不作什么准备，临时看着办		
5	我喜欢凭直觉做事		
6	我常不经慎重思考就作决定		
7	我做事时不太喜欢自己出主意		
8	做事时，我喜欢有人在旁边，好随时商量		
9	发现别人的看法与我不同，我常常会不知该怎么办		
10	我很容易受别人意见的影响		
11	我常常在父母、家人、老师、同事或朋友催促下才作出决定		
12	我喜欢让父母、家人、师长、同事或朋友为我作决定		
13	遇到难作决定的事情，我通常会把它先放一放		
14	遇到需要作决定的时候，我就紧张不安		
15	我做事老爱东想西想，下不了决心		
16	我觉得作决定是一件痛苦的事		
17	为了避免作决定的痛苦，我现在不想作决定		
18	我处理事情时常会犹豫不决		
19	作决定时，我会认真权衡各项可选择方案的利弊得失，判断出此时最好的选择		
20	作决定时，我会参考其他人的意见，再斟酌自己的情况，来作出最适合自己的决定		
21	作决定时，我会多方收集所必需的一些个人及环境的资料		
22	作决定时，我会经过深思熟虑之后，明确决定一项最佳的方案		
23	我会将收集到的资料加以比较分析，列出可选择的方案		
24	当已经决定了所选择的方案，我会展开必要的行动准备，并全力以赴去执行		

计分方式：选择符合的记1分，选择不符合的不计分。记入测试结果表（表7-5），哪种类型得分最高，可能你就属于哪种决策类型。

表7-5　测试结果表

序号	★1~6题	●7~12题	▲13~18题	■19~24题
得分				
决策类型	冲动直觉型	依赖型	逃避型	理性型

1）直觉型。直觉型的决策风格以自我判断为导向，在信息有限时能够快速作出决策。当发现错误时能迅速改变决策。由于以个人直觉而不是理性分析为基础，这类决策发生错误的可能性较大，因此，易造成决策不确定性。

2）依赖型。依赖型的决策者倾向采用他人建议与支援，往往不能够承担自己作决策的责任。依赖型的决策者需要理解生活中他人对自己的影响程度。

　　3）回避型。回避型的决策风格是一种拖延、不果断的方式。这类决策者不能够承担作决策的责任，不考虑未来的方向，不去作准备，不知道自己的目标，也不思考，更不寻求帮助。

　　4）理智型。理智型决策风格是比较受推崇的决策方式，强调综合全面地收集信息、理智地思考和冷静地分析判断，是个体需要培养的一种良好的思考习惯。

　　测试三：根据材料回答问题

　　（材料：蔬菜管理）彼得·莫斯是一名生产和经营蔬菜的企业家。他现在已有50000平方米的蔬菜温室大棚和一座毗邻的办公大楼，并且聘请了一批农业专家顾问。

　　莫斯经营蔬菜业务是从一个偶然事件开始的。有一天，他在一家杂货店看到一种硬花球花椰菜与花椰菜的杂交品种，他突发奇想，决定自己建立温室培育杂交蔬菜。

　　莫斯用从他祖父那里继承下来的一部分钱，雇用了一班专门搞蔬菜杂交品种的农艺专家，这个专家小组负责开发类似于他在杂货店中看到的那些杂交品种蔬菜，并不断向莫斯提出新建议。如建议他开发菠生菜（菠菜与生菜杂交品种）、橡子萝卜、橡子南瓜以及萝卜的杂交品种。特别是一种柠檬辣椒，是一种略带甜味和柠檬味的辣椒，他们的开发很受顾客欢迎。

　　同时，莫斯也用水栽法生产传统的蔬菜，销路很好。生意发展得如此之快，以致他前一段时期，很少有更多的时间考虑公司的长远规划与发展。最近，他觉得需要对一些问题着手进行决策，包括职工的职责范围、生活质量、市场与定价策略、公司的形象等。

　　莫斯热衷于使他的员工感到自身工作的价值。他希望通过让每个员工"参与管理"了解公司的现状，调动职工的积极性。他相信：这是维持员工兴趣和激励他们的最好办法。

　　他决定在本年度12月1号九时召开一次由每一个农艺学家参加的会议，其议程是：

　　1.周末，我们需要有一个农艺师在蔬菜种植现场值班，能够随叫随到，并为他们配备一台步话机，目的是一旦蔬菜突然脱水或者枯萎，可以找到这些专家处理紧急情况，要作的决策是：应该由谁来值班，他的责任是什么？

　　2.我们公司的颜色是绿色的，要作的决策是新地毯、墙纸以及工作服等应该采取什么样绿色色调？

　　3.公司有一些独特的产品，还没有竞争对手，而另外一些产品，在市场上竞争十分激烈。要作的决策是对不同的蔬菜产品应当如何定价，彼得·莫斯要求大家务必准时到会，积极参与发表意见，并期望得到最有效的决策结果。

　　根据上述案例回答下列问题。

　　1.一个决策的有效性应取决于（　　　　）。

　　　　A.决策的质量高低　　　　　　　　B.是否符合决策的程序

　　　　C.决策的质量与参与决策的人数　　D.以上说法均不全面

　　2.按照行为模式，彼得·莫斯的工作作风与管理方式属于（　　　　）。

　　　　A.协商式　　　　　　B.群体参与式　　C.开明权威式　　D.民主式

　　3.12月1日所召开的会议是必要的吗？（　　　　）

　　　　A.很必要，体现了民主决策

　　　　B.不必要，会议议题与参与者不相匹配

　　　　C.有必要，但开会的时间选择为时过晚

　　　　D.对一部分议题是必要的，对另一部分议题是不必要的

4.公司的装潢问题是否需要进行群体决策（　　　）。

A.完全需要，因为绿色是企业的标志

B.需要，但参加决策的人应当更广泛一些

C.不需要，此项决策可以由颜色与装潢专家决定或者运用民意测验方法征询意见

D.需要与不需要，只是形式问题，关键在于决策的质量

5.定价问题是否需要列入彼得莫斯12月1日的决策议事日程?（　　　）

A.需要，因为它是企业中重大的问题

B.不需要，因为该项决策的关键是质量问题，而不是让所有的员工参与和接受

C.在稳定的市场环境下，不需要，在变化的市场环境下，则需要集思广益，群体决策

D.定价应当由经济学家来解决

六、拓展延伸

案　例

王厂长的决策会议

王厂长是佳迪饮料厂的厂长，回顾多年的创业历程真可谓是艰苦创业、勇于探索的过程。全厂上下齐心合力，同心同德，共献计策为饮料厂的发展立下了不可磨灭的汗马功劳。但最令全厂上下佩服的还数4年前王厂长决定购买二手设备（国外淘汰生产设备）的举措。饮料厂也因此挤入国内同行业强手之林，令同类企业刮目相看。今天王厂长又通知各部门主管及负责人晚上8点在厂部会议室开会。部门领导们都清楚地记得4年前在同一时间、同一地点召开会议，王厂长作出了购买进口二手设备这一关键性的决定。在他们看来，又有一项新举措即将出台。

晚上8点会议准时召开，王厂长庄重地讲道："我有一个新的想法，我将大家召集到这里是想听听大家的意见或看法。我们厂比起4年前已经发展了很多，可是，比起国外同类行业的生产技术、生产设备来，还差得很远。我想，我们不能满足于现状，我们应该力争世界一流水平。当然，我们的技术、我们的人员等诸多条件还差得很远，但是我想为了达到这一目标，我们必须从硬件条件入手——引进世界一流的先进设备，这样一来，就会带动我们的人员、带动我们的技术等一起前进。我想这也并非不可能，4年前我们不就是这样做的吗？现在厂的规模扩大了，厂内外事务也相应地增多了，大家都是各部门的领导及主要负责人，我想听听大家的意见，然后再作决定。"

会场一片肃静，大家都清楚记得，4年前王厂长宣布他引进二手设备的决定时，有近70%成员反对，即使后来王厂长谈了他近三个月对市场、政策、全厂技术人员、工厂资金等厂内外环境的一系列调查研究结果后，仍有半数以上人持反对意见，10%的人持保留态度。因为当时很多厂家引进设备后，由于不配套和技术难以达到等因素，均使高价引进设备成了一堆闲置的废铁。但是王厂长在这种情况下仍采取了引进二手设备的做法。事实表明这一举措使佳迪饮料厂摆脱了企业由于当时设备落后、资金短缺所陷入的困境。二手设备那时价格已经很低，但在我国尚未被淘汰。因此，佳迪厂也由此走上了发展的道路。王厂长见大家心有余悸的样子，便说道："大家不必顾虑，今天这一项决定完全由大家决

定，我想这也是民主决策的体现，如果大部分人同意，我们就宣布实施这一决定；如果大部分人反对的话，我们就取消这一决定。现在大家举手表决吧。"

于是会场上有近70%人投了赞成票。

思考训练

1. 王厂长的两次决策过程合理吗？为什么？
2. 如果你是王厂长，在两次决策过程中应做哪些工作？
3. 影响决策的主要因素是什么？

总结分享

决策方式分为个人决策和群体决策。个人决策是指决策机构通过个人决定的方式，按照个人的判断力、知识、经验和意志所作出的决策。个人决策一般用于日常工作中程序化的决策和管理者职责范围内的事情的决策，它具有合理性和局限性。群体决策指决策者是由若干领导成员所组成的一个集体，集体中的每个成员都有同等的表决权，但任何个人又都无权单独作出决断，最后的决策以集体的决议形式表现出来。这类决策主要适用于某些带有全局性、战略性、长远性问题的决策。它的最大特点是具有广泛而深刻的群众性，通过发挥集体的智慧，弥补个人决策的不足。

王厂长的两次决策分别是个人决策和群体决策。第一次的决策合理，因为王厂长是在掌握充分的信息和对有关情况分析的基础上作出购买进口二手设备的决策，充分发挥了个人决策的作用，效率高且责任明确。这一决策使佳迪饮料厂摆脱了企业由于当时设备落后、资金短缺所陷入的困境，并由此走上了发展之路。而第二次决策引进世界一流的先进设备的决策过程不够合理，王厂长虽然说民主决策，但群体决策的效果没有得以充分体现。由于屈从压力，存在少数人的权威作用，使群体决策成员从众现象较为明显，影响了决策的质量。

作为佳迪饮料厂的厂长，第一次决策购买进口二手设备，采取个人决策是成功的。但由于个人决策受到个人经验、知识和能力的限制，所以王厂长充分考虑企业自身的实际和外部环境因素，在信息充足、备选方案充分的前提下作出决策。由于企业规模扩大，第二次决策引进世界一流的先进设备时采取群体决策，不仅可提供更完整的信息、产生更多的方案、提高方案的接受性和合法性，而且可减少个人决策因知识所限、能力所限、个人价值观、决策环境的不确定性和复杂性等造成的影响，提高决策的质量。所以，在第二次决策时，王厂长应精心营造群体决策的氛围，引导群体决策成员积极参与，明确责任，以充分发挥群体决策的作用。

影响决策的主要因素：①决策者，如决策者对风险的态度；②决策方法；③决策环境；④组织文化；⑤时间。

决策方式的选择主要视决策问题的性质、参与者的能力和相互作用的方式等而定。

七、课外阅读

铱星的悲剧

2000年3月18日，两年前曾耗资50多亿美元建造66颗低轨卫星系统的美国铱星公司，背负着40多亿美元的债务宣告破产。铱星公司所创造的科技童话及其在移动通信领域的里程碑意义，使我们在惜别铱星的时刻猛然警醒：电信产业的巨额投资往往使某种技术成为赌注，技术的前沿性固然非常重要，但决定赌注胜负的关键却是市场。

铱星公司的悲剧告诉我们，技术不能代替市场，决策失误导致铱星陨落。

铱星代表了未来通信发展的方向，但仅凭技术的优势并不能保证市场的胜利。"他们在错误的时间，错误的市场，投入了错误的产品。"这是业界权威对铱星陨落的评价。

第一，技术选择失误。

铱星系统技术上的先进性在目前的卫星通信系统中处于领先地位。但这一系统风险大，成本过高，维护成本相当高。

第二，市场定位错误。

谁也不能否认铱星公司的高科技含量，但用66颗高技术卫星编织起来的世纪末科技童话在商用之初却把自己的位置定在了"喷族科技"上。铱星手机价格每部高达3000美元，加上高昂的通话费用，使得通信公司运营最基础的前提——用户发展数目远低于它的预想。在开业的前两个季度，铱星公司在全球只发展了1万用户，而根据铱星公司方面的预计，初期仅在中国市场就要达到10万用户，这使得铱星公司前两个季度的亏损即达10亿美元。尽管铱星手机后来降低了收费，但仍未能扭转颓势。

第三，决策失误。

有专家认为，铱星系统在1998年11月份投入商业服务的决定是"毁灭性的"。受投资方及签订的合约所限，在系统本身不完善的情况下，铱星系统迫于时间表的压力而匆匆投入商用，差劲的服务给用户留下的第一印象对于铱星公司来说是灾难性的。因此，到铱星公司宣布破产保护时为止，铱星公司的客户还只有2万多家，而该公司要实现盈利至少需要65万个用户，每年光维护费就要几亿美元。

第四，销售渠道不畅。

铱星系统投入商业运营时未能向零售商们供应铱星电话机；有需求而不能及时得到满足，这也损失了不少用户。

第五，作为一个全球性的个人卫星通信系统，理论上它应该是在全球通信市场开放的情况下，由一个经营者在全球统一负责经营，而事实上这是根本不现实的。

以上这些原因造成了铱星公司债务累累，入不敷出。

任务二十六 高效执行

一 学习目标

了解高效执行意义，学习制订计划的方法和步骤，认识计划对高效执行的重要性；学会如何落实计划，提高自己的执行力。

二、案例分析

案 例

　　1898年4月，美国向西班牙宣战。宣战前夕，美国总统会见美国军事情报局局长瓦格纳时说："哪里可以找到一个可以把信送给加西亚的人？"，加西亚是一个被西班牙军队恨之入骨的古巴起义军首领，他隐藏在古巴辽阔的崇山峻岭中——没有人知道确切的地点。但是，美国总统需要尽快地与他建立合作关系。怎么办呢？面对总统的问题，瓦格纳局长毫不犹豫地回答："有一个人选，就是罗文中尉。如果有一个人能够把信送给加西亚，那么这个人一定是罗文。"他们将罗文找来，瓦格纳局长召见了罗文，说：你必须把信送给加西亚，在古巴东部的某个地方你能够找到他。罗文拿了信，将它装进一个油纸袋里，打封，吊在胸口藏好，没有问任何问题，就出发去寻找加西亚。罗文乘船到了牙买加，从那里转乘渔船，四天之后的一个夜里在古巴上岸，以后的六天里，他和古巴向导艰难地穿行于热气腾腾的丛林之中，热气炙烤、蚊虫叮咬、积水的恶臭和穿梭不断的西班牙巡逻队，让他们苦不堪言。历尽艰险，徒步三周走过危机四伏的国家，以其绝对的忠诚、责任感和创造奇迹的主动性完成了这件"不可能的任务"——把信交给了加西亚。

分析解读

　　美国总统将一封写给加西亚的信交给了罗文，罗文接过信后，并没有问："他在哪里？"，他只知道自己唯一要做的事是进入一个危机四伏的国家并找到加西亚这个人。他二话没说，没提任何要求，而是接过信，转过身，全心全意，立即行动。他坚定决心，奋不顾身，排除一切干扰，想尽一切办法，用最快的速度去达到目标。该案例不仅是在颂扬忠诚、敬业的美德，更是在倡导高效执行。

活动体验

　　1）罗文中尉具有哪些精神？阅读本文你受到哪些启迪？

　　2）如果让你把信送给"×××"你会怎样做呢？你能转身立即执行吗？你会不会提出一大堆的问题呢？（比如："×××"住在哪里在？怎么走才能到达他住的地方？打车可以报销吗？手机号是多少？他长什么样？为什么要把信送给他？不送可以吗？如果他不在家怎么办？我还有事，派张三去行吗？明天送可以吗？如果我送了这封信，可不可以让我休息几天？）

　　3）在我国，能"把信送给加西亚"的人才是非常多的，结合专业学习，在当代劳模中选择一个本行业中你最熟悉、最敬佩的人，看看他是如何"把信送给加西亚"的。写一篇400字左右的分析报告。

三、知识链接

（一）高效执行认知

　　在一个企业中做同样的事情，有的人成绩斐然，有的人庸庸碌碌，一个重要的原因就是更迅速、更到位、主动创新的执行。

1. 执行的含义

执行就是按质按量、不折不扣、精益求精地完成工作任务，达到预期目标，简单地说，就是组织或个人将目标变成结果的过程。

案 例

买票的故事

今年五一，公司准备派10个人去长春参加一个展会。4月27日预售票第一天的一大早，公司老板派小刘去火车站买火车票。每逢节日铁路客运非常紧张，旅游旺季更是如此。

过了很久，满头大汗的小刘回来了，对老板说："售票处的人太多了，我排了3个小时的队，挤了半天，可是窗口所有的票包括软卧、硬卧、软座、硬座全都卖光了，没办法我只好回来了。"

出乎小刘的预料，老板非常生气，把小刘批评了一顿。小刘感到很委屈："我辛苦了一大早晨，火车票卖完了，这能怪我吗？"

为了能够成行，老板又派小张去买票。

过了很久，小张也回来了。他对老板说："火车票确实全都卖完了。我调查了其他一些方法，供您作决定：

一、找票贩子买高价票，每张要多花150元，现在有15张硬卧。

二、找关系，我的一个朋友在火车站的派出所工作，我可以通过这层关系把咱们公司的10人送上火车，但是没有休息的地方。

三、中途转车，北京到沈阳有5趟车，沈阳到长春有4趟车，这是我带回来的列车时刻表，您可以参考。

四、坐飞机，北京到长春的航班有3趟，现在还有空位，但是都不打折。

五、坐大巴，这是我在汽车客运站查到的北京到长春大巴的车次和费用，您可以选择。

六、包车，咱们公司10个人可以包一辆省际小客车，这是我拿到的司机的电话，您可以跟他商量最终的价格。"

同样是没有买来火车票，老板却把小张大大表扬了一番。你知道小张为什么会获得表扬吗？

分析解读

通过小刘和小张的案例，大家可以看出，买票是个任务，而到达长春是个结果。完成没有结果的任务，是一个"执行假象"！当我们以为我们在进行强有力的执行时，其实我们执行的是任务而不是结果。没有结果的执行，无论你多辛劳，多认真，都是一文不值的。我们在执行过程中常常会有以下误区：

误区1：关注条件，不关注成败。

在执行的时候，不是关注如何把这件事做成，而是把重心放在条件是否充足，这件事做不了，是因为条件有限。这种心态往往阻碍了我们的执行。我们应该以结果为导向，千方百计克服困难，创造条件去执行。

误区2：关注努力，不关注效能。

有人说我已经努力了，还是没做好，那也是没有办法的事，谋事在人，成事在天。其实不然，做和做到位是不一样的，挖井和挖坑不一样，关注执行效能的努力才是有意义的执行。

误区3：关注责任，不关注绩效。

在执行中，我们更关注每个人在自己岗位上的责任，而没有关注在流程中应该承担怎样的责任，尽职尽责不等于有结果、有绩效。

2. 高效执行的原则

高效执行就是有计划、有步骤、有准备地执行。遵循以下四个原则，排除一切阻力和干扰，达成最重要的目标。

原则一：聚焦最重要的目标。从烦琐的日常事务中抽身出来，集中80%的时间和精力去达成1~2个最重要目标。要事第一，全神贯注，不能被日常琐事缠身，不能胡子眉毛一起抓。

原则二：关注引领性指标。引领性指标是分解的目标，它教会你怎样落实行动，如每周老客户访问次数、每周设备检测次数等。

原则三：坚持激励性计分表。计分表是每周、每月完成指标情况的统计表，用记分来衡量进度及阶段成果，寻找成功与不足。

原则四：建立规律问责制。汇报工作完成情况，实时跟进，贯彻始终。

（二）制订计划是高效实施的前提

高效的前提是行动前的细致规划、精心准备，你需要做计划，而计划就像梯子中的横档，既是你的立足之地，又是你前进的目标。你的计划越细致，工作就会越到位，执行效率就会越高。制订一个合理、有效的行动计划是落实问题解决的重要环节。

1. 行动内容

行动计划要描述做什么，达到什么目标，以及为了保证成功我们如何实施。我们可以采用5W2H法来描述，运用图表方式表达行动的顺序。

2. 任务分解

如果我们要解决的问题是一个大问题，我们需要把它变成一件件具体的工作来完成。借助工作分解结构法进行任务分解，工作分解结构法包括以下几个步骤：

第一，把问题解决的最佳方案分成几个大的阶段，弄清每个阶段需要做什么，记录下来，就有了关键的任务。

第二，细化关键任务，思考每一个关键任务都需要做什么，把它们记录下来，就有了次一级的任务。

第三，继续分解下去，你就会列出解决问题要完成的所有任务。

第四，使用金字塔形结构图或列表格式来表示工作分解的结果，这就是工作分解结构法。

案 例

清洗水泵过滤器

最近某厂一车间的注水水泵出现流水缓慢的问题，经检查是过滤器被杂质堵塞了，解决方案是清洗水泵的过滤器。维修组组长张师傅接到了这个任务，为了使工作更加严谨，工作职责明确，张师傅画了一个金字塔结构图（图7-14），对水泵过滤器清洗工作进行了细化分解，不仅使操作顺序一目了然，而且便于安排时间、调配人员、准备工具。

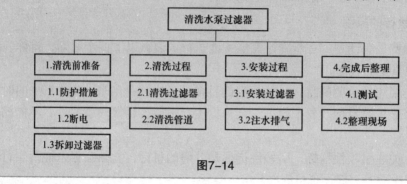

图7-14

3. 确定工作任务书

通过工作分解结构法，可以确定出解决问题所要完成的工作任务，接下来，要思考的是这些任务该由谁来执行？为更好地执行方案，解决问题，就必须确定出工作任务书（表7-6）。工作任务书是分配任务非常有效的方法，根据参加人员的意愿和具有的技能水平按照工作结构法确定的任务落实责任人和执行人。

表7-6

阶段	关键任务	工作内容	完成人
阶段一：×××	1. ——	1. 1——；1. 2——	张××
	2. ——	2. 1——；2. 2——	李××
	3. ——	3. 1——；3. 2——	王××
……	……	……	……

4. 行动进度

任务必须按时完成，否则方案的落实就是一句空话，因此，合理安排进度对解决问题至关重要。进度安排可以采用列表式（表7-7）和甘特图两种方法。

表7-7 某解决问题方案的任务时间分配表

阶段	关键任务	工作内容	完成人	完成时间
阶段一：×××	1. ——	1. 1——；1. 2——	张××	×年×月×日至×年×月×日
	2. ——	2. 1——；2. 2——	李××	×年×月×日至×年×月×日
	3. ——	3. 1——；3. 2——	王××	×年×月×日至×年×月×日
……	……	……	……	……

甘特图通过条状图来显示项目、进度，以及相关系统的时间进展情况。横轴表示时间，纵轴表示方案任务，它直观地表明任务计划在什么时候进行，及实际进展与计划要求的对比。由此可便利地弄清一项任务还剩下哪些工作要做，并可评估工作进度，如图7-15所示。

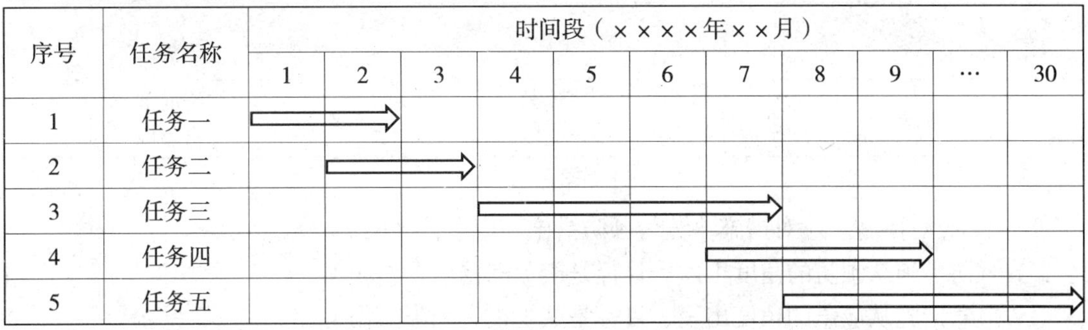

序号	任务名称	时间段（××××年××月）										
		1	2	3	4	5	6	7	8	9	…	30
1	任务一											
2	任务二											
3	任务三											
4	任务四											
5	任务五											

图7-15

5. 资源配置

任何问题的解决都需要依赖一定的资源进行，这些资源包括资金、设备、工具、信息等。问题的大小及复杂程度不同，所需的资源支持也会呈现较大的不同。资源配置表示例如表7-8所示。

表7-8　某解决问题方案的资源分配表

阶段	关键任务	完成日期	所需资源	提供时间	提供者
阶段一					
阶段二					
阶段三					
……					

6. 进行风险控制

在方案的执行过程中存在着不确定因素，审时度势、高瞻远瞩，提前做出风险评估和风险的预警预控，才能临危不乱、坦然面对。因此通过有效的风险管理工具或风险处理方法，对于即将产生的风险进行分散、分摊或分割，设计相应的应变方案做好防范是非常重要的。

（1）风险评估。在计划的实施过程中难免有一些意外出现，这就是风险。量化测评计划实施各个阶段、任务产生影响或带来损失的可能程度就是风险评估。

风险评估一般分为两个部分：

一是列出可能（潜在）的风险。清洁水泵过滤器案例中，比如：断电会不会不到位，或漏电；水泵锈蚀不能拆卸怎么办；更换的过滤网型号不合适等。把可能出现的风险列出来才能思考如何应对。

二是风险评估。计划在执行的过程存在各种各样的风险，准确认识风险的严重程度、风险发生的可能性大小，便于形成最佳的风险对策。

根据风险可能性的大小及对应损失的大小将风险分为四类：①发生的可能性低，损失大；②发生的可能性高，损失大；③发生的可能性低，损失小；④发生的可能性高，损失小。四类风险对应的策略各不相同，如图7-16所示。

风险	发生的可能性低	发生的可能性高
损失小	不理会	注意
损失大	预案 监控	措施周密 严密监控

图7-16

（2）应对措施。应对措施，分为预防措施和应急措施两类。

☆预防措施从预防的角度出发，目标是避免问题出现。

☆应急措施从应急的角度出发，目标是减少损失和降低伤害。

在两类措施中，人们常优先考虑预防措施，因为这是降低风险、避免损失的最佳方案。但风险不是总能预防，有时预防措施成本过高，因此应急措施也就成了必不可少的。比如：外出游玩时有可能下雨，我们无法预防这种可能性，应急措施就是带上一把雨伞，这样就能降低了下雨给我们带来的不便。

案 例

　　某工厂生产使用的油品品质比较多，油品仓库内油桶摆放凌乱，抽油时油品溅漏溢漏问题非常严重，油桶顶盖上全是泄漏的油品，油品损耗严重，油品库房地面漏油严重，隐患很多。厂安全部对这一问题非常重视，经过讨论确定了几个整改方案，其中安装油桶架被列为第一方案。为了有效执行这一方案，安全部经厂领导同意后，制订了相应的执行计划：

　　①确立计划执行的目标。安全部首先确立计划的目标，争取在10天内为油品仓库安装完毕油桶架并投入使用。

　　②进行任务分解。安全部把任务分解成四个阶段，每个阶段的关键任务如图表7-9所示。

表7-9　任务分解

阶段	关键任务	具体任务
阶段一：设计	1.统计油品桶的使用情况	1.1库管人员统计油品桶种类、规格、尺寸、数量 1.2上报数据
	2.设计油桶架	2.1设计每种型号单个桶架； 2.2根据数量设计组合图
	3.规划油品库的布局	3.1绘制油品库的平面图； 3.2设计架子摆放，出图
阶段二：定制	1.厂家生产	1.1选择厂家； 1.2将油桶设计图、数量发给厂家； 1.3生产
	2.发货、验收	2.1联系发货、仓库接货； 2.2验单

续表

阶段	关键任务	具体任务
阶段三：安装	1.安装	1.1联系安装人员； 1.2现场安装
	2.试用	2.1联系摆放油桶人员； 2.2摆放油桶
阶段四：反馈	了解试用情况	了解桶架的安全性、美观性、对泄油的改善程度

③确定工作任务书。由于该问题涉及多个部门，安全部部长在厂领导的大力支持下，联系各个部门领导，确定了工作任务书，具体情况如表7-10所示。

表7-10　工作任务书

阶段	具体任务	完成人
阶段一：设计	1.1库管人员统计油品桶种类、规格、尺寸、数量； 1.2上报数据	库管组长：李××
	2.1设计每种型号单个桶架； 2.2根据数量设计组合图	设计室：张××
	3.1绘制油品库的平面图； 3.2设计架子摆放，出图	设计室：张××
阶段二：定制	1.1选择厂家； 1.2将油桶设计图、数量发给厂家； 1.3生产	供销处：王××
	2.1联系发货、仓库接货； 2.2验单	库管组长：李××
阶段三：安装	1.1联系安装人员； 1.2现场安装	厂方代表：于××
	2.1联系摆放油桶人员； 2.2摆放油桶	车间主任：刘××
阶段四：反馈	了解桶架的安全性、美观性、对泄油的改善程度	安全部长：孙×

④安排时间进度表。为了保证计划按时落实，安全部长制订了时间进度表，如表7-11所示。

表7-11　时间进度表

阶段	具体任务	完成人	完成时间
阶段一：设计	1.1库管人员统计油品桶种类、规格、尺寸、数量； 1.2上报数据	库管组长：李××	6月5日
	2.1设计每种型号单个桶架； 2.2根据数量设计组合图	设计部：张××	6月6日
	3.1绘制油品库的平面图； 3.2设计架子摆放，出图	设计部：张××	6月7日

续表

阶段	具体任务	完成人	完成时间
阶段二：定制	1.1选择厂家； 1.2将油桶设计图、数量发给厂家； 1.3生产	供销处：王××	6月8—11日
	2.1联系发货、仓库接货； 2.2验单	库管组长：李××	6月11—12日
阶段三：安装	1.1联系安装人员； 1.2现场安装	厂方代表：于××	6月13日
	2.1联系摆放油桶人员； 2.2摆放油桶	安装部：刘××	6月14日
阶段四：反馈	了解桶架的安全性、美观性、对泄油的改善程度	安全部长：孙×	6月15日

⑤资源分配。安全部根据关键任务，与有关部门进行有效沟通，制订了资源分配表（表7-12）。

表7-12 资源分配表

阶段	关键任务	所需资源	提供时间	提供者
阶段一：设计	1.统计油品桶的使用情况	相关数据	6月5日	油品库
	2.设计油桶架	图纸	6月6日	设计部
	3.规划油品库的布局	平面图	6月7日	设计部
阶段二：定制	1.厂家生产	电脑、网络、厂方传真、电话、邮箱	6月11日	办公室、厂家
	2.发货、验收	费用、财务单据	6月11—12日	油品库、财务部
阶段三：安装	1.安装	相关费用支出	6月13日	厂家安装、财务部
	2.试用	相关费用支出	6月14日	财务部、安装部
阶段四：反馈	了解试用情况	记录本	6月15日	安全部

⑥设计应急方案。安全部部长知道，未来有许多不可控的因素，例如，厂方不能按时发货，安装部人员不能按规定的时间摆放油桶上架等。安全部部长对每一处风险都设计了应急预案。此外，为了保证执行的有效性，厂领导授权安全部部长为此问题解决的负责人，以监督整个方案的执行。

（三）落实行动计划是高效实施的关键

制订详细的计划只是纸上谈兵，付诸实施才是解决问题的根本。为什么同样一份登山计划，有的登山队实施得很好，全体队员顺利到达山顶；有的登山队却损兵折将登顶的人寥寥无几。很明显不是计划的问题，而是计划执行能力的问题。执行计划必须关注以下五个方面的内容。

1. 明确总体负责人

为了保障计划的统一协调推进，每一个行动计划都必须设立一个总体的负责人。负责人的主要职责是确保各个环节的参与人员能够正确理解整体计划，明确各自的任务，在计划的实施过程中按照进度表按时完成任务。

2. 重点抓关键环节

一个计划是由几个阶段组成的，而每个阶段又包含着多个任务，它们彼此相互联系成为一个整体，哪个任务出现问题都会涉及全局，影响整体进度。抓关键环节，抓主要阶段，抓重点任务，在很大程度上能保证计划的顺利实施。

3. 寻求各种支持

任何解决问题的方案在执行过程中都会或多或少需要他人或资源的支持，特别是复杂的大问题，执行方案时更要获得多人或多部门、多资源的支持，因此，协调各部门，获得各种支持，是保证计划落实的基础性条件。

4. 及时沟通，灵活调整计划

不管计划制订得如何详细，对风险考虑得如何周到，在执行过程中还是会遇到意想不到的问题，因此，在计划实施过程中，任务负责人要经常向总体负责人汇报实施工作的具体情况，总体负责人要经常检查任务的完成情况，便于根据实际对计划作出相应的调整与完善。执行人员互相沟通，互相听取意见非常重要。

（四）监督和控制是高效实施的保障

计划落实是一个持续推动的过程，要通过制度的完善、有效的监督控制才能保证有效落实，才能真正实现高效实施，才能使问题顺利解决。

1. 建立监督机制

工作任务布置下去，还需要切实有效的措施，保证每个人都能按期完成自己的工作。确定相应的督查机制来追踪结果并使结果定期更新，让专人来负责追踪结果。为确保有效执行计划，还必须建立相应的检查标准、奖惩制度，对每一项任务、每一个步骤都作出具体的要求，执行起来有依据、有度量，对做得好的提出表扬和鼓励，对做得差的、不到位的，给予批评和处罚，便于工作的改进。

2. 确定监控内容

对解决问题进程的监督与控制，应重点围绕目标、时间、成本、绩效的进展情况以及各方面的满意度来进行。

3. 监控方法

围绕监控内容，可以采用计划与执行对比表、甘特图、反馈意见、巡视管理等方法进行监控。

计划与执行对比表把计划的核心内容与实际执行情况进行对比，以检查计划的落实情况。某企业销售计划执行对比表如表7-13所示。

表7-13　某企业销售计划执行对比表

地区	销售收入预算	执行分解						
		月份	一月	二月	三月	四月	五月	六月
北京	70万元	销售任务	7万元	8.4万元	9.8万元	11.2万元	12.6万元	11.2万元
		实际销量						
		实际达成率						
		投入费用						
		实际收入						

甘特图法可以看出计划在执行过程中，任务是否按时完成，是否拖延。

通过定期召开会议、面对面沟通、小组会议、一对一谈话、E-mail、电话、报告、视频会议、QQ等方式，及时与解决问题的相关人员联系，了解他们对计划落实的感受与反应，听取他们的意见，了解在解决问题过程中存在的问题与不足，从而及时地改进。

俗话说百闻不如一见，巡视管理可以帮助我们把握现场的真实情况，客观地评价现场，增进上下沟通，及时快速地解决问题。巡视管理可以采用定期巡视法、不定期巡视法、集体巡视法、个人巡视法、全面巡视法、重点抽查法、专题法等。

4. 处理问题

在执行计划的过程中，难免会出现一些偏差，或出现一些原来没有想到的新问题，这就需要查明原因，调整计划不完善的部分，及时处理问题，保证目标的实施。

（五）如何提高个人的执行力

1. 树立目标，并加强危机意识

认识到社会竞争的残酷性，做好个人的职业生涯规划，制订阶段化的目标和切实可行的计划，通过目标的牵引和危机感的督促，改变自己安于现状、裹足不前的状态，严格要求自己，努力学习，提高自己的工作能力和执行力。

2. 磨炼意志，培养毅力

遇到困难和挫折要有"啃下硬骨头"的勇气和决心，绝不能轻易放弃。《孟子》曰："天将降大任于斯人也，必先苦其心志，劳其筋骨，饿其体肤。"这样不断激励自己，才能成功。

3. 绝不拖延，立即行动

说一尺，不如做一寸，什么事情不怕自己不懂，就怕自己不做，边做边学，做行动的巨人，总会有成绩的。

4. 不要迟疑，当机立断

如果总想把事情考虑周全了再行动，就会瞻前顾后、犹豫不决，永远不能行动。畏缩就无法前进，就会失去很多的机会，只有当机立断、行动起来，在行动的过程中不断完善改进，才会离目标越来越近。

四、名人如是说

1）在企业运作中，其战略设计只有10%的价值，其余全部都是执行的价值。

——哈佛商学院前院长　波特

2）确定目标不是主要的问题，你如何实现目标和如何坚持执行计划才是决定性的问题。

——德鲁克

3）没有执行力就没有竞争力，微软在未来十年内所面临的挑战就是执行力。

——比尔·盖茨

4）一位管理者的成功，5%在战略，95%在执行。　——ABB公司董事长　巴尼维克

五、我该怎么做

执行能力自测题

（　）1.上级交给你一项工作任务时，你能否在规定的时间内完成呢？

  A.几乎无法完成   B.大多数会如期完成   C.一定会如期完成

（　）2.你曾经以"这不是我职责范围内的事"等理由来逃避工作任务吗？

  A.至少三次以上   B.仅有过一两次   C.从来没有过

（　）3.当你抓紧时间安排手头上的工作或任务时，突然有同事来找你帮忙，而你的时间也很急迫，你会怎么做呢？

  A.放下手头上的事来帮同事的忙   B.找个借口推辞掉

  C.先说明原因再拒绝，然后完成自己的工作

（　）4.当你接受一项工作或任务时，你习惯怎么做？

  A.先放着等会儿在做   B.立即着手去做

  C.先弄清楚预期的目标和交付的时间再着手去做

（　）5.当你在超市买东西正准备结账时，上司刚好打电话过来要你立即回公司一趟，你会怎么做？

  A.不慌不忙结完账再去   B.结完账匆匆赶回公司

  C.放下东西立即赶回公司

（　）6.一天下午经理要你打印一份文件，说下午开会时要用，你会怎么做？

  A.中午才打印   B.立即打印，并送呈给上司

  C.大致浏览下，确认无误后立即打印

（　）7.某天，你和上司一起去开会，即将轮到上司发言时，你发现演讲稿似乎少了一句，你会怎么做？

  A.觉得无所谓   B.和上司说一声，让他自己拿主意

  C.拿笔写上去，并通知上司知道

（　）8.当上司询问你执行任务进度时，你通常会怎么回答？

  A.应该能完成，你放心   B.已经顺利完成了2/3了

  C.目前完成了2/3了，明天下午6点前全部完成

（　）9.身为团队的负责人，当团队成员意见发生分歧时，你会怎么做？

  A.不闻不问   B.责怪团员

  C.找出原因，进行调节

（　　）10.有一次，部门参加公司组织的体能训练时，每个人都发挥得很出色，但团体训练时却成绩平平，这样的情况说明了什么？

　　A.评估方法不适当　　　　　　B.每个团队的成员都很优秀　　　C.团队合作不协调

评分说明：选A得1分，选B得2分，选C得3分。

10～17分，执行力较弱。你的执行力比较弱，工作质量也比较差，做事情总是拖拖拉拉，不到一定的时候不做。如果你想获得成功，可能需要付出更大的努力。当你执行任务时，不要让你的懒惰和理所当然冲昏了头，要加把劲哦。

18～24分，执行力普通。你有一定的执行能力，却少了几分热情。但这不是你获得成功的大碍，只要行事稍加注意，多点细心和耐性，多加强自己的责任心，从一开始，就抱有执行到底的心态，就一定能增加执行成功的机会，正所谓冰冻三尺，非一日之寒。

25～30分，执行力较强。你的执行力很强，只要有心，从小处做起，从细节出发，注意创新与细节的执行，坚持不懈的努力，就能顺利地执行到底。同样，你的事业一定会达到你理想的顶峰，只要你善加利用时机，还有自己的执行力。

六、课外阅读

"九段"秘书的会议安排

　　总经理要求秘书安排次日上午九点开一个会议。在这件事下，什么是任务？什么是结果？

　　通知到所有参会的人员，然后秘书自己也参加会议来作服务，这是"任务"。但我们想要的结果是什么呢？下面是一至九段秘书的不同做法。

　　一段秘书的做法：发通知——用电子邮件或在黑板上发个会议通知，然后准备相关会议用品，并参加会议。

　　二段秘书的做法：抓落实——发通知之后，再打一通电话与参会的人确认，确保每个人被及时通知到。

　　三段秘书的做法：重检查——发通知，落实到人后，第二天在会前30分钟提醒与会者参会，确定有没有变动，对临时有急事不能参加会议的人，立即汇报给总经理，保证总经理在会前知悉缺席情况，也给总经理确定缺席的人是否必须参加会议留下时间。

　　四段秘书的做法：勤准备——发通知，落实到人，会前通知后，去测试可能用到的投影、电脑等工具是否工作正常，并在会议室门上贴上小条：此会议室明天几点到几点有会议，会场安排到哪，桌椅数量够用吗？音响、空调是否正常？白板、笔、纸、本是否充分？我的准备，在物品、环境上，可以满足开会的需求了吗？

　　五段秘书的做法：细准备——发通知，落实到人，会前通知，也测试了设备，还先了解这个会议的性质是什么？议题是什么？议程怎么安排，然后给与会者发与这个议题相关的资料，供他们参考（领导通常都是很健忘的，否则就不会经常对过去一些决定了的事，或者记不清的事争吵）。提前的目的是让参会者有备而来，以便大家开会时提高效率。

　　六段秘书的做法：做记录——发通知，落实到人，会前通知，测试了设备，也提供了相关会议资料，还在会议过程中详细做好会议记录（在得到允许的情况下，做一个录音备份）。

　　会议开完，就完了吗？会议上大家讨论的问题、做出的承诺、领导的安排、部门之间的配合，都有许多会议的成果，需要有人记录下来。

　　七段秘书的做法：发记录——会后整理好会议记录（录音）给总经理，然后请示总经理会议内容没有问题后，是否发给参加会议的人员，或者其他人员。要求他们按照执行。

　　八段秘书的做法：定责任——将会议上确定的各项任务，一对一地落实到相关责任人，然后经当事人确认后，形成书面备忘录，交给总经理与当事人一人一份，以纪要为执行文件，监督、检查执行人的过程结果和最终结果，定期跟踪各项任务的完成情况，并及时汇报总经理。

　　九段秘书的做法：做流程——把上述过程做成标准化的"会议"流程，让任何一个秘书都可以根据这个流程，复制优秀团队，把会议服务的结果做到九段，形成不依赖于任何人的会议服务体系！

　　总结分享

　　任务与结果的差异是很多企业的心病，有时候并不是员工不尽力，大家似乎都在努力工作，但企业拿不到结果，导致质量波动没有业绩。同样这也是员工们的疑惑：我这么努力，"圆满"地完成了任务，为什么老板还是不满意？关键是没有把重点放在结果上，被"完成任务"所迷惑，大多数情况下，对于我们想要的结果，不是办不到，而是我们没有执着地办到。

第八单元　责任意识　服务能力

任务二十七　意识培养

一、学习目标

通过学习，明确责任意识的内涵；了解责任意识的重要性；掌握责任意识的分类；树立积极的工作态度，提高在工作、生活中的责任意识。

二、案例分析

◗ 故事

2005年感动中国之王顺友

2006年2月9日晚黄金时段，很多中国人感受到一场感人至深的心灵冲击，邮递员王顺友被评为"感动中国——2005年度人物。"

图8-1

　　王顺友（图8-1），就是四川省凉山州木里藏族自治县邮政局的一个普普通通的乡邮员。全县29个乡镇有28个不通公路，不通电话，马班邮路是当地乡政府和百姓与外界保持联系的唯一途径。普通百姓也许很难想象在通信和高科技如此发达的今天，却有这样一个人：在绵延数百公里的木里县雪域高原上，一个人牵着一匹马驮着邮包默默行走。20年来，每个月都有28天孤独而坚毅地行走在大山深处、河谷江畔、雪山之巅……20年来，他跋山涉水、风餐露宿，只为了按班准时地将一封封信件、一本本杂志、一张张报纸准确无误地送到每个用户手中……20年来，他一个人直面挑战，从不懈怠，只是为了将党和政府的温暖、时代发展的声音和外面世界的变迁不断地传送到雪域高原的村村寨寨……

20年，每年至少有330天独自在苍凉孤寂的深山峡谷里踽踽独行；20年，他在雪域高原跋涉了53万里，相当于走了21趟二万五千里长征。20年，他没延误一个班期，没丢失一个邮件，投递准确率达到100%。王顺友创造了世界邮政史上的一个奇迹。

说起自己的工作，王顺友说，做事情就应该有个做事情的样子。在节目的现场，他掏出了一个普普通通的水壶，里面装着两元多钱的酒。"我不怕走路，也不怕狼、熊，最怕的是孤独。"廉价的烧酒和他自编的上百首山歌，伴着他走过漫漫邮路。

他朴实得像一块石头，一个人，一匹马，一条路，一段世界邮政史上的传奇，他过滩涉水，越岭翻山，用一个人的长征传邮万里，用20年的跋涉飞雪传薪，路的尽头还有路，山的那边还是山，近邻尚得百里远，世上最亲邮递员。

分析解读

20年，每年至少330天，在深山峡谷里独行；20年，步行26万公里；20年，没延误一个班期、丢失一封邮件。他很普通，却创造了世界邮政史上的传奇，靠什么？靠的是职业精神和高度的责任感。职业是什么？是物质的"饭碗"，也是精神的追求，再升华就是事业、理想。王顺友不会讲大道理，他说："做事情就应该有个做事的样子。"一句朴素的实话。唯其朴实，才显境界。现实中，人们反感、愤懑的许多丑恶，不就是一些人"做什么不像什么"吗？那么，话说回来，怎样才能做什么像什么呢？必不可少的一点，就是需要具备高度的责任意识。

活动体验

王顺友的事迹是否感动了你？假如你是主人公，能够坚持做到20年如一日吗？想象一下，你将来会以什么样的状态投入工作？

三、知识链接

（一）责任意识的定义

责任意识是一种自觉意识，也是一种传统美德。责任意识是指社会成员清楚明了地知道什么是责任，并自觉、认真地履行社会职责和参加社会活动过程中的责任，把责任转化到行动中去的心理特征。

（二）责任意识的重要性

责任意识实际上就是有责任感，有责任心。我们翻阅招聘启事，随时都可以发现招聘广告上将有责任心作为招聘人员的一项重要要求。因为任何一个单位、企业，要想在激烈的竞争中获得发展，首先需要的是具有责任心的人。我国自古以来就重视责任意识的培养。"天下兴亡，匹夫有责"，强调的是热爱祖国的责任；"择邻而居"讲述的是孟母历尽艰辛、勇于承担教育子女的责任；"卧冰求鱼"是对晋代王祥恪尽孝道为人子的责任意识的传颂……一个人，只有尽到对父母的责任，才能是好子女；只有尽到对国家的责任，才能是好公民；只有尽到对下属的责任，才能是好领导；只有尽到对企业的责任，才能是好员工。只有每个人都认真地承担起自己应该承担的责任，社会才能和谐运转、持续发展。有责任意识，再危险的工作也能减少风险；没有责任意识，再安全的岗位也会出现险情。责任意识强，再大的困难也可以克服；责任意识弱，很小的问题也可能酿成大祸。有责任意识的人，受人尊敬，招人喜爱，让人放心。

（三）责任意识的内涵

1. 全局意识

全局意识，顾名思义，就是指能够从客观整体的利益出发，站在全局的角度看问题、想办法，作出决策。全局是一个相对个概念，一座学校、一个班级集体、一个国家、一个民族，一个核心利益等，都可以看作一个全局。顾大家，丢小家，讲究的就是全局意识。

案 例

一天，老师精神饱满地走进教室准备讲课，全班爆发出哄堂大笑……

老师环视教室一周，发现黑板上有一幅漫画，样子很滑稽，且旁边有一行小字"生物老师自画像"，很明显，说漫画是该老师的自画像。

老师顿时有种被愚弄的感觉，很想把恶作剧的同学找出来，狠狠批评一通。教室里依旧有些嬉笑声，仿佛在看老师如何处理这件事……

老师在讲台前沉默了有几秒钟后，快速调整了心态，仿佛没发生什么事一样，对着漫画看了一眼，随和、轻松地说了句"这个漫画的作者水平较高，只是选择作画的时间欠妥，课后我请他再给我作一幅画像"，然后拿起黑板擦擦干净了黑板。老师的平静出乎学生们意料，教室里顿时安静下来，大家自觉地翻开课本……

分析解读

很明显，该恶作剧的主使者对老师不够尊重，但如若老师没有大局意识，看到这样的行为便怒气冲天，横加指责，对该生兴师问罪，停止授课，最终利益受损的将是全班每位同学。

2. 敬业意识

敬业意识，是人们基于对一件事情、一种职业的热爱而产生的一种全身心投入的意识，是社会对人们工作态度的一种道德要求。它的核心是无私奉献意识。低层次的即功利目的的敬业，由外在压力产生；高层次的即发自内心的敬业，把职业当作事业来对待。

案 例

杨某是某技师学院机械系汽修专业的学生。在校期间，他充分利用各种平台锻炼自己，使得自己的综合素质不断提高，各方面的能力也提升了很多。第三年，系里安排进行工学结合实习，他也是其中之一。

刚开始，由于实习企业环境较艰苦以及工作强度大，很多同学都挺不住，出现了出勤不出力的现象，一些学生向企业提出要换岗位，个别甚至提出了要换实习企业的要求。这个阶段，杨某也曾经动摇过，但他与一些老师进行沟通，老师们鼓励他要坚持下去。

他采纳了老师的建议，在那个企业坚持了下去，并且在工作上以更加负责的态度来对待。最终，他在这个企业待到了实习结束，学到了很多专业技能和其他知识。在实习结束时，企业相关部门负责人对杨某给予了高度的评价，并挽留他继续待在该企业，与企业共同发展和进步。

分析解读

敬业意识是人们对自己所选择职业的高度认可和热爱，也就是人们常说的干一行、爱一行、专一行。敬业是做好任何工作的最基本要求。

3. 规范意识

规范意识，是指是发自内心的，以规则、规范为自己行动准绳的意识。

案　例

老吴是个退伍军人，几年前经朋友介绍来到一家工厂做仓库保管员，虽然工作不繁重，无非就是按时关灯、关好门窗、注意防火防盗等，但老吴却做得超乎常人的认真。他不仅每天做好来往工作人员的提货日志，将货物有条不紊地码放整齐，还从不间断地对仓库的各个角落进行打扫清理。

三年下来，仓库没有发生一起失火失盗案件，其他工作人员每次提货也都会在最短的时间里找到所需的货物。在工厂建厂20周年庆功会上，厂长按老员工的级别，亲自为老吴颁发了5 000元奖金。好多老职工不理解，老吴才来厂里三年，凭什么能够拿到这个老员工的奖项？

厂长看出大家的不解，于是说道："你们知道我这三年中检查过几次咱们厂的仓库吗？一次没有！这不是说我工作没做到，其实我一直很了解咱们厂的仓库保管情况。作为一名普通的仓库保管员，老吴能够做到三年如一日地不出差错，而且积极配合其他部门人员的工作，对自己的岗位忠于职守，比起一些老职工来说，老吴真正做到了爱厂如家，我觉得这个奖励他当之无愧！"

分析解读

没有规矩不成方圆。无论政府还是企业，都会精心打造行业规范或标准，用来有效地维护其秩序。即将步入工作岗位的中职生，更要树立规范意识，自觉践行守则，确保安全生产，为自己负责，为家人负责，为企业负责。

4. 质量意识

质量意识是一个企业从领导决策层到每一个员工对质量和质量工作的认识和理解，这对质量行为起着极其重要的影响和制约作用。

案　例

这是第二次世界大战中期，美国空军和降落伞制造商之间的真实故事。在当时，降落伞的安全度不够完美，即使经过厂商努力地改善，使降落伞制造商生产的降落伞的良品率已经达到了99.9%。应该说这个良品率即使现在许多企业也很难达到。但是美国空军却对此公司说No，他们要求所交降落伞的良品率必须达到100%。于是降落伞制造商的总经理便专程去飞行大队商讨此事，看是否能够降低这个水准，因为厂商认为：能够达到这个程度已接近完美了，没有什么必要再改。当然美国空军一口回绝：因为品质没有折扣。军方要求改变检查品质的方法，那就是从厂商前一周交货的降落伞中随机挑出一个，让厂商负责人装备上身后，亲自从飞行中的机身跳下。这个方法实施后，不良率立刻变成零。

分析解读

很多时候，许多人，做事时常有"差不多"的心态，对于领导或是客户所提出的要求，即使是合理的也会觉得对方吹毛求疵而心生不满，认为差不多就行。但就是很多的差不多产生质量问题。

5. 自律意识

自律的意思就是自我约束，那么自律意识自然就是自我约束的意识了。所有值得追求的目标都需要自律才能实现。

案 例

后汉东莱太守杨震，其"自律意识"自觉而强烈。吕邑令王密深夜怀金十斤相赠，杨拒纳，王密劝道："夜幕无人知。"杨震则说："天知，地知，你知，我知。何谓无知者？"

分析解读

事实上，要想人不知，除非己莫为。纸是终究包不住火的，隐瞒怎么能瞒得了长久呢？因此，要有"自律意识"。有了它，可以使人警觉，悉心防范，在不义之财面前不失操守；可以使人自尊自爱，在人情义气面前不失原则。

6. 服务意识

服务意识，是指企业全体员工在与一切企业利益相关的人或企业的交往中所体现的为其提供热情、周到、主动的服务的欲望和意识，即自觉主动做好服务工作的一种观念和愿望，它发自服务人员的内心。服务意识是服务人员的一种本能和习惯，是可以通过培养、教育训练形成的。

案 例

毕业后，小美到一家合资企业去应聘，外方经理看到相貌平平的她，以及各方面表现一般的简历，毫无表情地拒绝了她。小美坦然地收回自己的资料，站起身来准备走，突然，她觉得自己的手被什么东西扎了一下，看了看手掌，上面沁出一颗血珠。低头一看，原来是凳子上的一个钉子尖露了出来。她见桌子上有一块镇纸石，便拿起来努力把钉子尖压了下去。然后，微微一笑，告辞后转身离去。几分钟后，公司外方经理派人到楼下追上了她。她被公司破格录取了。

服务意识就是以他人为中心的意识。拥有服务意识的人，常常会站在他人的立场上，真正地关心他人，哪怕只是一件小事，都可能让自己活得一个意想不到的机会或收获。只有首先以他人为中心，服务他人，才能体现出自己存在的价值，才能得到他人对自己的服务。

7. 保密意识

保密意识，即保护秘密不被泄露的意识。

案 例

2011年前苹果公司员工Paul Devine泄露苹果公司的机密信息，如新产品的预测、计划蓝图、价格和产品特征，还有一些为苹果公司的合作伙伴、供应商和代工厂商提供的关于苹果公司的数据，这使得这些供应商和代工厂商更好地与苹果公司进行谈判。作为回报，Devine得到了经济利益，而苹果公司因这些信息而亏损了240.9万美元。而最终，Paul Devine本人也因电信欺诈、共谋等罪名被法庭判处1年有期徒刑，并判决他支付450万美元的罚款。

分析解读

商业秘密，关乎企业的竞争力，甚至直接影响企业的生存。保守秘密，是每位员工的基本义务。

8. 细节意识

细节意识，即注重细节、从细节着手、从小事入手、把小事做细，做到精益求精的意识。

案 例

陈某，江汉大学应届毕业生，学校戏剧社骨干。招聘会那天早上，陈某不慎碰翻了水杯，将放在桌上的简历浸湿了。为尽快赶到会场，他只将简历简单地晾了一下，便将简历和其他东西一起匆匆塞进背包。招聘会现场，陈某看中了一家房地产公司的广告策划主管岗位。经过交谈，招聘人员对他十分满意，便向他索要了简历。他受宠若惊地掏出简历时，这才发现，简历上不光有一大片水渍，而且皱皱巴巴地，再加上钥匙等东西的划痕，已经不成样子了。他努力将它弄平整，递了过去。看着这份"伤痕累累"的简历，招聘人员的眉头皱了皱，但还是收下了。那份褶皱的简历夹在一沓整洁的简历里，显得十分刺眼。

然而，面试过去一周后，陈某没有得到任何回复。他非常着急，忍不住打电话向那位负责人询问情况。负责人沉默了一会儿，告诉他："其实领导对你是很满意的，但你败在了简历上。老总说，一个连简历都保管不好的人，是管理不好一个部门的。你应该知道，简历实际上代表的是你的个人形象。将一份凌乱的简历投出去，有失严谨。"

分析解读

一位管理学大师曾说：现在世界级的竞争，就是细节的竞争。细节影响品质，细节体现品味，细节显示差异，细节决定成败。在这个讲求精细化的时代，细节往往能反映你的专业水准，突出你内在的素质。

（四）责任意识的培养

学生阶段，责任意识的培养主要应设立"五个阶梯"目标。

目标阶梯之一：对自己负责。培养自尊、自信、自律、自主、自强的意识。

目标阶梯之二：对他人负责。尊重与接纳他人，富有爱心与合作精神。

目标阶梯之三：对集体负责。主动关心爱护集体，珍惜集体荣誉，积极参加集体事务和各项活动，履行应尽的义务，学会共享，主动为集体发展尽职。

目标阶梯之四：对家庭负责。尊老爱幼，为父母分忧，营造温馨的家庭氛围。

目标阶梯之五：对社会和国家负责。勤奋学习和努力工作，讲爱心与奉献，积极参与公益活动，爱护环境，树立远大理想，立志报效祖国。

四、名人如是说

1）一个人若没有热情，他将一事无成，而热情的基点正是责任心。

——列夫·托尔斯泰

2）每一个人都应该有这样的信心：人所能负的责任，我必能负；人所不能负的责任，我亦能负。如此，你才能磨炼自己，求得更高的知识而进入更高的境界。　　——林肯

五、我该怎么做

测试你的敬业度

本测试旨在评测你的敬业度。测试题由一系列陈述句组成，请仔细阅读，按要求选择最符合自己情况的答案（以下每题有三个选项：A—完全符合，B—基本符合，C—不符合）。

（　　）1.不拿公共财物。

（　　）2.在规定的休息时间后，及时返回学习或工作场所。

（　　）3.看到别人有违反学校或公司规定的举动，及时纠正。

（　　）4.能够保守秘密。

（　　）5.从不迟到、早退。

（　　）6.不做有损学校或公司名誉的任何事情。

（　　）7.不管能否得到相应奖励，都能积极提出有利于集体的意见。

（　　）8.关心自己、同学或同事的身心健康。

（　　）9.愿意承担更大的责任，接受更繁重的任务。

（　　）10.向外界积极宣扬自己所在的集体。

（　　）11.把集体的目标放在第一位。

（　　）12.乐于在正常的学习、工作时间之外自动自发地加班加点。

（　　）13.在业余时间学习与工作有关的技能，提升职业素养。

（　　）14.在学习时间不做有碍学习的事情。

（　　）15.为保证工作或学习绩效，善于劳逸结合，调节身心。

（　　）16.积极寻找途径获得外界对自己所在集体的支持。

（　　）17.对集体的使命有清晰的认识，认同集体的价值观。

（　　）18.能享受学习和工作中的乐趣。

（　　）19.老师或领导布置的任务，即使有困难，也会想方设法完成而不是敷衍了事。

（　　）20.积极参加集体组织的各项活动。

评分说明：选A得5分，选B得3分，选C得1分。

40分以下，敬业度较低；40～59分，敬业度一般；60～80分，敬业度上等；80分以上，敬业度优异。

六、拓展延伸

（一）阅读理解：一颗未拧紧的螺钉

2015年4月初，梅县区消委会程江分会接到消费者管先生投诉称，他于2015年4月8日到梅县区程江某汽车维修服务部（以下简称汽修部）更换汽车刹车油管，由于该汽修部维修工人的工作疏忽，在安装车轮过程中，未将汽车的左前轮螺钉拧紧，导致管先生在正常驾驶汽车的过程中左前轮脱落，造成车辆受损并波及一辆摩托车，致使该摩托车损坏、摩托车驾驶员受伤的交通事故，交警部门认定管先生为过错方，应负事故全部责任，管先生需赔偿摩托车主医疗费、修理费等共计8 000元。为此，管先生向消委会投诉称，此次交通事故的发生，是由于汽修部在修车的过程中存在严重失职，该汽修部应当承担部分赔偿责任。

2015年4月14日，梅县区消委会程江分会组织管先生、汽修部负责人、摩托车驾驶员三方共同协商。经耐心调解，对于管先生的投诉，该汽修部的负责人承认其在修车过程中确实存在疏忽，并同意对该交通事故承担相应责任。根据各自的过错程度，经协商，该汽修部同意对此交通事故赔偿1 700元。

某汽车维修服务部的维修工人因工作疏忽，因一颗未拧紧的螺钉导致一场车祸。表面上，这是交通事故致人损害赔偿责任分担纠纷，实质上是汽车维修服务质量纠纷。经营者涉嫌侵犯消费者安全权，还损害了第三方（摩托车驾驶员）的合法权益，唯一值得庆幸的是没有造成更大的事故。

想一想：

1）造成这起交通事故的主要原因是什么？

2）结合本节所学内容，结合工作或实习实际，谈一谈你对责任意识的认识。

（二）企业的"6S"管理

1. "6S"的含义

6S就是整理（SEIRI）、整顿（SEITON）、清扫（SEISO）、清洁（SEIKETSU）、素养（SHITSUKE）、安全（SECURITY）六个项目，因均以"S"开头，简称6S。

2. "6S"的内容

整理（Seiri）——将工作场所的任何物品区分为有必要的和没有必要的，除了有必要的留下来，其他的都消除掉。目的：腾出空间，空间活用，防止误用，塑造清爽的工作场所。

整顿（Seiton）——把留下来的必要用的物品依规定位置摆放，并放置整齐加以标识。目的：工作场所一目了然，消除寻找物品的时间，消除过多的积压物品营造整整齐齐的工作环境。

清扫（Seiso）——将工作场所内看得见与看不见的地方清扫干净，保持工作场所干净、亮丽的环境。目的：稳定品质，减少工业伤害。

清洁（Seiketsu）——将整理、整顿、清扫进行到底，并且制度化，经常保持环境处在美观的状态。目的：创造明朗现场，维持上面3S成果。

素养（Shitsuke）——每位成员养成良好的习惯，并遵守规则做事，培养积极主动的精神（也称习惯性）。目的：培养有好习惯、遵守规则的员工，营造团队精神。

安全（Security）——重视成员安全教育，每时每刻都有安全第一观念，防患于未然。目的：建立起安全生产的环境，所有的工作应建立在安全的前提下。

3. 企业执行"6S"的意义

提升企业形象：整齐清洁的工作环境，能够吸引客户，并且增强自信心；

减少浪费：由于场地杂物乱放，致使其他东西无处堆放，这是一种空间的浪费；

提高效率：拥有一个良好的工作环境，可以使个人心情愉悦；东西摆放有序，能够提高工作效率，减少搬运作业；

质量保证：一旦员工养成了做事认真、严谨的习惯，他们生产的产品返修率会大大降低，提高产品品质；

安全保障：通道保持畅通，员工养成认真负责的习惯，会使生产及非生产事故减少；

提高设备寿命：对设备及时进行清扫、点检、保养、维护，可以延长设备的寿命；

降低成本：做好6S可以减少跑冒滴漏和来回搬运，从而降低成本；

交期准确：生产制度规范化使得生产过程一目了然，生产中的异常现象明显化，出现问题可以及时调整作业，以达到交期准确。

七、课外阅读

一个实习生的违约案例

在公司执行的欧洲某著名集团公司近百名高管赴华的领导力参学项目中，需要招募十几名实习生以协助工作。小J毕业于南方一所著名的大学，目前在上海某知名高等学府攻读财务方面的硕士学位。她以出色的成绩、实习履历以及英语技能在近千封简历中脱颖而出。在接下来的一系列面试中过关斩将成为该项目实习生之一，并与公司郑重签署了相关协议，接受了针对该项目的包括国际商务礼仪在内的多次培训。为了确保项目的顺利执行，公司在招募实习生的广告、面试通知、面试、培训和协议中都反复强调一条对实习生的基本条件和要求——为期一周的项目进行期间须确保时间，除疾病等不可抗因素外一律不接受请假。然而小J却在上班的前一天就向项目负责人提出请假两个上午，理由是要去参加两个公司的笔试。在这个时间以这个理由请假，暴露出小J对企业、对自己的承诺都严重缺乏责任意识，请假也不符合协议约定，不能被批准。但小J还是选择去参加笔试，放弃了该项目的实习。当日，公司人力资源部和小J做了第一次面谈，对她作为一个面临就业压力的应届毕业生作出这样的选择表示了理解，但也同时希望她尊重自己的承诺和法律的严肃性，承担起相应的违约责任。

然而，小J在这之后没有如约主动联系公司。将近一个月之后，人力资源部再次联系她时，小J竟拒绝面谈，并以诸如"用圆珠笔签的协议没有法律效力"等荒唐的理由企图否认自己有违约事实，这个过程再次暴露了小J在法律意识、沟通意识上和协调能力的严重不足。在被公司一一驳回后，才承认她认为公司不可能大费周章地通过法律途径追究她的违约责任，心悦诚服地缴纳了象征性的违约金，作为自己踏上社会第一堂课的学费。

任务二十八 规范服务

一 学习目标

通过学习，理解工作规范的定义、主要内容及岗位规范的要求；树立乐于为他人服务的意识；懂得站在他人角度思考问题的道理；树立正确的服务态度，掌握基本服务技巧。

二 案例分析

▶ 小故事

善待每一个客户是我们服务的标准

时任山东胜场贸易有限公司的人力总监王天成讲了一件他曾亲身经历的事情。事情发生在2013年9月初，他第一次来北京，到北京后首先找了一家酒店住下，准备第二天开始办事，酒店与要去办事的地方相隔有点远。这天下午，他来到酒店前台，对当班的服务员王毅说："我是第一次来北京，明天想到朝阳区办事，可以麻烦你给我买一张地图吗？"王毅非常有礼貌，说："当然可以。请您稍等一下，我马上买给您。"

过了一会儿，王毅拿来一张地图，微笑着说："北京的交通线路比较复杂，我给您说说比较方便的行走路线，好吗？"王天成当然求之不得。于是，王毅将地图摊放在茶几上，先用铅笔标出酒店所在的位置，再标出王天成想去的位置，然后告诉他，哪几路公交车可以到达，并且建议他走一条比较远的路，因为近路红灯多、交通拥堵严重，远路比较通畅，用时反而较少。

第二天，王天成按照王毅指点的路线坐车，非常顺利。办完事后，他有意从另一条路返回，果然一路红灯不断，多花了将近一个小时。王天成非常感谢王毅，如果不是王毅的用心，他不仅会耗费大量时间，所办事情也将会受到很大影响。

分析解读

每一位顾客的背后都会有N名亲朋好友、同事等。假如商家获得了一位顾客的良好口碑，就会赢得 N个人的好感。现在的顾客购买商品时往往货比三家，商家若给一名顾客留下了不良的影响，也就意味着其忽视了顾客背后N名关联群体所带来的负面效应，如此竞争对手就多了一位顾客。因此，提供优质、规范的服务，逐步成为企业或商家留住顾客的法宝。

活动体验

1）你认为王毅的服务如何？

2）结合你的实际经验，列举几个优质服务或服务不规范的例子 。

三、知识链接

（一）工作规范

1. 工作规范的定义

工作规范也称作岗位规范、劳动规范或岗位标准，它是对组织中各类岗位某一专项事物或某类员工劳动行为、素质要求等所作的统一规定。

2. 工作规范的主要内容

（1）岗位劳动规则。岗位劳动规则即企业依法制定的要求员工在劳动过程中必须遵守的各种行为规范。包括：

1）时间规则：在作息时间、考勤办法、请假程序、交接要求等方面所作的规定。

2）组织规则：企业单位对各个职能、业务部门以及各层组织机构的权责关系、指挥命令系统、所受监督和所施监督、保守组织机密等项内容所作的规定。

3）岗位规则：亦称岗位劳动规范，是对岗位的职责、劳动任务、劳动手段和工作对象的特点，操作程序，职业道德等所作提出各种具体要求。包括岗位名称、技术要求、上岗标准等项具体内容。

4）协作规则：企业单位对各个工种、工序、岗位之间的关系，上下级之间的连接配合等方面所作的规定。

5）行为规则：对员工的行为举止、工作用语、着装、礼貌礼节等所作的规定。这些规则的制定和贯彻执行，将有利于维护企业正常的生产、工作秩序，监督劳动者严格按照统一的规则和要求履行自己的劳动义务，按时保质保量地完成本岗位的工作任务。

（2）岗位员工规范。岗位员工规范即在岗位系统分析的基础上，对某类岗位员工任职资格以及知识水平、工作经验、文化程度、专业技能、心理品质、胜任能力等方面素质要求所作的统一规定。

（3）岗位技能规范。

1）应知：胜任本岗位工作所应具备的专业理论知识，如所使用机器设备的工作原理、性能、构造，以及加工材料的特点和技术操作规程等。

2）应会：胜任本岗位工作所应具备的技术能力，如使用、调整某一设备的技能，以及使用某种工具、仪器仪表的能力等。

3）工作实例：根据"应知"、"应会"的要求，列出本岗位的典型工作项目，以便判定员工的实际工作经验，以及掌握"应知"、"应会"的程度。

（4）岗位操作规范。

1）岗位的职责和主要任务。

2）岗位各项任务的数量和质量要求，以及完成期限。

3）完成各项任务的程序和操作方法。

4）与相关岗位的协调配合程度。

5）其他种类的岗位规范，如管理岗位考核规范、生产岗位考核规范等。

（二）规范服务

1. 规范服务的含义

规范化服务又称标准服务，是指从事该项服务的人员必须在规定的时间内按标准进行服务，而且服务的质量应达到统一标准和要求。

2. 如何做到规范服务

（1）树立服务意识。服务意识，指发自服务人员的内心，是服务人员的一种本能和习惯，是员工在企业利益相关的人或企业的交往中所体现的自觉主动提供热情、周到服务工作的一种观念和愿望。它可以通过培养、训练形成。服务意识是优质服务的根本。

案例

服务是利润的源泉

王永庆16岁时用父亲借来的200元钱作为本金开了一家小米店。为了和隔壁那家日本米店竞争，王永庆颇费了一番心思。当时大米加工技术比较落后，出售的大米里混杂着米糠、沙粒、小石头等，买卖双方都是见怪不怪。王永庆则多了一个心眼，每次卖米前都把米中的杂物捡干净，一段时间之后，镇上的主妇都说王永庆卖米质量最好，都不需要淘米，一传十，一下子赢得很多客户。

王永庆卖米的时候注意到很多家庭只有妇女或者老人在家，买米非常不方便，于是推出送货上门，此举大受欢迎。他在一个本子上详细记录了顾客家有多少人、一个月吃多少米、何时发工资等。算算顾客的米该吃完了，就送米上门；等到顾客发薪的日子，再上门收取米款。他给顾客送米时，并非送到就算。他先帮人家将米倒进米缸里。如果米缸里还有米，他就将旧米倒出来，将米缸刷干净，然后将新米倒进去，将旧米放在上层。这样，米就不至于因陈放过久而变质。他这个小小的举动令不少顾客深受感动，铁了心专买他的米。就这样他的生意越来越好。从这家小米店起步，王永庆最终成为今日台湾工业界的"龙头老大"。

后来，他谈到开米店的经历时，不无感慨地说："虽然当时谈不上什么管理知识，但是为了服务顾客做好生意，就认为有必要掌握顾客需要，没有想到，由此追求实际需要的一点小小构想，竟能作为起步的基础，逐渐扩充演变成为事业管理的逻辑。"

分析解读

在米店经营过程中，王永庆并没有投入过人的高技术，是什么帮他赢得市场？从根本上讲，是他的服务意识。他主动观察、了解顾客的实际需求，并积极寻找提升服务品质的办法，最终赢得顾客。

（2）遵守"规矩"，遵守服务规范。每个公司和企业，甚至每个岗位，基有其对应的服务宗旨和行为规范，也就是服务标准。

案例一

泰国东方饭店的迎宾规范（节选）

举世瞩目的泰国东方饭店，曾数次摘取了"世界十佳饭店"的桂冠，其成功秘诀之一，就在于把"笑容可掬"列入迎宾待客的规范。

客人从对面走来时，员工要向客人行礼，必须注意：

①放慢脚步，距离客人大概2米远的时候，面带微笑目视客人，轻轻点头致意，并说："您早!""您好!"等礼貌用语。

②如行鞠躬礼时，要停步，弓身15°到30°之间，眼睛看对方的脚部，并致问候。边走边看边弓身是不礼貌的。

③在工作中，可以边工作，边致礼。

④工作时不得吸烟。

⑤工作时间不得接打私人电话。

⑥工作场所保持安静，隆重场合保持肃静。不得大声喧哗，更要防止串岗、交头接耳或开玩笑等。如客人有事召唤，不可高声应答。如果距离较远，应点头示意，立即去服务。客人有电话，要轻声告知，并伸手示意在哪接听电话。隆重场合不仅不能有声音，而且要神情庄重、专注。

⑦尊重老人，尊重妇女，尊重残疾人。尊重不同国家、民族的风俗习惯。

分析解读

好的标准如同黑夜中明亮的星星，指引着夜行者徐徐前进。在服务中，标准与规范并存：企业的成功少不了科学的管理，而科学的管理少不了规范与准则。只有不折不扣地提供标准化服务，提供妥善周到、训练有素的服务，顾客才能被感动，并从中感受到服务人员的诚意和热情。

案例二

总裁的自我惩罚

联想集团建立了每周一次的办公例会制度，有一段时间，一些参会的领导由于种种原因经常迟到，大多数人因为等一两个人而浪费了宝贵的时间。公司总裁柳传志决定补充一条会议纪律：迟到者要在门口罚站5分钟，以示警告。纪律颁布后，迟到现象大有好转，被罚站的人很少。有一次，柳传志自己因特殊情况迟到了。走进会场后，大家都等着看柳传志将如何解释和应对。柳传志先是作出道歉并解释原因，然后自觉地在大门口罚站5分钟。

柳传志为何自觉地在大门口罚站5分钟？

俗话说：没有规矩不成方圆。如果一个企业没有严格的规矩和制度，在某一段时间也许也能混下去，甚至在某一阶段、某一件事情上还会显得很有效率，但若想长远生存和发展是绝对行不通的。任何一个顶尖的团队都有一套非常高标准的制度和标准，并且严格执行。

（3）创新服务理念。

案 例

诺基亚与苹果

诺基亚手机，大家应该都不陌生。在最辉煌的时候，诺基亚手机占据了全球手机市场40%的份额，为芬兰政府缴纳了占全国21%的企业税。诺基亚的辉煌正是在不断创新中发展的。

进入国内市场发展之初，诺基亚相继推出了一系列具有市场影响力的直板手机机型，给国内市场带来一股全新的劲风；2001年推出的诺基亚8250加入了中文电话本，对中文提供了全面的支持，同时针对年轻消费群的喜好，将当时主流的绿色背景灯换成了更加年轻化的蓝色背景灯，再次征服顾客的心。

如果说前几次都只是在小方面作改善，那么接不来诺基亚的举措完全突显出他们创新团队的强大竞争力。当商务手机的竞争日益激烈时，诺基亚开了一个创举—推出相当超前的可通过扩展卡增加内存的一款作品。当2002年手机屏幕已经彻底地过渡到彩屏时代时，诺基亚再次创造性地推出了国内第一款采用了 S60界面并内置摄像头的智能手机诺基亚7650，重要的是启用了塞班软件。2003年诺基亚更是联合很多欧美知名的游戏公司进行了游戏的开发，推出一款经典的专业的游戏手机N-Gage。创新所产生的价值是无法估量的，它牵动的不仅是企业的发展，更可能是一个行业的发展。

遗憾的是自此以后，诺基亚鲜有影响比较大的创新之举，企业的发展也日落千丈。

与此同时，反观苹果手机的发展，当大家都在争相研发改善黑白屏电脑时，他们已经开始研发彩色电脑，并最先开始投入使用。当电脑市场因此而过渡到彩屏的时代时，苹果公司已经开始推出了MP3，瞬间风靡全球；当大家争相仿效 MP3、MP4的时候，他们却推出了后来让"苹果粉丝"们疯狂的 iPhone手机、iPad平版电脑、3D技术的引进……一次又一次超越了"苹果粉丝"们的期待，一次又一次地激发出顾客新的期待，一次又一次给人们带来无尽的惊喜，一次又一次引领着行业的潮流。

细心观察，无论创新的成就大小，这些服务的"创新点"是企业竞争的优势。一个新的构想、一次新的试验都能让人刮目相看。服务的创新逼近能体现创新者的个人智慧，也能给服务对象带来方便，解决问题，更多的是提升工作效能，创造各种机会。

四、名人如是说

1）对于企业来说，"口碑"的重要性远远大于"品牌"，而决定口碑的关键则是客户的服务质量。 ——马云

2）合抱之木，生于毫末；九层之台，起于累土；千里之行，始于足下。 ——老子

五、我该怎么做

服务意识测试

（下面有10道测试题，每道题满分是10分，总分100分。你可以酌情为自己打0～10分。请如实打分）

1.在你的家里，你作为年轻的家庭成员，总能做到尊重、关心、顺从老人，关心老人的心情和健康，让老人高兴，在你的影响下，家庭关系很和睦。

2.只要家里来了客人，你总能主动为客人沏茶倒水，与客人亲切交谈，让客人舒心、随便、高兴。

3.和朋友们在一起时，你总是主动关心每一个人的冷暖和心情。

4.在你工作或学习中，你总是乐于关心和帮助同事或同学，谁遇到困难你都能尽力帮忙。

5.你经常称赞和夸奖他人。

6.得到他人的谅解、赞美和帮助时，你总是心存感激之情。

7.走在大街上，有陌生人向你问路，你总是不厌其烦地跟他讲清楚。

8.如果有人请你帮忙，而你却实在无能为力，你内心会感到愧疚。

9.如果你从事服务业，你感到有义务和责任去帮助每一位客人，让他高兴和满意。

10.你总是能看到他人的优点并欣赏他人。

如果你的总分在80分以上，说明你已经很有服务意识了，相信你一定能够成为一位了不起的服务明星。

如果你的总分为60～80分，说明你只要稍加努力，便会成为服务高手。

如果你的总分为40～60分，说明你还需要把自己的爱心扩展到更大的范围。

如果你的总分在40分以下，说明你需要经过一定时间的适应性训练，来培养和提高自己的服务意识。

六、拓展延伸

（一）规范服务之语言的艺术

某日，酒店内有一客人在大堂休息区域的沙发上睡着了，姿态非常不雅：整个人侧着睡占了两个座位，脱了鞋的脚搁在茶几上，很多想过去休息的客人"望而生畏"。这时服务生小李也意识到应该去处理一下这个问题。于是他走到客人身边轻轻地摇醒了客人，礼貌地跟客人说："先生，对不起，这里不能睡觉，这里是给客人坐的。"客人睡眼惺忪地望了一下小李，似乎有一丝不满地说道："为什么不能睡，你这里不是给客人休息的吗？我住你们酒店，为什么我不能在这里休息一下，你这里又没写只能坐不能躺。"说完并没有想起来的意思，似乎对小李搅了他的美梦非常不满。

这可把小李难住了，如果不马上处理，被领导看到可是要挨骂的，于是他立刻寻求领班小张的帮助。小张听完后马上来到大堂，微笑着走到客人面前，礼貌地向客人说道：

"先生，不好意思，打扰您一下，您看今天外面气温比较低，您如果睡在这里的话肯定会着凉的，您要是累的话回房间睡比较好。"客人睁开眼未动。小张继续保持微笑向客人说道："而且我们这里的沙发是为客人临时休息设计的，比较窄，您万一睡着了，稍微一翻身，就容易掉下来伤到您。"话毕小张一直保持着微笑等在客人边上，客人迟疑了一下起身走了。

想一想：

1）该案例给了你什么启示？

2）把自己想象成服务生，遇到此情景，你会怎么做？

3）把自己想象成入住酒店的客人，你希望得到酒店什么样的服务？

（二）案例：如何使企业员工工作规范化

企业实际问题：

山东某物流有限公司成立于1995年，注册资本2 700万元人民币，位于山东胶东半岛地区。该公司主要业务涵盖国际集装箱堆存、物流仓储、集装箱检修三大核心物流功能，拥有专业技术人员近300名。该公司还拥有自己的报关行及仓库，能为客户提供全套的进出口报关、商检、仓储、拖车、分拨及相关服务，实行一票在手、全程无忧的二十四小时服务。经过近20年的发展，该公司成为山东地区规模最大、功能最齐全、综合实力最强的集装箱物流企业之一。

鉴于物流行业的特殊性及从业人员特点，公司的人员流动相对较为频繁，很多员工在熟悉了岗位操作及工作标准之后就离开，公司不得不重新招聘，再培训，周而复始。一方面造成了员工培训成本增加；另一方面，由于人员都是"新手"，服务质量也难以保证。面对人员频繁流动给公司造成的压力，该公司领导提出了工作标准化的需求，希望能通过对各个岗位工作标准的梳理和规范，打造统一的服务模式，提高服务质量。基于此，该公司领导邀请人力资源专家——华恒智信进驻企业，帮助企业解决所面临的管理问题。

华恒智信解决方案：

1）梳理工作流程，提高工作效率。针对各岗位的具体工作职责，梳理具体工作流程，编制"流程图"，并明确对接部门、具体对接人等信息，具体从事某项工作职责的人对照工作流程图即可清晰地知道做什么、怎么做、找谁做等信息，大大提高了工作效率，同时，工作人员还可利用流程图有效跟踪工作进度，确保在时间节点之前完成工作职责。此外，华恒智信顾问团队还指出需明确关键流程控制点，比如，完成具体工作的时间节点、信息传递的具体人员等，进一步确保工作职责的有效执行。

2）明确工作标准，保证工作质量。原有的工作标准多为定性描述，比如"及时"、"一定"等词语，员工具体开展工作时也不清楚工作做到什么程度是达到标准的，做到什么程度是可以评为优秀的，这种情况也给员工的敷衍了事提供了一定的契机，工作质量也难以得到保证。基于此，华恒智信顾问专家团队提出，对具体工作职责制定明确的工作标准要求，对"及时"等定性描述语言予以进一步明确，比如，将"及时接听电话"进一步明确为"电话铃声响三声之内接听电话"，以确保员工能够清楚地了解工作标准。同时，将工作标准分为合格标准和优秀标准，确保工作保质保量完成的同时，有效引导员工的工作行为，鼓励员工主动提升工作技能。

3）固化工作经验点，将个人经验转变为组织经验。现阶段，老员工或优秀员工的工作经验始终存留在脑海中，一旦这些人离职或升迁，其宝贵的工作经验也随之流失，新员工必须在失误中不断再摸索经验，在一定程度上等同于重复工作。基于此，华恒智信顾问团队设计了相关工具，针对具体工作事项，从容易出错、关键控制点等几个思考角度出发，固化工作经验点，将老员工和优秀员工脑海中的个人经验转变为组织经验，在很大程度上减小了各岗位对老员工及优秀员工的依赖性，解决了人员配置的矛盾。同时，将各岗位的工作经验点作为具体岗位人员的培训教材，提高了培训有效性的同时，也确保了工作职责的顺利执行。

七、课外阅读

图8-2

中国重型汽车集团有限公司（简称"中国重汽"）的前身是济南汽车制造总厂，始建于1956年，是我国重型汽车工业的摇篮，现为山东省济南市人民政府国有资产监督管理委员会直接监管的重要骨干企业之一。中国重汽曾在1960年生产制造了中国第一辆重型汽车——黄河牌 JN150型8吨载货汽车；1983年成功引进了奥地利斯太尔重型汽车项目；是国内第一家全面引进国外重型汽车整车制造技术的企业；2007年中国重汽在香港主板上市，初步搭建起了国际化平台；2009年成功实现与德国曼公司的战略合作，德国曼公司参股中国重汽（香港）有限公司25%+1股，中国重汽引进曼公司D20、D26、D08三种型号的发动机、中卡、重卡车桥及相应整车技术，为企业长远发展奠定了坚实的基础。目前，中国重汽已成为我国最大的重型汽车生产基地，为我国重型汽车工业发展、国家经济建设作出了突出贡献。

中国重汽之所以取得如此成就，归功于企业的规范管理，尤其是企业的7S管理。

想一想：你接触过的行业中，遇到过哪些规范的服务？

任务二十九　奉献社会

一、学习目标

培养学生关注社会、了解社会的意识；树立报效祖国奉献社会的理念；理解在奉献社会中实现人生价值；从提高自身素质、积极实践做起，为国家和社会的发展奉献力量。

二、案例分析

案例

比尔盖茨及妻子做慈善公益事业

比尔·盖茨和妻子梅琳达一直热心于慈善公益活动，为此，他们成立了一个以自己名字命名的慈善基金会，每年定期向基金会捐献15亿美元，用于帮助全球各地的弱势群体。

盖茨基金会的核心理念和最终目的是达到和实现"人人平等"，但仅仅靠盖茨夫妇两个人的力量，显然是不足的，为了影响和吸引更多的富人加入到基金会里来，和他们一起出力，盖茨经常带着梅琳达四处开展推广活动，特别是到一些重要的场合演说。

但遗憾的是，收效却并不明显，很多富人似乎都不太愿意给盖茨面子，他们只是礼仪性鼓鼓掌，点点头，一提到让他们掏腰包，捐点钱出来，便溜之大吉。

为此，盖茨夫妇很苦恼。经过思索后，盖茨觉得，富人们之所以不愿意投身慈善，很大程度上是因为他们高高在上，从没有接触过弱势群体，对弱势群体的困苦没什么切身的感受，甚至觉得他们的困苦被人为夸大了。

于是，盖茨灵机一动，他决定改变以往单一的号召、劝说式的演讲方式。

在接下来的一场全球性质的设计大会上，盖茨又做了一次重要的慈善演讲，再次向台下的听众们推销他的"人人平等"的理念，与会者们都是全球顶级的技术专家、政界大腕和影视、体育巨星们。盖茨开始向他们讲述自己的基金会在对抗非洲疟疾蔓延上所作出的巨大努力和心力不足，希望大家都能参与进来，一起消灭疟疾。

与会者们都彬彬有礼地听着盖茨的演讲，但都没有什么表情，盖茨好像早就料到是这样的结果。突然，他从口袋里掏出一个玻璃瓶子来，然后说道："今天我特意带来了几十只非洲当地的大蚊子，就是它们到处传播疟疾的，我现在把它们放出来，让它们和在座的各位来一次亲密接触。"

说完，盖茨便打开了瓶子，顿时，几十只大蚊子一下子飞了出来。这可把台下的人吓倒了，顿时，惊呼声不断，大家纷纷慌忙起立，作躲避蚊子状，女士们更是迅速用衣袖遮住自己的脸，生怕被叮到。

看到此情此景，盖茨哈哈大笑，他说："大家不必惊慌，这些蚊子并没有带病菌，在装入瓶子之前，已经被我彻底消过毒了。我这样做目的就是想让大家切身地感受一下疟疾的可怕和危害。"

"既然我们不愿意被疟疾传染，那么非洲人一定也是，让我们一起帮助他们吧，实现人人都不受疟疾侵扰的平等！"

盖茨的话刚一说完，惊魂未定的人群中立即爆发起一阵热烈的掌声，与会者纷纷慷慨解囊，捐款捐物，募捐演讲获得了前所未有的成功！

比尔·盖茨，这位全球巨富从2008年6月27日下午起卸任微软公司执行董事长，自己连"人"带"钱"全部投入慈善事业。他将把80%的时间用于慈善事业，并向外界公开了他的遗嘱，其中宣布把全部财产的98%留给了自己创办的"盖茨基金"，将总计市值为580亿美元的个人资产悉数移交至"比尔和梅琳达·盖茨基金会"账户名下。

分析解读

"天下兴亡，匹夫有责"，国家命运决定个人命运。如何衡量一个人的价值？食品有价值，因为它能满足我们吃的需要；花卉、绘画有价值，因为它能满足我们审美的需要；文学艺术有价值，因为它能满足我们精神文化生活的需要。事实上，人生的真正价值在于对社会的贡献，也只有在奉献社会的过程中才能实现自身的价值。我们任何人，都应以满腔的热情投入社会主义现代化建设的进程之中，为早日实现中华民族的伟大复兴而努力！

活动体验

1）你能举出一些奉献社会的名人案例吗？

2）你想过如何为社会做贡献吗？

三 知识链接

（一）奉献社会的内涵

奉献社会是社会主义职业道德的最高要求，是为人民服务和集体主义精神的最好体现。奉献社会的实质是奉献。无论什么行业，无论什么岗位，无论是从事什么工作的公民，只要他爱岗敬业，努力工作，就是在为社会作出贡献。如果在工作过程中不求名、不求利，只奉献，不索取，则体现出宝贵的无私奉献精神，这是社会主义职业道德的最高境界。

（二）奉献社会的意义

1. 奉献社会，能充分实现自我的社会价值

人生价值包含两个方面：个人对社会的责任和贡献，我们称之为贡献，也称社会价值；社会对个人的尊重和满足，我们称之为索取，也称自我价值。

案　例

在2005年的春天，中国科技界的杰出代表袁隆平院士获得国家最高科学技术奖，获得奖金500万元，体现了中华民族尊重人才的优良传统。评审委员会专家都认为，袁隆平院士在基础研究和技术开发及产业化方面作出了卓越的贡献，是我国科技工作者的杰出代表，虽然袁隆平已七十多岁高龄，但他至今仍活跃在科研与生产实践的第一线，荣获大奖受之无愧。

分析解读

正是因为袁隆平院士在基础研究和技术开发及产业化方面作出了卓越的贡献，体现了其社会价值所在，他才获得了社会的尊重和满足，500 万元的巨奖就体现了自我价值的实现。由此可见，贡献与索取是相互联系、密不可分的。个人对社会作出了贡献，推动了社会发展，就为个人索取打下了基础；个人从社会那里得到生存和发展所需要的东西，又会激发起更大的积极性和创造性，为社会作出更大的贡献。因此人生价值是社会价值和自我价值的统一，是贡献和索取的统一。

2. 奉献社会，有助于营造互助互爱、安定和谐的社会风气

圣弗朗西斯说过一句话很有道理："索取使人疏远，奉献促进团结。"奉献的核心是坦荡大方，它有助于团体的团结和发展。如果我们愿意无私地为公司工作，为集体奉献，那么公司或集体就将不断向成功迈进。构筑美好社会，离不开每个人的努力，我们每个人都应该从我做起，在各自的岗位上恪尽职守，兢兢业业。

（三）奉献社会的基本要求

1）正确处理国家、集体、个人三者的利益关系，当三者关系发生矛盾时，个人利益要服从国家和集体利益。

2）积极参加各类公益活动，助人为乐，扶危济贫。

3）自觉增强社会责任感，遵守公共秩序，维护公共卫生，爱护公共财物等。

4）兢兢业业做好本职工作，在岗位上服务人民，奉献社会。

案　例

2008年5月12日，汶川发生8.0级强烈大地震，不仅聚焦了全球目光，也成了中国军队罕见的大集结的号声（图8-3）。几天之间，10万战士从天而降、越岭而来、驱车而至，直入灾区，与灾难展开了搏斗。中国人民解放军、武警部队的高度服从命令的精神、不畏牺牲的精神，令人至为感叹。无疑，面对毁灭性的特大地震灾害，解放军、武警部队成了

救灾抢险的主力，这是必然的。从来解放军与抗御自然灾害就没有分开过，哪里有天灾，哪里就有解放军。每一次遇到自然灾祸，任何地区的民众，只要看到了解放军，就会安心、安定下来。灾区震中的地形十分恶劣，空降行动面临极大危险，首批出动的4500名直属空降兵第一梯队，是全部写好遗书才赶赴灾区的。抱着必死的心态奔赴战场，这是多么令人震撼的一幕。

图8-3

奥地利《新闻报》5月15日文章指出，世界上没有哪个国家的军队应对灾难的能力像中国军队这样出色，因为中国经常被灾祸所袭击，每年都有上千人死于洪水、矿难和其他灾难。对于中国人来说，中国的军人无疑是困境里的救星。

分析解读

高度评价中国军队为抗震救灾作出巨大贡献的同时，我们充分看到了中国军人为了祖国与大众不畏艰险，面对危难敢于献身的精神（图8-4）。

自觉自愿	有责任感	不计报酬
自觉自愿地为他人、为社会贡献力量，完全为了增进公共福利而积极劳动	有热心为社会服务的责任感，充分发挥主动性、创造性，竭尽全力为社会做贡献	完全出于自觉精神和奉献意识。在社会主义精神文明建设中，我们要大力提倡和发扬奉献社会的职业道德。

图8-4

（四）奉献社会的特征

案 例

网上流传这样一张照片（图8-5），主人公是浙江省乾潭镇中心卫生院的外科主任叶美芳。在连续做了两台手术后，靠在手术间的墙上睡着了，她已怀有6个月的身孕，而前一天她已经通宵值了一个夜班。

3月9日，叶美芳在经历24小时值班后，做了交班工作、查完了病房。紧接着在上午9:30左右开始了跟台做股骨骨折术后取内固定术，手术大概中午12:00左右结束。叶美芳和其他同事花了几分钟吃了一个快餐，马上又进入手术室，开始了一台腰椎

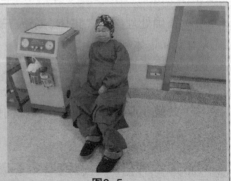

图8-5

间盘脱出症腰椎融合术。这台手术结束后已经是下午2点多。连着30小时的工作，又怀着6个月的身孕，叶美芳在走出手术室的瞬间，累得瘫倒在地，靠墙睡着了。

分析解读

怀孕6个月女医生手术室外"席地而眠"的照片在网上流传，感动了无数网友。有人说从这张照片中看到的是医护人员的辛酸，也有人说该为默默无闻的医务工作者点赞。照片背后，我们看到更多的是一位普通的医务工作者爱岗敬业、甘于奉献、全心全意为患者服务，实现个人社会价值的坚定信念。

（五）如何创造社会价值

1. 要树立责任意识，增强奉献的光荣感

美国一位著名的总裁曾经告诫自己的员工说："要么奉献，要么走人。"不论对哪级工作人员都必须要在其位谋其事，不要懈怠自己的工作与职责。这位总裁在位其间从来不愿意看到员工在工作中悠然自得，更容不得员工在他的面前找一些理由来搪塞自己的过失。

其实，奉献不难做到，奉献就在身边。一份职业，一个工作岗位的存在，往往也是人类社会存在和发展的需要。在自己的工作岗位上认真做好每件事，就是对社会的奉献。要认识到，"今天我以公司为荣，明天公司以我为荣"，"我是公司中的一员，我必须对公司负责"。你作出了奉献，毫无疑问会有一个精神上或物质上的客观价值，这实际上就是回报。这种回报有时候完完全全是利他的，但有时候同时利己，全方位多角度来理解奉献，这样来提倡奉献，才能真正体现其价值。

2. 要树立岗位意识，发扬忘我的精神感

经常听到大家抱怨说："奉献谁不会啊，关键是我不知道应该如何奉献，找不到奉献的途径。"这说明有些同学对奉献存在误解，简单地认为奉献就该是开拓一些使人们乐于奉献的渠道，激发人们内心的奉献潜质，一个"希望工程"啊、一次"献爱心"活动啊等，却忽略了立足本职岗位爱岗敬业就是最大的奉献行为这个最简单的道理。爱岗敬业应该是我们现阶段大力倡导的奉献方式。

3. 要树立价值意识，追求人生的幸福感

20世纪80年代，中国人民解放军第四军医大学学生、共产党员张华为抢救一个沼气中毒落入粪池的老农，光荣地献出自己年轻的生命。这一事件曾一度引发社会上关于价值问题的大讨论。论战可谓仁者见仁，智者见智。当然，按照商品的等价交换的原则而论，这个"交易"是完全不等价的，但是，评价人生的价值不能用市场经济中的等价交换原则去理解和利己主义的天平去衡量。张华的行为充分显示了他的高尚道德境界和社会主义人道主义原则，更用其英雄事迹和崇高精神创造了无法用数字计算的精神价值：他为亿万人树立了榜样，激励着千百万有志青年，在自己的岗位上发奋努力，开拓创造了比张华个人大很多倍的物质财富。

总之，人生在世，要为社会和人民服务，必要时为他人、为社会牺牲自己的利益。人生价值也不应该仅仅体现为个人价值，最重要的是社会价值的体现，看他为社会贡献着什么。

四、名人如是说

1）老是把自己当珍珠，就时常有怕被埋没的痛苦。把自己当泥土吧！让众人把你踩成路。

——孔繁森

2）人的生命是有限的，可是，为人民服务是无限的，我要把有限的生命，投入到无限的为人民服务之中去。

——雷锋

3）生命的意义在于付出，在于给予，而不是在于接受，也不是在于争取。——巴金

五、我该怎么做

测测你的奉献精神

1.德国诗人歌德于1814年5月8日给叔本华写的题词："你要欣赏自己的价值，就得给世界增添价值。"这其中的哲理是（　　　）。

A.对社会的贡献和向社会索取是没有区别的

B.对社会的贡献和向社会索取是相互联系、密不可分的

C.社会索取在先，对社会贡献在后

D.对社会的贡献和向社会索取两个方面是没有矛盾的

2.曾是共和国伐木功臣的马永顺，面对生态环境遭受严重破坏的情况，以七十多岁的高龄上山植树，决心不让"红松的故乡"失去诗情画意。经过多年努力，终于在小兴安岭造就了一片片郁郁葱葱的"永顺林"，成为造林英雄。他的行为表明（　　　）。

A.为了生存和发展，人必须满足自己的需要　　　　B.人只要想得到，就能做得到

C.人生价值的大小，主要取决于他对社会贡献的大小　　D.他计较个人得失

3.雷锋同志有一句名言：自己活着，就是为了使别人过得更美好。这句话体现了（　　　）。

A.每个人活着都是为了他人　　　　　　　　　B.自己活得好，别人才能活得好

C.只有在服务社会中才能实现人生价值　　　　D.人生只有社会价值而没有自我价值

4."天将降大任于斯人也，必先苦其心志，劳其筋骨，饿其体肤，空乏其身。"孟子的这一劝导告诉我们，通向理想的道路只有一条，那就是（　　　）。

A.脚踏实地、全力以赴　　　　　　　　　　　B.锻炼身体、修炼精神

C.立足自身、不断变化　　　　　　　　　　　D.寻找机遇、不断追求

5.报效祖国，奉献社会是每个公民不容推卸的责任和义务。我们要承担责任，就要做到（　　　）。

①关注社会，了解社会　　　　　　②努力学习，提高素质

③积极实践，奉献社会　　　　　　④闭门读书，考上理想大学

A.①③　　　　　　B.③④　　　　　　C.②④　　　　　　D.①②③

6.许振超，只有初中文化，通过几十年如一日的刻苦学习最终成为"桥吊专家"，带领他的团队两次创造了集装箱装卸世界纪录。作为当代产业工人的杰出代表，许振超受到温家宝总理的高度赞扬。

许振超的成才之路表明（　　　）。

A.要实现自己的人生理想就要提高自身素质，踏实努力　　B.成功的路不止一条

C.成功主要靠机遇　　　　　　　　　　　　D.当代产业工人都要成为技术专家

7.生活充满选择。每个初中毕业生都将面临升学与就业的抉择。对此，我们正确的思考应该是（　　　）。

  A.考高中、上大学是我们唯一的出路

  B.随遇而安，能考上高一级学校就上学，考不上就去找工作

  C.树立正确思想，做好继续升学或毕业后就业的两手准备

  D.只要生活安逸、经济富裕，其他问题都可以不管

六、拓展延伸

公民道德建设的主要内容：《公民道德建设实施纲要》节选

1）从我国历史和现实的国情出发，社会主义道德建设要坚持以为人民服务为核心，以集体主义为原则，以爱祖国、爱人民、爱劳动、爱科学、爱社会主义为基本要求，以社会公德、职业道德、家庭美德为着力点。在公民道德建设中，应当把这些主要内容具体化、规范化，使之成为全体公民普遍认同和自觉遵守的行为准则。

2）为人民服务作为公民道德建设的核心，是社会主义道德区别和优越于其他社会形态道德的显著标志。它不仅是对共产党员和领导干部的要求，也是对广大群众的要求。每个公民不论社会分工如何、能力大小，都能够在本职岗位，通过不同形式做到为人民服务。在新的形势下，必须继续大张旗鼓地倡导为人民服务的道德观，把为人民服务的思想贯穿于各种具体道德规范之中。要引导人们正确处理个人与社会、竞争与协作、先富与共富、经济效益与社会效益等关系，提倡尊重人、理解人、关心人，发扬社会主义人道主义精神，为人民为社会多做好事，反对拜金主义、享乐主义和极端个人主义，形成体现社会主义制度优越性、促进社会主义市场经济健康有序发展的良好道德风尚。

3）集体主义作为公民道德建设的原则，是社会主义经济、政治和文化建设的必然要求。在社会主义社会，人民当家作主，国家利益、集体利益和个人利益根本上的一致，使集体主义成为调节三者利益关系的重要原则。要把集体主义精神渗入社会生产和生活的各个层面，引导人们正确认识和处理国家、集体、个人的利益关系，提倡个人利益服从集体利益、局部利益服从整体利益、当前利益服从长远利益，反对小团体主义、本位主义和损公肥私、损人利己，把个人的理想与奋斗融入广大人民的共同理想和奋斗之中。

4）爱祖国、爱人民、爱劳动、爱科学、爱社会主义作为公民道德建设的基本要求，是每个公民都应当承担的法律义务和道德责任。必须把这些基本要求与具体道德规范融为一体，贯穿公民道德建设的全过程。要引导人们发扬爱国主义精神，提高民族自尊心、自信心和自豪感，以热爱祖国、报效人民为最大光荣，以损害祖国利益、民族尊严为最大耻辱，提倡学习科学知识、科学思想、科学精神、科学方法，艰苦创业、勤奋工作，反对封建迷信、好逸恶劳，积极投身于建设有中国特色社会主义的伟大事业。

5）社会公德是全体公民在社会交往和公共生活中应该遵循的行为准则，涵盖了人与人、人与社会、人与自然之间的关系。在现代社会，公共生活领域不断扩大，人们相互交往日益频繁，社会公德在维护公众利益、公共秩序，保持社会稳定方面的作用更加突出，成为公民个人道德修养和社会文明程度的重要表现。要大力倡导以文明礼貌、助人为乐、爱护公物、保护环境、遵纪守法为主要内容的社会公德，鼓励人们在社会上做一个好公民。

6）职业道德是所有从业人员在职业活动中应该遵循的行为准则，涵盖了从业人员与服务对象、职业与职工、职业与职业之间的关系。随着现代社会分工的发展和专业化程度的增强，市场竞争日趋激烈，整个社会对从业人员职业观念、职业态度、职业技能、职业纪律和职业作风的要求越来越高。要大力倡导以爱岗敬业、诚实守信、办事公道、服务群众、奉献社会为主要内容的职业道德，鼓励人们在工作中做一个好建设者。

7）家庭美德是每个公民在家庭生活中应该遵循的行为准则，涵盖了夫妻、长幼、邻里之间的关系。家庭生活与社会生活有着密切的联系，正确对待和处理家庭问题，共同培养和发展夫妻爱情、长幼亲情、邻里友情，不仅关系到每个家庭的美满幸福，也有利于社会的安定和谐。要大力倡导以尊老爱幼、男女平等、夫妻和睦、勤俭持家、邻里团结为主要内容的家庭美德，鼓励人们在家庭里做一个好成员。

七、课外阅读

案例一

雷锋传人
——郭明义

10多年来，他以"雷锋传人"为荣，助人为乐，不图回报，在家庭生活并不富裕的情况下，累计为"希望工程"捐款10余万元，先后资助180多名特困生，为这些穷孩子送去希望。

20多年来，他积极参加无偿献血，累计无偿献血6万多毫升，相当于自身全部血量的10倍，按抢救一个病人需要800毫升计算，可至少挽救75名危重患者的生命。

30多年来，他先后担任矿用汽车驾驶员、团支部书记、宣传部干事、统计员、扩建办英文翻译、采场公路员等工作，在每个岗位上都兢兢业业，把工作当事业，把职责当使命，像雷锋那样忠于职守、爱岗敬业，做一颗永不生锈的螺丝钉。

他就是鞍钢集团矿业公司齐大山铁矿生产技术室采场公路管理员郭明义（图8-6）。他很平凡，但他的事迹却处处透着伟大；他很普通，但他的精神却闪耀着人性的光辉。

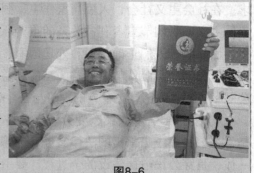

图8-6

结合所学内容，议一议：郭明义的社会价值体现在哪些方面？

案例二

闪光的金子
——徐虎

徐虎（图8-7），上海普陀区中山北路房管所一名普通水电修理工。在工作中，徐虎发现，居民下班以后正是用水用电高峰，也是故障高发时间，而水电修理工也已下班休息。于是，1985年，在他管辖的地区，他率先挂出三只醒目的"水电急修特约报修箱"，每天晚上19时准时开箱，并立即投入修理。10多年来，不管刮风下雨、冰冻严寒，还是烈日炎炎或节假日，徐虎总会准时背上工具包，骑上他的那辆旧自行车，直奔这三个报修箱，然后按着报修单上的地址，走了一家又一家。

图8-7

10多年中，他从未失信过他的用户。十年辛苦不寻常，徐虎累计开箱服务3 700多天，共花费7 400多个小时，为居民解决夜间水电急修项目2 100多个，他被群众誉为"晚上19点钟的太阳"。

徐虎爱岗敬业，十年如一日义务为居民服务，在平凡的工作中作出不平凡的成绩。他两次被授予"全国劳动模范"称号，被上海市委、市政府评为"上海市十大先进标兵"。

徐虎在接受记者采访时说："你不奉献我不奉献，谁来奉献？你也索取我也索取，向谁索取？"

时任建设部常务副部长叶如棠在北京联合召开学习徐虎先进事迹座谈会上指出，徐虎是全国3 000多万建设大军中的普通一兵，是建设系统无数先进人物的杰出代表。平凡岗位作奉献、一心一意为人民的徐虎精神，是雷锋精神在市场经济条件下和改革开放形势下的发扬光大。

分析解读

徐虎做的虽然都是修修补补的工作，但这些工作的确为千家万户带来了方便。徐虎之所以能够持之以恒多年奉献，是因为他拥有一颗不计私利、不为金钱所迷惑的朴实心、执着心。改革开放和建设社会主义市场经济的今天，要让我们的各项事业不断发展前进，我们更离不开徐虎这样的好人，离不开无私忘我的徐虎精神。时任上海市西部企业集团总经理董素铭说，"辛苦我一人，方便千万家"是对徐虎精神的高度概括。徐虎身上体现的勤勤恳恳、一往情深的奉献精神，忠于职守、持之以恒的敬业精神，精益求精、一丝不苟的钻研精神，规范服务、一心便民的奉献精神，廉洁奉公、一尘不染的自律精神，值得每个人学习！

活动体验

结合徐虎的事迹谈一谈：

1）如何在平凡的工作岗位上奉献社会？

2）你认为徐虎身上有哪些值得你学习的地方。

第九单元　信息处理能力

任务三十　就业信息的收集

■ 学习目标

掌握就业信息的概念；了解就业信息的重要性及其特点；了解收集就业信息的主要途径；了解获取信息的常用方法。

■ 案例分析

案　例

大庆油田招标

20世纪60年代，中国大庆油田还处于保密时期，但是日本三菱重工集团大量专家和人员设计出适合中国大庆油田的采油设备时。当中国政府向世界市场寻求石油开采设备时，三菱重工以最快的速度和最符合中国要求的设备一举中标。

原来是1964年4月20日，《人民日报》发表了社论《大庆油田大庆人》，首次披露大庆油田，综合介绍了大庆油田的精神风貌。这个新闻引起了日本的注意，因为中国到底有没有油田？在哪里？有多大规模？这一切关系到日本的出口贸易，于是他们确定了目标信息——大庆油田及其产油量和规模。当时，绝大多数中国人尚不知道大庆油田在哪，更不用说油田的生产状况和其他内部信息了。在对油田一无所知的情况下，日本方面收集了相关的照片、新闻报道进行分析：①通过画报封面铁人王进喜身穿的大皮袄样式，以及下着鹅毛大雪的照片，推断出大庆可能位于齐齐哈尔与哈尔滨之间的结论；②通过《人民日报》一条新闻报道"王进喜到马家窑，说了一声'好大的油田呀！我们要把中国石油落后的帽子甩到太平洋去！'"推断出马家窑就是大庆的中心；③从报刊报道的大庆的设备全是肩扛人抬，又得到一个推断：马家窑离火车站不远，远了就抬不动了；④王进喜参加中央委员会的报道，推论大庆已经大量出油；⑤根据《人民日报》一幅照片上钻台手柄的架势，计算出了油井的直径；⑥根据中国国务院的工作报告推算，把全国石油产量减去原来的石油产量，剩下的就是大庆的产量。有了如此多的准确信息，日本人迅速组织人员，设计出适合大庆油田开采用的方案和设备。当我国政府向世界各国寻求开采大庆油田的设计方案和设备时，日本以绝对优势一举中标。

分析解读

在这个案例中，日本情报专家首先对获取大庆油田状况这一任务作了一般性分析，确定了任务的要求和具体内容，根据当时所能获取信息途径，锁定了新闻报道这一信息来源，并大量搜集加以整理和分析，得到了需要的信息。

活动体验

同学们，通过这个案例，你对信息的重要性是不是有了一个初步的了解？在日常的学习、工作和生活中，你对各种信息是否关注？你最感兴趣的信息是什么？你获取信息的途径都有哪些？在你的就业问题上，你认为就业信息的收集、处理重要吗？你希望获取就业方面的相关信息吗？

三、知识链接

（一）就业信息概论

1. 就业信息

（1）定义。就业信息是指择业的准备阶段，通过各种媒介传递的与就业有关的，并成为求职者选择所从事的职业或工作岗位的有价值的消息、资料、情报等的总和。

（2）内容。

1）招聘单位信息：单位名称、性质、地址、环境、生产经营状况、企业文化、发展前景、工作条件、福利待遇等。

2）招聘岗位信息：岗位名称和数量、工作职责、用工方式、任职资格要求（专业、学历、生源、性别、专业知识与技能等）。

3）应聘流程。

4）应聘联络方式。

2. 就业信息的类型

1）口头信息：通过与人交谈获取的信息，此类信息不太系统全面，其权威性和可信度与谈话对象本身对信息掌握的程度有关。

2）书面信息：通过书面材料获取的信息，此类信息比较正式，权威性强，是毕业生必须重视和把握的信息。

3）媒体信息：通过各种正式公开发行、发布的媒介载体获取的信息，此类信息更新速度快、信息量大，但也混杂着众多假信息、误导信息，毕业生对之一定要慎重，并及时向就业指导部门咨询。

3. 就业信息的特点

1）社会性：面向社会大众，有求职需求的人可相互传达共享资源。

2）时效性：有一定的期限，过了期限，效用就会减少，甚至丧失。

3）变动性：受国家政治、经济形势的影响，也受所在地区、行业形势变化的影响。

4）识别性。学会识别虚假信息，避免掉入就业陷阱。

4. 就业信息的重要性

1）就业信息在毕业生求职就业过程中起到十分重要的作用。就职信息是毕业生求职择业的基础，是通向用人单位的桥梁，是择业决策的重要依据，更是顺利就业的可靠保证。

2）信息=机遇。信息量越多，选择面越宽；信息质量越高，把握越大；信息越及时，越有主动权；信息越全面明确，求职盲目性越小。

3）就业信息处理能力直接影响你的就业质量。技校毕业生要成功地实现就业，不仅取决于个人的学业成绩、技能水平、职业素质及社会对技能人才的需求等因素，同时也与毕业生能否及时有效地获取就业信息，获取就业信息的量与质，以及毕业生收集、处理、应用就业信息的能力密切相关。

案 例

1891年，俄国化学家门捷列夫前往法国去寻找当时在欧洲最好的法国无烟火药的原料配比。而在当时，法国无烟火药的原料配比属于绝密级。不过，门捷列夫观察到，火焰制造厂位于铁路运输的最末端，而欧洲各国铁路运输货物是编辑成书，公开销售的。于是，门捷列夫根据法国铁路运输统计表，对通往法国武装部火药工厂的铁路支线上的货运列车进行了统计分析，将显然与火药生产无关的货物一一排除，终于把法国无烟火药的准确配比确定了出来。无疑，这是一起成功的情报分析，谁能料到公开发行的书刊中包含有绝密的信息，而最关键的，却是洞察此类关系前的关联与思考。

（二）就业信息收集的渠道

1. 学校就业指导部门

学校就业指导部门在长期的工作交往中，与政府主管部门及用人单位形成了密切的联系，提供的就业信息具有较高的针对性、准确性、可靠性，是中职生获取就业信息的主要渠道。

通过学校就业指导部门获得的信息具有以下特点：

（1）针对性强。一般用人单位是在掌握了该校的专业设置、生源情况、教学质量等信息后，才向学校发出需求信息的，这些信息针对该校应届毕业生。

（2）可靠性高。为了对广大毕业生负责，在把用人单位给学校的需求信息公布给学生之前，学校就业指导部门要先审核这些信息，保证信息的可靠性。

（3）成功率高。一般你只要符合条件并善于把握自己的话，在学校召开供需见面会时，供需双方面谈合适，马上就能签下相关协议。

2. 社会关系

可以通过家长、亲戚、朋友、学校的老师、同学、校友、实习单位的师傅工友等社会关系渠道获取就业信息。通常我们通过社会关系得到的就业信息，可以帮助我们对用人单位进行更具体的了解，易于双向沟通，有针对性地扩大信息搜集覆盖面；另一方面，大多数用人单位更愿意录用经人介绍和推荐进来的求职者，他们认为这样录用进来的人比较可靠，因而就业成功率较高。

3. 新闻媒体

报纸、杂志、广播、电视等大众传媒，都会以不同形式提供人才供求信息，有的还辟出"人才市场分析"、"择业指导"和"政策咨询"等专栏。毕业生可以通过这些渠道广泛获取社会需求信息。这种信息传播面广，竞争性强，时效快，但其内容往往比较笼统，如果选用还应做进一步的了解、研究。

4. 互联网

随着网络信息时代的到来，越来越多的用人单位、职业介绍机构也开始选择在网上招聘员工或发布人才供求信息。用人单位和毕业生将招聘信息与求职信息上网公开，可以通过网络互相选择、直接交流。网上求职，最大的优势在于即使毕业生身在异地也能获得大量招聘信息及就业机会，跨越时空界限，突破了人才信息与招聘信息难以沟通的种种限制，打破了单向选择的人才交流传统格局。随着我国就业工作信息化进程的加快，网上搜寻就业信息已成为如今各类毕业生常用的求职手段之一。毕业生不仅可以自由地从互联网上取得各种就业信息，而且能利用互联网介绍自己的个人情况。网络传递信息所具有的"多、快、好、省"的特点是其他求职方式所不能比拟的。

5. 各级政府主管部门设立的就业服务机构

人力资源市场是由各级政府主管部门设立的公共就业服务机构，主要职责是为求职者提供求职登记、就业推荐、现场供需见面等就业服务，同时还面向各层次就业群体提供多元化的综合就业服务。这些机构会定期向社会发布招聘岗位信息，举办大型招聘会，组织跨地区劳务协作活动，解答劳动保障问题等。这类信息往往真实可靠，这些机构是获取就业信息的重要渠道。

6. 通过社会实践和实习

社会实践是技工院校学生自我开发职业信息的重要途径。在社会实践和实习的过程中，通过自己的努力，赢得用人单位的好感、信任，获取职业信息甚至直接谋得职业的学生不乏其人。中职生在了解社会、提高职业素质的同时，要做一个收集职业信息的有心人。

毕业实习是学生踏入社会的前奏，是参加工作的预演，所以每个人必须充分认识到这是一份非常难得也是有价值的经历。通过实习，一方面使用人单位对你有所认识、了解；另一面使学生对择业领域有了更深的了解。如果你向单位证明你是一个可靠的从业者，而单位又发现了你的潜力，那么通过双向选择，在实习阶段你也许就能获得通向职业大门的钥匙。

除了以上提出的几种信息获得的渠道外，你还可以通过直接投递求职信件和个人简历，或者电话联系用人单位和亲自拜访等方式来获取有用的就业信息。但对于技校毕业生来讲，这些方法往往耗费精力大，且收效较小。

各种求职渠道比较如表9-1所示。

表9-1 各种求职渠道比较

	渠道	优点	缺点	关键点	范围
普通渠道	招聘会	信息准确全面，能进行面谈，效率高	拥挤，竞争激烈	要求具有打动企业的品质要素	校内专场招聘会、社会大型招聘会
	互联网	信息量大，成本低，使用方便	信息内容良莠不齐，反馈慢，成功率低	能从网上申请中被遴选出来	中华英才网、搜狐求职频道
	实习实训	竞争对手少，针对性强，利于了解岗位真实状况	耗时长，可能暴露自己不足，易与其他求职渠道发生时间上的冲突	表现好，给单位留下好印象	顶岗实习、暑期兼职、课余兼职
	学校推荐	针对性强，竞争较少，利于提高个人可信度	机会不多，被选中的概率小，易受专业限制	适合岗位要求，能被学校选中推荐	就业指导中心或辅导员推荐
	报纸杂志	成本低，方便	信息量小，时效性差	找到真正适合、有用的报刊	地方报纸的求职专栏、求职杂志
特殊渠道	关系网	针对性强，命中率高，方便快捷	对家庭背景、社会资源要求高，需长期积累	要有愿意且有能力提供帮助的"关键先生"	朋友帮助、家族资源、教师、学长
	自主求职	竞争少，有面谈机会，利于成长锻炼	成本高，考验意志，可能打击自信心	自觉性和坚强的品质	登门拜访、异地求职
	其他渠道	视情况而定	视情况而定	视情况而定	团队求职、互助求职

案 例

　　浙江某知名企业向某大学发布了要来校园招聘大量人才的信息，校就业指导中心迅速公布并电话通知了各学院，各学院反应不一，有的学院书记亲自打电话与对方联系，推荐自己符合条件的毕业生，有的则主动邀请对方到学院来选毕业生，有的则用特快专递寄出了学生的推荐材料。而与此同时，部分同学却在等待面试通知，认为反正该单位要来校招聘，等来了再投材料也不迟。后来，这家单位真的来了，人事部门负责人却非常抱歉地说："真对不起，其实，我们几天前就已到贵校，但刚跨进贵校校门，就被贵校某学院盛情'拦截'而去，晚上住在贵校招待所，闻讯而来的毕业生一拨又一拨，结果我们的计划提前录满了。"在场的毕业生后悔不已，机会就这样在等待中错过了。

分析解读

　　在求职择业过程中，机会对每个人都是均等的，就看你如何把握它。各种招聘人才的信息，每时每刻经过各种渠道在发布、传递，好比一条河流，信息是一朵朵浪花，你抓住了，就归你所有，你错过了，就无法回头。因此，只要你认准这条信息对你有用，你感兴趣，就必须主动以最快捷的方式向发出信息方作出反应，让对方知道你、了解你，才有可能看中你。机会往往就是这样被主动者拥有的。

四、名人如是说

1）创新时代实际上是信息时代的天然伴随物。尽管我们掌握了新的信息，但仍然有薄弱环节，它不是出现在信息的创造上，也不是出现在信息的储存上，甚至也不在信息的获取上，而是出现在利用新的信息去做新的事情上。　　——美国咨询专家　吉福德·平肖第三

2）信息产业革命是人类有史以来最大的一次革命，也是人类几百年才有的一次机遇。

　　——美国前总统　比尔·克林顿

3）个人花100%的力量不如靠100个人每人花1%的力量。　　——比尔·盖茨

五、我该怎么做

任务理解能力的测评

1.你对任务的描述情况是（　　）。

A.对任务的内容分析不清，描述不明确

B.能基本描述，列举任务的内容，对任务的目标有一些认识

C.能比较详细地描述，列举任务，对任务的目标有明确的认识

2.在分析任务时，你提出相关问题的能力（　　）。

A.不知道提什么问题

B.能提出一到两个相关问题

C.能提出三个以上的相关问题

3.当接受任务时，你知道多少种有助于了解任务内容的途径（　　）。

A.不知道　　　　　　B.一两种　　　　　C.三种以上

4.针对一个信息获取任务，你对别人给出的完成任务的相关实例的分析能力（　　）。

A.不能从实例中获得与分析任务相关的信息

B.基本能通过实例理解任务的目标

C.能通过分析和模仿较好理解任务的内容和目标

5.当接受一个任务时，别人提供了一些相关资料，你能通过个人的再收集，完全理解任务的内容和目标吗？（　　）

A.需要在别人指导下，才能完成再收集和任务分析理解

B.需要别人给予一部分帮助，才能完成再收集和任务分析理解

C.可以独立完成再收集，较好地理解任务的内容和目标

评分说明：选A得1分，选B得2分，选C得3分。

13分以上，说明你具有很强的理解能力，在接受任务后，能很快并准确了解任务的内容和目标；

11～12分，说明你具有一定的理解能力，在接受任务后，能通过自己的努力和别人的一些帮助，较好地了解任务的内容和目标；

7～10分，说明你的理解能力存在问题，在接受任务后，需要通过别人的大量帮助，才能了解任务的基本内容和目标；

6分以下，说明你的理解能力很差，需要接受相关训练提高理解能力。

六、拓展延伸

案 例

在某大学毕业生宿舍，小赵在电脑前不停查找着各种HR网站的信息，智联招聘、前程无忧……他根据自己的专业和兴趣选择着就业岗位。虽然现在是冬末春初，仍有大滴大滴的汗从他额头滚落。而他邻床的杨阳早已胸有成竹，手中早就握着几个单位的就业意向书，从国企到民企，杨阳在犹疑不决，但脸上有种灿烂的神情。

是什么让同一个专业、同一个宿舍的他们在就业的重要关头面临不同的情况呢？原因就在于他们对于就业信息的掌握情况不同。小赵只是单一地将搜集就业信息定位在传统的网站搜索，杨阳则有更多的想法，他说："我觉得自己能在就业上脱颖而出，主要是因为手头有很多就业信息可以选择。从综合学校就业指导中心提供的就业信息，到我自己去心仪企业网站链接上搜集招聘信息，我在尽可能多地搜集和利用就业信息，我是赢在起跑线上。"

（一）就业信息主要搜集什么？

就业信息的内容十分广泛，作为初次择业的毕业生应主要了解以下两个方面的就业信息：

1. 就业政策和相关规定

1）了解国家就业方针、原则和政策及相关的就业法律法规。这是毕业生就业的出发点和归宿，是不能违背的。毕业生只能在国家就业方针、原则和政策所规定的范围内，根据个人的情况选择职业。作为毕业生，必须清楚地了解就业法规、法令，学会用法律来保护自己。

2）地方的用人政策，如北京市各县、区招聘的政策、人事代理政策、落户政策等。

2. 供求信息

1）当年毕业生总的供求形势，即本地区与自己同时毕业的学生有多少，而用人单位的需求有多少，是供大于求，还是求大于供，或者两者基本平衡，哪些专业紧俏，哪些专业供大于求。

2）用人单位的信息。在选择单位时，往往会出现这样一些错误：对用人单位情况不甚了解，于是在择业时带有随意性和盲目性，如只挑城市而不问用人单位的性质、业务范围；还有的只图单位名称好听就盲目拍板等等，这些都是片面的。那么如何避免一些假象，做到对用人单位有比较客观的评价，关键在于掌握用人单位的信息。

（二）收集就业信息的方法

1. 全方位搜集法

把与你的专业有关联的就业信息统统搜集起来，再按一定的标准进行整理和筛选，以备使用。这种方法获取的就业信息广泛，选择的余地大，但较浪费时间和精力。

2. 定方向搜集法

根据自己选定的职业方向和求职的行业范围来搜集相关的信息。这种方法以个人的专业方向、能力倾向和兴趣特长为依据，便于找到更适合自己特点、更能发挥作用的职业和单位。需要注意的是，当你选定的职业方向和求职范围过于狭窄时，有可能大大缩小你的选择余地，特别是你所选定的职业范围是竞争激烈的"热门"工作时，很可能给你下一步的择业带来较大困难。

3. 定区域搜集法

根据个人对某个或某几个地区的偏好来搜集信息，而对职业方向和行业范围较少关注和选择，这是一种重地区、轻专业方向的信息收集法，按这种方法收集信息和选择职业，也可能由于所面向地区的狭小和"地区过热"（即有较多择业者涌向该地区）而造成择业困难。

当然，求职者应当根据自己的实际情况，综合运用以上方法来搜集信息。

任务三十一　信息分析与处理

一　学习目标

充分了解就业信息的内容；明确就业信息处理的原则；学会对就业信息的鉴别和整理；掌握分析处理就业信息的技巧；学会正确利用就业信息。

二　案例分析

案　例

网上择业，用之有方

某大学毕业生小王针对严峻的就业形势，决定一边考研，一边找工作，他选择一个"两全其美"的办法，那就是在网上求职。小王利用几个晚上，在网上精心地建立了自己的求职网页，把自己的个人信息和求职意向罗列其中，并在学校就业指导中心网站上建立了自己的个人主页，而且精心选择了几个著名的、可靠的求职网站，也将自己的个人主页挂了上去。用他自己的话说，他这样做就好像"在几口池塘里放了几根上好了饵的钓竿，自己当起了姜太公，只等'愿者上钩'了"。因为考研，小王虽然不能长时间地在网上浏览，但他还是坚持周三和周六上网查看信息一小时，主要的任务就是：看看有没有"上钩的鱼儿"，关注学校就业指导中心网站有没有公布新的需求信息，搜一搜网上有关毕业生就业方面的信息，并及时地回信和发函。

有一天，他在网上发现了某著名公司将进行网上招聘，他仔细地阅读了他们的招聘信息，选择了一个自己感兴趣的职位，并有针对性地给该公司发了一封求职信，并附上自己的求职主页。该公司对他表示了兴趣，但由于当时已临近考试，他要一心应对考试，只好对公司实情相告，希望公司谅解。然而，考研感觉并不好，于是求职的愿望也就愈来愈强烈。他陆续参加了一些公司的面试，但他对那家著名公司仍痴心不改，他再次点击了该公司的网站，更加详细地了解有关情况，发现该公司的招聘工作并没有完全结束，有些职位仍然空缺。"这次的机会可得充分把握。"他心想。为了保险起见，他又郑重其事地给该公司的人力资源部打电话，强调自己已参加了该公司的网上招聘，希望能给予面试机会。不久，他终于欣喜地接到了该公司的面试通知。这时考研的结果也出来了，正如他所预感的，他的分数没有上线。由于考研失利，促使他更加全力以赴地准备这次面试，果然在面试中因表现出色，最终被该公司正式录用。

分析解读

如今，网络在人们的工作和生活中几乎无孔不入，网上求职已成为大学毕业生的重要求职手段之一。网络是一个取之不竭的信息宝库，弹指之间，信息尽收眼底，可谓轻松、时尚、高效。就像本案例中的小王一样，考研、求职两不误，获得成功。但是，网络也是一把双刃剑，有的毕业生却在网上上当受骗，尝尽了苦头。因此，网上求职，还得用之有方，关键是一要明确自己的择业目标，二要选对可靠的网站，三要正确、及时地处理信息。

活动体验

同学们，处理就业问题上，你认为应该向小王学习哪些方面？你平时利用网络做些什么？你想过能够利用网络作为自己就业的一个途径吗？目前你掌握了哪些对你有利的就业信息？你是如何处理这些就业信息的？

三、知识链接

（一）就业信息处理的前提

信息化社会，如果没有就业信息，择业将变得异常困难；反之，就业信息汇集越多，可供择业的范围就越广，但随之而来的对获取的就业信息进行处理就显得更加重要，因此，对收集到的信息进行去粗取精、去伪存真地整理、筛选，是利用信息的前提。

1. 充分了解就业信息的内容

1）当年国家和各地方、各部门以及学校针对毕业生就业的一些政策、规定。

2）了解本校、本专业毕业生在社会上的需求状况，并依据其受欢迎程度及时调整择业期望值。

3）用人单位的具体情况，包括：

①用人单位的准确全称。

②用人单位的隶属关系。搞清上级主管部门或总公司等情况。

③用人单位的性质及在行业地区中的地位、发展前景，诸如国有、私有、股份制、合资、外商独资、党政机关、学校、科研设计单位、部队等。

④用人单位的管理体制、岗位设置、所需专业及层次。

⑤用人单位的规模、经济效益、发展前景、地理环境、经营范围和种类等。

⑥用人单位福利待遇，包括薪金、福利、保险、奖金、住房、培训、休假、工作时间、提薪机会等。

⑦用人单位的联系方式，如人事部门联系人、通信地址、联系电话、邮政编码、传真、E-mail等。

2. 就业信息处理的原则

1）发挥优势和学以致用的原则。处理就业信息时，要尽量做到发挥所长，学以致用，这样可以发挥优势，避免人才资源的浪费。

2）面对现实、理论联系实际的原则。在使用就业信息时，要事先对自己有一个全面的认识和正确的自我评价，无论个人的愿望如何美好，在实际操作时则要面对现实。不能图虚荣，爱面子，好高骛远，而要量力而行，量"能"择业，量"才"定位。

3）综合比较、早作抉择的原则。把所有的信息放在一起从各方面比较各自的利弊和优劣，寻找符合自己条件的企业。同时，信息有很强的时效性，及时使用才是财富。

案 例

某技工院校最后一学期安排某专业学生在外地实习，正当班上其他同学整装待发之时，李阳却不动声色地忙开了：他先找了班主任，拜托班主任如有合适单位，请帮忙推荐，并留下两份自荐材料，然后他又找到学校负责就业推荐工作的老师，请他们有重要信息及时告知自己。

接下来，他走访了自己最要好的一位低年级朋友，拜托这位师弟定期到校就业信息栏看看，将有关重要信息及时通报给他。最后，他仔细查询了即将离开的几个月中当地人才交流会的信息，根据实际情况作了安排。同时，他对即将实习的单位作了相关调研。做完了以上联系工作，李阳安安心心地前往外地实习去了。这样，李阳尽管人在外地实习，却总比班上其他同学消息更灵通，不断接到用人单位的面试通知，选择的机会颇多。实习刚结束，李阳的工作单位也顺利敲定。

分析解读

各学校都希望尽可能多地把自己的学生推荐出去，只要掌握了就业信息都会想方设法通知有关的毕业生，往往是那些一呼即应，或平时主动联系密切的同学总是能抢占先机；而联系不上或不及时的，则造成信息资源浪费，错过就业机会。案例中的李阳显然在这个问题上处理得很好，虽然他在求职关键时期在外地实习，但他能够主动与学校保持密切联系，使信息来源渠道畅通无阻，赢得了时间和机会。因此，作为毕业生应主动与学校各方面保持联系，多利用各方面的资源，为就业多找一个门路和机会。

（二）就业信息处理的过程

1. 鉴别信息

由于所获取信息不一定都全面、准确，因此要对信息进行严格的鉴别和判断，去伪存真，使之更好地为自己的求职择业服务。鉴别信息，首先，要确定信息的可靠程度，对于不可靠和心里不踏实的信息要通过各种信息渠道和知情人士去打听；其次，要鉴别信息的内容是否齐全，特别是发现自己所想知道的细节没有或者不清楚时，要抓紧时间进行一番实际考察，及时掌握相关情况。

2. 整理信息

在信息加工之前，毕业生应先给自己草拟一个职业选择提纲，确定择业标准；再按照标准进行初选，去粗取精，然后对剩下的信息再一次进行分析和处理。详细研究用人单位的要求、具体岗位、发展如何、待遇条件、工作地点等，依此对信息进行筛选、排序。将获得的就业信息进行科学筛选、排序，保留与自己性格、兴趣或专长有关的部分，从中选出重点。在把握这些情况以后，毕业生再根据自己的实际情况和用人单位的要求，有针对性地设计自己的应聘材料，从而提高应聘的成功率。

3. 挖掘信息

许多信息的价值往往不是浮在表面上的，必须经过深入挖掘才能发现。比如，有些单位虽然目前可能条件差一些，但从长远看是有前途的，能够给人才较大的发展空间。这就要求毕业生既要站在高处，从长远的、大局的方向看职业、单位的趋势；又要留意信息的细枝末节，由表及里地挖掘信息的内涵价值。

4. 反馈信息

就业信息传播速度快，共享程度高，毕业生得到的信息仅仅代表着一种可能的机会，而且充满着竞争，机会稍纵即逝。因此，毕业生获取信息后，一定要尽快分析处理并向用人单位反馈信息，犹豫不决、举棋不定只会痛失良机。个人就业信息管理表如表9-2所示。

表9-2 个人就业信息管理表

项目		用人单位1	用人单位2	用人单位3	用人单位4
单位信息	名称				
	地址				
	单位性质				
	企业实力				
岗位信息	招聘专业				
	招聘人数				
	岗位职责				
	发展前景				
	福利待遇				
招聘安排	应聘流程				
	时间、地点				
	联系部门				
	联系人				
	联系方式				

案 例

　　李明平时喜欢上网，一天他无意进入一个国外网站，该网站介绍说，如果接受它发过来的带有广告内容的电子邮件，上网就可以免费。李明在网站上登记时留下了自己的姓名、地址、电子邮箱等个人资料，没过几天，他收到一封来自国外的航空信件，说他中了23万元大奖，只要他立即电汇150元的手续费，两天内就可以将现金送到他手上。

　　李明将信将疑，到银行咨询，银行职员告诉他，最近到银行办理这种汇款的人很多，怀疑这有可能是国际诈骗，目的就是诈骗这一定数量的手续费。于是，李明报了警，公安部门通过跟踪调查，发现所有把钱汇出去的网民均没有获得相应的大奖。

活动体验

认真阅读案例，思考并分组讨论以下问题：

1）李明从哪里获得中奖信息？信息来源是否可靠？为什么？

2）该中奖信息本身有没有可疑之处？

3）银行职员说获奖信息可能是国际诈骗，是否可靠？

4）为什么公安机关下的结论可信？

5）除了公安机关跟踪调查，还有什么可以辨别该中奖信息的真伪的途径吗？

6）李明在网上留下自己的姓名、地址、电子邮箱等个人资料，这么做对吗？换作你会这么做吗，为什么？

（三）信息的利用

1. 及时运用有价值的信息去选择适合于自己的工作

每个人都要善于应用信息，根据职业的要求与自己具备的条件，对照以后，选择适合于自己的最佳岗位。这是收集和筛选信息的最终目的。

2. 及时调整自己的就业能力，适应企业需要

根据职业信息的要求及时调节自己的知识、技能结构，提高自己的工作能力，弥补原来的不足。如发现自己哪方面的课程、知识不足，就主动去学习，或发现自己哪方面的技能欠缺，就赶快参加必要的训练，主动学习和掌握相应的技能。

3. 及时输出对他人有用的信息

有些信息对自己不一定有用，可是对他人十分有用，遇到这种情况，千万不要抓住这些信息不放手。迟迟不输出对他人有效的信息，这是一种极大的浪费，也是一种不良心理的表现，是不足取的。其实，你能主动输出对他人有用的信息，不仅是对他人的帮助，而且他人顺利就业自然也使你少了一个竞争者。同时，这样做还增加了与他人交流信息、增进友谊的机会，说不定你也会从别人手中获得对自己十分有益的信息呢！

案 例

　　十几年前，在梳理2.45亿顾客每周生成的海量数据时，沃尔玛公司的数据挖掘算法偶然发现了一条奇怪的信息：在发布恶劣天气预警后，除了管道胶带、啤酒及瓶装水等应急

用品以外，草莓酱馅饼需求量的增长幅度最大。为了验证这一发现，在2004年飓风"弗朗西斯"即将袭来的消息发布后，沃尔玛超市的管理者下令用卡车装载家乐氏快餐，运送至可能遭受飓风袭击的地区。结果，这些快餐很快就被抢购一空。通过这个案例，沃尔玛的管理者对消费者的消费习惯及"公式"的威力有了非常清楚的认识。

四、名人如是说

1）成功的人每时每刻都会分享有价值的信息，传递给身边的朋友，你在他们的心目中会变得更有价值。

——马云

2）明确信息需求任务的目标和要求是决定信息获取行为的最重要的因素，信息查找者通过这些要素来结构化其信息查找过程。

——美国作家 约翰·坎贝尔

3）我们认为看电视的时候，人的大脑基本停止工作，打开电脑的时候，大脑才开始运转。

——苹果创始人 史蒂夫·乔布斯

五、我该怎么做

信息的分类整理能力测评

（请根据你的实际情况，回答下列问题，将答案添入每题括号内：A—"是"，B—"否"）

（　）1.你衣柜中的衣服是分类存放且叠放整齐。

（　）2.你书架上书的摆放是很有规律的，找书很快。

（　）3.你电脑硬盘中文件的存放非常有条理，而且文件和文件夹的命名都有一定规律。

（　）4.你习惯在考试前详细地规划演算纸，以利于进行复查。

（　）5.你会在开完会后重新整理会议笔记吗?

（　）6.你能从一大堆杂乱的东西里快速找到你需要的东西。

（　）7.你能快速找到两个相似事物中间的明显区别。

（　）8.你能在两个不相干事物中间找到联系或共同点。

（　）9.你能将一堆杂乱无章的信息快速整理出头绪来。

（　）10.当你面对一堆繁杂信息时，你能否保持头脑清醒。

（　）11.当你看到一个新事物时，你会马上联想到与之相似或相近的事物，并会思考它的类别归属问题。

（　）12.你对动物、植物及自然界其他事物的分类非常感兴趣。

（　）13.你能将一堆繁杂的信息分成若干类别，并能清楚地表述分类的理由。

评分说明：选A得1分，选B得0分

1～5题得分3分及以上的，表明你是一个条理性强且具有良好整理习惯的人；

6～10题得分3分及以上的，表明你是一个具有整理归类信息潜质的人；

11～13题得分2分及以上的，表明你是一个信息分类意识很强的人。

六、拓展延伸

毕业生警惕十大招聘陷阱

陷阱一：储备人员。不少应聘者都遇到过这样的情况：看到一条非常满意的招聘信息，精心准备后赶往面试现场。结果，招聘方随意询问几句，填张表格，再告知一句"回家等通知吧"，从此就杳无音信了。其实，这类型的企业，多数都不缺人，也不急于招聘，他们只是通过这样的方式，广收信息，积累所谓的"人力资源储备"。

陷阱二：招聘传销。传销在我国一直是法律所明令禁止的。有些企业却总想要把戏、钻空子。就有这样的招聘信息：招聘电话接线员20名，年龄不限，性别不限，学历不限，月薪800元。前去面试的应聘者回来后都大呼上当！原来，该公司要求他们购买一定数量的产品，随后通过电话销售给其他客户。用单位的话来说是：通过电话联系客户，进行产品销售和推广，即电话接线员工作。但明白了内幕的人都知道，这不就是非法传销么？

陷阱三：广告宣传。由于网络的传播面广、传播速度迅速，不少企业开始利用网络招聘，来为企业进行广告宣传。通过长期发布招聘信息，一方面增加企业的"见光率"；另一方面利用可观的招聘数量，制造一种公司发展迅速，求才若渴的假象。其实，这都是企业假借招聘之便，进行的一些广告炒作。

陷阱四：逃避破产。有的公司连员工工资也付不起，被起诉后败诉了，但还在进行招聘。这些企业一般拖欠每个员工2～3个月的工资，在试用期内又辞退这些员工。往往他们都承认赊欠工资，并且保证一旦其正常运转，立刻偿还所欠薪资。但实际上仅仅是为了分散企业的内部矛盾，使企业暂时逃避破产的危机。

陷阱五：骗取钱财。利用招聘敛财可以说是老伎俩了。直截了当地收费早就被广大求职者所识破，所以现在的敛财手段就更加隐晦了。比如应聘者会遇到这样的情况：轻松通过面试后，公司要求在上班当天交纳300元（其中包括制服费用及各类工本费、押金等）。如若员工离职，这些制服及用品公司不负责回收，理所当然的，那些所谓的押金和工本费用也就回不来了。

陷阱六：高薪引诱。在铺天盖地的招聘广告中，高薪的职位最容易引起人们的注意。除去高层次的技术类、管理类岗位，那些岗位要求低、薪资待遇优的工作，不可否认地对应聘者充满了无限的诱惑力。但当应聘者真正上岗时，却发现实际的工资要比招聘广告上的"缩水"很多。公司会解释说：这是岗位的基本工资，其余部分都是业绩提成。

陷阱七：岗位招骗。"急招助理、内勤、办事人员……"不少招聘启事上都会这样写。乍看之下，招聘岗位应该是文职或助理类，不会有人联想到销售员、业务员。于是，不少应聘者就兴冲冲地前去面试了。直到上班当天，突然发现：原来这工作没有底薪，没有福利，彻头彻尾就是一个销售员的工作，只好大呼上当！有的企业就是玩着文字游戏，把岗位名称稍稍"加工"一下，就把销售员"变"成了"市场助理"，就轻松钓来大鱼小鱼一箩筐。

陷阱八：试用陷阱。"试用期三个月，试用月薪2 000元，转正后月薪2 500元，另加各类津贴。"这样的薪资待遇可以吸引不少迫切求职的人们。于是，好容易通过面试的应聘者们，勤勤恳恳地卖力工作，希望早点熬过三个月的试用期。结果往往是三个月一到，公司随便编个理由，就把他们打发回家了。其实，这些公司就是利用了试用期的用工成本低廉的优势，钻了试用期解除劳动关系容易的空子，把短期工当作试用来处理，出最少的钱，用最好的人。

陷阱九：变相施压。我们会发现，一些劳动强度大、薪资较低的企业，经常会大批量地进行招聘。而且面试总是安排在上班时间，地点多为工厂或食堂。他们的目的显而易见：用大规模招聘向在职员工施压——不要以为这里的待遇不好，想进来工作的人多的是！

陷阱十：真假培训。有些单位会在招聘信息上注明"先培训后上岗"，其实，这些信息中以"培训为主、上岗为辅"的情况居多。不少企业确实在培训者中招用了一些人员，但更多的是培训结束就没了下文。他们正是利用了政府提供的培训优惠政策，从政府补贴中获取利益。他们不仅仅浪费了求职人员的时间和精力，更损害了国家的财产和利益。

七、课外阅读

格林斯潘的精彩情报分析

1950年，朝鲜战争爆发后，美国五角大楼把所有的军用物资购买计划列为保密文件，这可急坏了一些投资家。因为许多投资家都想预测备战计划对股市的影响，而想正确地预测备战计划对股市的影响就必须知道美国政府对原材料的需求量，特别是对铝、铜和钢材的需求量。

美国国家工业联合会也想知道这些，可是在高度保密的情况下，知道这些简直比登天还难。就在美国国家工业联合会一筹莫展的时候，一个年轻人自告奋勇地站出来，说让他试试。这名年轻人就是格林斯潘（图9-1），当时他只有24岁，还没有从纽约大学毕业，只是为了支付高昂的学费，才来到这个投资机构做兼职调查员。老板实在找不到其他合适的人，只好抱着试试看的心理，让他去了。

图9-1

要知道美国政府对原材料的需求量，特别是铝、铜和钢材的需求量，只要翻看美国有关的文件就行了，这是一条最便捷的路径。可这是不可能的。正因为如此，在美国国家工业联合会偌大的机构里，虽然人才济济，但没有人愿意调查这一切。怎么办呢？格林斯潘想到了1949年，那时候朝鲜战争还没有爆发，军事会议在开听证会的时候召开，所以没有保密。于是，他花了大量精力研究一年来的新闻报道和政府公告，知道1950年和1949年美国空军的规模和装备基本一致。他从1949年的记录中知道了每个营有多少架飞机、新战斗机的型号、后备战斗机的数量，然后再预计出损耗量。有了这些，就能基本预测出朝鲜战争期间每个型号战斗机的需求量。

知道了每个型号战斗机的需求量，格林斯潘又找来各种飞机制造厂的技术报告和工程手册，一头扎了进去。这对他来说虽然有一定的难度，但通过一段时间的研读，他还是弄清了每个型号的战斗机需要多少铝、铜和钢材等原材料，然后再根据每个战斗机的需求量，轻易地算出了美国政府对原材料的总需求量。

仔细地算出来后，格林斯潘写了《空军经济学》等两篇很长的报告，发表在当时有很大影响力的《经济记录》上。由于他计算出的数字非常接近当时美国政府保密文件里的数字，因此给许多投资者带来了丰厚的回报。

格林斯潘正是凭着这次成功，引起了许多人的关注，也为他以后人生的辉煌打下了坚实的基础。1987年格林斯潘任美联储主席，其后4次获得连任。任期之长，在美联储历史上极为罕见。更难能可贵的是，在格林斯潘担任美联储主席18年多的时间里，美国经济出现了创纪录的长达10年的持续增长期，中间只发生过两次温和的衰退。

任务三十二　求职材料的制作

一、学习目的

明确求职材料种类与内容；明确制作一份精良的求职材料对你成功就业的意义；了解准备求职材料的原则；掌握就业推荐表、个人简历和求职信的制作方法。

二、案例分析

案　例

盲目求职，一无所获

毕业生小张学的是一个非热门专业，他知道自己的专业不太好求职，于是采取了"漫天撒网"的办法，自以为网撒得越大，捕到鱼的希望也越大。所以，他把自己精心设计、制作了的求职信和个人简历等材料，复印了两百多套。然后在邮局买了一本最新的电话号码本，按上面的单位地址把信封写好，然后是装信封、贴邮票……课余时间忙得不亦乐乎，当最后一批求职信投进邮筒时，他心里好像踏实多了，心想这下可以安安心心地等待好消息了。

过了一个多星期，陆续有十几封地址不详或查无此人的信件退回，他表现得满不在乎，坚信好戏在后头。然而，一个多月之后，A单位回信了："对不起，本单位没有用人计划，你是一位优秀毕业生，相信一定会找到满意的工作。材料退回，请查收。"B单位打来电话说："欢迎你来本单位应聘，不过我们单位解决不了户口指标，你能否将自己的户口转回家庭所在地之后，再到我们单位来……"C单位则明确答复："你的专业我们单位已不需要……你能胜任的岗位我们没有空缺。"小张这下心里凉了半截。不久，D单位的下属单位给他发来了热情洋溢的邀请函，欢迎他到基层立业，可他对该单位提供的工作环境、待遇又不满意，再往后，则什么消息都没有了，二百余封求职信如石沉大海，一无所获。

小张非常苦恼地来到校就业指导中心向老师诉说自己是如何投入"巨资"的、如何满心期盼，而结果又是如何令人失望的。就业指导中心的老师耐心地为他指点迷津："你的积极主动的精神值得肯定，但找工作一定要有明确的目标，千万不要盲目行事，要根据自己的实际情况和对方的需求情况有的放矢地投送材料，你现在要做的第一件事应该是赶紧积极地去收集就业信息，然后才是联系单位、参加应聘等。"在老师的指点下，他很快改变了策略，重新制作了十份材料，在广泛收集用人需求信息的基础上，根据自己的实际情况和兴趣爱好，有选择、有重点地参加了几场招聘会，总共投出去九份材料，就收到了五个单位的面试通知，最后他参加了三个单位的面试，与其中一家单位正式签了约。

分析解读

许多毕业生在求职初期总要走一些弯路，主要原因就在于开始时收集信息的目标不明确，收集信息的方法不对头。本案例中小张的想法和做法在毕业生中是比较多见的。比如在各种招聘会上，总可以见到一些毕业生手捧一大摞个人材料，像散发传单似的见用人单位就塞。他们认为，只要把网撒出去，总能捕上几条"鱼"来，运气好的话说不定就能捕上一条"大鱼"。但结果却往往是"大鱼"没撞上，对"小鱼"又实在没兴趣。钱花了，时间和精力也白费了，一切还得从头开始。而且更糟糕的是大量时间和精力换回来的是不断加重的压力和沮丧，搞坏了毕业生的心态。

因此，毕业生的自我推荐，得讲究一些方式方法，应有目标、有选择地投送自荐材料或上门应聘，以提高命中率。当然，在求职刚开始时，可能对就业市场的情况不是很了解，可以适当地把"网"撒大一点。但是，一定要知道这只是一种"火力侦察"的手段，摸一遍底。要及时收网，根据自己的求职目标，有针对性地对信息进行分类处理，重点突破，不能"守株待兔"。

活动体验

同学们，你对小张的开始的做法有什么见解？为什么小张后来能在老师的指点下成功就业？你知道求职资料都包括那些吗？你会填写就职自荐表吗？你知道写求职信要注意哪些问题吗？

三 知识链接

（一）求职材料的准备

1. 准备求职材料的意义

为了得到一份工作，许多同学施展了浑身本领，其结果却不一定如愿。绝大多数刚刚步入工作岗位的毕业生的最大体会是：找工作难，而准备一份完美的求职材料更是难上加难。往往，求职材料质量的高低直接影响到用人单位对毕业生的第一印象，是求职者通往面试的最有效的"护照"。

求职材料一般包括求职信、个人简历、毕业生推荐表和其他相关证明材料。它向用人单位直观地表明应聘者所具有的知识水平、技能、特长、资质等能够满足该工作需求的客观条件，从而有可能获得下一步面试的机会。

2. 准备求职材料的原则

（1）真实性。求职材料是对自己技校生活的全面总结和反映，在内容上必须真实，切忌为赢得用人单位好感而弄虚作假。

（2）规范性。求职材料不仅格式规范，而且填写术语要规范。

（3）富有个性。求职材料要体现求职者的个性，不能"千人一面"，更不能"张冠李戴"。

（4）突出重点。求职材料必须简明扼要、突出重点，要让想了解你的人快速、明确地看到你的基本情况。

（5）全面展示。一个好的求职材料是在突出重点的情况下还可以全面展示自己。

（6）设计美观。求职材料的版面一般讲求自然、朴实、理性、洁净的风格，能吸引用人单位对求职者的注意力。

（7）杜绝错误。求职材料要杜绝一切错误，无论是语法、文字、标点符号上的还是打印错误。

（二）求职信的撰写

求职信就是自荐信，是求职者以书面形式向用人单位提出求职请求的文函。在求职信中要阐明自己的求职理由、知识能力以及求职愿望，通过求职信表达出自己能为单位做什么，你区别于其他应聘者的特点，你对该行业和单位有何独特的见解。

1. 求职信的格式和内容

求职信的基本格式符合书信体的一般要求，主要包括称谓、正文、结尾、落款、附件五方面的内容。

称谓要随用人单位不同而变通，如果能写明招聘单位人事主管部门领导的姓名，一方面表现出你对该单位的了解关心，另一方面则缩短与对方的感情距离，如？"尊敬的某某处长（科长等）"、"尊敬的某某厂长（经理）"等。

正文是中心部分，结合个人的基本情况和求职信息的来源，说明自己所要应聘的岗位和自己已经具备的条件，突出自我教育的背景、成就以及自己所具备的各种能力和潜力，突出自己对该工作感兴趣的原因，非常期望能在该单位供职。

结尾一般要明确表达出希望对方予以答复，并有机会参加面试的强烈愿望，同时写上？"此致敬礼"、"祝工作顺利"等简短的祝福语和致谢之类的话。

落款包括署名和日期。最后要写明回函的联系方式、邮政编码、地址、电话号码及E-mail等。署名处如打印复制件则要留下空白，求职人亲自签名，以示郑重和敬意。

附件可在信的左下角注明。例如，附件1—个人简历，附件2—就业推荐表，附件3—成绩单，附件：4—职业资格证书，附件5—获奖证书等。

附：求职信范文

尊敬的××公司领导：

　　您好！首先感谢您能抽出宝贵的时间来看我的自荐信。

　　本人是×××技师学院20××届的应届毕业生。我喜爱数控车工这项专业并为其投入了很高的精力和热情。

　　在四年的技校生活中，我勤奋刻苦，力求向上，努力学习基础与专业知识，苦练专业技能，课余时间积极地去拓宽自己的知识，并积极参加学校的各种文体活动。作为正要跨出校门、迈向社会的技校生，我以满腔的热情与信心去迎接这一切。

　　当今社会需要高质量的复合型人才，因此我时刻注意自身的全面提高，建立合理的知识结构。在模具与数控方面有较深厚的理论基础，机械制图、机械工艺、公差配合、机械制造、机械加工等各方面有了一定基础。特别是在最后一学年，我认真参加了学校组织的×××企业的顶岗实习，在工作岗位上既提高了专业技能，又学会了适应企业的工作生活环境，为今后零距离上岗就业打下了坚实的基础。

　　四年技校生活的学习和锻炼，给我仅是初步的经验积累，对于迈向社会远远不够的，但我相信自己饱满的工作热情以及认真好学的态度完全可以弥补暂时的不足。面对未来，我期待更多的挑战。战胜困难，抓住每一个机遇，相信自己一定会演绎出精彩的一幕。

　　希望通过我的这封自荐信，能使您对我有一个更全面深入的了解，我愿意以极大的热情与责任心投入到贵公司的发展建设中去。您的选择是我的期望。给我一次机会还您一份惊喜。期待您的回复。

　　最后祝贵公司的事业蒸蒸日上、稳步发展！

　　此致

　　敬礼！

求职人：＿＿＿＿＿＿
＿＿＿年＿＿＿月＿＿＿日

2. 撰写求职信的注意事项

1）言简意赅。篇幅不宜太长，5号或4号字以1页纸最为恰当。

2）开头最重要，要在20秒内吸引住招聘官的注意力，减少过多的空话、套话。

3）求职信重点突出，目标明确，强化优势。有的放矢地注明申请的职位，突出个人优势，在情况属实的前提下，说明自己能够胜任甚至是能够创新式优于别人工作能力的理由。如知识结构全面，是复合型人才；如在实习中积累的经验是你的优势，就突出你的实习收获等。

4）态度诚恳、谦虚而不失自信，实事求是、投其所好。

5）求职信要展示你对这份工作的热情和你本身对生活的激情，表现出自己乐意和同事合作共同发展的愿望，体现出团队精神和敬业精神。

案　例

　　在科学史上，法拉第之所以成为全世界闻名的大科学家，就得益于他向戴维写的表现诚意的"自荐信"。戴维是19世纪英国著名的化学家，23岁便被聘为英国皇家学会主讲。法拉第原本是一个学徒工，每天负责做订书工作。他为了求得戴维指教，并能成为他的助手，1813年法拉第冒昧地给戴维写了一封信，寄了自己认认真真整理好的亲自去旁听戴维的讲演记录，表示自己对科学的热心和求师的诚意。他当时只是想碰碰运气，谁知，戴维被他的诚意所感动，看出他是一个很有前途的科技"新苗"，很快回了信，并约法拉第面谈。见面后，决定请法拉第做自己的助手，安排在皇家实验室工作。就这样，在戴维的帮助下，法拉第终于成为伟大的科学家。

（三）个人简历的撰写

个人简历就是针对想应聘的工作，概括地将毕业生的个人基本情况、学业情况、成长和工作经历、特长、技能、爱好、成就、教育培训情况、求职意向和联系方式等事项列举出来，以达到推荐自己的目的。通过一份个性突出、设计精美、能给人留下深刻印象的简历在瞬间紧紧地抓住招聘单位的注意力，突显求职者的才华和能力，为求职成功增加筹码。

简历的格式多为表格式。其主要内容一般包括个人信息、求职意向、学历、工作经历、奖励情况、外语和计算机应用能力、兴趣爱好等。其要求大致如下：

1. 个人信息

这部分主要是方便招聘单位清楚、简单地了解求职者的基本情况，包括姓名、出生年月、性别、民族、籍贯、政治面貌、身高体重、健康状况、婚姻状况、通信地址及联系电话等。个人信息应简单、直观、清晰，不必每一项都面面俱到，可根据企业具体要求而定。

2. 求职意向

简明扼要地表明申请的职位和目标。要充分表明自己在该方面的优势和专长，尽可能把选择放到一个具体的工作部门和职位。也可以做出与工作相关的特别说明，能引起招聘单位的兴趣。需要注意的是，应聘每个单位、每个职位、求职目标都应该有所不同，必须重新确定。

3. 教育背景

学生求职者应该将教育背景置于最醒目的位置，有工作经历的求职者则应选择把工作精力放在教育背景之前。应按简历的次序写清就读的学校、科系、专业、学习年限。

4. 工作经历

用人单位尤其是外企、合资企业，非常注重求职者的工作经历。这部分的基本内容包括工作单位名称、工作起止时间、所任职务及业绩等。对于刚毕业的技校生来说，虽无工作经历，但可写上打工、兼职的经历，如有实习经历、社会工作经验和参与社会实践活动的可将自己担任过的职务或组织参加的活动写上。虽然这些活动或经验是短期的、不成熟的，却可以不同程度地反映一个人的某些优势，如组织能力、协调能力、领导能力、团队精神、成熟度等，这正是用人单位观察的重点。

5. 奖励情况

在获奖种类繁多、级别不等、名目各不相同的奖项中，只列出奖项的名目是不够的，必须描述奖项的实质，并加以获奖难度、奖项分量的特别说明，以便清晰地辨认能力的大小。

6. 专业技能水平

学生求职者将专业名称、专业技能等级要重点说明，如有两个或两个以上职业等级证书的，应将较高级别的放在前面。如你具有上岗操作证书，更应标注清楚。

7．其他信息

其他信息是指个人的特长、兴趣爱好与性格。特长是最突出、最擅长的强项。它不仅可以指求职者所学的专业，还应包括你在工作、生活及因个人兴趣而来的能力，而在你所具备的各种能力中，与你应聘岗位相关的特长尤为重要。性格特点和兴趣爱好与工作性质关系密切，用人单位会比较看重这一方面，所以用词要准确、贴切。

（四）推荐表及相关证明材料

1．就业推荐表

毕业生就业推荐表是以组织的形式向用人单位推荐毕业生，专门向用人单位出具的一份正式的书面函。推荐表能证明该生的毕业身份、专业、培养方式等，并向用人单位简要介绍该生的在校表现。

毕业生推荐表栏目会因各个学校的侧重点不同而有所不同，但大致包括基本信息、个人简历、就业意向、技能水平、顶岗实习情况、获奖情况、自我评估、学校综合评定及推荐意见等方面。该表中涉及个人情况的栏目均由毕业生自己填写，综合评定及推荐意见部分由最了解毕业生情况的院系辅导员填写，所有项目经院系认可盖章，再提交到学校毕业生主管部门签署意见并盖章。

就业推荐表对于用人单位来说具有较大的权威性和可靠性，因此大部分用人单位非常看重就业推荐表，把该表当作录用毕业生必备的书面材料。对于毕业生来说，推荐表也是不可缺少的求职工具，它能向用人单位证明你的背景、毕业资格和在校表现。因此，它对毕业生和单位都很重要，毕业生应该认真填写相关内容。任何的错别字或文法错误，都会让用人单位怀疑你的能力。

毕业生推荐表由学校统一印制，每一位毕业生只能持有一份正式推荐表，毕业生若要联系不同单位可用复印件，待完全确定所去单位，再将原件交给就业单位。

2．相关证明材料

成功的应聘离不开好的简历和好的求职信，而好的简历和求职信则需要各种相关证明材料来支撑。只有准备好各种相关证明材料，才能证实简历和推荐信中应聘者资质、能力、知识等的描述所言不虚。总而言之，各种相关证明材料的作用是要充实个人简历上的基本事实。可以将一些证明其能力的毕业证、职业资格等级证书、计算机等级证书、会计证书、结业证书、获奖证书等复印件作为附加材料随求职信寄出。

四、名人如是说

1）凡事预则立，不预则废；言前定，则不跲；事前定，则不困；行前定，则不疚；道前定，则不穷。

——戴圣　《礼记·中庸》

2）永不停息地改造自己。把弱势变成强势！不成功都是因为自己没有准备好，一切都是自己的错。

——李阳

3）如果你希望成功，当以恒心为良友，以经验为参谋，以当心为兄弟，以希望为哨兵。

——爱迪生

五、我该怎么做

根据你的实际情况，认真填写一份就业推荐表（表9-3）和个人简历（表9-4）。

表9-3 ××××技师学院毕业生就业推荐表

系别：　　　　　　　班级：　　　　　　　联系部门：就业指导中心（电话：××××××××）

姓名		性别		出生年月日			贴照片处
籍贯		民族		政治面貌			
身高	m	体重	kg	户口类别	农业（　）		
					非农业（　）		
身份证号							
家庭住址							
联系电话			QQ				
入学起点	初中（　） 高中（　）	是否在读大专		是（　） 否（　）	技术等级	中级___工（　） 高级___工（　）	
所学专业		学历			学制	3年（　） 4年（　）	
是否取得特行证	是（　） 否（　）		有何特长				
班内职务			校内职务				
工学企业			工学岗位				
工学时段			工学成绩等级				
曾获荣誉（复印件附后）							
在校成绩（请将具有教务处盖章的成绩单粘贴于该表后）							

推荐次数	面试时间	面试企业	录取情况	备注
首次推荐				
二次推荐				
三次推荐				

班主任签字		系意见	签章 年　月　日	学院就业部门意见	签章 年　月　日

填表说明：1.选择项请在对应（　　　）内划√。

2.曾获荣誉以取得各级荣誉证书为准。

表9-4 个人简历

姓名		性别		出生年月		照片
籍贯		民族		身体状况		
政治面貌		身高（m）		体重（kg）		
毕业时间		学历		曾任职务		
所学专业				特长		
毕业学校				联系电话		
职业资格证书情况				邮政编码		
家庭住址				QQ		
				微信		
主要课程						
个人简历						
主要技能						
获奖情况						
顶岗实习社会实践经历						
应聘岗位及个人特长和能力						

六、拓展延伸

HR 怎样看简历

1. 求职信

如果求职者通过招聘网站填写简历，那么在简历投递时，发送到HR邮箱上在最上方显示的就是求职信。求职信不宜太冗长，否则会让人生厌。

2. 基本信息

这里HR着重看的是年龄、照片。因为根据职位以及公司年龄架构的不同，对求职者的年龄有一定的范围要求。例如，对于管理类的职位，年纪太小、资历不够不会得到老员工信服。另外，如果是网络公司或游戏公司等新兴行业，则需要较为年轻的员工为公司注入新动力，为公司的业务创新带来新动力。而照片的重要性也不容忽视。它是HR对求职者最直观的第一印象。一张衣着整齐，精神饱满的照片能为简历增色不少。而且阅人无数的HR大多有着看照片就能估摸得到求职者的性格和能力。年龄的填写不能虚假，照片一定要到照相馆去照求职照，这样会让HR看到你的诚意。

3. 自我评价

HR基本上都是直接跳过自我评价这部分的，但自我评价不写也不好，稍微写几句就可以了，主要突出该职位所需的能力，至于性格开朗、工作能力强之类的人人都会说的话就没必要写了。

4. 求职意向

这里唯一被HR看重的就是薪资要求。因为用人部门都有着自己的预算，HR是知道大致薪资范围的，如果与求职者的薪资要求相差太远，那么面试就没必要了。先了解该行业该职位的薪资水平，不宜太高也不宜太低，如果不想错过机会，建议薪资要求填"面谈"。

5. 工作经验

工作经验是简历的核心。一般来说，HR只着重看最近的一份工作经验，如果与应聘的当前职位比较吻合而且时间较长，那么之前的工作经验就一扫而过了。如果最近的一份工作经验短且不是太吻合，那么会看之前的一份工作经验。如果最近一两份工作都不能抓住HR的眼光，那基本面试的机会就微乎其微了。

对于HR的这种注重最近工作经验的情况，求职者应当把最近的一份工作内容写得详细一点，不要只针对工作本身，业绩和成果更为重要。离现在比较久远的工作内容可以写得相对简短一点。

6. 教育经历

对于大公司而言，通常是录用高学历的人多，这主要是因为这些公司名声好，吸引来的多是高学历的人，但只要你工作经历符合，学历稍微差一点也是有机会进入大公司的，大部分公司看重的是能力而不是学历。至于一般的公司，对学历卡得也不会那么死，不要太低就行。所以一般HR不会太注重你的学历，倒是专业是受关注的焦点。有的时候专业不对，甚至简历其他部分都不用看就淘汰了。学历绝对不能编造，不过写起来也是有技巧的。如果你在全日制教育的基础上，接受了函授或远程教育，记得一定要填写清楚。至于对学科的描述，就不用写了，HR是不会看的。

7. 证书奖状

至于培训经历、证书、语言能力、专业技能、奖状、其他信息，在企业职位有要求的情况下，HR才会留意，否则这些信息也基本上是不看的。这里不应该盲目地"晒证书"、"晒奖状"。而应该有选择性地，选取与该职位相关的证书、奖状等内容写。

七、课外阅读

准备充分　预案完备，排除险情　首飞成功

2016年11月3日20时43分，我国运载能力最大的"长征五号"（图9-2）首飞成功。发射当天，虽然火箭经历了多次波折，甚至一度面临发射取消的风险，但中国航天人用完备的预案、科学的态度，迎来了长征五号的首战胜利。央视记者在现场独家记录了"长征五号"首飞前这惊心动魄的时刻。

图9-2

11月3日15点，已经加注了燃料的"长征五号"从打开的发射塔架显露了出来，这是火箭即将启程的标志。但此时，现场忙碌的人们，得到了一个略显突然的消息。由于氧气排空管道出现问题，任务指挥部决定，发射时间推迟一个小时。后经过专家判断，该问题不影响发射。

下午五点半，临近新的发射窗口，更严重的问题出现了。给"长征五号"提供核心动力的低温发动机进行预先冷却时，温度却迟迟无法降到起飞要求的标准。

时间一分一秒地流逝，所有人的目光都紧盯着大屏幕上发动机的状态。如果无法在发射窗口内完成故障的排除，"长征五号"的首飞就要推迟。是不是需要终止这次发射任务？此刻，任务决策者也面临着艰难的抉择。

这是中国航天发射史中很难见到的一幕，许多工作人员都是站着在测发大厅里工作的。而在门外，更多的工作人员也在焦急等待着任务指挥部的消息。

此时，预先制定的几百种应急预案，起到了决定性的作用。17点30分，发动机的温度终于降了下来。

问题解决了，发射程序再次重启。

一切正常，所有的程序在向前顺利推进。眼看就要进入倒数三分钟程序，01指挥员的一个口令让所有人的心又再次悬了起来。

在如此接近发射窗口时突然中止发射任务，这意味着原定的发射时间将再次推迟。于是指挥部再次启动应急预案，故障排除后，终于进入一分钟准备。

重置、启动、再重置、再启动，在场所有人的心都像坐过山车一样。这是中国航天发射史中从未出现的情况，但都在应急预案中一点点排除。

一分钟之后，01指挥员终于发出了最后一次的发射口令。

可能是之前的波折让所有人压抑了太久，"长征五号"首飞成功的掌声，是大家经历过的所有火箭任务中最多的一次。过程虽然曲折，但所有出现的问题都在预先设定的几百项应急预案范围内。人们尽情欢呼，为这一夜的不易，更为中国航天三十年来铸箭的艰辛。

第十单元 就业能力

任务三十三 认清就业形势

一、学习目标

掌握就业与创业的基本概念；了解我国当前的就业形势；重点了解技工院校毕业生面临的就业形势；了解技工学校毕业生就业中存在的问题。

二、案例分析

● 故事

> **小冯的迷茫与压力**
>
> 　　小冯来自偏远的农村，家境困难，是靠政府资助念的技工学校，三年来她学习刻苦、积极参加各类活动，是一位品学兼优的好学生。临近毕业，大家发现原本积极向上、自信活泼的她突然变了个人似的，经常沉默不语，学习也没有以前用功了。
>
> 　　班主任找到小冯，经过耐心询问，她才袒露心声："马上就快毕业了，直接面对的就是就业问题，从新闻里看到当前国内外的经济形势都在走下坡路，就业形势也很严峻，很多大学生都找不到工作，我表哥大学本科毕业后已经在家待业两年多了。虽然老师和我们介绍：技工学校的毕业生就业形势一直好，我们学校也有专门的就业安置部门帮我们找工作，但我还是非常担心自己毕业后找不到适合我的工作，既怕毕业时没有好企业来学校招工，又怕自己不能被心仪的企业录用。我家里爸爸身体不好，妈妈一直忙着农活，一年下来的收入维持生活都很困难，如果我再找不到工作，对家里、对自己都没法交代。眼看再过几个月就要毕业了，我的恐惧感也越来越强烈了，早知道这样，还不如初中毕业后就直接去打工算了……"

分析解读

　　毕业前夕，技校生面对就业难的现实，产生困惑和迷茫是正常的。作为一名技校生，应该认真了解当前的就业政策，多渠道收集就业信息，积极配合班主任、教学系和学校组织的各项就业招聘活动，掌握就业技巧，珍惜就业机会，把握就业的主动权和有利时机，充分认识并发挥自身的就业优势，及时稳健地迈出职业生涯的第一步。

活动体验

同学们，你们有过像小冯一样的感受吗？你们认为什么样的人今后在企业里最吃香？有谁考虑过当前国内乃至我市的就业形势吗？大家都说说，你认为当前国内哪些行业企业最火？谁能帮我简要说说目前我市的重要产业是什么，现状怎样？你了解我们今后的发展方向吗？你心目中的好企业应该具有什么特点？大胆说说你认为以后什么企业、产业会最有前景？

三、知识链接

（一）就业与创业

1. 就业

（1）定义。就业是指劳动者运用生产资料从事合法的社会劳动，创造一定的经济和社会价值，并获得相应的劳动报酬，以满足自己及家庭成员生活需要的经济活动。

（2）就业必须符合的条件。

第一，劳动主体必须从事社会劳动；

第二，劳动必须要有报酬；

第三，所从事的社会劳动必须合法；

第四，劳动主体必须符合法定就业年龄。

2. 创业

创业一般是指创立基业或创办事业，即自主地开拓和创造业绩与成就，如开创个体和家庭小企业等。创业活动是一个国家或地区经济活力的重要表现。

就业是民生之本，创业是就业之源。就业与创业密不可分，人可以在就业过程中创业，也可以在创业过程中就业。

❖ 故事

李嘉诚的就业创业经历

　　性格沉稳的李嘉诚（图10-1），实际上是一个不安分的人。他最初去五金厂做推销员，但打开局面就跳槽去了塑胶公司。他很快成为公司出类拔萃的推销员，18岁当部门经理，20岁升为总经理，深得老板器重。他春风得意时，突然又要跳槽，这次是他估量着自己的实力，相信如果自立门户，成绩可能更好。二十二岁的李嘉诚终于辞去总经理一职，尝试创业。当时，李嘉诚的资金十分有限，不足以建厂。他

图10-1

向亲属们借了四万多元，加上自己的积蓄，总共五万余港元资本，开设了一家生产塑胶玩具及家庭用品的工厂，并将厂名定为"长江"。起初，李嘉诚只知不停地接订单及出货，忽略了质量控制，致使产品愈来愈粗劣。结果不是延误了交货时间，就是引起退货并要赔偿，工厂收入顿时急跌。加上原料商纷纷上门要求结账还钱，银行又不断催还贷款，"长江"被逼到破产的边缘。这使李嘉诚明白自己实在是操之过急，低估了当老板的风险。

如何才能挽救绝境中的长江塑胶厂？李嘉诚靠的还是"信义"二字——与客户有信，与员工有义。他召集员工大会，坦言自己在经营上的失误，衷心向留在厂里的所有员工道歉，同时还保证，一旦工厂可以度过这段非常时期，随时欢迎被辞退的工人回来上班。之后，李嘉诚穿梭于众多银行、原料供应商及客户之间，逐一赔罪道歉，请求他们放宽还款期限，同时拼尽全力，为货品找寻客户，用蚀本价将次货出售，筹钱来购买塑胶材料和添置生产机器。至此公司业务渐入佳境，没多久还开设了分厂，创业五年后，"长江"逐渐成为全世界数一数二的大型塑胶花厂。后来李嘉诚又投资房地产业，并坐上了香港华资地产龙头的位置。2013年的华人富豪榜发布，有"李超人"之称的李嘉诚继续蝉联华人首富，自1999年以来，这已是他在榜首的第15个年头了。

（二）技工学校毕业生面临的就业形势

1. 就业形势严峻

（1）大、中专院校毕业生逐年增加，就业竞争日趋激烈。从2001年高校扩招以来，大、中专院校毕业生逐年增加，而社会新增就业岗位数小于毕业生人数，加上未实现就业的往年毕业生，使得国内整个毕业生群体的就业形势都异常严峻。据统计，近几年我国大学毕业生的一次性就业率始终在75%左右徘徊。2014届大学生毕业半年后的就业率为92.1%，大学毕业生自主创业比例为2.9%，2014届大学毕业生半年后月收入3 487元。

（2）社会就业"三峰叠加"，社会总体就业压力增大。社会就业的"三峰"是指，各类大、中专毕业生面临的就业高峰，农村剩余劳动力向城市转移的农民工就业高峰，因经济结构调整所带来的城镇失业人员再就业高峰。

（3）全球经济不景气对技工学校毕业生就业影响深远。以2015年我国的经济形势来看，有三个主要特点。一是部分产能过剩行业十分困难。资源类、重化工业普遍陷入困境，增速大幅下滑，煤炭、钢铁、水泥等产品产量明显下降，行业总体库存压力较大，仍处在调整探底、发展阶段，要彻底走出困境尚需时日。二是高新技术产业快速发展。计算机通信、新能源、新材料医药制造等产业发展优势明显，增长速度大幅快于传统制造业。三是新兴服务业发展势头强劲。服务新业态、新模式延续近两年高增长态势，电子商务、物流快递等行业表现尤为抢眼。

2. 就业前景广阔

（1）经济结构的战略性调整为技工学校毕业生提供了良好的就业环境。"十二五"时期（2011～2015年，国家第十二个五年计划），我国着眼于构建现代产业体系，下大力气改造提升传统产业，重点改造提升制造业；培养发展战略性新兴产业，加快形成先导性、支柱性产业；大力发展生产性和生活性服务业；充分发挥我国人力资源丰富的优势。以近年河北省经济结构调整为例：在钢铁方面，压减产能的同时，大力提升产业层次，使得家电面板、汽车用钢、特大船舶等高端用钢产量提升；在装备制造业方面，确定了船舶与海洋工程装备、新能源发电装备、轨道交通装备、钢铁装备、煤矿装备、环保与资源综合利用装备六大主攻目标；大力加强电子信息、生物医药、新能源、新材料、环保等重点高新技术产业领域技能人才队伍建设；有力推进物流、金融、旅游、会展、房地产业及交通运输业、信息服务业等主要现代服务业。这些经济结构的战略性调整为技工学校毕业生提供了良好的就业环境。

（2）全面建设小康社会为技工学校毕业生创造了广阔的就业机会。全面建设小康社会需要大量的高素质合格人才。一是改革开放以来的巨大成就和国民经济的持续、快速、健康发展，为技校生就业提供了越来越好的社会环境；二是随着经济结构的调整、人民生活水平的提高，第一产业及第三产业的迅速发展，一些新的产业在不断涌现，大量新的技能型岗位不断出现；三是多种经济成分迅速发展，为技校生开辟了多种就业渠道；四是多种灵活就业形式有了发展，如弹性工作、非全日制工作、钟点工等。

（3）国家就业政策走势更有利于技工学校毕业生就业与创业。2008年1月1日起实施的《中华人民共和国劳动合同法》和《中华人民共和国就业促进法》充分体现了党和国家保障民生的重视；同时，国家有关部门积极实施劳动就业准入制度，大力推行职业资格证书制度，极大地提高了拥有一技之长的技校毕业生的就业竞争力。

（三）技工学校毕业生就业难问题剖析

绝大多数技校毕业生通过择业竞争都能找到工作岗位，但也有相当一部分毕业生难以顺利就业。

1. 自我定位不准，眼高手低

◗ 小故事

一个卖青菜的摊主，因为是自己家种的菜，看起来很新鲜，且没有打过农药，所以他的价格就比其他的摊主卖得贵，想买他家菜的人很多，但是都嫌他的菜卖贵了，让他降一点价，他就说我的菜是菜市场最好的，不讨价还价，所以客人只好去其他家买。到了中午，其他的摊主都已经降价很多了，他看看自己的菜还没卖出去多少，也适当地降了一些，但是和旁边的相比，价格还是比较高，于是就有人问他，都到中午了，你的菜怎么还卖那么贵啊，以你家菜的新鲜度，如果早卖便宜一点，早就卖光了，也不会剩下这么多。摊主无奈地说，总以为自己的菜是最好，会以早上的价格把它卖完，谁知道越等越不值钱，自己种的，太便宜了不想卖。有人就跟他说，既然你拿到市场上来卖，你现在如果还不降价，到了晚上，菜就更加便宜了，如果还卖不出去，就坏掉了，那你损失不是更大。老农听了后，点了点头，然后把价格调得和周围的差不多，因为他的菜总体来看，比其他家的要好，所以没过一会儿，他的菜就卖完了。

有一个做采购的人，因为置气，就直接跟老板提出了辞职，过了很长一段时间，他还没有找到适合的工作，连住房、吃饭都要成问题了。不是因为没有公司愿意录用她，而是他原来在那家公司工作时的月薪为5 000元，所以，他发誓一定要找一份月薪不低于5 000元的，最好还是5天制的，因为他以前是6天制，他说，找工作就要越找越好，哪里有越来越差的道理。

活动体验

同学们，上面那位卖青菜的摊主犯了什么错误？这个做采购的为什么没找到自己认为合适的企业？换作你会怎么做？

2. 诚实、踏实精神不足

很多同学缺乏脚踏实地的敬业精神、吃苦耐劳的品质和艰苦创业的心理准备，希望毕业就进好单位，但又不能从小事做起、从现在做起。事实证明，凡是敬业、诚实、虚心好学、工作认真负责的毕业生都会受到各企业的好评。

案　例

鼎鼎大名的"喜剧之王"周星驰（图10-2）是从跑龙套，做匪兵甲、匪兵乙，一步一步成长起来的。周星驰曾在83版的《射雕英雄传》里饰演"宋兵甲"，相较黄日华、翁美玲主演的郭靖和黄蓉，他这个"宋兵甲"连名字都没有。但周星驰并不应付差事，而是想方设法，尽最大可能地表现自己。例如，在一次拍摄"宋兵甲"身亡的镜头时，他特地向导演申请："导演，我能不能伸掌挡一下再死

图10-2

呀？"导演却很不屑地呵斥道："快点拍戏，你哪来那么多废话？"建议虽然没有被采纳，但并没有扼杀他那颗认真执着的心。他依旧珍惜每一个来之不易的跑龙套机会。

从1983年参演《射雕英雄传》到1990年凭借《赌圣》而一举成名，这期间他经历了七年风雨无助的煎熬和磨炼。在这七年里，他跑了无数龙套，扮演过无数没有名字的角色。虽苦虽累，但从未改变他渴望成为一名好演员的信念，也从未浇灭他对演艺工作的激情。坚定不移的信念、脚踏实地的努力，为周星驰由"星仔"蝶变成"星爷"奠定了坚实的基础。

3. 对综合素质的重要性认识不足

事实上，企业用人非常看重学生的综合素质、职业素养，如人际交往能力、沟通协调能力、反应能力、学习和接受能力、为人处世的态度和品行、解决问题能力、职业礼仪、信息处理能力等。

4. 心理承受能力差

由于缺乏训练、性格内向或在求职过程中遭遇了挫折，有些同学便轻视或低估自己的能力，在求职的过程中认为自己事事不如人，怕自己承担不了应聘的工作，在招聘现场或徘徊于招聘单位之间畏缩不前，或慌张递上材料应答张口结舌。

案 例

　　美国麻省理工学院曾经做过一个很有意思的实验，实验人员用铁圈将一个小南瓜围住，以观察随着南瓜的长大，能对铁圈产生的压力有多大。

　　在试验的第一个月，南瓜承受着500磅的压力，当实验进行到第二个月时，南瓜承受着1500磅的压力。当南瓜承受到2 000磅的压力时，实验人员开始对铁圈进行加固，以免南瓜将铁圈撑开。当实验接近尾声时，整个南瓜已经接近超过5 000磅的压力。

　　实验人员把南瓜切开，惊讶地发现它的内部充满了坚韧牢固的层层纤维。为了能够获得充足的养分，突破铁圈的限制，南瓜所有的根往不同的方向全面生长，直到控制了整个花园的土壤与资源。虽然这样的南瓜已不能食用，但它顽强的抗压能力却感染了每一位实验人员。

5. 从众、攀比心理

　　有的同学对职业认识比较肤浅，求职时更多的是听别人的意见，看他人的行动；或盲目追逐热门行业、热门单位，互相攀比，不顾自身实际，不能扬长避短。

▶ 小故事

　　商人甲带两袋大蒜到沙漠里，当地人没见过大蒜，极为喜爱，于是赠甲两袋金子。商人乙听说，便带两袋大葱去，当地人觉得大葱更美味，金子不足表达感情，于是把两袋大蒜给了乙。——生活往往如此，得先机者得金子，步后尘者就可能得大蒜！善于走自己的路，才可能走别人没走过的路。

案 例

　　股神巴菲特在贝克夏·哈斯维公司1985年的年报中讲了这样一个故事。

　　一个石油大亨正在向天堂走去，但圣·彼得对他说："你有资格住进来，但为石油大亨们保留的大院已经满员了，没办法把你挤进去。"

　　这位大亨想了一会儿后，请求对大院里的居住者说句话。这对圣·彼得来说似乎没什么坏处。于是，圣·彼得同意了大亨的请求。这位大亨大声喊道："在地狱里发现石油了！"大院的门很快就打开了，里面的人蜂拥而出，向地狱奔去。

　　圣·彼得非常惊讶，于是请这位大亨进入大院并要他自己照顾自己。大亨迟疑了一下说："不，我认为我应跟着那些人，这个谣言中可能会有一些真实的东西。"说完，他也朝地狱飞奔而去。

分析解读

　　这虽然是一则笑话，但是深刻地反映了我们在日常生活中的从众心理。

6. 过于依赖

　　有些同学在就业时不愿意去推销自己，过分依赖父母、老师、亲戚甚至朋友，要求他们通过各种人际关系为自己找工作，甚至以此为逃避求职、就业的借口。

案 例

比尔·盖茨出生于律师和教师之家，这个家庭的大人非常注意小盖茨的智力开发和培养。自从盖茨进湖滨中学那间小计算机房的那一天起，计算机对他就产生了一种无法抗拒的魅力。15岁时，他就为信息公司编写过异常复杂的工资程序。

1973年春，他被哈佛大学接受为学生，他更一发不可收，经常在计算机房通宵达旦地工作。有好几次，盖茨告诉父母，他想从哈佛退学与他人一道干计算机事业。但父母极力反对儿子开公司，尤其是毕业以前。父母还请了受人尊敬、白手起家的一个著名企业家——斯托姆来说服盖茨打消开公司的念头。斯托姆不但没有劝阻他，反而倾听了这位十几岁孩子的演说后，鼓励他好好干。

1977年盖茨正式退学。他不是厌倦哈佛，而是希望另有远大前程。进入20世纪80年代后，IBM开始寻求合作伙伴，在与盖茨交谈了5分钟后，IBM的人认为这是与他们打交道的最出色的人物之一。此后，盖茨为自己写下了更引人注目及有趣的故事。

（四）应对就业难问题的对策

1. 从学校层面来说，应抓重点、抓难点、抓热点

抓重点：认真分析研究就业工作的主要矛盾和轻重缓急。

抓难点：注意"抓两头带中间"，即做好优秀生和贫困生的就业工作，促进中间直至全体技校毕业生的就业。

抓热点：技工学校要培养敏感性和敏锐性，及时掌握当前社会就业热点情况。

2. 从毕业生层面来说，应抓机遇、抓信息、抓落实

建议有就业意向的毕业生尽快就业。还没找到工作的毕业生，要尽快与学校就业部门联系，取得就业主渠道的帮助和支持；要充分利用"地缘、人缘、学缘"的关系，在有目标的情况下重点"捕鱼"。

四、名人如是说

1）对所有创业者来说，永远告诉自己一句话：从创业的第一天起，你每天要面对的是困难和失败，而不是成功。我最困难的时候还没有到，但有一天一定会到。 ——马云

2）生活是公平的，哪怕吃了很多苦，只要你坚持下去，一定会有收获，即使最后失败了，你也获得了别人不具备的经历。 ——马云

3）这个世界并不在乎你的自尊，只在乎你做出来的成绩，然后再去强调你的感受。

——微软公司创始人 比尔·盖茨

五、拓展延伸

（一）国家关于传统产业转型升级的论述

党的十八大报告中明确表述：牢牢把握发展实体经济这一坚实基础，实行更加有利于

实体经济发展的政策措施，推动战略性新兴产业、先进制造业健康发展，加快传统产业转型升级。在我国传统产业中，钢铁、建材、石油化工等所占比例很大。实现传统产业转型升级即加快其向高附加值、低能耗、低污染的集约型发展方式转变。同时，更要加快新技术、新工艺、新产品的研发应用，使传统产业在转型升级中形成可持续的技改、创新和发展动力。

《中共中央国务院关于进一步加强人才工作的决定》明确指出，实施国家高技能人才培训工程和技能振兴行动，通过学校教育培养、企业岗位培训、个人自学提高等方式，加快高技能人才的培养。充分发挥高等职业院校和高级技工学校、技师学院的培训基地作用，扩大培训规模，提高培训质量。充分发挥企业的主体作用，强化岗位培训，组织技术革新和攻关，改进技能传授方式，促进岗位成才。

（二）传统产业和产业升级

1. 传统产业

传统产业是一个相对、动态的概念，一般指发展时间较长，生产技术成熟、稳定，技术水平、产品附加值较低，自然资源依赖度高，资源利用率、环保水平和产值增速较低，劳动力、资本密集度高的产业，多以制造、加工业为主。就河北省而言，传统产业主要包括钢铁、装备制造、石化、建材、轻工、食品、纺织服装、医药八大产业。

2. 产业升级

产业升级主要指产业结构的改善和产业素质、效率的提高。传统产业升级通过全面优化技术结构、组织结构、布局结构和行业结构，促进产业结构整体优化提升；同时，围绕开发新品种、提高产品质量、节能降耗、绿色循环、创新技术、"两化"融合等重点领域，增强传统产业先进产能比例。

六、课外阅读

为什么那么多德国人甘愿做技工而不去追求高校文凭？

德国前总统赫尔佐格曾说，"为保持经济竞争力，德国需要的不是更多博士，而是更多技师。"这里所说的技师，指的是支撑"德国制造"的"工业技师"。

提起德国，人们很自然地会联想到"大众"、"奔驰"、"宝马"、"奥迪"、"保时捷"、"欧宝"等这些德国名车，联想到德国的机械设备，联想到德国的工具。要知道，德国在制造业的卓越成就归功于德国政府对职业教育的大量投入和全社会对技工的尊重。德国企业家认为，一流的产品需要一流的技工来制造，再先进的科研成果，没有技工的工艺化操作，也很难变成有竞争力的产品。

为什么那么多德国人甘愿做技工而不去追求高校文凭？

第一，德国技工工资高于全国平均工资，技校毕业生的工资几乎普遍比大学毕业生的工资高，大学毕业生白领的平均年薪30 000欧元左右，而技工的平均年薪则是35 000欧元左右，不少行业的技工工资远远高于普通公务员，甚至高过大学教授。由于德国技工的工资高，制造业技工需求量大，每年有65%的初中毕业生放弃读高中继而读大学的道路，直接进入职业学校。德国的职业教育由政府全额拨款，一个学生一年可获政府4 100欧元的教育经费。学生在职业学校学习期间就被企业"订购"成为企业的准员工，企业要按规定向"订购"的技校生每月支付600～800欧元的学习津贴。

第二，在德国，做技工不丢人，他们在社会上同样享受其他"高等职业"所拥有的声誉和尊敬。在德国人看来，每个人所做的事情不过是分工不同而已，无论是政治家、教育家、企业家、工程师还是技工，他们仅仅是职业之别，不存在尊卑贵贱。德语"职业"一词，意即天职或上帝的召唤，每个人从事的职业，从"天职"的意义上看都是神圣的。正因为如此，德国人做事认真负责，能静下心来做好分内工作。

第三，德国的教育通道对任何人、在任何时候均非常畅通。从事技工的人，如果想"转换跑道"，也可以申请进入应用技术大学继续深造，毕业后拿到国家承认的硕士文凭，同时德国对上学没有年龄限制，属于典型的活到老学到老的范例。

德国社会对技工的尊重在世界首屈一指，这才让德国技工的工资普遍较高。德国实干者更是人才辈出，他们以精湛的工艺技术创造了享誉世界的"德国制造"。虽然德国历经风雨，但德国制造让德国经济稳健增长，牢牢地支撑了欧洲的危局。欧元区至今屹立不倒，德国制造功不可没。德国制造之所以如此强悍，关键是这个国家积蓄了丰厚的"工匠"资源，包括工程师、高级技工、普通技工。德国的工匠精神就是严谨、规范、一丝不苟，规定螺钉需要拧五圈，他们绝不会拧四圈半。无论是工程师还是普通的技工，每人都有一手绝活，有的是祖上传承，但更多来自遍布德国的职业学校、技工学校，甚至应用技术大学，此外德国行业协会的培训和企业内部的实地训练也非常普遍。

任务三十四　树立新的就业理念

一　学习目标

了解我国当前人才需求的新特点；技工院校毕业生能够克服几种错误的就业观念；树立新的就业理念和创业理念。

二　案例分析

新闻报道："史上最难就业年"技校学生成"香饽饽"

2013年称得上是"史上最难就业年"。据教育部统计，当年计划招聘岗位数同比平均降幅约为15%。而当年全国普通高校毕业生规模为699万人，比2012年增加19万人。浙江省的高校毕业生达26.7万，再创新高。

当应届的大学生还在为找工作发愁时，记者却在杭州汽车高级技工学校校园招聘会现场看到，技校学生的就业形势一片大好。

每名学生至少有2个岗位可挑。杭州汽车高级技工学校招聘会现场，14家汽车企业前来招聘。这些企业都是杭城汽车高端品牌企业，有宝马、奔驰、英菲尼迪、雷克萨斯等，推出了机修、钣金、油漆、服务顾问等174个岗位。有一个奇怪的现象，就是招聘单位热情很高，但是前来参加招聘的学生却寥寥无几，个别企业招聘人员坐了1个多小时，都没有收到一份简历。

时任杭州汽车高级技工学校办公室主任骆小平解释，不是学生们不关心工作的事情，确实是学生们太吃香，差不多都被预订完了，这次参加招聘的学生找的也都是实习岗位。他说，当年5月准备实习的学生有356名，早在年初，其中的280名就已被校企合作企业、合作办班企业、汽车集团公司抢签，明年毕业后学生就可以直接留在企业。现在来参加招聘会的是剩下的76名学生。也就是说，在这场招聘会上，每名学生至少有2个岗位可以挑选。"现在中技学生的就业形势都还不错，很多家长应该渐渐认识到，学历教育并不是全部，蓝领其实也不错的。"骆小平说。

以杭州汽车高级技工学校为例。目前，杭州市共有二类以上的维修企业1127家，其中市区416家。这些修理厂、各大品牌4S店、二手车市场及各大保险公司形成了庞大的用人需求，据保守估计，杭州每年对汽车维修、检测、商务（销售、评估）、定损理赔人员的需求缺口达上万名。目前，杭州市汽车类高级技工以上毕业生每年只有2 000多名，平均到每家用人企业只有2名不到。所以汽车类高级技工的缺口非常大，仅华策奔驰在杭的几家4S店，每年就要向杭州汽车高级技工学校"预定"60多名毕业生。很多人可能觉得蓝领的收入不高。骆小平说，这个观点其实并不对。"我们的很多学生，毕业后的起薪都有3 000～4 000元，工作一段时间后，能达到6 000～8 000元。"

分析解读

从这篇报道不难看出，同时受到经济下行压力影响，企业用工需求减少，对就业产生夹道影响，包括大学生在内的部分劳动者就业难度加大。行业失业风险上升的形势下，技校生在就业市场却成了众多企业追捧的"香饽饽"，作为技工学校一员，我们一定要勤学苦练，藏技于身，让自己在就业市场上，在用人单位面前变得愈发强大，你的未来职场才会更加灿烂辉煌。

活动体验

同学们，对于这篇报道你是怎么看待的？你对你未来的就业有何期待？在你毕业时，你有资本成为用人单位追捧的对象吗？你在平时的学习实训中是否做到了全身心的投入？

三 知识链接

（一）新世纪人才需求的新特点

1. 低素质人员的就业机会越来越少

未来以下这八种人将被社会淘汰：

第一种，知识陈旧的人。如今，知识更新的速度越来越快，知识倍增的周期越来越短。那些"抱残守缺"、知识陈旧的人，将是职场中的麻烦人。

第二种，技能单一的人。未来复合型人才将大受欢迎，技能单一的人将遭到冷遇。要想避免在职场中成为"积压物资"，唯一的办法就是多学几手，一专多能。

第三种，情商低下的人。在未来社会，不仅要会做事，更要会做人。在不断提升自己的能力时，还应不断培养自己的情商。否则，"身怀绝技"，也难免"碰壁"。

第四种，心理脆弱的人。遇到一点困难，就打"退堂鼓"，稍有不顺利，情绪就降到"冰点"，这样的人，必然日子不好过。无论在职者，还是求职者，都应该增强心理承受能力，提高"抗挤"、"抗压"素质。

第五种，目光短浅的人。鼠目寸光难成大事，目光远大可成大器。有生涯设计的人，未必肯定成功，没有生涯设计的人，一定很难成功。

第六种，反应迟钝的人。"迟钝"就会"迟缓"，落后就要挨打。一个人如果"思维"不"敏捷"，"反映"不"快速"，墨守成规，四平八稳，迟早会被淘汰。

第七种，单打独斗的人。个人的作用在下降，群体的作用在上升。"跑单帮"难成气候，"抱成团"才能打出一片天地。

第八种，不善学习的人。人与人之间的差异，主要是学习能力的差异；人与人之间的"较量"，关键在于学习能力的"较量"。空谈和阔论从来不会让你的梦想成真，知识改变命运。

2. 复合型人才在市场上大受欢迎

掌握综合学科知识，包括专业技术知识及政治、法律、管理等方面的常识，能利用多学科知识解决复杂问题，有较强适应能力、学习能力、创新能力和人文能力的一专多能复合型人才，将在人才市场激烈的竞争中脱颖而出。

3. 高素质知识工人成为中国的脊梁

当前，我国实施自主创新发展战略，完成从"中国仿造"到"中国制造"再到"中国创造"的转变，时代需要数以千计的高素质知识工人。要成为知识型人才，就要以学习增强能力，以创新创造业绩，以创造贡献价值。

案　例

1978年，在访问日本期间，邓小平乘坐时速210千米的日本新干线时发出感慨"我们现在很需要跑"，而就在去年，一位瑞典人在乘坐京沪高铁时录的一段"在时速300千米的京沪高铁上，硬币8分钟不倒"的视频，一度令无数人惊艳。目前，中国高铁运营里程突破2万千米，这也是世界上最长的高速铁路网。时代在前进，中国高铁如其运行速度般飞快发展，而在中国高铁速度与安全性的背后，是一个国家用短短14年时间所实现的从模仿到超越，从超越到卓越，并以高标准屹立在世界舞台中央的努力。2016年，中国标准动车组"蓝海豚"和"金凤凰"完成了420千米对开交会实验，中国标准让世界惊叹，网友们在中国高铁上乐此不疲地玩着日本新干线上玩不了的"立硬币"游戏。我们将中国标准带向了世界，非洲铁路、中老铁路、中蒙铁路、雅万铁路采用的都是中国标准。

（二）克服错误的就业观念

1. 缺乏前瞻性就业意识

许多学生愿意选择处于成熟的企业，愿意做大企业的员工，不懂得或不愿意选择处于上升期的企业。实际上，上升期企业的员工和中小企业的基层管理者更有发展的机会。

2. 就业期望值过高

很多技校生在薪资待遇上要求初次就业月工资不低于2 000元；工作环境上，希望在恒温无尘的环境下工作，或是要求在办公室工作；在行业选择方面，趋向于选择信息技术、通信电子类企业；在企业规模上，趋向于选择大型国有企业、大型跨国公司与行业内著名企业。这些要求与技工学校学生自身的综合能力相比，显得就业期望值过高。

3. 就业随意性心理

很多学生对自己的就业目标、职业兴趣、跳槽原因、职业选择等缺乏明确认识，就业有随便试试心理。

4. 就业被动性心理

相当多的学生存在严重的依赖心理，表现为自己不作为，主要依赖学校推荐就业，依赖父母亲朋找关系实现就业。

5. 就业自卑性心理

技工学校学生的就业自卑心理主要存在两个方面：一是认为自己学了低，在就业竞争中处于劣势；二是在外地就业的情况下，产生自卑心理。

6. 主动建立和谐人际关系的意识不足

主动融入意识差，特别是主动融入公司或单位的社会生活圈的意识差，没有想到拓宽关系的必要性；不知道和自己的领导、同事建立融洽关系；过于以自我为中心，缺乏大局意识、团队精神。

7. 怕苦畏难心理

很多学生在校期间就缺乏吃苦精神，不能刻苦学习专业知识，没能为未来就业做好知识、技能准备。在工作中，缺乏创新意识，不愿意出差、加班，不能独自克服在外地工作时生活上的不便等。

8. 欠缺创业意识

技校生在谈到创业时，往往强调资金、技术、人才、社会背景等方面的困难。有的认为自己不是那块料，创业对自己来说过于遥远。

（三）树立新的就业理念

2015年，全国中等职业学校毕业生人数为515.47万，就业人数为496.42万，就业率为96.30%，对口就业率为77.60%。

从就业去向看，数据（以下均不含技工学校）显示，到国家机关、企事业单位就业的占就业总人数的52.04%，仍为中职毕业生的主要去向；合法从事个体经营的占16.27%，以其他方式就业的占11.67%，表明更多的毕业生进行创业就业，为推动"大众创业、万众创新"发挥着积极作用。升入各类高一级学校就读的占20.02%，比2014年增加了4.7个百分点。这充分说明，近年来推进中高职衔接工作取得明显成效，升学"立交桥"得到拓宽。

从就业结构来看，在第一产业就业的占直接就业人数的10.87%；在第二产业就业的占32.93%；在第三产业就业的占56.20%，比例仍在一半以上。从专业大类来看，加工制造类专业毕业生数、就业人数、就业率均居首位，就业情况最好，就业率达到97.30%；其次是信息技术类，达到96.85%；交通运输类、教育类、休闲保健类、财经商贸类的平均就业率都在96.23%以上。这表明，中等职业教育与现代服务业、先进制造业发展同步，同时较好地支撑了交通运输、电子商务、现代物流等新型产业的发展，对推动实体经济发展具有较好的支撑作用。

1. 不在乎单位性质

上面的数据告诉我们技校生，就业时不能太在意单位大小、性质如何，技校毕业生应把需求人数众多的混合所有制、非公有制企业作为就业的主渠道。

2. 就业凭竞争，上岗靠本事

毕业生进入人才市场、劳务市场，实行双向选择，竞争就业，已成为社会发展的必然。随着市场经济体制的完善，人才市场、劳务市场也将逐步完善。因此，主动出击，走进人才市场，实现顺利就业的观念应该成为必然。从某种意义上说，市场经济体制下的"自主择业"就是"竞争上岗"。毕业生必须摆脱被动依赖、消极等待的状况，敢于竞争，树立"爱拼才会赢"的观念，打破"等、靠、要"的消极就业观，从被动的"等、靠"向主动的"找、闯"观念转变。在择业中，勇敢地"推销"自己，以自信、冷静的态度、扬长避短的比较，主动出击，突出介绍自己的"闪光点"和自己与众不同的地方，以赢得择业的最后胜利。如果没有主动竞争的思想准备和积极参与应聘的行为，在面对激烈竞争的挑战面前，就会显得手足无措，更难以找到适合自己的工作岗位、顺利实现就业。

3. 行行可建功，处处能立业

目前，在我们国家，还不可避免地存在着工作条件和分配上的差别，但三百六十行，只有分工的不同，没有高低贵贱之分。当年刘少奇同志对掏粪工时传祥就曾说过："虽然我是国家主席，你是普通工人，但只是分工不同，我们都是人民的勤务员，都在为人民服务。"建造一座大厦，需要钢筋水泥，也需要砖瓦木石；建设一个国家，离不开钱三强、华罗庚等学识渊博的科学泰斗，也需要像徐虎、李素丽这样的普通劳动者。三百六十行，行行出状元。成功的道路千万条，条条大路通罗马。一切社会需要的职业和劳动岗位都是平等的、光荣的，各种正当职业的劳动者，都是创造社会财富所必需的，可以说工作无高低，自食其力就是光荣，为社会作出贡献的人都是成功人士。俗话说得好："没有没出息的职业，只有没出息的人。"所以，应该承认，大中专毕业生不仅什么工作都可以做，而且什么工作还都能够做好。

4. 先就业，后择业，再发展

"先就业，图生存；再择业，谋发展"，这是就业观念的一个新趋势。当前，用人单位处在优势地位，拥有较大的选择权。在很大程度上，就业压力使毕业生不能够、也不可能一步到位，先就业，意味着先生存。技校毕业是一个人独立生活的开始，当务之急就是挣钱养活自己，直面生存，才是真实。再者，从选择的角度来说，人们不断变换职业，无疑也是一种社会的进步。市场经济下，中国人一生只从事一种职业，并终身在一个单位工作的时代已经过去，更何况年轻就是资本。对于技校生而言，人生之路刚刚开始，以后的路还很长，树立"先就业，后择业"、"就业比择业更现实、未来比今天更重要"的观念，抱定"低调做人、高调做事"的心态，求职之路、职业生涯之旅一定会越来越通畅。

5. 一技成，天下行

据统计，我国目前生产一线的劳动者素质偏低，技能型人才紧缺问题十分突出。当前，我国城镇企业共有1.4亿名职工，其中技术工7 000万人。在技术工人中，初级工占60%，中级工占35%左右，高级工仅占5%。工人技术素质低已在一定程度上影响了我国企业的竞争力。"目前，我国的企业产品平均合格率只有70%，不良产品每年损失近2 000亿元，"原劳动和社会保障部（现人力资源和社会保障部）副部长林用三曾痛心疾首地说，"没有一流的技术工人，就生产不出一流的产品。"反观发达国家，他们的产业工人基本上都是技术工人，高级工占35%，中级工占50%，初级工占15%。为什么世界上生产汽车的国家那么多，只有德国生产的汽车质量最好、工艺最精良？并不是其他国家缺少优秀的设计师，而是缺少优秀的一线员工。当下在我国，"艺多不压身、多一门本领多一条出路"的观念，也越来越得到人们的认可。青岛港务局集装箱桥吊队队长许振超创下了集装箱装卸的世界纪录，沈阳鼓风机集团增速机车间青年技工徐强创下了大型齿轮加工四级精度的记录，这些令国际同行刮目相看并为企业带来巨大利润和竞争实力的"智能蓝领"，用他们的成功一再证明，一个年轻人考不上大学，并不意味着就是创造发明的"淘汰者"，当技术工人一样有灿烂的前途，"蓝领"绝不低人一等。

6. 适合自己的工作就是最好的工作

什么是好的工作？社会上流行的所谓好工作的标准是：待遇高，环境好，离家近，工作轻松。问题是这样的"好工作"，对求职者的要求也高：高学历、高素质、高能力。那么，试问自己"我具备这些素质吗？"许多毕业生找工作时，往往首先考虑的是"我想干什么"，很少考虑"我能干什么"、"我适合干什么"、"用人单位需要我干什么"。因为不懂得"人职匹配"理论，不了解各种职业对从业者都有特定的要求，因此很多学生在择业时比较盲目，很容易陷入择业误区。其实，社会上有许多职业可做，但最重要的是知道自己最适合做什么，只有做自己最适合的工作才是最愉快的，也才是最容易做好的。对于即将毕业踏出校门的职校生，在找工作前一定要做好自己的职业定位，看它是不是适合自己，只要是适合自己的，理当是最好的——没有最好的工作，只有最适合自己的工作。

7. 不求稳固，四海为家

在市场经济体制下，一个人终身在一个单位从事一种职业的传统就业方式已经成为过去。市场经济给用人单位带来了危机感和紧迫感，如果经营不善，随时都有倒闭、破产的可能。因此，过去那种一个单位、一个工种干到退休的情况，已经不现实，每个人必须随时做好"改换门庭"、"背井离乡"的思想准备，打破"守在家门口"不愿外出打工的旧观念，树立全方位、多渠道的新择业观。不论所有制形式，不论城市农村，不论边疆内地，只要能发挥作用，于社会有益的职业和工种，都不妨一试身手。多种选择、四海为家，根据自身情况，不断变换职业的新观念，已越来越为求职者所接受。

8. 不图享乐，艰苦创业

现阶段，我国大多数企业高科技含量还不高，劳动强度比较大，劳动条件比较艰苦。准备求职的毕业生，择业时必须要有面向基层、面向生产第一线、艰苦创业的思想准备。基层工作尽管比较艰苦，工作生活条件和环境相对较差，但由于缺乏人才，急需毕业生去开拓、去创业，因而大有用武之地。据学校对毕业生成才情况的追踪调查显示，工作出色、成绩显著的毕业生大多出自基层，出自生产第一线，可以说，基层是毕业生成才的沃土。

（四）树立自主创业新理念

1. 应拥有的"第三本教育护照"——创业教育

未来的职业人应具有三本"教育护照"：一本是学术性的，一本是职业性的，还有一本是证明一个人的事业心和开拓技能的，即"创业教育"，作为继学术能力、职业能力后的第三种能力。李克强总理在2015年政府工作报告中将"大众创业、万众创新"提升到中国经济转型和保增长的"双引擎"之一的高度。《国务院关于大力推进大众创业万众创新若干政策措施的意见》中明确提出，推进大众创业、万众创新，是培育和催生经济社会发展新动力的必然选择，是扩大就业、实现富民之道的根本举措，是激发全社会创新潜能和创业活力的有效途径。

小故事

在美国，有一个叫雷·克洛的人。他出生那年，恰遇西部淘金热结束，一个本来可以发大财的时代与他擦肩而过。按理说，读完中学就该上大学。可是20世纪30年代的美国经济大萧条，使他因囊中羞涩而与大学无缘。后来他想在房地产方面有所作为。好不容易生意才打开局面，不料第二次世界大战烽烟四起，房价急转直下，结果"竹篮打水一场空"。就这样，几十年来，低谷、逆境和不幸一直伴随着雷·克洛，命运无情地捉弄着他。56岁时，雷·克洛来到加利福尼亚州的圣伯纳地诺城，看到牛肉馅饼和炸薯条备受青睐，于是到一家餐馆学做这种东西。对于一个年过半百的学徒来说，其中的艰辛可想而知。后来，这家餐馆转让，雷·克洛毅然接了过来，并且将餐馆的招牌改为"麦当劳"。现在它在全世界已有三万多家分店，分布在全球119个国家，共有150万人在麦当劳工作，每天迎接的顾客达4 800万名。

2. 毕业生创业应注意的问题

案例一

雷军，小米创始人，估值450亿美元。在成功前，他曾创立三色公司，因无法盈利破产。

在大学时，雷军读了一本讲述盖茨、乔布斯早年创业传奇的书——《硅谷之火》，对他有极大触动——"我深深地被乔布斯的故事所吸引。在武汉电子一条街打拼一段时间后，自我感觉良好，就开始做梦：梦想写一套软件运行在全世界的每台电脑上，梦想创办一家全世界最牛的软件公司。"于是，他在大四和三位朋友创办了三色公司。可惜的是，这家公司半年就被迫解散了。对此，雷军有了三点反思：

一是要有明确的盈利模式。在公司业务上，三色公司也没有固定的模式，看见什么赚钱就去做一笔，"最多的时候有十四个人，业务范畴也挺宽的，卖过电脑，做过仿制汉卡（电脑硬件的一种），甚至接过打字印刷的活。"所以，他们的资金一直很紧张。实在没钱的时候，甚至靠和食堂大师傅打麻将赢饭菜票度日。

二是要有前瞻的市场意识。事实上，他们曾接近成功。当时，联想汉卡创造了盈利上亿的辉煌，于是雷军和他的伙伴们决定山寨这款产品。但在产品上市之后，他们遇到了更厉害的山寨大王，把他们的产品又"山寨"了。而且这家公司规模大，售价低，最后压垮了三色公司。

三是要有一定的团队管理能力。公司创立时，"四个人，每人25%的股份，大家都很高兴。没过几天，问题来了，每件事都需要反复讨论，到后来，甚至改选了两次总经理。"而这样的管理架构，是不可能形成有效决策的。

案例二

刘强东，京东公司创始人，市值403亿美金。曾在中关村开餐馆，被骗钱后关门。

刘强东大学毕业后盘下了中关村附近的一个饭馆。以前，饭馆里面的店员薪水很低，住地下室，平时只吃剩饭剩菜，老板亲自把控资金；刘强东接手后，涨了工资，改善了住宿环境，给店员吃香的喝辣的，采购和收银也放手让他们去做。这个带着理想主义创业的年轻人，把信任和管理混为一谈，遭遇了事业上的第一次挫折。由于管理松散，员工总是变着法子侵吞店里的钱，所以没用一年，原本盈利的饭店，赔光了他的投入。

刘强东由此得到的教训是：对员工一定要信任，但信任不等于没有管理。

四、名人如是说

1）我觉得人生求乐的方法，最好莫过于尊重劳动。一切乐境，都可由劳动得来，一切苦境，都可由劳动解脱。
　　　　　　　　　　　　　　　　　　　　　　　　　　　　——李大钊

2）热爱劳动吧。没有一种力量能像劳动，即集体、友爱、自由的劳动的力量那样使人成为伟大和聪明的人。
　　　　　　　　　　　　　　　　　　　　　　　　　　　　——高尔基

3）你的工作将占据你人生的一大部分，因此要使自己不会后悔，就需要坚持做自己认为是正确的工作，而要做到这一点就需要你热爱自己的工作。如果你还没有找到这样一份工作的话，继续寻找。就像与内心有关的其他事情一样，当你找到的时候，你自己会知道的。就像任何真诚的关系一样，它随着岁月的流逝只会变得越来越紧密。所以继续找，直到你找到它，不要妥协。
　　　　　　　　　　　　　　——苹果公司创始人　史蒂夫·乔布斯

五、我该怎么做

职场测试：你适合从事什么职业？

（能将工作和兴趣结合是不少人梦寐以求的事，要达到目标，首要条件便是了解自己的性格取向。试着运用你的想象力，回答下面的问题，计出总分，就能知道你最适合从事什么样的职业了）

（   ）1.你要远行，乘坐的是什么船？

    A.海盗船   B.小船   C.木筏

（   ）2.你跟多少人同行？

    A.几十人   B.几个人   C.你独自行动

（   ）3.如果能带动物上船，你会带哪种？

    A.狗   B.猫   C.小鸟

（   ）4.你觉得会有什么东西守护你？

    A.父亲送的宝剑   B.母亲亲手做的布娃娃

    C.在海边捡到的小石头

（   ）5.你的船正驶向哪个方向？

    A.东   B.西   C.南   D.北

（   ）6.你所找寻的宝藏是什么？

    A.藏在洞穴中的文物   B.沉在海底的金币

    C.古老神殿遗址中的宝物

（   ）7.你一直朝目标前进，前方水平线出现了一个巨大的黑影，你认为是什么？

    A.其他驶过的船只   B.一大片黑云

    C.深海水怪

（   ）8.航海途中，你丢了东西，是什么？

    A.指南针   B.水壶   C.火   D.食物

（   ）9.长时间航行到达目的地时，突然恶魔出现，在你耳边说话，是什么呢？

    A."根本没有什么宝藏，你被骗了！"   B."你是不可能找到宝藏的，死心吧！"

    C."宝藏早被拿走了！"   D."拿走宝藏，你将永远受到诅咒。"

（   ）10.终于找到宝藏，在打开箱子的一刹那，你看到什么？

    A.能把你带来的动物变成人类的魔法药   B.金银珠宝

    C.看到未来的魔镜

评分说明：选项中，A—1分，B—2分，C—3分，D—4分，10道题得分总和为你最终得分。

A型：10～14分。你有超强的活力和适应能力，即使身处逆境，你也能过关斩将，开辟一番新天地。拥有用不完的精力的你，最适合做一些需要耐力、创意和活力的工作，如记者、推销、教师等。

B型：15～19分。喜欢与人交往的你最擅长观察人心，善于处理复杂的人际关系。如此才能非常适合做经常与人接触的工作，像公关、接待甚至自己开咖啡店做老板，都非常适合。

C型：20～27分。你有敏锐的判断力和观察入微的眼睛，可以非常冷静、细心地思考问题，即使再困难的事也能迎刃而解。所以你应该找一份能好好运用聪明头脑的工作，如跟电脑有关的工作、广告公司、研究所的工作，或者动笔写写书，都很适合你。

D型：28～32分。你是一个很感性的人，对审美的触角特别灵，你喜欢运用自己的想法做出与众不同的东西。不管是绘画、裁缝设计或者乐器演奏，你都能得心应手。像雕塑家、插画家、室内设计等都能激发创作灵感，完全发挥自己才能的工作就是最理想的！

E型：33分。你天生有一种不可思议的魅力，全身散发出神秘的气息。你善于隐藏真正的自己，所以像模特、艺人、演员等在大众面前表演的工作最适合你，而魔术之类的神秘动作也不妨试试。

六、拓展延伸

（一）《人力资源和社会保障部关于推进技工院校改革创新的若干意见》（节选）

对技师学院高级工班、预备技师班毕业生，参加企事业单位招聘、确定工资起点标准、职称评定、职位晋升等方面，按照全日制大专学历享受相应待遇政策，并按国家有关规定享受高校毕业生就业创业政策。技师学院取得高级工以上职业资格的工程技术类专业毕业生，可按有关规定参加专业技术人员职称评聘，构建技能人才成长"立交桥"。

（二）《国务院关于进一步做好新形势下就业创业工作的意见》（节选）

1）发展吸纳就业能力强的产业。创新服务业发展模式和业态，支持发展商业特许经营、连锁经营，大力发展金融租赁、节能环保、电子商务、现代物流等生产性服务业和旅游休闲、健康养老、家庭服务、社会工作、文化体育等生活性服务业，打造新的经济增长点，提高服务业就业比重。加快创新驱动发展，推进产业转型升级，培育战略性新兴产业和先进制造业，提高劳动密集型产业附加值；结合实施区域发展总体战略，引导具有成本优势的资源加工型、劳动密集型产业和具有市场需求的资本密集型、技术密集型产业向中西部地区转移，挖掘第二产业就业潜力。推进农业现代化，加快转变农业发展方式，培养新型职业农民，鼓励有文化、有技术、有市场经济观念的各类城乡劳动者根据市场需求到农村就业创业。

2）发挥小微企业就业主渠道作用。指导企业改善用工管理，对小微企业新招用劳动者，符合相关条件的，按规定给予就业创业支持，不断提高小微企业带动就业能力。

七、课外阅读

从技工学校走出的"大国工匠"

贾瑞兴（图10-3），天津市天锻压力机有限公司（以下简称天锻公司）数控车间数控加工中心操作工，高级技师、国务院特级专家。多年来工作在一线，成功解决一系列加工难题和设备故障，确保每年两个多亿产值近百台大重型产品关键件的加工。革新改进工夹刀具5种，改进工艺路线工艺方法14项，解决急难关键攻关8项，累计为企业创造直接经济效益

图10-3

1.1亿元。先后荣获天津市劳动模范、全国五一劳动奖章、全国劳动模范、全国机械工业职工技术创新能手、中华技能大奖。

　　天锻公司是目前国内制造液压机设备的三大专业厂之一，近年来为航天、汽车等国家重点项目提供了一系列大型液压机设备。贾瑞兴所在的车间，正是液压机关键部件的生产车间。毕业于天津市机床公司技校的贾瑞兴，刚到天锻公司时在小件车间做车工。"选择当技术工人确实是出于兴趣，小时候就好动手，喜欢自己做点小玩意。"贾瑞兴说，"当时技术工人待遇也高，又能掌握一技之长。"他虚心好学，不懂就问，对干的每一件活都用心、动脑。很快就掌握了车、钳、铣、磨、镗等工种的操作技术和各种刀具的使用、磨制方法，成为多面手。不断参加各种技术培训和练兵比赛的经历，练就了他超细长轴精加工、深孔油缸加工、多头螺纹蜗杆强力切削、复杂组合件工艺安排及加工等一些绝技，并代表天津市参加了全国青年职业技能大赛，获得车工比赛第二名。被调入新组建的数控车间后，面对两台采用德国西门子840C系统、机床操作面板全部是外文标识的加工中心控制系统，他用"快译通"帮忙，逐一了解各操作部位的功能，将面板"菜单"的内容全部背下来，然后一个动作一个动作地进行试验。"当时我和大学毕业的技术人员一起合作。"贾瑞兴说，"他们有理论知识，我提供经验、加工工艺，互相融合，取长补短。"很快，设备就开始正常运转并发挥它强大的作用，使当时效益不佳的工厂重新焕发生机。

　　认真的态度和丰富的经验，造就了贾瑞兴出众的观察力。厂里主打产品关键件的关键部位——定位槽的加工，一直耗时很长。贾瑞兴从铁屑颜色和形状判断，这种现象是进刀量不足造成的。这就需要平时认真观察、积累、总结。由于刀杆过长，为避免切削振动才不敢加大进刀量。于是他通过缩短刀杆，增强刀具的刚性，把转数和进刀量调到合理状态，将加工时间由16小时缩短至2小时，既保证了精度，又提高了效率。

　　这些年来，贾瑞兴先后带过几十个徒弟和学员，大多成了单位的骨干。在他的带领下，刀补等数控加工中心操作基本技巧在员工中得到推广应用，他所在的车间承担了企业90%以上大重型件的机加工任务，零件加工质量达到世界先进水平。"我现在就是想多培养些好苗子，技术工人的水平提高了，对厂里的贡献会很大。"贾瑞兴说，"荣誉就是动力，国家培养咱，咱就得好好干，踏踏实实干。"这位从技工学校走出的大国工匠，将带领更多年轻人，共同扬起现代制造业人的梦想之帆。

任务三十五　就业政策

一、学习目标

　　了解我国当前的就业方针及促进就业的相关政策；理解职业资格证书制度、职业技能鉴定及就业准入制度；能利用上述政策方针为自己的就业服务。

二、案例分析

新闻报道：百余大学生"回炉"读技校

一群揣着大学文凭的毕业生，放下身段到技校"回炉"学技术，再拿着技校文凭和相应的职业资格证书找工作。武汉铁路桥梁高级技工学校停办了两年的"大学生班"于2013年又重新开设，并且还扩招成两个班。

2009年，学校在全国技校中率先开设"大学生班"，当年招了56名大学生，第二年又招了54名大学生。在这110名大学生中，还包括18名本科生。

学手艺好找工作。大学生"回炉"再去读技校？尽管入校时，这些学生受到一定的质疑，但如今他们都干得不错，不少从那里走出的大学生技工都当上了单位的"工王"——技工之王。

毕业于湖北工业大学商贸学院金融学专业的祝健是首批学员。他介绍道：毕业那会儿正赶上金融危机，想找一份专业对口的工作十分困难，于是他便报考了"大学生班"学手艺，希望在找工作时多添一份筹码。"拿什么学校的文凭不重要，重要的是用人单位看中你哪份文凭。"目前，祝健已成为中铁十六局下属一项目的施工技术部副部长兼任试验室主任。

大学生技工深受企事业单位欢迎。"施工企业很缺高素质技术人才，如果从现有工人里成长，周期较长，所以大学生技工特别受欢迎。"时任该校副校长李舒桃介绍说。

分析解读

从社会的角度而言，大学生到技校"回炉"，值得鼓励。一些高校以研究型为主，而不重视学生技能的培养，这并不适应当前社会对人才的需求。"回炉"是大学生在求职过程中增加竞争力的措施，是一种社会充电，是大学生更务实的表现。不管大学生入校前拿的是什么样的学历，有什么样的水平，到了技校，跟初中生一样，都是从零开始学技术的。"回炉"可以帮助学生把在高校学到的理论知识与实践知识充分结合起来，从而也有利于促进个人成长和社会发展，这种情况在英国、德国等国家并不鲜见。因为大学教育注重理论知识，在实务操作方面，无论是设备还是师资方面，都没有技校强。而大学生找工作，最吃亏的就是没有实操经验，经过在技校培训之后，考取了相应的职业资格证书，公司的反映会好很多。在一个制造业的招聘会上，各公司的人事主管反映，目前最缺的就是既有理论知识、又有实操经验的高技能人才，技校生欠缺理论，大学生又缺技能，两者的结合是最受欢迎的。

活动体验

同学们，你怎么看来技校回炉的大学生好就业这种现象？读了这篇报道，你对将来自己的就业观念有没有新的认识？你认为技校生和普通大学生比较，在就业方面各有什么优劣势？你认为来技校回炉的大学生和技校生比，在就业方面有什么优势？

三、知识链接

（一）我国当前的就业方针

目前，我国实行的是"政府促进就业，市场调节就业，个人自主就业"三结合的就业方针。

1. 政府促进就业

《中华人民共和国就业促进法》规定了政府在促进就业政策上的责任是加强就业服务，扩大就业渠道，降低就业门槛，搞好职业教育和职业技能的培训，提供就业援助等。

2. 市场调节就业

在劳动力市场充分发挥作用的前提下，通过市场机制来配置劳动力资源，实现劳动者和用人单位的双向选择，满足双方的需要。技工学校是连接学生与就业市场的桥梁，学生学什么，怎么学，学校都会及时根据市场的要求来培养学生，以就业为导向，将就业指导和创业教育贯穿于学校教学和管理的全过程。

3. 个人自主就业

劳动者按照社会的需要和自己的愿望，选择最符合自己兴趣爱好、个性特征和能力专长的职业，或在国家法律和政策允许的范围内从事个体生产、经营或其他形式的劳动。

案例

王娜是某技工学校装潢专业应届毕业生，平时爱好广泛、积极钻研，热爱平面设计，在学好自身专业的同时，坚持绘画、电脑艺术设计训练，报名参加了相关短期培训班，上学期间利用寒暑假时间到几家广告公司见习，毕业前一年精心选择了本市一家大型广告公司实习。由于她聪明好学、热情开朗，得到了实习公司几位资深设计师的指点，技艺大进，设计作品几次获得多种奖励。

刚刚毕业走出校门的她参加了人才市场举办的春季人才交流大会，一家知名广告公司吸引了她的注意力，当她兴奋地前去时，却看到招聘条件赫然标明：大专以上学历、艺术设计专业、限招男生。经过冷静的分析，王娜觉得自己可以胜任，便勇敢地前往那家广告公司招聘处主动求职，递上了自己的求职资料和一本厚厚的作品集。

公司招聘人员看她是一名技校生，非艺术设计专业，而且不是想要的男生，就想婉言谢绝。王娜坚持请他看看自己的资料，招聘人员翻看了王娜的资料，被她丰富的实习经历，尤其是那一本设计作品集吸引了，破例给了她参加面试的机会。面试中，她以特有的自信乐观和较强的专业实践能力，在众多大学生中脱颖而出。招聘小组为此专门向公司总经理打了报告，请求特批录用。公司总经理了解情况后，同意特批录用王娜。王娜如愿进入公司后，果然有出色的表现，她在短短的时间内成为公司的业务骨干。三年后，她成为这家公司的设计总监。

分析解读

"双向选择"、"自主择业"是技校毕业生就业的基本制度，"天高任鸟飞，海阔凭鱼跃"，有实力才有竞争力，只有那些具有真才实学、自信向上、积极争取机会的人，才是当前就业市场上的"香饽饽"。

（二）我国的职业资格证书

1. 职业资格证书

职业资格证书指按照国家制定的职业技能标准或任职资格条件，通过政府认定的考核鉴定机构，对劳动者的学识、技术和能力及职业资格进行客观公正、科学规范的评价和鉴定，对合格者颁发的相应证明。

职业资格证书是表明劳动者具有从事某一种职业所需知识和技能的证明。它是劳动者求职、任职、从业的资格证明，是用人单位招聘、录用劳动者的主要依据。

2. 职业资格证书等级

我国职业资格证书分为五个等级：初级工（五级）、中级工（四级）、高级工（三级）、技师（二级）和高级技师（一级），如表10-1所示。

表10-1　国家职业资格五个等级的不同要求

等级	要求
初级工	能够运用基本技能独立完成本职业的常规工作
中级工	能够熟练运用基本技能独立完成本职业的常规工作；并在特定情况下，能够运用专门技能完成较为复杂的工作；能够与他人进行合作
高级工	能够熟练运用基本技能和专门技能完成较为复杂的工作，包括完成部分非常规性工作；能够独立处理工作中出现的问题；能指导他人进行工作或协助培训一般操作人员
技师	能够熟练运用基本技能和专门技能完成较为复杂的、非常规性的工作；掌握本职业的关键操作技能技术；能够独立处理和解决技术或工艺问题；在操作技能技术方面有创新；能组织指导他人进行工作；能培训一般操作人员；具有一定的管理能力
高级技师	能够熟练运用基本技能和特殊技能在本职业的各个领域完成复杂的、非常规性的工作；熟练掌握本职业的关键操作技能技术；能够独立处理和解决高难度的技术或工艺问题；在技术攻关、工艺革新和技术改革方面有创新；能组织开展技术改造、技术革新和进行专业技术培训；具有管理能力

3. 职业技能鉴定

根据国家法律、法规，按照国家职业标准，由政府直接组织或政府授权的考核鉴定机构对劳动者基于技能水平要求而进行的考核活动就是职业技能鉴定。

职业技能鉴定分为专业知识考试和操作技能考试两部分。前者一般采用笔试的方式，后者一般采用在生产现场操作加工典型工件、生产作业项目、模拟操作等方式进行。

职业技能鉴定的申报基础条件如表10-2所示。

案　例

王龙是某技工学校汽车维修专业的学生，毕业前夕他从学校就业处得到本市一家汽车4S店正在招聘新员工的消息，抱着试试看的想法，他带着个人应聘材料来到了公司办公室。通过了解，与他一起前来应聘的有六七十人，其中绝大多数是大专以上学历，而公司只招收十几个人。与此同时，另一家汽车4S店也在招聘员工，王龙也积极地参加了面试，因为自己有着扎实的专业知识，加上有高级工的职业资格证书及在企业顶岗实习的经历，同时面试、笔试都顺利通过，不久王龙便同时接到两家4S店的应聘通知，经过再三权衡，他最终选择了发展前景较好的一家单位。后来公司人力资源部的同事与王龙交流时表示，录取他就是看中了他毕业于技工学校，同时持有毕业证和职业资格证书，像他这种既有理论知识，又有良好技能的毕业生，正是目前企业急需的技能人才。

表10-2　职业技能鉴定的申报基础条件（具备以下条件之一者即可）

等级	要求
初级	（1）经本职业初级正规培训达规定标准学时数，并取得毕（结）业证书； （2）在本职业连续见习工作2年以上； （3）本职业学徒期满
中级	（1）取得本职业初级职业资格证书后，连续从事职业工作3年以上，经本职业中级正规培训达规定标准学时数并取得毕（结）业证书； （2）取得本职业初级职业资格证书后，连续从事本职业工作5年以上； （3）连续从事本职业工作7年以上； （4）取得经劳动保障行政部门审核认定的，以中级技能为培养目标的中等以上职业学校本职业（专业）毕业证书
高级	（1）取得本职业中级职业资格证书后，连续从事职业工作4年以上，经本职业高级正规培训达规定标准学时数，并取得毕（结）业证书； （2）取得本职业中级职业资格证书后，连续从事本职业工作7年以上； （3）取得高级技工学校或经劳动保障行政部门审核认定的，以高级技能为培养目标的高等职业学校本职业（专业）毕业证书； （4）取得本职业中级职业资格证书的大专以上本专业或相关专业毕业生，连续从事本职业工作2年以上。
技师	（1）取得本职业高级职业资格证书后，连续从事职业工作5年以上，经本职业正规培训达规定标准学时数，并取得毕（结）业证书； （2）取得本职业高级职业资格证书后，连续从事本职业工作8年以上； （3）高级技工学校本职业毕业生，连续从事本职业工作满2年
高级技师	（1）取得本职业技师职业资格证书后，连续从事本职业工作3年以上，经本职业正规高级技师培训达规定标准学时数，并取得毕（结）业证书； （2）取得本职业技师职业资格后，连续从事本职业工作5年以上

4. 就业准入制度

根据《中华人民共和国劳动法》和《中华人民共和国职业教育法》的有关规定，从事技术复杂、通用性广、涉及国家财产、人民生命安全和消费者利益的职业（工种）的劳动者，必须经过培训，并取得职业资格证书后，方可就业上岗。

最新规定

人力资源和社会保障部决定自2015年11月12日起，对原劳动保障部《招用技术工种从业人员规定》（劳动保障部令第6号，以下简称6号令）予以废止。6号令规定了90个持职业资格证书就业的职业，自颁布以来对于推动职业教育培训，提高劳动者素质，促进劳动者稳定就业和体面就业，增强企业和行业竞争力，推动经济社会发展等，发挥了积极作用。但是，随着行政体制改革的深化和政府职能转变的推进，该规定已不符合国务院有关设置行政审批事项和清理职业资格的要求。

废止该规定，是人力资源和社会保障部贯彻落实国务院推进政府职能转变，进一步减少资格资质许可认定的重要措施，对于降低就业创业成本，调动各类人才就业创业积极性，激发市场主体和社会活力具有重要意义。

今后，对没有法律依据的准入类职业，社会组织和用人单位不得实行就业准入，不得要求劳动者持证上岗。一方面，人力资源和社会保障部将继续以问题为导向，充分运用群众"点菜机制"，对社会反映强烈、阻碍创业创新的职业资格坚决予以取消；另一方面，抓紧开展国家职业资格框架体系研究，加快建立国家职业资格目录清单管理制度，分批向社会发布国家职业资格目录清单，对涉及公共安全、人身健康、生命财产安全的职业，确有必要设置为准入的，将按照法定程序，纳入国家职业资格统一规划管理。

四、名人如是说

1）在重视劳动和尊重劳动者的基础上，我们有可能来创造自己的新的道德。劳动和科学是世界上最伟大的两种力量。　　　　　　　　　　　　　　　　——高尔基

2）不停留在已得的成绩上，而是英勇地劳动着，努力要把劳动的锦标长久握在自己手里。　　　　　　　　　　　　　　　　　　　　　　　　——奥斯特洛夫斯基

3）天才不能使人不必工作，不能代替劳动。要发展天才，必须长时间地学习和高度紧张地工作。人越有天才，他面临的任务也越复杂，越重要。　　　　——斯米尔诺夫

五、拓展延伸

1. 国家实施职业资格证书制度的法律依据

《中华人民共和国劳动法》第八章第六十九条规定：国家确定职业分类，对规定的职业制定职业技能标准，实行职业资格证书制度，由经过政府批准的考核鉴定机构负责对劳动者实施职业技能考核鉴定。

《中华人民共和国职业教育法》第一章第八条明确指出：实施职业教育应当根据实际需要，同国家制定的职业分类和职业等级标准相适应，实行学历证书、培训

证书和职业资格证书制度。国家实行劳动者在就业前或者上岗前接受必要的职业教育的制度。

2. 《国务院关于加强职业培训促进就业的意见》（节选）

加强职业技能考核评价和竞赛选拔。各地要切实加强职业技能鉴定工作，按统一要求建立健全技能人才培养评价标准，充分发挥职业技能鉴定在职业培训中的引导作用。各级职业技能鉴定机构要按照国家职业技能鉴定有关规定和要求，为劳动者提供及时、方便、快捷的职业技能鉴定服务。完善企业技能人才评价制度，指导企业结合国家职业标准和企业岗位要求，开展企业内职业技能评价工作。在职业院校中积极推行学历证书与职业资格证书"双证书"制度。充分发挥技能竞赛在技能人才培养中的积极作用，选择技术含量高、通用性广、从业人员多、社会影响大的职业广泛开展多层次的职业技能竞赛，为发现和选拔高技能人才创造条件。

六、课外阅读

学习德国制造

2013年，"德国制造"这个名词诞生的第126个年头。有零有整，却意义非凡。

21世纪遭遇重创的全球经济仍在低谷徘徊，几乎没有哪个国家可以幸免——除了德国。此番全面而连续的不景气，反倒映衬出德国制造的强大与坚实，它甚至得以为制造业正名——曾经一些研究认为，全球化浪潮下，未来是属于高科技和服务业的。但秉承以精密制造为核心的德国，却促使全世界开始重新反思过往"去制造化"的弊端，并直接引发了制造业在全球的激情重燃。

并不是所有人都知道，如果"德国制造"是一个人，它在这百余年中演绎的其实是一个相当励志的故事。这一如今熠熠生辉的金字招牌，原本作为"粗制滥造、质量低劣"的标签而诞生。1876年费城世博会上，"德国制造"被评为"价廉质低"的代表。如今，天壤之别。

奋起当然并非朝夕之功。如罗兰贝格管理咨询创始人Roland Berger所总结的，德国制造演绎的成功学与德国的社会政治体系、健全的产业政策息息相关。但从微观层面看，德国制造对专注的秉承、根植思维深层的客户导向及严谨、对创新的追求，以及携手员工奉行长期发展的价值观，无疑都是推动德国制造逐步走上"奇迹"第N季的阶梯。

将视线转回国内，中国制造产业升级及转型的压力日益增长。当德国制造以高端形象笑傲全球时，中国制造却仍在背负低价低质之恶名艰难前行——犹如德国制造在100多年前那样。

成功不可复制。变幻多端的全球化浪潮中，德国制造也在锻炼灵活性，譬如尝试避免"技术过剩"，更多考虑产品的性价比。但不可否认，转型的关键期里，通过对德国制造"成功学"的剖析，仍将为中国制造带来某种裨益。起步同样低，德国制造能实现飞跃，中国制造为何不可以？

任务三十六 权益保护

一、学习目的

明确劳动合同的内涵与意义；明确签订有效劳动合同的重要性，掌握有效劳动合同的签订方法；了解如何履行、解除劳动合同；掌握就业后自己所享有的权利与义务，学会用相关法律保护自己的合法权益。

二、案例分析

案 例

某机械设备厂欲招聘一名机械设计师。王某（男，37岁）应聘后，与厂方签订了为期3年的劳动合同，未约定试用期。一个月后，厂方发现王某根本不能胜任工作，便书面通知与其解除劳动合同。王某不服，诉至劳动争议仲裁委员会，要求仲裁。经劳动争议仲裁机构调查：当时该机械设备厂因生产需要，欲招聘一名有机床设计工作经验，且掌握机床电气原理和机床维修知识的机械设计师。王某得知此事后，于是到该厂应聘。当时他自称自己完全符合该厂所提出的招聘条件，不但具有8年从事机床设计工作的经验，而且精通各种机床的电气原理和维修知识。厂方听了王某的自我介绍后，便与其签订了为期3年的劳动合同，约定的工作岗位为机械设计师。一个月后，厂方在工作中发现，王某不但不能胜任机床设计工作而且连进行该项工作的基本常识都不懂。于是，厂方便怀疑王某应聘时的自荐材料。经过调查得知，王某的自荐材料纯属虚构，他高中毕业后，一直在一家国有企业当机床维修工人，并不懂机械设计。进该机械设备厂前，他刑满释放，在社会上游荡。厂方在获悉了王某的真实情况后，决定与其解除劳动合同。

分析解读

劳动争议仲裁委员会确认王某与机械设备厂订立的劳动合同无效，厂方胜诉。根据《中华人民共和国劳动法》第十八条的规定："采取欺诈、威胁等手段订立的劳动合同"为无效劳动合同。"无效的劳动合同，从订立的时候起，就没有法律约束力。"王某为了达到与该机械设备厂签订劳动合同的目的，隐瞒了真实情况，谎称自己"具有8年从事机床设计工作经验，精通各种机床的电气原理和维修知识。"这种做法属欺诈行为，因而他与企业订立的劳动合同为无效合同。无效劳动合同，从订立时起，就没有法律约束力。

活动体验

同学们，你对劳动合同有什么认识？你知道劳动合同在你就业中起到哪些作用吗？你了解签订就业协议都应该注意些什么吗？

三、知识链接

（一）签订一份有效的劳动合同

1. 劳动合同的内涵与作用

（1）概念。劳动合同是劳动者与用人单位确立劳动关系、明确双方权利义务的协议。建立劳动关系应当订立劳动合同。劳动合同由用人单位与劳动者协商一致，并经用人单位与劳动者在劳动合同文本上签字或者盖章生效。

（2）劳动合同的内容。根据《中华人民共和国劳动合同法》的规定，劳动合同应该具备以下条款：

①用人单位的名称、住所和法定代表人或者主要负责人；

②劳动者的姓名、住址和居民身份证或者其他有效身份证件号码；

③劳动合同期限；

④工作内容和工作地点；

⑤工作时间和休息休假；

⑥劳动报酬；

⑦社会保险；

⑧劳动保护、劳动条件和职业危害防护；

⑨法律、法规规定应当纳入劳动合同的其他事项。

劳动合同除以上规定的必备条款外，用人单位与劳动者可以约定试用期、培训、保守秘密、补充保险和福利待遇等其他事项。

（3）劳动合同的作用。

1）可以强化用工单位和劳动者双方的守法意识。

以劳动合同的形式明确劳动者与用人单位双方的权利与义务，双方之间就有了一个具有法律约束力的协议。在劳动过程中，用人单位依据劳动合同的约定来管理劳动者、行使权力和履行义务，劳动者也依据劳动合同来维护自身的利益、履行相应的义务。

2）可以有效地维护用人单位与劳动者双方的合法权益。

劳动合同都要规定一定的期限，在合同期内，用人单位和劳动者都不能随意解除劳动合同。合同期满后，用人单位与劳动者可以就是否续签合同等进行商议，这就保证了用工单位用人及劳动者求职的灵活性。

3）有利于妥善处理劳动争议、维护劳动者的合法权益。

劳动合同是确立劳动关系的法律凭证。在市场经济的条件下，企业成为独立的用工主体，劳动者也有了自主择业的权利，企业和劳动者必须订立劳动合同，从而确定双方的劳动法律关系，明确各自的权利和义务。

劳动合同是为了确立劳动关系而订立的，因此，只有劳动关系的双方当事人才具有订立劳动合同的资格。从用人单位来讲，用人单位应该依法成立，能够依法支付劳动报酬、缴纳社会保险费、提供劳动条件，并能够独立承担民事责任，如企业、事业单位，以及个体工商户等。劳动者是指达到依法就业年龄（一般指年满18周岁）的劳动者。

案 例

就业协议≠劳动合同

小王2011年7月大学毕业后，到某食品公司工作。工作一段时间之后，小王以公司一直没有为其缴纳社会保险费为由，向劳动争议仲裁部门提起仲裁，要求终止劳动关系，并要求公司支付未签劳动合同双倍工资5 000元。公司辩称，公司曾在2011年6月与小王签订了一份就业协议，已就工资等事项进行了约定，内容与劳动合同无异，因此无须再签订劳动合同。仲裁部门审理后认为，就业协议的作用限于对学生就业过程的约定，毕业生到用人单位报到后，就业协议即自动失效。劳动合同是劳动者与用人单位确立劳动关系、明确双方权利义务的协议。《中华人民共和国劳动合同法》规定，建立劳动关系应当订立劳动合同。因此，就业协议不能代替劳动合同。仲裁部门遂认定公司与小王没有签订劳动合同，裁决支持了小王的请求，要求公司支付给小王双倍工资5 000元。

分析解读

现在有些企业，用人时不及时签订劳动合同，而是以就业协议当说辞，殊不知这是违法的。所以当员工遇到这样的情况时，可以拿起法律的武器维护自己的合法权益。

2. 劳动合同的订立

用人单位与劳动者建立劳动关系的时候，应当订立劳动合同。但现实中有很多不按时订立书面劳动合同的情况，极大地损害了就业者的合法权益。所以，我们要详细了解劳动合同订立过程中需要注意的问题，才能保护好自己的合法权益。

案 例

张永是某技工学校的毕业生，参加了该校组织的企业招聘会，在招聘会上通过了一家企业的面试，并且通过了该企业的体检、政审考核等程序，该企业表示同意录用他，并通知他两天后直接去企业报到，但企业提出因没有带公章，需要张永去企业报到时再签订劳动合同。校就业处为慎重起见，反复提醒张永，确定劳动关系，一定以签订劳动合同为准，最好多参加几家公司的面试，以作为备选，免得这家企业因为其他原因最终没录用他而失去别的机会。张永表示：他已经关注这家公司很久了，非常想去，并且在面试环节，企业对他的表现也很满意，再说体检、政审都通过了，他就等直接去企业报到了。实际上，在召开企业招聘会之前，学校已经和参会的企业协调好了，如果学生被企业录用，没有意外的话，一定要接收该生。可就在两天后，张永去企业报到时，该单位通知他因为其他原因不能录用他。

分析解读

签协议一定要慎重，必须把双方的约定以文字形式写下来盖章签字方生效，"口头协议"是空头支票，没有任何法律效力，一旦发生纠纷，毕业生的利益无法得到保障。因此毕业生必须学会保护自己。一般来说，毕业生最好亲自前往单位签约盖章，如果一定要将协议书寄去签，那应该要求单位先出具书面接收函，以确保万无一失。

（二）劳动合同的履行及解除

1. 劳动合同的履行

劳动合同的履行，指的是劳动合同双方当事人按照劳动合同的约定，履行各自的义务，享有各自的权利。

案　例

> 小金是一餐饮管理公司的点菜生，很受顾客欢迎。9月初的一天，因与朋友外出游玩而错过了回市区的火车，决定暂住外地一宿。但想起当晚自己应该上晚班，所以小金赶紧打电话，让自己的好友小张帮忙顶替上班，并在考勤记录上填上小金的名字。后被总经理发现了。结果，小金和小张都被公司批评。

分析解读

小金请小张顶替自己上班，是违反亲自履行劳动合同的一个典型例子。劳动合同的履行应当在特定的对象之间进行，不允许任何第三方代为履行。小金和该公司就是特定的劳动合同履行对象，并在履行劳动合同中承担义务、享有权利。虽然小金请小张顶班时间只有一个工作班次，也未给用人单位造成什么损失，但是该工作班次内小金并未提供劳动，未履行劳动义务，应该说是违反了亲自履行劳动合同的基本原则。

2. 劳动合同的解除

劳动合同的解除，是指当事人双方提前终止劳动合同的法律效力，解除双方的权利义务关系，可分为协商解决、法定解决和约定解决三张情况。

《中华人民共和国劳动合同法》第三十八条规定，用人单位有下列情形之一的，劳动者可以解除劳动合同：

1）未按照劳动合同约定提供劳动保护或者劳动条件的；

2）未及时足额支付劳动报酬的；

3）未依法为劳动者缴纳社会保险费的；

4）用人单位的规章制度违反法律、法规的规定，损害劳动者权益的；

5）因本法第二十六条第一款规定的情形致使劳动合同无效的；

6）法律、行政法规规定劳动者可以解除劳动合同的其他情形。

用人单位以暴力、威胁或者非法限制人身自由的手段强迫劳动者劳动的，或者用人单位违章指挥、强令冒险作业危及劳动者人身安全的，劳动者可以立即解除劳动合同，不需事先告知用人单位。

（三）劳动者要依法保护自己的合法权益

1. 劳动者的权利与义务

《中华人民共和国劳动法》总则第三条对劳动者享有的劳动权利和应当履行的义务作出了明确规定。

（1）劳动者的基本劳动权利。

1）劳动者有平等就业和选择职业的权利。这是公民劳动权的首要条件和基本要求。在我国，劳动者不分民族、种族、性别、宗教信仰，都平等地享有就业的权利。劳动者选择就业的权利是平等就业权利的体现。

2）劳动者有获得劳动报酬的权利。劳动报酬包括工资和其他合法劳动收入。

3）劳动者有休息休假的权利。休息权和劳动权是密切联系的。休假是劳动者享有休息权的一种表现形式。

4）劳动者有在劳动中获得劳动安全和劳动卫生保护的权利。劳动者在安全、卫生的条件下进行劳动是生存权利的基本要求。劳动安全、卫生权是一项重要的人权。

5）劳动者有接受职业技能培训的权利。劳动者不但要掌握熟练的生产技能，而且要懂业务理论知识。只有赋予劳动者这项权利，才能保障劳动者获得应有的知识技能，更好地完成各项劳动任务。

6）劳动者享有社会保险和福利的权利。这是指劳动者在遇到年老、患病、工伤、失业、生育等劳动风险时，获得物质帮助和补偿的权利。享受社会保险和福利权，是享受劳动报酬权的延伸和补充。

7）劳动者有提请劳动争议处理的权利。这是劳动者维护自己合法劳动权益的有效途径和保障措施。

8）劳动者还享有法律、法规规定的其他劳动权利，包括组织和参加工会的权利、参与民主管理的权利、提合理化建议的权利，以及进行科学研究、技术革新和发明创造的权利等。

（2）劳动者应当履行的义务。劳动者在享有一定的劳动权利的同时，必须履行一定的劳动义务。权利与义务是互为条件的。

1）完成劳动任务。劳动者首要的义务是对工作尽心尽责，忠于职守，出色地完成任务。

2）提高职业技能。劳动者要有强烈的事业心和主人翁责任感，要刻苦学习专业知识，钻研职业技术，提高职业技能，掌握过硬的本领。

3）遵守劳动纪律，执行劳动安全卫生规程。劳动者在劳动中必须服从管理人员的指挥，遵守各项规章制度和劳动纪律及安全生产的法规制度、规程标准。

4）职工既是劳动者，又是公民，在社会上，在家庭里，都要遵纪守法。在社会上违法乱纪，也会导致劳动权利的丧失。

2. 依法保护自己的合法权益

（1）树立五种意识。

1）维权意识。维权意识即能够认识自己的合法就业权益是否受到侵害，并能积极运用法律手段或其他方法维护自己的合法权益。

2）法律意识。市场化的就业体制，要求技工学生必须了解与就业相关的法律法规、政策制度，了解劳动用工的相关规定，培养用法律思维就业的意识，在就业权益维护上做到懂法、守法、用法。

3）契约意识。契约意识就是当事人要尊重平等、信守契约。技工学生要充分重视和深刻理解劳动合同的重要性，在就业后，一方面要严格遵守并履行劳动合同，另一方面学会通过劳动合同来保护自己的合法权益。

4）证据意识。法律是用证据说话的，技工学生在就业中要树立证据意识。主要体现在三个方面：一是收集证据的意识，就业时要有意识地让对方出示或提供相关资料，例如，要求公司出示营业执照、要求对方出示表明身份的证件等；二是保持证据的意识，就是要注意保存现有的证据，以便将来在仲裁或诉讼时支持自己的观点，例如，注意保存用人单位招聘的海报，与用人单位往来的传真、邮件等；三是运用证据的意识，要有用证据证明案件事实的意识，知道什么样的事实需要什么样的证据证明，知道一定事实的举证责任是在对方还是在己方……

5）诚信意识。技工学生就业的诚信意识首先表现在求职过程中实事求是地向用人单位介绍自己的情况。因为隐瞒真实情况，欺骗单位，可能导致劳动合同无效，并要承担相关责任。另外，能否发现用人单位介绍的情况是否属实，也是诚信意识的重要表现。

（2）劳动争议及处理。劳动争议是指劳动关系当事人之间因劳动的权利与义务发生分歧而引起的争议，又称劳动纠纷。

劳动争议的范围包括：①因确认劳动关系发生的争议；②因订立、履行、变更、解除和终止劳动合同发生的争议；③因除名、辞退和辞职、离职发生的争议；④因工作时间、休息休假、社会保险、福利、培训以及劳动保护发生的争议；⑤因劳动报酬、工伤医疗费、经济补偿或者赔偿金等发生的争议；⑥法律、法规规定的其他劳动争议。

我国劳动争议处理机制采取的是"一调一裁两审"制。"一调"是指发生劳动争议，首先由依法设立的调解组织或劳动人事争议仲裁委员会调解；"一裁"是指在调解不成的情况下，由劳动人事争议仲裁委员会对劳动争议作出仲裁裁决；"两审"是指当事人不服劳动人事争议仲裁委员会作出的仲裁裁决，可以向人民法院提起诉讼，人民法院作出一审裁决后，当事人还不服的，可以上诉至上一级人民法院。

案　例

随意调岗迫使职工主动离职

小张技校毕业后在某工厂从事了三年的车工，工作期间，一直勤勤恳恳，没出过事。一次交通意外导致他韧带严重拉伤，小张休了2个月的病假，上班后，他发现自己干原来的工作很吃力，就向领导提出了书面请求，希望能适当地减轻工作任务。

领导回复说，鉴于小张现在身体原因，公司准备对其进行调岗，并提供两个岗位让他选择，一个是同车间的相同岗位的辅助工，另外一个是设备维修工。小张一听觉得不对，自己只是提出想适当减轻工作量，并没想到要调岗。为此，他就又写了一份情况说明交给公司领导，说明自己并没有提出调岗的申请。

之后，小张心里觉得很不安，就将自己的情况告诉了比自己年长的李师傅，李师傅告诉他，厂里经常随意调岗，尤其对于"不听话的职工"。有时候单位为了不想给补偿，就安排职工去明明不愿意去的岗位，让其被迫主动离职，职工要是直接拒绝调岗，有可能直接被开除。

果然，这份情况说明上交了不到一星期，公司马上给小张下发了通知："因你不能胜任工作而公司提供两个劳动强度较低的岗位供选择，但你仍明确表示不能胜任公司调整后的新岗位。鉴于以上情况，即日起解除本公司与你的劳动合同。"随即公司开出了退工单。小张没有想到，自己的申请会带来这样的结果，几经交涉无果后，他将公司告到了仲裁。之后，经西城区总工会劳动争议调解中心调解，小张接受了公司的赔偿，本案调解结案。

四、名人如是说

1）如果我们不维持公正，公正将不维持我们。 ——培根

2）法律不能使人人平等，但是在法律面前人人是平等的。 ——波洛克

3）只要不违背公正的法律，那么人人都有完全的自由以自己的方式追求自己的利益。

——亚当·斯密

五、我该怎么做

测试一下你对劳动合同了解多少？

1.直接涉及劳动者切身利益的规章制度和重大事项决定实施过程中，工会或者职工认为不适当的，有权（ ）。

A.不遵照执行 B.宣布废止 C.向用人单位提出，通过协商予以修改完善

D.请求劳动行政部门给予用人单位处罚

2.用人单位自（ ）起即与劳动者建立劳动关系。

A.用工之日 B.签订合同之日

C.上级批准设立之日 D.劳动者领取工资之日

3.用人单位招用劳动者，（ D ）扣押劳动者的居民身份证和其他证件，不得要求劳动者提供担保或者以其他名义向劳动者收取财物。

A.可以 B.不应 C.应当 D.不得

4.已经建立劳动关系，未同时订立书面劳动合同的，应当自用工之日起（ ）内订立书面劳动合同。

A.十五日 B.一个月 C.两个月 D.三个月

5.劳动合同被确认无效，劳动者已付出劳动的，用人单位（ ）向劳动者支付劳动报酬。

A.可以 B.不必 C.应当 D.不得

6.变更劳动合同应当采用（ ）形式。

A.书面 B.口头 C.书面或口头 D.书面和口头

7.用人单位发生合并或者分立等情况，原劳动合同（ ）。

A.继续有效 B.失去效力

C.效力视情况而定 D.由用人单位决定是否有效

8.用人单位应当按照劳动合同约定和国家规定，向劳动者（ ）支付劳动报酬。

A.提前 B.及时分期 C.提前足额 D.及时足额

9.劳动者拒绝用人单位管理人员违章指挥、强令冒险作业的，（ ）违反劳动合同。

A.视为 B.有时视为 C.不视为 D.部分视为

10.用人单位自用工之日起超过一个月不满一年未与劳动者订立书面劳动合同的，应当向劳动者每月支付（　　）倍的工资。

　　A.一　　　　　　B.二　　　　　　C.三　　　　　　D.四

11.以下属于劳动合同必备条款的是（　　）。

　　A.劳动报酬　　　　B.试用期　　　　C.保守商业秘密　　D.福利待遇

12.用人单位直接涉及劳动者切身利益的规章制度违反法律、法规规定的，由劳动行政部门（　　）；给劳动者造成损害的，依法承担赔偿责任。

　　A.责令改正并给予警告　　　　　　B.责令改正

　　C.责令改正，情节严重的给予警告　　D.给予警告

参考答案：1. C；2. A；3. D；4. B；5. C；6. A；7. A；8. D；9. C；10. B；11. A；12. A。

六、拓展延伸

（一）"五险一金"

"五险"是指养老保险、失业保险、医疗保险、生育保险和工伤保险。"一金"是指住房公积金。其中养老保险、医疗保险和失业保险这三种险是由企业和个人共同缴纳的保费，工伤保险和生育保险完全是由企业承担的，个人不需要缴纳。"五险一金"是由政府部门颁发实施的社会保险，"五险"是法定的，规定适用单位必须无条件执行，它也是适用单位必须承担的基本社会义务，对于劳动者来说，是应当享受的基本权利。

（二）劳动合同的解除

以下情况下，用人单位不得与劳动者解除合同：

1）从事接触职业病危害作业的劳动者未进行离岗前职业健康检查，或者疑似职业病病人在诊断或者医学观察期间的；

2）在本单位患职业病或者因工负伤并被确认丧失或者部分丧失劳动能力的；

3）患病或者非因工负伤，在规定的医疗期内的；

4）女职工在孕期、产期、哺乳期的；

5）在本单位连续工作满十年，且距法定退休年龄不足五年的。

6）法律、行政法规规定的其他情形。

（三）劳动合同的履行和变更（《中华人民共和国劳动合同法》节选）

第二十九条　用人单位与劳动者应当按照劳动合同的约定，全面履行各自的义务。

第三十条　用人单位应当按照劳动合同约定和国家规定，向劳动者及时足额支付劳动报酬。

用人单位拖欠或者未足额支付劳动报酬的，劳动者可以依法向当地人民法院申请支付令，人民法院应当依法发出支付令。

第三十一条　用人单位应当严格执行劳动定额标准，不得强迫或者变相强迫劳动者加班。用人单位安排加班的，应当按照国家有关规定向劳动者支付加班费。

第三十二条　劳动者拒绝用人单位管理人员违章指挥、强令冒险作业的，不视为违反劳动合同。

劳动者对危害生命安全和身体健康的劳动条件，有权对用人单位提出批评、检举和控告。

第三十三条　用人单位变更名称、法定代表人、主要负责人或者投资人等事项，不影响劳动合同的履行。

第三十四条　用人单位发生合并或者分立等情况，原劳动合同继续有效，劳动合同由承继其权利和义务的用人单位继续履行。

第三十五条　用人单位与劳动者协商一致，可以变更劳动合同约定的内容。变更劳动合同，应当采用书面形式。

变更后的劳动合同文本由用人单位和劳动者各执一份。

七　课外阅读

常识：签订劳动合同的注意事项

一看"文本"：即看你签订的那份文本是否规范。一是政府文本，二是企业文本。如是企业文本，要看是否在劳动行政部门备案。

二看"期限"：即劳动合同期限的长短，试用期是否合法，劳动合同期限与自己的期望、发展等是否存在矛盾。

三看"工资"：即要看工资制度，如是计时工资还是岗位工资，有没有固定工资，浮动工资部分如何计算与掌握，是否年底有双薪，有些岗位是否提成工资制，提成是否在一个合理的比例等，合同内容填写是否合法、具体。

四看"社保"：即劳动合同文本是否注明企业为你参保。

五看"地点"：即劳动合同标明的工作地点是否明晰，自己能否接受，如出国、派驻外省、经常出差等。

六看"工作性质与条件"：企业有义务告知劳动者工作岗位的具体情况，如是否存在职业病可能，是否存在危险等。

七看"解除合同条款"：企业只能依法解除，如另有规定，一要看是否合法合理，二要看自己能否接受。

八看"福利待遇"：如带薪年休假，单位内部各种福利，如宿舍、伙食、交通补贴等。

九看"限制性条款"：如培训、培训后的服务年限、保密等。

十看"附加性条款"：在规范文本的空白处，双方均可提出一些规定补充上去，现在，往往是用人单位会提出一些"附加性条款"，要注意是否合法合理。此外，对是否劳务派遣、劳动合同是否各存一份等情况也要注意甄别。

任务三十七 平稳度过试用期

一、学习目的

明确试用期的内涵与意义；了解试用期与实习期的区别；作为一名技工学校毕业生应当如何顺利度过试用期；注意维护试用期的合法权益。

二、案例分析

案例

一对好姐妹，试用期境遇大不同

罗小莉和李萍是亲如姐妹的好朋友。她们就读于同一所技工学校，同在一个班学习仪器仪表专业，毕业后又一同来到了一家在当地知名度很高的科技设备公司工作。然而，当她俩结束在公司的试用期时，李萍被正式录用，而罗小莉却落选了。

罗小莉十分沮丧，几天前公司人事部何主任的一席话不断在她的耳边响起：小莉呀，根据你在试用期的表现情况，我不得不遗憾地通知你，你的试用期考核结果不及格，公司不能录用你。何主任在告知罗小莉落聘后，还很负责任地和她谈了以下一席话。

何主任说：班组是企业的基本生产组织，班组要完成企业下达的任务，必须要依靠全组同志的共同努力，大家要拧成一股绳，劲儿往一起使，这种团队合作精神是企业最为看重的员工职业素养之一，也是企业考核试用期员工的主要指标。很遗憾，你恰恰在这方面的表现没能通过考核。你那个班组一共才12人，你却和3个同事关系紧张。同事们说你有点我行我素，背后喜欢议论人。何主任还举了一个例子，一次交接班时，由于你和接班的同事有点矛盾，你既不在交班记录上写清楚注意事项，又不和他当面说明，以致接班的同事弄不清情况而处置不当，生产出现异常情况。那次要不是工程师及时处理，险些造成了质量事故。何主任还指出罗小莉曾经无故迟到过两次。

何主任最后指出：你的专业技能并不低，也比较聪明好学，以后去其他企业工作，一定要杜绝在我们单位试用期犯的错误。反观你的好朋友李萍每天早来晚走，从不迟到，虚心好学，重视质量，注意班组内团结，还被班组同志推荐为企业季度标兵。

试用期的失败，给了罗小莉当头一棒。学生时代的任性、自我，让她初入职场就饮下了失败的苦酒。她反复回味何主任的话，痛定思痛，下决心改正缺点，学会做人、做事，去迎接另一个试用期的挑战。

企业需要有过硬专业技能的员工，更需要有良好职业素养，会做人、做事的员工。试用期是用人单位、求职者双向考察和双向选择的时期，也是技校毕业生锻炼自己、提高自己的时期，同时是大家考验自己是否融入社会，由"学生"转为"职业人"的时期。

活动体验

同学们，是什么原因造成了罗小莉落选？罗小莉基本条件不差，专业水平和能力也不错，但她缺少了什么？对照下自己，对于即将走入职场的你，从职业素养的角度看，你准备好了吗？

三 知识链接

（一）重视试用期

1. 试用期的概念

劳动合同的试用期是当事人双方在合同中约定的试用工作的期限，即指用人单位和劳动者为相互了解、选择而约定的一定期限的考察期。试用期包含在劳动合同期限内。

法律依据：《中华人民共和国劳动合同法》关于试用期的规定

劳动合同期限三个月以上不满一年的，试用期不得超过一个月；劳动合同期限一年以上三年以下的，试用期不得超过两个月；三年以上固定期限和无固定期限的劳动合同试用期不得超过六个月。

同一用人单位与同一劳动者只能约定一次试用期。

以完成一定工作任务为期限的劳动合同或者劳动合同期限不满三个月的，不得约定试用期。

试用期包含在劳动合同期限内。劳动合同仅约定试用期的，试用期不成立，该期限为劳动合同期限。

2. 试用期是劳动者了解用人单位的重要途径

劳动者可以在试用期进一步了解用人单位，在试用期内，双方解除劳动合同都比较自由，劳动者发现用人单位不适合自己，可以随时通知用人单位解除劳动合同。

技工学校学生毕业后，迈开职业生涯的第一步时要经历试用期，今后转换用人单位时，也要面临试用期。毕业生们主要通过学校的情况介绍、网站或媒体的招聘广告等途径来了解用人单位，大多是间接、粗略、表象的了解。而在试用期，技校毕业生直接进入用人单位，可以用比较长的时间对用人单位进行深入细致的了解提供了条件。大家在试用期，应该重点了解用人单位的劳动保护措施、劳动者权益的落实、福利待遇、企业发展前景以及个人发展空间等。

实质上，试用期是用人单位与劳动者互相磨合的阶段，技校毕业生应在该阶段尽快完成"学生"到"职业人"的转换，加倍克制自己，改掉用人单位不能容忍的毛病，不断提升自己的职业素养。同时，不要轻易对用人单位作出不适合自己的结论，要经过反复磨合与改进来适应企业、适应社会，扬长避短，发挥聪明才智，争取平稳度过试用期，取得用人单位的信任和聘用。

3. 试用期是用人单位考察求职者的重要过程

用人单位往往通过面试、笔试等方式，简单了解求职者的基本情况。试用期便于用人单位进一步考察劳动者，在试用期内劳动者被证明不符合录用条件的，用人单位可以随时解除劳动合同，不必支付经济补偿。用人单位在试用期，除了进一步验证面试时得到的印象，验证求职者的专业能力以外，主要考察求职者待人处事、团队协作的能力，对企业文化和企业精神的认可度，以及日常行为习惯、职业道德行为习惯和遵纪守法等习惯的养成状况。

案 例

王某于2009年10月进入一家工厂，与之签订了为期三年的劳动合同，约定试用期为2009年10月6日至2010年1月5日。一个月后，工厂比较看好王某的工作能力，于是对包括王某在内的3名员工进行培训。双方签订的培训协议中写明：培训分两个次进行，第一次是岗前培训，主要内容是工作操作方面的，第二次培训则是技能提高的培训。

11月15日，在第一次培训后，王某有了更好的发展，于是向工厂提出辞职，并得到了工厂的批准。三天后王某就没有再来工厂。12月12日在发放工资的日子王某未能领到工资，在向工厂讨说法时，得到的答复是"双方签订的劳动合同中明确注明辞职要提前一个月通知单位"，以及"职工（包括试用期职工）连续15日未能到岗按旷工处罚一个月工资"。同时在王某第一次培训期间，工厂支付租用了培训教室等费用，没有找王某赔钱已经很仁义了，所以王某辞职后是没有工资的。

王某反问工厂说试用期内辞职不是提前三天就可以吗？凭什么要一个月？至于那次培训不过是培训些工作需要的内容，并没有进行第二次的技能培训。

分析解读

针对王某的疑问，《中华人民共和国劳动合同法》有明确规定："劳动者提前三十日以书面形式通知用人单位，可以解除劳动合同。劳动者在试用期内提前三日通知用人单位，可以解除劳动合同。"

其次，王某并未构成旷工。王某在第一次培训后，向工厂提出辞职，并得到了工厂的批准。也就是说王某与工厂就解除双方的劳动关系已经达成了一致，王某在3天后离厂不仅符合双方的约定，也符合法律关于试用期辞职的规定，双方的劳动关系既已解除，当然不可能再有所谓的旷工一说。

最后，王某无须赔偿工厂的培训费。工厂对王某的培训是上岗前的培训，根据《中华人民共和国劳动法》第三条 "劳动者享有平等就业和选择职业的权利、取得劳动报酬的权利、休息休假的权利、获得劳动安全卫生保护的权利、接受职业技能培训的权利、享受社会保险和福利的权利、提请劳动争议处理的权利以及法律规定的其他劳动权利"的规定，这也属于王某的权利，当然也就是工厂的义务。

（二）试用期与实习期的区别

1. 身份不同

对于技校生来讲，在实习期的身份是学生，是没毕业的技工学校在校学生，而在试用期的身份是求职者，是技工学校的毕业生。

对于在企业实习的技校生来说，由于实习生与用人单位建立的不是劳动关系，因此，学生和实习单位之间发生的争议不能作为劳动争议处理。

试用期的技校毕业生，其身份已经不是学生，而是与用人单位建立劳动关系的员工身份，与用人单位发生的争议要作为劳动争议处理。

2. 任务不同

顶岗实习是技工学校按照教学计划在生产一线组织的教学活动，其任务主要是在"做中学"、"学中做"的过程中完成教学任务。

试用期是用人单位进一步考察求职者的时期，是用人单位根据求职者的实际表现决定取舍的时期。虽然试用期也为求职者提供了进一步了解用人单位的机会，求职者也有是否留下来从业的决定权，但"试用"二字说明试用期的主要作用是用人单位考察求职者。

有不少学校在校企合作的过程中，推进了顶岗实习与试用期合并的方式。但这种合并，只是实习期与试用期任务的合并，不是身份的合并。只要没有颁发毕业证，没有和用人单位签订劳动合同，仍为学生身份。

（三）平稳度过试用期

案例

小何，女，2012年毕业，大专学历，电子商务专业。踏入社会短短一年时间内，她已换了3份工作，每次都因试用期不合格而被辞退。小何很困惑：为什么自己总无法顺利度过试用期？

分析解读

职业指导师通过沟通发现，小何每次被辞退的原因，并非工作能力所限，而是难以适应工作环境、难以融入同事圈。其实这些问题，是很多职场新人共同的烦恼。要想顺利度过试用期、良好融入工作，职场新人都需经历一段成长期，而真诚可信、谦虚好学、沟通合作、责任心强则是新人快速成长的要诀。

1. 尽快了解企业文化

如今，越来越多的企业在新人入职时已不仅仅只作简单的引见，而是往往安排了好几轮的培训等待这批新人。你要通过这些培训尽快了解企业的行为规范、福利待遇、可用资源等，熟悉企业规则和氛围，将企业文化融入自己的工作、生活中。

2. 真诚可信的态度

"德"体现一个人的品质，而其中，诚信更是不少企业录用人才的首要标准。个人的专业知识和实践技能固然重要，但如果没有诚信，就会失去成才的通行证。新人的人品，是企业最关注的要素。

3. 谦虚好学的心态

"初生牛犊不怕虎"，刚刚参加工作的新人总是迫不及待地想要表现自己。但要牢记，在一个新环境中，不管你有多大能力和抱负，也要保持谦虚好学的态度，"多干活，少说话"，工作业绩才是最好的竞争武器。在职场中，自作主张只会招人厌烦，我行我素只会令人排斥。做人要低调，"大智若愚"才是保护自己的最佳法宝。

4. 沟通协作的想法

善于交流和沟通的新人，更容易融入集体。想得到别人的尊重，首先得去尊重别人；想得到别人的友善，首先要主动地与人为善。积极好学、虚心求教、该发言的时候发言、该表示关心的时候真诚地关心他人……对于这样的新人，周围同事也会很乐意与之交流，使双方更快、更好地熟悉起来。这样不仅有利于自身的成长，也有利于工作的沟通和协作。团队精神是通过一次次磨合、沟通、协调而形成的，有合作意识的新人将更受企业欢迎。

5. 责任意识强

遇到大事，谁都会认真处理、谨慎对待，但责任心，往往体现在琐碎小事中。现代的职场新人，常常忽略细节，对小事不屑一顾，给人留下"眼高手低"、"只动嘴不动手"的印象。复印机没有纸了，悄悄地给加上；饮水机没水了，主动给送水公司打个电话；准备一块抹布，不指望卫生都由清洁工来搞；早来几分钟、晚走几分钟，最后一个上班车……这些不起眼的小事能给人留下好印象。职场新人做的每一项工作、每一件事情，都是在向上司或同事展示自己的学识和价值，只有做好每件事，才能真正赢得信任。

在职场中，很少有人能够一进入工作环境就"如鱼得水"。所以，初涉职场的学子们，不要小看自己的力量，也别惧怕陌生的环境所带来的压力，只要作好充分的心理准备，尽快学会社会生存的方法，相信一定能够胜任自己的岗位，成功度过职业试用期。

（四）注意维护试用期的权益

试用期内劳动者的权益受到法律保护。如果在试用期发现用人单位侵犯了自己的权益，可以及时向劳动监察部门举报或向劳动争议仲裁机构申诉。

案　例

四大原则躲开"试用期"陷阱

大学毕业生阿明从今年7月1日入职某民企，双方签订了一年期限的劳动合同，并约定两个月试用期。但在试用期快满前一周，老板表示要延长试用期两个月，阿明当然不同意，老板也就"当然"解雇了他。

阿明向劳动监察部门投诉，被建议提请劳动仲裁，要求恢复劳动关系继续履行原劳动合同。那么，阿明的官司能赢吗？

分析解读

《中华人民共和国劳动合同法》对"试用期"有非常明确的规定，在签订劳动合同时，要谨记四大原则，以免掉入不良企业的"试用期"陷阱，致使合法劳动权益受损。

第一，先签劳动合同，再约定试用期。试用期的长短不是老板说了算，而是根据《中华人民共和国劳动合同法》的相关规定。

第二，试用期工资与"转正"后工资的法律关系，根据《中华人民共和国劳动合同法》规定，劳动者在试用期的工资不得低于本单位相同岗位最低档工资或者劳动合同约定工资的80%，且不得低于当地最低工资标准。

第三，同一用人单位只能约定一次试用期。

第四，试用期内，企业不能随意解除合同。用人单位如果以"不符合录用条件"为由解除劳动合同，应对此负举证责任，否则应当继续履行劳动合同或支付赔偿金。

四、名人如是说

1）即使是在极端恶劣的环境中，人们也会拥有一种最后的自由，那就是选择自己的态度的自由。——维托克·弗兰克

2）你的工作将占据你人生的一大部分，因此要使自己不会后悔，就需要坚持做自己认为是正确的工作，而要做到这一点就需要你热爱自己的工作。如果你还没有找到这样一份工作的话，继续寻找。就像与内心有关的其他事情一样，当你找到的时候，你自己会知道的。就像任何真诚的关系一样，它随着岁月的流逝只会变得越来越紧密。所以继续找，直到你找到它，不要妥协。——史蒂夫·乔布斯

五、我该怎么做

案例一

张某于2007年1月份入职深圳某电子厂，该厂未与张某签订劳动合同，但张某入职时填写的入职登记表下面有一行备注：新入职员工试用期为三个月。另外电子厂的《员工手册》中也规定：凡是新入职的员工，试用期均为三个月。张某工作两个多月后，公司以张某试用期不合格为由将张某辞退，张某不服，提起劳动仲裁。

问题：你认为劳动仲裁委员会应该怎么处理本案件？

解析：劳动争议仲裁委员会认为，根据法律规定，试用期包括在劳动合同期限内，电子厂虽在入职登记表及员工手册中规定试用期，但并未与张某签订劳动合同，因此，该试用期不存在，双方为事实劳动关系，电子厂将张某辞退应当支付经济补偿金。

案例二

小王新入职某贸易公司，公司人事主管告诉小王，为了考察小王的工作能力，先签订一个三个月的试用合同，试用期间月薪1 500元，三个月试用期满，如果小王能够为公司带来新的订单，公司将签订正式劳动合同，正式合同期工资为2 000元，如果三个月试用期小王没有达到公司规定的业绩，公司将不正式聘用小王。

问题：你认为公司的做法是否合法？

解析：《中华人民共和国劳动合同法》为了制止用人单位滥用试用期损害劳动者的权益，规定劳动合同仅约定试用期的，试用期不成立，该期限为劳动合同期限。本案中公司与小王签订的是一个单独的试用期合同，按照法律规定，该试用期是不成立的，视为公司与小王签订的劳动合同期限为三个月。

六、拓展延伸

（一）劳动者在试用期的主要权利

1. 获得劳动报酬的权利

在试用期内，由于求职者工作熟练程度、技能水平与其他人相比可能有差距，因此工资水平上有一定差距，但只要劳动者在法定工作时间内提供了正常劳动，用人单位就应当支付其不低于最低工资标准的工资。

2. 享有社会保险的权利

劳动者在试用期内，与其他劳动合同制职工一样，用人单位应当依法为其办理社会保险手续，为其缴纳社会保险费。

3. 享有劳动保护的权利

用人单位应当为其提供必要的劳动防护用品和劳动保护设施，防止事故，减少伤害。

4. 解除劳动合同的权利

劳动者在试用期内提前三日通知用人单位，可以解除劳动合同，不需要任何附加条件。用人单位不得要求劳动者支付职业技能培训费用，还应按劳动者的实际工作天数支付工资。

（二）劳务派遣

劳务派遣，又称劳动派遣、劳动力租赁，是指由派遣机构与派遣劳工订立劳动合同，由派遣劳工向要派企业给付劳务，劳动合同关系存在于派遣机构与派遣劳工之间，但劳动力给付的事实则发生于派遣劳工与要派企业之间。劳动派遣的最显著特征就是劳动力的雇用和使用分离。劳动派遣机构作为用人单位，成为与劳动者签订劳动合同的一方当事人。国家规定：接受劳务派遣形式用工的单位（以下简称用工单位）只能在临时性、辅助性或者替代性的工作岗位上使用被派遣劳动者。

"劳务派遣型"就业是一种非正规就业形式。劳动者是劳务派遣企业的职工，与派遣机构签订劳动合同；但是，劳动者在用工单位工作，并接受相关的管理，用工单位与劳动者是使用和被使用的关系。劳务派遣有两大特点，一是劳动者是派遣公司的职工，存在劳动合同关系；二是派遣公司只从事劳务派遣业务，不承包项目。

七、课外阅读

试用期必知的十个法律问题

1）不能口头约定试用期。劳动合同法规定试用期包含在劳动合同期限内，也就是说，没有劳动合同就不存在试用期，所以，口头约定的试用期等于无试用期。

2）不能超期约定试用期。试用期期限必须严格按照法律规定进行约定，超期约定属于违法行为，按照法律规定，违法约定的试用期已经履行的，由用人单位以劳动者试用期满月工资为标准，按已经履行的超过法定试用期的期间向劳动者支付赔偿金。相当于每月要支付"双倍工资"。

3）不能重复试用。同一用人单位与同一劳动者只能约定一次试用期。重复试用亦属违法约定试用期，同样面临每月支付"双倍工资"的法律风险。

4）不订单独试用合同。单独的试用合同会被认定为一份正式劳动合同，劳动合同仅约定试用期的，试用期不成立，该期限为劳动合同期限。

5）试用期需参加社保。千万不要以为试用期可以不参加社会保险，万一试用期发生工伤事故，或者员工患重大疾病，单位可能得自掏腰包了。特别提醒：人身伤害商业保险并不能免除用人单位的工伤责任。

6）试用期不能随意解雇。试用期解雇一个员工并不比试用期后解雇更轻松。一般而言，用人单位需举证证明员工不符合录用条件才行，这里涉及录用条件的确定以及劳动者不符合录用条件的情形，这个举证责任并不容易。

7）需书面约定录用条件。《中华人民共和国劳动合同法》第三十九条规定员工在试用期间被证明不符合录用条件的，用人单位可以解除劳动合同。为了便于操作，用人单位应当与员工事先约定具体的录用条件。

8）以不符合录用条件解雇决定须在试用期内作出。按照规定，以员工不符合录用条件解雇的决定须在试用期内作出，超过试用期就不能再以这个理由解雇了，否则属违法解雇。

9）不要随便延长试用期。首先，试用期有最长限制，即6个月，且与劳动合同期限挂钩。再怎么延长都不可能超过6个月，否则违法。其次，如果约定的试用期履行完毕，再与劳动者约定延长试用期，还可能触犯"同一用人单位与同一劳动者只能约定一次试用期"的强制性规定。

10）注意试用期解雇的限制。《中华人民共和国劳动合同法》规定，在试用期中，除劳动者有本法规定的情形外，用人单位不得解除劳动合同。所以，试用期进行经济性裁员或者以客观情况发生重大变化解雇都是存在法律风险的。

第十一单元　创新能力

任务三十八　培养创新意识

一、学习目标

掌握创新、创造、创新能力、创新意识的内涵；了解创新意识的构成要素；了解如何培养你的创新意识。

二、案例分析

案例

宝洁公司引进了一条香皂包装生产线，结果发现这条生产线有一个缺陷：常常会有盒子里没装入香皂。总不能把空盒子卖给顾客啊，他们只得请来一个学自动化的博士后设计一个方案来分拣空的香皂盒。博士后组织了一个十几人的科研攻关小组，综合采用了机械、微电子、自动化、X射线探测等技术，花了几十万，成功解决了问题。每当生产线上有空香皂盒通过，两旁的探测器会检测到，并且驱动一只机械手把空皂盒推走。

中国南方有一个乡镇企业也买了同样的生产线，老板发现这个问题后大为发火，找了一个农民工，要他把这个问题解决掉，不然就炒他的鱿鱼。农民工很快想出了办法：他花了90块钱在生产线旁边放了一台大功率电风扇猛吹，于是空皂盒都被吹走了。

分析解读

同一条生产线，同样的技术问题，博士后和农民工都通过创新解决了问题，但付出的代价有天壤之别，博士后用了几十万，采用了很多高新技术，而农民工用一台90块钱的电风扇也完成了同样的任务。由此可见，人人皆可创新，人人皆可成为创造之人。

活动体验

同学们，你对创新意识培养有什么了解？换作你是那个农民工，你会想到这个方法吗？在平时生活学习过程中，对于某些事务，你有没有过创新的意识？

三、知识链接

（一）创新与创造

1. 创新

创新是指人类为了满足自身的需求，不断拓展对客观世界及其自身的认知与行为，从而产生有价值的新思想、新举措、新事物的实践活动。创新有三层含义：更新、创造新的东西、改变。

党的十八大以来，习近平总书记对创新发展提出了一系列重要思想和论断，把创新发展提高到事关国家和民族前途命运的高度，摆到了国家发展全局的核心位置。党的十八届五中全会提出"五大发展理念"，排在首位的就是"创新发展"。创新是引领发展的第一动力。

2. 创造

创造是指个体和群体基于一定的目标或任务展开的，运用一切已知的条件或信息产生出新颖并有价值的成果的认知行为和活动的过程。

当某个创新活动所产生的创新成果并不具有新颖性，却依然具有价值时，则称其为再造或模仿。

3. 创新能力

创新能力是一种人们运用人类已有的知识进行创造、重新改造或组合开发新的东西的能力。

创新能力在一定的知识积累的基础上可以训练出来、启发出来。创新能力的自我开发首先是克服思维定式，其次是培养创新精神和自我创新品格。

▶ 小故事

美国历经百年的自由女神铜像翻新后，现场存有200吨废料，难以处理。一个名叫斯塔克的人，自告奋勇，主动承包清理。他将废料分类整理，把废铜皮改铸成纪念塔，废铅改铸纪念币，水泥碎块整理做成小石碑装在玲珑透明的小盒子里，让大家选购。结果，本来无人问津难以处理的一堆垃圾，顿时化腐朽为神奇，身价百倍，人们争相购买，200吨垃圾被很快一抢而空。正是由于斯塔克不拘泥于传统方法、标新立异的思维方式，便别出心裁想出了多种处理办法，由此而获得后大利益。

分析解读

创新创造并不是可望而不可及，创造发明也不是科学家的专利。其实，创新创造一点也不神秘，凡是别人没做过、没想过的好事，你想了、做了，这就是发明。创新创造没有大小区分，当你生活、工作中碰到不称心、不方便的事，要想办法改进它，这种改进的欲望就孕育着发明。

（二）创新意识

1. 创新意识的概念

创新意识是指人们根据社会和个体生活发展的需要，引起创造前所未有的事物或观念的动机，并在创造活动中表现出的意向、愿望和设想。它是人们进行创造活动的出发点和内在动力，是进行创新的前提和关键。

2. 创新意识的构成要素

（1）批判精神。这是创新意识的第一要素。创新就是要破旧立新，创新意识就是要善于吸取旧事物、旧观念中的合理因素，在继承的基础上创新，提出自己的新创意、新思想。

案　例

> 伟大的科学家伽利略就是一个具有批判精神的人，他对科学权威非常尊敬，但从不迷信，所以他敢于对亚里士多德这位权威人士的话提出质疑，并克服重重困难去大胆地进行试验，还冒着巨大的风险在比萨城的斜塔上做了"两个铁球同时着地"的公开实验，终于证明了自己的观点是正确的，从而赢得了世人的肯定。

（2）创新思维。创新思维是以发现新思想、新观点、新理论为目标的，新颖性、独特性和求异性是它的显著特征。创新思维，对人的行为和决策有直接的重要影响。我们应当注意吸取人类各方面的研究成果，不断增强自己的创新思维能力，善于运用发散性思维研究新情况、新矛盾、新问题，探索应对问题、解决矛盾的新途径、新方法。

案　例

> 当莫扎特还是海顿的学生时，曾和老师打过一次赌。莫扎特说，他能写一段曲子，老师准弹不了。
>
> 海顿当然一笑了之，以为这不过是学生说的玩笑而已。当莫扎特拿来曲子时，海顿未及细看便满不在乎地坐在钢琴前弹奏起来。仅一会儿工夫，海顿惊呼起来："我两只手分别弹响钢琴两端时，怎么会有一个音符出现在键盘的中间位置呢？"接下来海顿以他那精湛的技巧又试弹了几次，还是不成。最后无奈地说："看样子任何人也弹奏不了这样的曲子了。"
>
> 这时莫扎特接过乐谱，微笑着坐在琴凳上，胸有成竹地弹奏起来。当遇到那个特殊的音符时，他不慌不忙地向前弯下身子，用鼻子点弹而就。海顿禁不住对自己的高徒赞叹不已。

（3）风险意识。创新是对旧事物、旧观念的否定，是对保守势力的挑战，因此很容易受到传统习惯势力的压制打击。加之没有现存的经验可供借鉴参考，创新的结果往往具有不确定性。这就意味着任何创新都面临着较高的风险，这就要求人们在创新时应增强风险意识，有足够的思想准备应对和化解风险。

案　例

> 1982年可口可乐公司发起"堪萨斯计划"，2 000名调查员在美国十大城市调查消费者是否愿意接受一种全新的可乐，调查结果显示，只有10%～12%的顾客对新口味可口可乐表示不安，其中一半的人表示会适应新可口可乐。随后，可口可乐公司又在13个城市进

行口味测试，一共有19.1万名消费者参与，结果是新可乐受欢迎的比例高达61%。

1985年4月23日，可口可乐公司宣布推出"最好的饮料——可口可乐，将要变得更好"。可是，在新可乐上市4小时之内，可口可乐就接到了650个抗议电话；到5月中旬，批评电话每天多达5 000个。美国消费者指责说："重写《宪法》合理吗？《圣经》呢？在我们看来，改变可口可乐配方，其性质一样严重。"而到了同年7月，竟有70%的消费者声称不喜欢新可乐。

在巨大的市场和舆论压力下，可口可乐公司最终恢复了老可乐的生产。对此，美国参议员大卫·普赖尔甚至"上纲上线"说："它表明有些民族精神是不可更改的。"

分析解读

一些企业在创新中，通过科学、理性的产品测试、包装测试、创意测试和广告测试，可以最大限度地减少风险。本案例中为了规避风险，可口可乐公司在更换配方的创新中，也做足了功课，尤其是做了大规模的市场调查活动，但相对于庞大的市场和目标消费者，测试的标本毕竟是有限的，风险便潜藏于此。

（4）系统观念。世界上的一切事物又都存在于一定的系统中，从社会整体看，各个领域中的创新是相互关联的。我们在增强创新意识时，应树立系统观念，掌握系统分析方法，避免以偏概全，避免只看到局部和暂时的利益，从而最大限度地使创新符合客观实际，达到整体优化的目标。

案 例

美国一个小镇上有一个小男孩，每当有人把一元钱或者五角钱丢到他面前的时候，他从来都不捡那一元钱，只捡五角钱。大家都觉得这个小男孩有点傻，于是经常去逗他玩。后来有人问他："孩子，你明知一元比五角多，你为什么只捡五角钱，不捡一元钱呢？"小男孩说："如果我如果直接捡了一元钱，人们就不会有好奇心，也就没人再往我面前扔钱啦。像我这样只捡五角钱，每天每年都有人在向我扔钱，我就能源源不断地捡钱啦，一直捡到足够我交学费啦。这个小男孩就是富兰克林·罗斯福，最终成了美国的总统。

分析解读

这则故事的有趣之处在于别人以为小男孩有点傻，于是去戏弄他，而真正被戏弄的却是那些自以为聪明的人。这里不仅体现出小男孩的智慧和技巧，更体现了一种系统的、有机性的思维。

3. 如何培养创新意识

心理学家认为，以下15条方法有助于创新意识的培养。

1）多了解一些名家发明创造的过程，从中学到如何灵活地运用知识以进行创新。

2）破除对名人的神秘感和对权威的敬畏，克服自卑感。

3）不要强制人们只接受一个模式，这不利于发散性思维。

4）要能容忍不同观念的存在，容忍新旧观念之间的差异。相互之间有比较，才会有鉴别、有取舍、有发展。

5）应具有广泛的兴趣、爱好，这是创新的基础。

6）增强对周围事物的敏感性，训练挑毛病、找缺陷的能力。

7）消除埋怨情结，鼓励积极进取的批判性、建设性的意见。

8）表扬为追求科学真理不避险阻，不怕挫折的冒险求索精神。

9）奖励各种新颖、独特的创造性行为和成果。

10）经常作分析、演绎、综合、归纳、放大、缩小、联结、分类、颠倒、重组和反比等练习，把知识融会贯通。

11）培养对创造性成果和创造性思维的鉴别能力。

12）培养以事实为根据的客观性思维方法。

13）培养开朗态度，敢于表明见解，乐于接受真理，勇于摒弃错误。

14）不要讥笑看起来似乎荒谬怪诞的观点，这种观点往往是创造性思考的导火线。

15）鼓励大胆尝试，勇于实践，不怕失败，认真总结经验。

四、名人如是说

1）想象力比知识更重要，因为知识是有限的，而想象力概括世界上的一切，并且是知识进化的源泉。

——爱因斯坦

2）创造性无非就是将不同的事物连接起来而已。当你问那些在创造性岗位上的人们是如何做到这一点的时候，他们可能会感到一丝内疚，因为他们自己也不知道是如何做到的，只是看到了一些东西的内在联系而已，这在他们看来再明显不过了。

——史蒂夫·乔布斯

五、我该怎么做

创新意识测试

（在企业中，创新意识是指管理者及员工产生强烈的创造新事物或新观念的动机、愿望和设想的思维模式。请通过下列问题对自己的创新意识进行测评。）

（　）1.你在何时会产生改变现状的愿望和要求？

　　A.时时都想改变现状　　　　　B.在面对机遇时　　　　　C.在遭遇困难时

（　）2.当你提出的超常规想法遭到他人否定时，你会如何做？

　　A.找出被否定的原因并加以完善　　B.坚持自己的想法　　　C.放弃自己的想法

（　）3.你是否会经常提出别人不敢去想的问题？

　　A.经常会提出　　　　　　　　B.根据问题的领域而定　　　C.偶尔会提出

（　）4.你如何认识现有事物？

　　A.应不断进行革新　　　　　　B.有可以改善的地方　　　　C.存在即合理

（　）5.你如何理解创新过程中的风险？

　　A.创新有较高风险　　　　　　B.创新有一定风险　　　　　C.创新有较小风险

（　）6.对于管理工作中的各种意见，你持怎样的态度？

　　A.善于提出自己的意见　　　　B.善于补充别人的意见　　　C.善于评价别人的意见

( ) 7.你如何看待专家或权威的意见?

    A.不可全信　　　　　　　　B.根据自己对建议涉及领域的熟悉程度

    C.专家很少犯错

( ) 8.你喜欢什么性质的工作?

    A.新颖而富有挑战性的工作　　B.需要进行一定思考的工作

    C.程序性或反复性的工作

( ) 9.当你看到一个产品时,你有何想法?

    A.首先想找到它的缺陷　　B.吸收产品的优点　　C.总是感觉很好

( ) 10.你是否对新鲜的事物具有好奇心?

    A.是的,我会一探究竟　　B.对自己感兴趣的东西会很注意　　C.没有

评分说明:选A得3分,选B得2分,选C得1分。

24分以上,说明你的创新意识很强,请继续保持和提升;

15～24分,说明你的创新意识一般,请努力提升;

15分以下,说明你的创新意识很差,急需提升。

六、课外阅读

中国进入创新2.0时代

2016年,中国在创新领域最新进展的新闻,让人眼前一亮。

一是8月16日中国发射的世界首颗量子科学实验卫星"墨子号",开启人类保密通信新纪元。二是15日公布的2016年全球创新指数显示,中国首次跻身世界最具创新力的经济体25强。

实际上,创新早已成为中国的热词。比如,在中国杭州举行的二十国集团领导人峰会,其主题首先强调"创新":构建创新、活力、联动、包容的世界经济。再如,"创新"被列为中国倡导的新发展理念之首。可以说,中国对创新的重视与需求,从来没有像今天这样强烈和迫切。

创新的领域较为宽泛,而科技创新尤为受到关注。国务院正式印发的《"十三五"国家科技创新规划》(以下简称《规划》),明确提出未来5年国家科技创新的指导思想、总体目标、主要任务和改革举措,可以说《规划》是中国进入科技创新2.0时代的标志,因为《规划》提出了到2020年的中国科技创新目标,并对"创新型国家"进行了界定,更为重要的是对目标进行了细化、量化,对实现目标作出了全面部署。

第一,提出了科技创新总体目标:国家科技实力和创新能力大幅跃升,创新驱动发展成效显著,国家综合创新能力的世界排名进入前15位,迈进创新型国家行列,有力支撑全面建成小康社会目标的实现。

第二,剖析了"创新型国家"的5个维度:自主创新能力全面提升,科技创新支撑引领作用显著增强,创新型人才规模质量同步提升,有利于创新的体制机制更加成熟定型,创新创业生态更加优化。

第三,提出了科技创新12项预期性指标,具有极高的信息含金量,清晰地绘制了2020

中国科技创新目标及宏伟蓝图。其中，从科技创新投入指标看，2015～2020年期间，研究与试验发展经费投入强度从2.1%提高至2.5%，总经费从1.42万亿元增加至2.5万亿元，年平均增长率高达10.3%——若按购买力评价计算，占世界总量比例将超过美国成为世界第一位。

当然，中国能否顺利进入科技创新2.0时代，还有赖于落实各项创新政策和政策法规，完善科技创新投入机制，加强规划实施与管理等。

"十三五"时期是中国全面建成小康社会和进入创新型国家行列的决胜阶段，也是深入实施创新驱动发展战略、全面深化科技体制改革的关键时期。可以预见，到2020年，中国科技实力和创新能力将大幅跃升，迈进世界创新型国家行列，成为世界重要创新中心，为世界发展作出更大科学贡献、知识贡献和技术贡献。

任务三十九　创新思维与创新方法

一　学习目标

掌握创新思维的内涵；熟悉创新思维的表现形式及训练方法；掌握创新方法的内涵，并熟悉创新方法的运用。

二　案例分析

案　例

爱迪生（图11-1）是美国的大发明家，他的一切发明都是和他的思维活跃分不开的。

一天，爱迪生在实验室里工作，急需知道一个灯泡容量的数据，因为手头忙不开，他就递给助手一个没有上灯口的玻璃灯泡，吩咐助手把灯泡的容量数据量出来。过了大半天，爱迪生手头的活早已干完，那助手还没有把数据送过来，于是爱迪生只好上门找助手，一进那屋，他就看见助手还在忙于计算，桌上演算

图11-1

纸已经堆了一大沓，爱迪生很是郁闷，皱着眉头问对方："还需要多长时间？"

助手回答说："一半还没完呢。"

爱迪生一所，就都全明白了，原来，他那助手刚才一直忙于用软尺测量灯泡的周长和斜度，用复杂的公式计算呢！

他还把他那一套计算程序详细地说给爱迪生听，以证明自己的思路没毛病。

爱迪生不等他说完，便拍拍他的肩膀说："别瞎忙了，小伙子，瞧我这么干！"

说着，他往灯泡里面注满了水，交给助手："把这里面的水倒在量杯里，马上告诉我它的容量。"

助手一听，立马羞得面红耳赤。

分析解读

愚者拘泥于形，易被外在束缚；巧者注重本质，因而心明眼亮。爱迪生思维的独到之处，就在于其灵动自如直奔目标，而不为人间万象所困惑干扰。

活动体验

同学们，换作你是那个助手，你会用什么办法来测量灯泡的容积？你能想到爱迪生的测量方法吗？除了爱迪生的方法，你还有别的好方法吗？

三、知识链接

（一）创新思维的内涵

创新思维是指人们在提出问题和解决问题的过程中，对事物间的联系进行前所未有的思考，从而创造出新事物的思维方法，是一切具有崭新内容的思维形式的总和。

1. 发散思维

发散性思维是创新思维的核心。它能够促使人们产生众多的创造性设想，就像一个光源向四面八方发射一样，思考者从不同方面、不同方向去思考。其答案就不会限制在"唯一"之中，而是会产生许多完全不同的答案。

案例

1987年，我国在广西壮族自治区南宁市召开了我国"创造学会"第一次学术研讨会。这次会议集中了全国许多在科学、技术、艺术等方面众多的杰出人才，同时也聘请了国外某些著名的专家、学者。

会上日本著名学者村上幸雄先生为与会者讲学，他的演讲很新奇，很有魅力，也深受大家的欢迎。其间，村上幸雄先生拿出一把曲别针，请大家动动脑筋，打破框框，想想曲别针都有什么用途？比一比谁的发散性思维好。会议上一片哗然，七嘴八舌，议论纷纷。有的说可以别胸卡、挂日历、别文件，有的说可以挂窗帘、钉书本，大约说出了二十余种，大家问村上幸雄，"你能说出多少种"？村上幸雄轻轻地伸出三个指头。

有人问："是三十种吗"？他摇摇头，"是三百种吗？"他仍然摇头，他说："是三千种"，大家都异常惊讶，心里说："这日本人果真聪明"。然而就在此时，坐在台下的中国魔球理论的创始人许国泰先生给村上幸雄写了一个纸条说："幸雄先生，对于曲别针的用途，我可以说出三千种、三万种。"幸雄先生十分震惊，大家也都不相信。

许先生说："幸雄先生所说曲别针的用途，我可以简单地用四个字加以概括，即钩、挂、别、联。我认为远远不止这些。"接着他把曲别针分解为铁质、重量、长度、截面、弹性、韧性、硬度、银白色等十个要素，用一条直线连起来形成信息的栏轴，然后把要动用的曲别针的各种要素用直线连成信息标的竖轴。再把两条轴相交垂直延伸，形成一个信息反应场，将两条轴上的信息依次'相乘'，达到信息交合……"

于是曲别针的用途就无穷无尽了。例如，可加硫酸可制氢气，可加工成弹簧、做成外文字母、做成数学符号进行四则运算等，为中国人在大会上创出了奇迹，使许多外国人十分惊讶！

课堂练习

大家就帽子的整体用途展开发散思维，我们可以想到些什么？

2. 集中思维

集中思维是一种寻求唯一正确答案的思维。

案　例

北宋年间，一个叫阮松的秀才借了几十两银子到东京汴梁赶考。晚上住在一家小客栈，没想到银子却不翼而飞，是谁偷的呢？案子由包公受理，但没有一个人承认。于是，包公把涉嫌的十几个人带到一座黑漆漆的古庙里，说："这庙里有一口神钟，它铁面无私，偷东西的人用手一摸，它就会嗡嗡作响。"包公命令这十几个人轮流进去摸一把，结果钟并没有响。于是，他让这十几个人面对庙门，双手朝后，一下子就把小偷找出来了。

课堂练习

同学们，你们知道这是什么原因吗？

3. 联想思维

联想思维是指人们在头脑中将一种事物的形象与另一种事物的形象联系起来，探索它们之间共同的或类似的规律，从而解决问题的思维方法。

案　例

相传，鲁班在看到工人们大汗淋漓地砍树，他觉得十分辛苦。他想是否能造出一种可以轻易把树截断的工具呢。

一天，他上山找木材，爬到一段陡峭的山路时，脚下突然一滑，他眼疾手快地抓住路旁的一丛茅草。他没有滑落下去，手却被草划破，渗出了鲜血。"草怎么会割破手的？"鲁班很好奇，于是他仔细地观察茅草，发现草叶上长着许多锋利的小齿。他用这些密集的小齿在手背上一划，居然又划开了一道小口子。他想既然草都能将皮肤割破，那么用铁代替小草制作一种类似的工具，威力岂不更大？

根据这一想法，鲁班制成了人类历史上第一根锯条。

课堂练习

用下面词语组织一段文字，要求必须包含所有的词语：神经错乱、科学月刊、稀少、聪明、天空、消息、手语、树木、符号、卵石、太阳、模式、间谍、玻璃、池水、橱窗、暴风雨、波状曲线、细胞。

4. 逆向思维

逆向思维是指不按照人们正常的思维方式而是从反方向去思考问题的一种思维方式。

案　例

　　案例一：我们小时候就熟知的《司马光砸缸》的故事，就是运用逆向思维的方式。因为就落入水缸中的人，正常的救人方式一定是将人从水缸上面拖出来。可是对于司马光那样的孩子来说，水缸又高又大，根本无法从缸中将人拉出，于是，司马光采用了逆向思维方式，选择了破缸救人的办法，并成功地将同伴救出。

　　案例二：一人去买牛奶。小贩说：1瓶3块，3瓶10块。他无语，遂掏出3块买1瓶，重复三次。他对小贩说：看到没，我花9块就买了3瓶。你定价定错了。小贩说：自从我这么干，每次都能一下卖掉3瓶。

　　课堂练习

　　一个人正在草原上旅游，天下起了大雨，他没带雨具，也没有任何东西可以躲雨，草原上更无地方躲雨，但他居然没有把头发淋湿。你知道这是为什么？

5. 逻辑思维

逻辑思维是人们在认识过程中借助于概念、判断、推理等思维形式能动地反映客观现实的理性认识过程。一般创新结果的正确与否需要通过逻辑推理检验。

案　例

　　美国第一任总统华盛顿，早年有件丢马的逸事。有一天，华盛顿的一匹马被人偷走了。华盛顿同一位警察一起到偷马人的农场里去索讨，但那人拒绝归还，一口咬定说："这就是我自己的马。"华盛顿用双手蒙住马的两眼，对那个偷马人说："如果这马真是你的，那么，请你告诉我们，马的哪只眼睛是瞎的？"偷马人犹豫地说："右眼。"华盛顿放下蒙眼的右手，马的右眼并不瞎。"我说错了，马的左眼才是瞎的。"偷马人急着争辩说。华盛顿又放下蒙眼的左手，马的左眼也不瞎。"我又说错了……"偷马人还想狡辩。"是的，你是错了。"警官说，"这些足以证明马不是你的，你必须把马还给华盛顿先生。"

分析解读

把对手引入误途，他的错误便是你的胜利，这就是靠你的逻辑思维能力！

课堂练习：他们的职业是分别什么？

　　小王、小张、小赵三个人是好朋友，他们中间其中一个人下海经商，一个人考上了重点大学，一个人参军了。此外他们还知道以下条件：小赵的年龄比士兵的大，大学生的年龄比小张小，小王的年龄和大学生的年龄不一样。请推出这三个人中谁是商人？谁是大学生？谁是士兵？

　　（答案：大学生是小赵，商人是小张，士兵是小王）

6. 横向思维

横向思维是指当我们用正常思维无法解决问题的时候，从问题的侧面出发换一种思考方法。

案　例

　　许多年前，伦敦的一个商人不幸欠了一个放债人一大笔钱，而当时欠债的人是可能会被投入监狱的。那个放债人又老又丑，却偏偏喜欢上了商人那个十几岁的漂亮女儿。他提议达成一项协议。他说如果他能得到那个女孩，商人的欠债就一笔勾销。商人和他的女儿听到这个建议都大惊失色。于是那个狡猾的放债人便提议让命运来决定这件事。他将把一粒黑色卵石和一粒白色卵石放在一个空的钱袋里，然后由女孩挑出一粒卵石。如果她选中黑卵石，她将成为他的妻子，而她父亲的债务将被勾销。如果她选中白卵石，她将留在父亲身边，债务也将被勾销。但如果她拒绝挑卵石，她的父亲就会被投入监狱，而她将忍饥挨饿。商人很不情愿地同意了。他们谈话时站在商人花园里一条铺满卵石的小路上，这时放债人便俯身捡起两颗卵石。在他捡起卵石时，因惊慌而目光敏锐的女孩注意到他捡起了两颗黑卵石放进了钱袋。然后他让女孩挑出那粒将决定她和她父亲命运的卵石。

　　课堂练习

　　设想你正站在商人花园里的那条小路上。如果你是那个不幸的姑娘你会怎么做呢？如果你要给她提建议，你会建议她怎么做呢？

（二）创新方法

1. 头脑风暴在创新领域的应用

　　头脑风暴作为一种智力激励法，适合于解决那些比较简单、严格确定的问题，如研究产品名称、广告口号、销售方法、产品的多样化等，以及需要大量的构思、创意的行业，如广告业。

案例分析

　　盖莫里公司是法国一家拥有300人的中小型私人企业，这一企业生产的电器有许多厂家和它竞争市场。该企业的销售负责人参加了一个关于发挥员工创造力的会议后大有启发，开始在自己公司谋划成立了一个创造小组。在冲破了来自公司内部的层层阻挠后，他把整个小组（约10人）安排到了农村议价小旅馆里，在以后的三天中，每人都采取了一些措施，以避免外部的电话或其他干扰。

　　第一天全部用来训练，通过各种训练，组内人员开始相互认识，他们相互之间的关系逐渐融洽，开始还有人感到惊讶，但很快他们都进入了角色。第二天，他们开始创造力训练技能，开始涉及智力激励法以及其他方法。他们要解决的问题有两个，在解决了第一个问题，即发明一种拥有其他产品没有的新功能电器后，他们开始解决第二个问题，为此新产品命名。

　　在这两个问题的解决过程中，都用到了智力激励法，但在为新产品命名这一问题的解决过程中，经过两个多小时的热烈讨论后，共为它取了300多名字，主管暂时将这些名字保存起来。第三天一开始，主管便让大家根据记忆，默写出昨天大家提出的名字。在300多个名字中，大家记住20多个。然后主管又在这20多个名字中筛选出了三个大家认为比较可行的名字，再将这些名字征求顾客意见，最终确定了一个。结果，新产品一上市，便因为其新颖的功能和朗朗上口、让人回味的名字，受到了顾客热烈的欢迎，迅速占领了大部分市场，在竞争中击败了对手。

分析解读

实践证明，在企业管理中，灵活而巧妙地使用"头脑风暴法"，能使领导和员工关系更加融合，最大限度地使大家智慧的火花得以迸发，进而最终形成了一个个好的创意或方案，制定出一些切实可行的工作措施，寻找到一些解决疑难问题的办法，值得认真探索。

2. 5W1H分析法在创新领域的应用

5W1H分析法也叫六何分析法，就是对工作进行科学的分析，对某一工作在调查研究的基础上，就其目标（What——做什么，做成什么）、责任者（Who——谁来做）、工作岗位（Where——在哪做）、工作时间（When——什么时候做）、原因（Why——为何这样做）、方法（How——怎样操作），进行书面描述，并按此描述进行操作，达到完成职务任务的目标。

（1）对象（What）——什么事情。公司生产什么产品？车间生产什么零配件？为什么要生产这个产品？能不能生产别的？我到底应该生产什么？如果这个产品不挣钱，换个利润高点的好不好？

（2）场所（Where）——什么地点。生产是在哪里进行的？为什么偏偏要在这个地方进行？换个地方行不行？到底应该在什么地方进行？这是选择工作场所应该考虑的。

（3）时间和程序（When）——什么时候。这个工序或者零部件加工是在什么时候进行的？为什么要在这个时候进行？能不能在其他时候进行？把后工序提到前面行不行？到底应该在什么时间进行？

（4）人员（Who）——责任人。这个事情是谁在干？为什么要让他干？如果他既不负责任，脾气又很大，是不是可以换一个人？有时候换一个人，整个生产就有起色了。

（5）为什么（Why）——原因。为什么采用这个技术参数？为什么不能震动？为什么不能使用？为什么变成红色？为什么要做成这个形状？为什么采用机器代替人力？为什么非做不可？

（6）方式（How）——如何实现。手段也就是工艺方法，例如，我们是怎样干的？为什么用这种方法来干？有没有别的方法可以干？到底应该怎么干？有时候方法一改，全局就会改变。

示 例

　　一位丰田公司生产主管去车间现场巡视，发现车间的一个过道上有一块不小的厚纸皮，按照现场管理的要求，车间现场不应该有类似垃圾的东西，更何况是这么大的一块厚纸皮！既然没有被及时清理，肯定有原因。

　　于是他问现场的工人："为什么过道上有这么一块厚纸皮？"

　　工人答："地上有一片油。"

　　再问："为什么过道上会有一大片油？"

　　工人答："刚才在用叉车搬运机搬部件时发生了侧翻，机油泄露了。"

　　三问："为什么叉车会发生侧翻？"

　　工人答："叉车有故障。"

四问："为什么叉车的故障没有及时发现？"

工人答："前几天已经发现有故障，而且第一时间通知了叉车的供应商。"

最后问："那为什么还会因为故障引发叉车侧翻？"

工人答："已经催促厂商或供应商五次了，让他们来诊断维修，但没有维修人员来修复。"

问完这五个为什么以后，就可以知道是叉车质量出了问题，而叉车的供应商售后服务做得并不到位，这自然会影响生产效益。生产主管立即向设备采购等相关部门报告，解决了这个生产中的问题。

3. TRIZ分析法

TRIZ理论是由苏联发明家阿奇舒勒1946年创立的，当时他在专利局工作，在处理世界各国著名的发明专利过程中，阿奇舒勒发现任何领域的产品改进、技术的变革、创新和生物系统一样，都存在产生、生长、成熟、衰老、灭亡，是有规律可循的。目前TRIZ理论被认为是可以帮助人们挖掘和开发自己的创造潜能、最全面系统地论述发明创造和实现技术创新的理论，被欧美等国的专家认为是"超级发明术"。

示　例

通过下面一个金鱼法的简单应用，让我们来了解一下TRIZ理论中创造性问题分析方法在解决现实问题中的应用。

埃及神话故事中会飞的魔毯曾经引起我们无数遐想，那么我们不妨一步步分析一下这个会飞的魔毯。

现实生活中虽然有毯子，但毯子都不会飞的，原因是地球引力，毯子具有重量，而毯子比空气重。那么在什么条件下毯子可以飞翔？我们可以施加向上的力，或者让毯子的重量小于空气的重量，或者希望来自地球的重力不存在。如果我们分析一下毯子及其周围的环境，会发现这样一些可以利用的资源，如空气中的中微子流、空气流、地球磁场、地球重力场、阳光等，而毯子本身也包括其纤维材料、形状、质量等。那么利用这些资源可以找到一些让毯子飞起来的办法，比如毯子的纤维与中微子相互作用可使毯子飞翔，在毯子上安装提供反向作用力的发动机，将毯子置于没有来自地球重力的宇宙空间，毯子由于下面的压力增加而悬在空中（气垫毯），利用磁悬浮原理，或者毯子比空气轻。这些办法有的比较现实，但有的仍然看似不可能，比如毯子即使很轻，但也比空气重，对这一点我们还可以继续分析。比如毯子之所以重是因为其材料比空气重，解决的办法就是采用比空气轻的材料制作毯子，或者毯子像空中的尘埃微粒一样大小，等等。

分析解读

这个简单的应用展示了金鱼法的创造性问题分析原理：即首先从幻想式构想中分离出现实部分，对于不现实部分，通过引入其他资源，一些想法由不现实变为现实，然后继续对不现实部分进行分析，直到全部变为现实。因此通过这种反复迭代的办法，常常会给看似不可能的问题带来一种现实的解决方案。

4. 组合创新法

利用事物间的内在联系，用已有的知识和成果进行新的组合而产生新的方案。我们应认识到，合理的组合也是一种创造。

内容及示例

1）组合法是把现有的技术或产品通过功能、原理、机构等的组合变化，形成新的技术思想或新的产品。组合的类型包括功能组合、系统组合等。例如，把刀、剪、锉、锥等功能集中起来的"万用旅行刀"和"文房四宝"等就是组合法的例子。

2）综摄法是将已知的东西作为媒介，把毫无关联的、不相同的知识要素结合起来，摄取各种产品的长处将其综合在一起，制造出新产品的一种创新技法。它具有综合摄取的组合特点。例如，日本南极探险队在输油管不够的情况下，因地制宜，用铁管做模子，包上绷带，层层淋上水使之结成一定厚度的冰，做成冰管，作为输抽管的代用品，就是这种方法的应用例子。

四、名人如是说

1）在科学上，每一条道路都应该走一走。发现一条走不通的道路，就是对于科学的一大贡献。　　　　　　　　　　　　　　　　　　　　　　——爱因斯坦

2）一些陈旧的不结合实际的东西，不管那些东西是洋框框，还是土框框，都要大力地把它们打破，大胆地创造新的方法、新的理论，来解决我们的问题。　　——李四光

3）聪明的年轻人以为，如果承认已经被别人承认过的真理，就会使自己丧失独创性，这是最大的错误。　　　　　　　　　　　　　　　　　　　　　　——歌德

五、我该怎么做

创新方法运用能力测试

（在企业中，创新方法运用能力是指管理者寻找、筛选及充分利用创造性方法以有效解决问题的能力。请通过下列问题对自己的创新方法运用能力进行测评）

（　）1.你能否分析出不同事物之间的联系？

　　　A.通常能　　　　　　　　B.有时能　　　　　　　　C.很少能

（　）2.你解决问题的方法通常会让别人有什么感觉？

　　　A.出其不意，眼前一亮　　B.有一定的新鲜感　　　　C.通常凭借以往的经验

（　）3.你通常怎样解决问题？

　　　A.经常做一些新的尝试　　B.根据问题而定　　　　　C.通常凭借以往的经验

（　）4.问题发生后，你能否快速分析出问题的原因？

　　　A.通常能　　　　　　　　B.有时能　　　　　　　　C.很少能

（　）5.你是否愿意接受一些具有挑战性的任务？

　　　A.非常愿意　　　　　　　B.愿意　　　　　　　　　C.不太愿意

（　）6.当面对难题无法解决时，你通常会如何认识？

A.方法总比问题多　　　　　　　B.或许能找到合适的方法

C.也许根本没有解决的方法

（　　）7.你能否通过逻辑思考或逆向思维找到解决问题的方法？

A.总能　　　　　　　　　　　　B.大部分情况下可以　　　　　　C.很少

（　　）8.你是否有通过观察生活而"意外"找到解决问题的方法的情况？

A.有很多这种情况　　　　　　　B.偶尔会出现这种情况　　　　　　C.从来没有过

（　　）9.如果让你做一位管理者，你会如何找到解决企业问题的方法？

A.让员工头脑风暴　　　　　　　B.请教专家，借助外脑　　　　　　C.借鉴已有的成功经验

（　　）10.你将自己的创新方法运用于实践，一般会有怎样的结果？

A.通过不断的努力大多获得成功　B.有部分会被成功应用　　　　　　C.无果而终

评分标准：选A得3分，选B得2分，选C得1分。

得分24分以上，说明你的创新方法运用能力很强，请继续保持和提升；

得分15～24分，说明你的创新方法运用能力一般，请努力提升；

得分15分以下，说明你的创新方法运用能力很差，急需提升。

六、课外阅读

3M公司的两个创新

当今世界，无论国家、企业或是个人，创新都是维持生命必不可少的元素，不是主动创新，就是被迫创新，否则即死。那些存活百年以上的老品牌，翻开它们的底牌一看，无不写着两个字：创新。

总部位于美国的3M公司（明尼苏达矿业与制造公司），如今无人不晓，其中以透明胶和不留痕的挂钩最为普及。在办公室或者回家翻一翻，肯定有3M公司的产品。3M公司是不断创新的典范，其精神就是"勇于创新"。许多人有所不知，3M公司拥有大量发明专利。例如，现在办公桌上总会有的锯齿状透明胶切割器，就是20世纪30年代由3M公司发明的。

3M公司有太多创新故事，但重点在于，3M公司的创新精神并不仅限于"创新部"，而是每位员工都以创新为己任。例如，锯齿状透明胶切割器，就是一位前线的业务经理最早注意到透明胶难切割，经常会缠到一起的问题，于是自主创新的。

当然，3M公司也有大量创新是由专业的科学家完成的。只不过，科学家常常也要凭借运气与灵感才能完成工作。其中，报事贴的故事最为经典。

20世纪70年代，一位科学家发明出一种黏性不大的胶，性状稳定，而且能反复使用。可是，因为黏性不大，所以根本派不上用场。直到有一天，一位研究员去教堂做礼拜，唱诗班的人夹在《圣经》中的书签滑落不见，找不到内容，很狼狈。研究员发现，类似的事情经常发生，而《圣经》的特殊性，导致不能对其采取破坏性标记。于是，这位研究员灵机一动，想到黏性不大的胶正好可以用作书签。就这样，报事贴诞生了，起初仅仅作为书签使用。1980年，报事贴正式推向市场，获得了意想不到的热烈反响。时至如今，报事贴已经成为办公室文化的一部分，人们广泛使用它作为便签条，甚至有艺术家将其制作成艺

术品。

现在，3M公司业绩之稳定，令其成为衡量美国工业水平的指标。从3M公司的故事，我们大概可以得出两个关于"创新"的启示。

第一，创新不是几位科学家闭门造车的产物。真正的创新，应该是由市场作为导向，以需求为原动力而产生的。

第二，所谓创新，必须要走入寻常百姓家，成为人们的日常生活，这样的创新才有价值。

创新是维持品牌生命力的元素，而如何维持创新本身的生命力，则又是一个更加深层次的命题。处于历史档口的中国，应该从西方老牌企业的故事中，吸收足够的养分。

任务四十　创新人才的个性品质

一　学习目标

掌握创新人才的内涵及在当今社会的作用；了解作为创新人才所应具备的个性品质，努力塑造一个全新的你。

二　案例分析

案　例

亨利·福特（图11-2）于1863年7月生于美国密歇根州。他的父亲是一个农夫，觉得孩子上学根本就是一种浪费，老福特认为他的儿子应该留在农场做帮手，而不是去念书。

自幼在农场工作，使福特很早便对机器和制造产生浓厚的兴趣和好奇心，成年后有人问他，童年时最喜欢什么玩具，他回答说：我的玩具全是工具，至今如此。作为生日礼物，他13岁的时候得到了一只手表，他所做的第一件事情就是把它完全拆开，然后再自行重新完全安装。此后他就迷上了钟

图11-2

表，谁的表坏了他都愿意修，但他拒绝为此收费，因为这是他最痴心的爱好。他十几岁的时候曾给他父亲设计过一种简单的开门装置，使他父亲不必跳下马车就可以打开农场的大门。也是13岁那年，他第一次看见了一台蒸汽引擎，他急不可待地跳下他的马车去与操作引擎的工程师攀谈。工程师所介绍的一切如此地令福特向往，以至于20年后，他还能一字不差地复述那位工程师所告诉他的每个细节，包括那台蒸汽机每分钟200转的技术参数。

1879年，17岁的福特离开了父亲的农庄来到了底特律，开始了他的汽车生涯。为了给

自己的汽车梦积累资金，福特同时做了两份工作，白天在密歇根汽车公司做机修工，晚上在一家珠宝店维修钟表。在修钟表的工作中，福特发现，大多数钟表的结构其实可以大大简化，只要精密分工，采用标准部件，钟表的制造成本就可以大大降低而性能更加可靠。至此，简化部件，大批量生产，低价销售的"更多、更好、更便宜"经营思路在此时大体形成了。

在亨利·福特建立他的流水线之前，汽车工业完全是手工作坊的，三两个人合伙，买一台引擎，设计一个传动箱，配上轮子、刹车、座位，配装1辆，出卖1辆，每辆车都是一个不同的型号。由于启动的资金要求少，生产也简单，每年都有50多家新开张的汽车作坊进入汽车制造业，大多数的存活期不过1年。福特的流水线使这一切都改变了。在手工生产时代，每配装一辆汽车要728个小时，而福特简化设计，将标准部件的T形车把装配时间缩短为12.5个小时。进入汽车行业的第12年，亨利·福特终于实现了他的梦想，他的流水线的生产速度达到了每分钟1辆车的水平，5年后又进一步缩短到每10秒钟1辆车。1914年，福特公司的13 000名工人生产了26.7万辆汽车，市场份额达到了48%，月赢利600万美元，在美国汽车行业占据了绝对优势。作为一个敢于寻梦的人，亨利·福特最终实现了自己的心愿。

分析解读

福特的第一辆汽车的诞生，正是由于他首先有了那"奇怪的念头"，并努力坚持的结果。很明显，福特是一个具有较强创新意识的人，他不为传统习惯势力和世俗偏见所左右，敢于标新立异，想常人不敢想的问题；他提出了超常规的独到见解，善于联想，从而开辟了新的思维境界。

活动体验

同学们，你在福特身上看到了哪些创新品质？对比一下，你认为自己在哪些方面和福特存在差距？你的脑海中是否曾经出现过某种"奇怪的念头"？

三、知识链接

（一）创新人才和创造型人才

1. 创新人才

创新人才，就是具有创新意识、创新精神、创新思维、创新知识、创新能力并具有良好的创新品质，能够通过自己的创造性劳动取得创新成果，在某一领域、某一行业、某一工作上为社会发展和人类进步作出了创新贡献的人。

2. 创造型人才

创造型人才是指富于独创性，具有创造能力，能够提出、解决问题，开创事业新局面，对社会物质文明和精神文明建设作出创造性贡献的人。

这种人才，一般基础理论坚实、科学知识丰富、治学方法严谨，勇于探索未知领域，同时具有为真理献身的精神和良好的科学道德。他们是人类优秀文化遗产的继承者，是最新科学成果的创造者和传播者，是未来科学家的培育者。

（二）创新人才应具备的个性品质

创新人才是现代社会中那些能够抓住机遇，善于捕捉灵感和创新思维的火花，具有较宽厚的知识功底和成功信念，敢于试验和大胆推陈出新，并对社会和生产力发展起到促进作用的人才。时任美国哈佛大学校长普西曾深刻地指出，一个人是否具有创新能力，是"一流人才与三流人才之间的分水岭"。创新人才是现代人才的一个核心，他们既与其他类型的人才一样有着宽厚扎实的基础知识和优良的思想道德品质，又必须具有良好的个性品质。

1. 勇敢和冒险精神

勇敢和冒险精神是创新个性中最重要的特点。马克思、恩格斯曾经说过，在科学的道路上没有平坦的道路，只有勇敢无畏的奋勇攀登者才能达到光辉的顶点。

案 例

被誉为"解剖学之父"的比利时医生维萨里冒着被杀头的危险，多次偷尸解剖，仔细研究人体的各部分构造，终于写成了《人体的构造》一书，成为世界上第一个正确描写人体结构的专家；著名科学家富兰克林冒着雷击的危险，在雷电交加的情况下，利用风筝做了一次接引"天电"的试验，从而揭开了雷电之谜；"炸药大王"诺贝尔为了研究炸药，几名助手和弟弟被炸死，自己也几次死里逃生，可他不畏艰险，继续研究，最终发明了炸药；发明狂犬病疫苗的巴斯特为了研制狂犬病疫苗，不顾生命危险，用吸管从疯狗嘴中抽取唾液，经过千辛万苦，多次与死神擦肩而过，终于发明了预防狂犬病的疫苗。

分析解读

这些事实无可辩驳地说明，在创新过程中，没有勇敢和冒险精神是永远不可能成才的。然而一个人的勇敢和冒险精神并非与生俱来，需要通过后天培养。

2. 坚定的自信

创新的关键是新，是做前人没有做过的事，这里充满风险和困难，在工作的过程中出现问题和失败是必然的。对于创新者来说，需要自信、自信、再自信，才能克服困难取得胜利，这也是创新成功的基础。

案 例

许多年来，中国被认为一个贫油国家。因为传统的地质理论认为，大油田一般都生长在海相地层中，而中国大部分是陆相地层，因而不可能有储量大的油田。但是，我国杰出的地质学家李四光不迷信传统的理论，他根据自己多年来的地质实践和前人的经验教训，深入思考，反复研究，最终提出了自己的一套全新的找油理论，即新华夏构造体系的理论。根据这一理论，我国先后发现了大庆油田、大港油田、胜利油田、河南油田、江汉油田等大型油田，终于摘掉了"贫油国"的帽子。

3. 勤奋好学和顽强毅力

每一个发明创造的诞生、每一项新产品的问世，无不凝聚着研制者深厚的知识底蕴、辛勤的汗水和持之以恒的意志。这种惊人的勤奋和锲而不舍的毅力，正是创造者成功的秘密武器。

案　例

　　居里夫人（图11-3）从理论上推测到了新元素镭的存在，但是巴黎大学的董事会拒绝为她提供她所需要的实验室、实验设备和助理人员，因为她无法用事实来证明这一点。无奈之下，坚强不屈的居里夫人只好把校内一个无人使用、四面透风漏雨的破棚子当成"实验室"。然后，她把从矿上收集到的沥青矿渣用大麻袋运回，便开始了伟大的发现之旅。在整整四年中，她不辞劳苦地工作着。最初两年，这位日后震惊全世界的化学家干的其实是粗笨的化工厂的活儿，接下来的两年，才是她试验的初衷——分析沥青溶解后的分离物，也就是镭。经过一千多个日日夜夜的辛苦劳作，"实验室"外面那8吨堆得像小山似的矿渣终于变成了此刻她面前器皿中的这一小点液体。居里夫人满怀期望地等待着，等待着这些液体结成一小块晶体（镭）的时刻。可是等啊等啊，半小时、一小时过去了，原本激动不已的她感觉越来越沉重——玻璃器皿中的液体，她4年来的汗水和8吨沥青矿渣的最后结果，居然只是一小团污迹！

图11-3

　　夜深人静的时候，疲倦至极又失望之至的居里夫人回到了家，她躺在床上，无论如何都不能入睡，她不甘心，她想找出自己失败的原因。"只要能找出自己为什么失败，我就不会对失败这么在意了。可是到底为什么呢？为什么它只是一团污迹，而不是一小块白色或无色的晶体呢？那才是我想要的镭啊！"居里夫人一边想，一边自言自语着。忽然她眼睛一亮：既然谁都没有见过镭，凭什么自己这么肯定镭是白色或无色的晶体呢？没准儿，那一小团"污迹"正是自己最想要的东西啊！想到这里，居里夫人翻身下床，以最快的速度朝实验室跑去。结果还没等开门，她便从"实验室"的墙缝里看到了自己伟大的"发现"——白天器皿中那毫不起眼的污迹，此刻正在黑夜中散发着耀眼的光芒！"镭！"居里夫人惊喜地叫了出来。没错，这就是镭，一种具有极强放射性的元素。

4. 丰富的想象力

丰富的想象力是创造发明的动力和源泉，创新者只有将丰富的想象建立在科学的基础上，加上深入细致的实践，才能使理想转变为现实。

> **案例**
>
> 德巴赫是法国著名的生理学家，他曾致力于研究动物机体同感染作抗争的机制问题，但一直没有成果，这令他伤透了脑筋。一次，他仔细观察海盘车的透明幼虫，并把几根蔷薇刺向一堆幼虫扔去。结果那些幼虫马上把蔷薇刺包围起来，并一个个地加以"吞食"。这个意外的发现使德巴赫联想到自己在挑除扎进手指中的刺尖时的情景：刺尖断留在肌肉里一时取不出来，而过了几天，刺尖却奇迹般地在肌肉里消失了。这种刺尖突然消失的现象，一直是他心中没得到解决的一个谜。现在他领悟到，这是由于当刺扎进了手指时，白血球就会把它包围起来，然后把它吞噬掉。这样就产生了"细胞的吞噬作用"这一重要理论，它指明在高等动物和人体的内部都存在着细胞吞食现象，当机体发生炎症时，在这种现象的作用下，机体得到了保护。

5. 敏锐的观察力

具有敏锐观察力的人，能够调动尽可能多的感官参与观察过程，发现异常的现象并经过深入的思考，得出创造性的结论。观察看似简单，人人都会，然而在观察的同时我们还要引入思考，观察得越细致、越深入，越能抓住事物的本质特征，越能发现迷惑不解的问题，从而进行深入思考，发现一个个奥妙的未知领域。

> **案例**
>
> 美国的迪斯尼曾一度从事美术设计，后来他失业了，因付不起房租，夫妇俩被迫搬出了原来居住的公寓。这真是连遭不测，他们不知该去哪里。一天，二人呆坐在公园的长椅上，正当他们一筹莫展时，突然从迪斯尼的行李包中钻出一只小老鼠。望着老鼠机灵滑稽的面孔，夫妻俩感到非常有趣，心情一下子就变得愉快了，忘记了烦恼和苦闷。这时，迪斯尼头脑中突然闪过一个念头。对妻子惊喜地大声说道："好了！我想到好主意了！世界上有很多人像我们一样穷困潦倒，他们肯定都很苦闷。我要把小老鼠可爱的面孔画成漫画，让千千万万的人从小老鼠的形象中得到安慰和愉快。"风行世界的"米老鼠"就这样诞生了。直到今天，"米老鼠"的形象还深入人心，迪斯尼公司也在世界范围内逐步打造成娱乐王国。

6. 良好的分析能力和实践技能

一个优秀的创新人才可以从许多因素中找出最关键的因素，分析它的运动过程和作用，然后加以控制和利用。同时，从事工程的科技工作者必须具有机械、电气方面的知识和操作技能，这样在设计构思时，就能比较切合实际，加快研制工作的进程。

> **案例**
>
> 18世纪的工业革命是从蒸汽机开始的，人们对蒸汽的力量知道得很早，但找不出利用它的方法和机构，直到瓦特将蒸汽推动的活塞，通过连杆和曲柄，将往复运动变成旋转运动，再通过齿轮和凸轮控制进气阀和排气阀，才使蒸汽的力量能连续地工作，做成完整的蒸汽机，应用到火车机车和纺织业，推动了工业革命。

7. 创新的灵感

有人说过：所谓灵感只是你辛苦得来的生活、知识、思考，受到某种创造思想和创作情怀的吸引而源源不断地涌现。创新的灵感是创新活动的重要结晶，人们越来越深切地感受和认识到它的重要和可贵。

案 例

> 1923年的一天上午，美国某玻璃瓶厂工人路透的女友来看望他。这天，女友穿着时兴的紧腿裙，实在漂亮极了。这种裙子在膝部附近变窄，凸出了人体的线条美。约会后，路透突发奇想：为何不把又沉又重的可口可乐瓶设计成这种紧腿裙的式样呢？于是，路透迅速按照裙子样式制作了一个瓶子，接着作为图案设计进行了专利登记，然后将这种瓶子设计带到可口可乐公司。可口可乐公司的史密斯经理看了大为赞赏，马上与路透签订了一份合同，约定每生产12打瓶子付给路透5美分。这就是可口可乐饮料现在所用的瓶样。路透欣赏女友漂亮的裙子，想到改变又沉又重的可口可乐瓶形状，是他的灵感创新思维发挥了作用。

四、名人如是说

1）在寻求真理的长征中，唯有学习，不断地学习，勤奋地学习，有创造性地学习，才能越重山，跨峻岭。
——华罗庚

2）天才的最基本的特性之一是独创性或独立性，其次是他具有的思想的普遍性和深度，最后是这思想与理想对当代历史的影响，天才永远以其创造开拓新的、未之前闻，或无人逆料的现实世界。
——别林斯基

3）竞争优势的秘密是创新，这在现在比历史上的任何时候都更是如此。创造力对于创新是必要的，公司文化应该提倡创造力，然后将其转变成创新，而这种创新将导致竞争的成功。
——美国《未来学家》

五、我该怎么做

创造力测试

（下面是20个问题，根据你的实际想法进行选择，A—"确定"，B—"否定"）

（ ）1.听别人说话时，你总能专心倾听。

（ ）2.完成了上级布置的某项工作，你总有一种兴奋感。

（ ）3.观察事物向来很精细。

（ ）4.你在说话，以及写文章时经常采用类比的方法。

（ ）5.你总能全神贯注地读书、书写或者绘画。

（ ）6.你从来不迷信权威。

（ ）7.对事物的各种原因喜欢寻根问底。

（ ）8.平时喜欢学习或琢磨问题。

（ ）9.经常思考事物的新答案和新结果。

（　　）10.能够经常从别人的谈话中发现问题。

（　　）11.从事带有创造性的工作时，经常忘记时间的推移。

（　　）12.能够主动发现问题，以及和问题有关的各种联系。

（　　）13.总是对周围的事物保持好奇心。

（　　）14.能够经常预测事情的结果，并正确地验证这一结果。

（　　）15.总是有些新设想在脑子里涌现。

（　　）16.有很敏感的观察力和提出问题的能力。

（　　）17.遇到困难和挫折时，从不气馁。

（　　）18.在工作遇上困难时，常能采用自己独特的方法去解决。

（　　）19.在问题解决过程中找到新发现时，你总会感到十分兴奋。

（　　）20.遇到问题，能从多方面多途径探索解决它的可能性。

评分说明：选A得1分，选B得0分。

总分20分，说明你的创造力很强；

13～19分，说明你的创造力良好；

12分以下，说明你的创造力一般。

六、课外阅读

雀巢咖啡的弯路

开展创新的工作并不一定是越快越好，适度才是最好的。"天时、地利、人和"强调的就是要适度，即把各种相关因素进行最佳的结合，才能起到很好的效果。

雀巢公司最早推出速溶咖啡的时候，认为这会是一种革命性的产品。因为人们的生活节奏越来越快，时间变得更为紧张和有价值，在这个时候推出省时方便的速溶咖啡，一定具有很大的市场需求，但是公司遭遇了惨败。事后公司对产品失败的原因进行了深入的调查和了解，才发现一些家庭主妇往往认为咖啡代表着一种品位，同时也是爱心的体现，当丈夫辛苦工作回来，妻子给丈夫泡一杯咖啡，能让丈夫体会到家的温暖和妻子的爱意；如果孩子上学回来，妈妈给孩子递上一杯咖啡，也是优秀母亲的一种体现。就这样，一方面人们认为"慢工出细活"，所以这么快就能冲好的咖啡肯定味道不佳；另一方面，勤劳的家庭主妇们认为，只有那些懒惰的、生活无计划的女人，才不自己磨咖啡、煮咖啡，而去购买速溶咖啡。

了解到问题的症结后，雀巢公司立即改变了其广告的主题思想。在新制作的广告中，不再把宣传的重点放在速溶的方便性上，而是着力宣传速溶咖啡是新潮的咖啡，重点强调其具有美味、芳香、质地醇厚的优良品质。为强调这一新的宣传思想，他们在原有的精美包装上又加上了一大堆优质咖啡豆的图像，并写上"用100%的优良纯咖啡豆制成"的字样，不仅如此，还在广告宣传中重点加上"味道好极了"的宣传口号。

在这些针对性补救措施推出后，公司又花巨资开展了新的一轮宣传攻势。经过一段时间之后，对于速溶咖啡原有的误解和偏见逐渐被消除，雀巢速溶咖啡开始成为美国市场的畅销产品，进而风靡全球。

任务四十一　立足本职，实现岗位创新成才

一、学习目标

明确岗位成才的要点和内涵，学会分析岗位成才的有利条件；学会适应企业工作环境，力争在岗位上发挥创新才能。

二、案例分析

案　例

包起帆——永不停步的工人发明家

包起帆（图11-4），1951年出生，现任上海国际港务（集团）股份有限公司副总裁。他是中共十四大至十七大代表，被授予全国优秀共产党员、全国劳动模范等荣誉称号，被评为全国道德模范。

从工人发明家"抓斗大王"到集装箱电子标签系统国际标准的编制者，包起帆立足岗位，勇于创新，从一名码头工人走上了世界工程技术的最高领奖台，让世界对中国创造竖起大拇指。

图11-4

20世纪80年代，他结合港口生产实际，开展新型抓斗及工艺系统的研发，创造性地解决了一批关键技术难题，被誉为"抓斗大王"。他一直将创新作为工作的原动力，不断取得突破。2006年5月，在第95届巴黎国际发明展览会上，他获得4项金奖，成为105年来一次获得该展会奖项最多的人。巴黎国际发明展览会评委会主席在参观了包起帆的发明——"集装箱电子标签系统"后赞叹道："这将是一场改变人们运输方式的革命！"

20多年来，他与同事共同完成了120多项技术创新项目，其中3项获国家发明奖，3项获国家科技进步奖，18项获省部级科技进步奖，30项获国际发明展览会金奖。其科技成果及产品不仅在国内得到广泛推广应用，还批量出口到10多个国家和地区，累计为国家创造4亿多元的经济效益和显著的社会效益。

有了技术创新还不够，掌控了标准，才能掌握行业话语权，包起帆实现了"零"的突破。2009年5月，国际标准化组织（ISO）通过投票表决，正式任命由包起帆负责领导由9个国家专家组成的工作组编写集装箱电子标签国际标准，2010年7月1日作为国际可公

开提供的规范已经在日内瓦总部由ISO正式发布，这标志着中国物流和物联网领域在获准制定国际标准方面担纲主角。

进入新世纪，码头发展的数字化、智能化、自动化成为趋势。为了适应港口发展的需要，包起帆带领研发团队实现了港口从传统装卸功能向现代物流服务业的转型，在世界上首次实现了公共码头与大型钢铁企业间无缝隙物流配送新模式。包起帆和他的同事们还创新了具备汽车分拨、零部件配送、一站式增值服务等滚装物流服务新模式，构建的汽车滚装码头营运与物流一体化信息服务平台实现了汽车滚装码头从单一的装卸功能向客户定制化增值服务延伸，成为我国首个最具规模的汽车物流港区。

凭借持续创新、不断突破，包起帆成为中国工人发明家的一面旗帜。"我相信，'包起帆'能够被复制。你可以没有学历、没有资历、没有背景，现在还从事着平凡的劳动，但只要努力学习、敬岗爱业、用心做事，就能够在创新的道路上取得成功。"包起帆说。

分析解读

包起帆在讲话中强调："我不是一个天生的发明家，回顾我这些年来所走过的路，我是从自己的本职岗位出发，从小改小革起步，随着企业发展而逐步成长起来的。"一个人要想在事业上取得成功，不一定要有什么高深的学历，也不一定要有什么资深的背景，只要立足岗位、默默奉献、不断进取，终会取得令人瞩目的成就。

活动体验

同学们，包起帆是如何由一名码头工人成长为国际发明金奖的获得者、国际标准的编写者的？你有没有想过将来怎样去应对岗位工作？你有何启发？你希望自己在未来的职场中去实现岗位创新成才吗？

三、知识链接

（一）立足本职工作，每一个岗位都是创新的舞台

1. 岗位不分高低，人人皆可创新

创新可以是对工作的改进，可以是对效益的提升。在每一个领域、每一种工作中，创新都大有可为。创新不在于工作的性质、职务的高低、岗位的差别，而在于对工作的热爱，在于有没有立足岗位创新的志向。对于广大职工而言，岗位就是我们的舞台，无论是一线工人，还是小组长、医生、教师、乘务员、建筑工……每个岗位都是施展自己才华和体现人生价值的创新舞台，心有多大，你创新的舞台就有多大！

案 例

说到"人人皆可创新"，获得第十六届"中国十大杰出青年"、被誉为"全能士官"的广州军区某部班长宗道辉，用自己的经历很好地诠释了这一论点。

当宗道辉成功打破全军某新装备不能编队飞行的"禁区"时，曾有专业杂志评价说："在我军历史上，因为一个兵的贡献而使一件装备列装全军，这是绝无仅有的。"

当初，有些人曾心存误解，认为士官"撑破天立个功，干到底是个兵"。宗道辉不为所动，终于以普通一兵的身份成为全军驾驶某新型装备成功飞越琼州海峡的"第一人"。人们为之惊讶、赞叹。但是，他们可能不知道，宗道辉16年如一日，从实战需要出发，熟练掌握了擒拿格斗、多能射击、武装泅渡等18项主要特种技能；先后跳伞600多次，掌握了6种机型、8种伞型和多种复杂条件下的伞降技能。除此之外，他还熟练掌握了某新型装备的飞行技术，相继填补了这一新装备导航、照明、通信、改进油路等多项空白，创造了长距离、超低空、全天候等7项"飞行之最"。宗道辉的成功说明：创新没有职务高低之分，只要牢记使命，不论官还是兵，人人皆可创新。

也许有人会说，创新是科研人员的事情，一般官兵不要有这份奢望。其实不然，宗道辉起步时只有初中文化程度，为了用知识武装自己，他掏出全部积蓄3万元，添置了电脑、摄像机、照相机，购买了《计算机组装与维护》等大量书籍，报名参加了大专函授班。他先后学习了《空气动力学》、《气象学》等飞行理论知识，掌握了驾驶、侦察、摄像等多种技能。在操作新型装备的过程中，宗道辉经常碰到英文版的操作维护说明书，感到每次找人翻译不是个办法，于是又加班加点学起了英语。如今，他已基本能看懂英文说明书。

分析解读

著名教育家陶行知先生说过："处处是创造之地，天天是创造之时。"宗道辉的经历可以让广大官兵增加自信：创新没有学历高低之分，只要坚持学习，不论专业人员还是非专业人员，人人皆可创新。

2. 优胜劣汰，不创新就会灭亡

创新是社会发展进步的不竭动力和源泉。千百年来，人类正是在不断创新中改变了自己，也改变了社会。在全球化和信息化高度发展的今天，企业创新越来越快地改变着企业乃至个人的命运。我们看到，传统的超级企业，就是由于拒绝创新而落魄和颓败。

案 例

柯达，这是一个多年前，许多人都熟悉的品牌。柯达公司在美国是一个具有130多年历史的老牌公司，追其历史，柯达公司昔日的成功，也是源于通过技术创新掌握了世界上最为先进的摄像胶卷技术。20世纪70年代中叶，柯达公司垄断了美国90%的胶卷市场及85%的照相机市场份额。鼎盛时期，该公司的业务遍布150多个国家和地区，资产市值曾高达310亿美元。但是就是这样一家赫赫有名的公司，却宣布破产，淡出了人们的视线。是什么原因导致这么一家行业的领军企业，在短短十几年颓败呢？经专家分析，尽管原因很多，但有一点是肯定的，那就是柯达公司的高层经营管理团队盲目自信，对抗时代，行动迟缓，最后，痛失发展机遇。事实上，柯达公司在早期非常重视科技创新，从1900年到1999年，柯达公司的研究人员共发明并获得了19576项专利。到20世纪的90年代初，柯达公司已经研发并制造出了130万像素的数码照相机。但可悲的是柯达公司的经营管理团队却拒绝接受和改变，固执地坚持和坚守着传统的照相机和胶片市场地盘。后来，其他创新者也发明和制造了数码照相机并快速地推上市场。等到市场已经普遍地接受了数码照相机，传统相机和胶卷逐步萎缩后，柯达公司的经营管理层才发觉不妙，想要转型，但已经为时已晚，机会全无。

分析解读

美国微软公司前董事长比尔·盖茨，曾经教育和告诫他的员工说："微软离破产永远只有18个月。"他似乎在提醒人们，危机永远存在，优胜劣汰永远是竞争的自然规律和生存法则。当今的时代，慢进就是倒退，不创新发展就会被淘汰。

3. 岗位创新，成为企业不可替代的"王牌"

勇于创新的员工才是所有企业都需要的员工，员工越有创新能力，就越有核心竞争力。每个企业都欢迎不墨守成规、能经常出新的员工，因为创造力和创新能力是企业发展的永恒动力。你的观点和想法越多，你的能力就越强，成功的可能性、获得高薪的可能性就越大，因此，工作需要创新精神。

案例

1987年从宝钢技术工业学校毕业的王军，用20年的时间完成了从一名普通劳动者到工人专家的身份转变。2007年度"国家科技进步奖二等奖"为他再次"认证"了人生的价值。

"用心就会带来创新，小岗位也有大舞台。"在王军的手中，已有50多项专利获得了国家专利局的受理和授权。这位辅助工种岗位的一线工人，也为宝钢创造了数额惊人的利益。仅仅他负责并获得国家科学技术奖的"高强度全密封热轧矫直机支承辊技术"项目，就打破了依赖进口或仿制外国产品的局面，通过技术转让先后在许多企业推广，三年创造直接经济效益1.6亿元。

分析解读

一个人创造1.6亿元的效益。这样的员工，有多少员工能替代的了？有几个企业舍得他离开？这样的员工，是企业无可替代的"王牌"，更是企业的无价之宝！

（二）主动出击，积极在岗位上探寻创新密码

1. 积极主动，寻找岗位"创新点"

岗位创新精神需要积极主动，有所作为。我们每一名员工都要克服随大流思想，以积极心态，主动作为，全力以赴抓好创新工作。这样，应对新情况才会有新创意，解决问题才会有新方法。

案例

在美国有一个制鞋厂。为了扩大市场，工厂老板便派一名市场经理到非洲一个孤岛上调查市场。那名市场经理一到达，发现当地的人们都没有穿鞋子的习惯，回到旅馆，他马上发电报告诉老板说："这里的居民从不穿鞋，此地没有市场潜力。"

当老板接到电报后，思索良久，便吩咐另一名市场经理去实地调查。当这名市场经理一见到当地人们赤足，没穿任何鞋子的时候，心中兴奋万分，一回到旅馆，马上电告老板："此岛居民无鞋穿，市场潜力巨大，快寄一百万双鞋子过来。"

在这位市场经理的推动下，一百万双鞋子很快被抢购一空。该鞋厂获得了丰厚的利润，牢牢控制了市场。别的鞋厂闻讯接踵而来，但都为时已晚。

分析解读

企业要想赢得市场不仅要迎合消费者的需求，更要主动创新，引领消费者想不到的需求，只有这样才能在激烈的市场竞争中立于不败之地。员工在岗位工作中要有一种率先主动的创新意识，开拓性地思考和创新的工作方法。许多企业都希望自己的员工能够有独立思考的能力、独特的创意，并能出色地完成任务。

2. 充分准备，抢抓一切创新机遇

人们常谈论"机遇"，有些人抱怨"机遇"与自己无缘。其实机遇很多，它存在于每一份工作中，存在于每一个岗位上，和你手中每一项任务紧密相连。但"机遇"不会自己找上门来，而是要你作好充分准备、努力寻找。"机遇"只垂青于有准备的人，当"机遇"出现在你的面前时，不要犹豫，勇敢地伸出你的双手抓住它。

案例分析

赵正义，一个只有初中学历的农民工，居然发明研制出"赵氏塔基"，改写了50多年来全世界固定式塔机基础只能整体现浇混凝土、不可移动、不可重复使用的历史，为国家和社会创造了巨大的经济效益和社会效益，登上了国家科学技术最高领奖台，成为第一位荣获国家科技进步奖的农民工。

赵正义的成才经历告诉我们，立足本职岗位创新发明，是广大劳动者尤其是一线工人的成才"捷径"。作为生产一线的劳动者，可能没有较高的学历和较好的文化基础，但是，对设备操作、生产工艺及流程稔知于心，对其中的难点和问题有着最直接、最及时的感受和发现，而破解这些难点和问题的过程，恰恰蕴含着很多创新机会。而且，一线工人立足本职岗位创新发明，更容易被企业接受和认可，更容易得到企业的支持和鼓励；同时，直接针对生产实际的创新发明更容易实现成果转化，使创新发明者获得成就感，从而提高其创新发明的信心。正因为如此，赵正义在做泥瓦匠时能够发现原有工艺弊端，创造出室内抹灰护角制作的新工具和新工艺；在做企业负责人时确立了对塔机基础进行革新的奋斗目标，从而成就了今天的"农民工发明家"。确如赵正义所言，"从眼前入手、从本职岗位入手是创新的捷径"，当然也是一线工人的成才"捷径"。

3. 立即行动，将创新的想法转化成现实

岗位创新和行动是分不开的，任何想法和创意都需要在行动之后才有变成现实的可能。否则想法即便再好，也永远只能是"不会下蛋的公鸡"。所以，别只是说而不去行动，要用行动把自己的想法实现。

案例

美国家用电器大王休斯原来是一家报社的记者，由于和主编积怨太深，他一气之下辞职不干了。有一天，休斯应邀到新婚不久的朋友索斯特家吃饭。吃菜时，他品尝到菜里有一股很浓的煤油味，简直没法下咽，但碍于情面，他又不好说什么。索斯特不可能吃不出

那怪味道，但他也无可奈何，他新婚的妻子用煤油炉做饭，那时候大家都用那种炉子，很容易把煤油溅到锅里。他当着朋友的面也不好说妻子什么，只好对着煤油炉抱怨："这该死的炉子真讨厌，三天两头出毛病，你急用时它偏要熄灭，每次修都弄得一手油……"

最后索斯特若有所思地说："要是能有一种简便、卫生、实用的炉子就好了。"说者无意，听者有心。索斯特的话对休斯的触动很大："对呀，为何不生产一种全新的炉具投放市场呢？"有了这一想法后，他开始重新设计自己的人生目标，全身心地投入到研制新型的家用电器上。经过他不懈的努力，终于在1904年成功地研制出一系列新型的家用电锅、电水壶等家用电器，成了闻名于世的实业家。

> **分析解读**

休斯的成功在于他善于行动。世界上聪明的人很多，可为什么只有少数人成功了？原因很简单，因为大部分人只停留在想的阶段，他们做事之前总是瞻前顾后、犹豫不决，未能将想法付诸实践。在创新工作中，你只有立即行动，一件一件地完成眼前的任务，才有可能比其他人更快地接近目标，攀上人生的顶峰。

（三）与时俱进，集思广益，为岗位创新增光添彩

1. 集思广益，为企业提供合理化建议

通常情况下，企业创新究竟来自何方？当然，大部分是来自基层员工的头脑，当大家团结在一起，集思广益、密切配合时，往往能产生数倍的能量，攻克一个个技术难关。在岗位创新中，合理化建议是一个重要方式，它往往与技术改进结合以提高产品质量、服务质量、节能降耗、提高效率和经济效益为重点。

> **案　例**

> 有一家牙膏厂，产品优良，包装精美，受到顾客的喜爱，营业额连续10年递增，每年的增长率为10%～20%。可到了第11年，业绩停滞下来，以后两年也如此。公司经理召开高级会议，商讨对策。会议中，公司总裁许诺说：谁能想出解决问题的办法，让公司的业绩增长，重奖10万元。有位年轻经理站起来，递给总裁一张纸条，总裁看完后，马上签了一张10万元的支票给了这位经理。那张纸条上写着：将现在牙膏开口扩大1毫米。消费者每天早晨挤出同样长度的牙膏，开口扩大了1毫米，每个消费者就多用1毫米宽的牙膏，每天的消费量将多出多少呢！公司立即更改包装。第14年，公司的营业额增加了32%。

> **分析解读**

面对生活中的变化，我们常常习惯过去的思维方法。其实只要你把心径扩大1毫米，你就会看到生活中的变化都有它积极的一面，充满了机遇和挑战。一个优秀员工应该主动提建议，为不断提升企业的经营多出"金点子"，为企业可持续性发展尽自己的一份力。

2. 与时俱进，掌握互联网创新思维

在互联网时代，岗位创新要不断与时俱进，体现时代性。在互联网时代搞创新、有

所创造，就要先掌握互联网思维。互联网思维最早是由百度公司创始人李彦宏提出来的，其核心理念正是创新、改变、融合和发展。在互联网流行的用户思维、服务思维、免费思维、平台思维、痛点思维、大数据思维……都值得我们在创新过程中借鉴。

案　例

2015年，华为公司首次公开了自己在物联网领域的"1+2+1"战略，其中第一个"1"是指一个平台，华为公司要建立一个物联网的平台，集中收集、管理、处理数据后向合作伙伴、行业开放，基于该平台行业伙伴可以开发应用。"2"则代表网络接入，包括有线接入和无线接入。而最后一个"1"则是华为公司要推出物联网操作系统LiteOS。

有标准还不够，更需要硬件厂商进行落地。英特尔公司则成了华为公司的合作伙伴，为协助华公司完善了"云管端"的物联网连接功能，英特尔公司全面释放计算威力不断扩充物联网产品系列，让更多样的解决方案变得触手可及。英特尔技术通过华为FusionSphere技术提供高性价比的云服务，同时通过其卓越的性能为客户提供更多样的解决方案。

随着5G Wi-Fi技术的逐渐成熟，华为和英特尔两家企业在物联网未来的布局中还将有着更为紧密的合作。

分析解读

从"互联网+"以及"创新创业"在国家政策层面的提出开始，创新的内涵在互联网时代必然更加丰富和多元。互联网思维带来的不仅是商业模式、服务模式的创新，以及对传统产业的颠覆性改造，更是牢牢掌控未来的秘密武器。

3. 利用大数据分析，将互联网变成创新的工具

不管互联网发展成什么样子，其最根本的构成要素还是数据。正如人们所说，在互联网上四处流动的不是血液，也不是牛奶，而是一个个由0和1组成的数字，庞大的数字形成了数据流，数据流构成了互联网。在互联网时代，数据流统领着一切，谁拥有了大数据，谁就拥有了一切。

案　例

大数据在能源领域的应用

在滴滴出行的APP里，今天的你可以使用满足不同场景的出行方式，在这背后是巨大的数据量以及与时俱进的数据处理需求。截至2016年7月，滴滴出行平台日均需处理1100万订单，需要分析的数据量达到50TB，路径规划服务请求超过90亿次。这样，日积月累下来，这个数据有多大，有兴趣的可以算算。这些数据在每天每个时刻经过不断地采集、储存、分析，汇总为大数据，未来利用这些数据可以做很多事，也是一笔很大的资产，未来数据的资产比固定资产重要，无形资产将大于固定资产。值得注意的是，虽然打车软件企业都在挖掘大数据的价值，但这一市场也在呈现差异化的特点。例如，目前优步青睐派单制，而滴滴快的则大力推广抢单制。究竟哪种方式更适应用户需求，或许还需市场检

验。从整体上看，今年随着打车软件新的解决方案的集中推出，基于大数据的应用也不断增长。可以预见的是，今后围绕着出行大数据的创新和市场竞争的增强，公众出行也会获得更多丰富的选择和便利。未来大数据会贯穿我们的衣食住行，大数据时代，我们该何去何从！

分析解读

未来的世界，将会是数据的时代，谁享有的数据资产多，谁就有更大的竞争优势。谁拥有足够多的数据，谁就能飞速发展，拥有广阔的未来。

四、名人如是说

1）不管什么时候，创新都需要苦干，但苦干不等于蛮干，创新好比种树，而我只种能结果的树！一个好的创新项目，必须是生产实践急需的，做表面文章，搞空头支票，即使创新搞成也是有名无实，锁在抽屉里、堆在墙角下的项目我坚决不搞，科技成果要转化为生产力。种树要有土壤，没有适宜的土壤，树是无法成长并结果的。我种树的土壤就是我的码头，就是我的岗位。有岗位就会有机遇，爱岗位才会发现机遇。我的岗位虽然几经变化，但我无论做什么工作都把创新放在第一位，都在种能结丰硕果实的树。　　——包起帆

2）要把每一天都当作你参加工作的第一天，以崭新的视角审视你的工作，进行任何必要的、有利的改进。这样，你才不会因循守旧。　　——通用电气公司CEO　杰克·韦尔奇

五、我该怎么做

哈佛思维课创造力自测题

这个"动机测验"包括25道题，每道题都与人类的行为和态度有关。请仔细阅读每道题，看看是否能反映自己的个性或态度？每道题因测试者的不同的反应情况填入适当的号码，答完后再依计分方式算出总分。虽然有些人还没有步入工作，但是我们还是最了解自己的想法的，或是把"工作"替换成"学习"去回答。

（　　）1.我尽可能有效地把每一分钟用在工作上。
　　　　A.完全不像我　　B.不太像我　　C.很难说像我　　D.很像我　　E.完全像我

（　　）2.我很少把工作带回家。
　　　　A.完全不像我　　B.不太像我　　C.很难说像我　　D.很像我　　E.完全像我

（　　）3.每天要做的事情太多了，24小时不够用。
　　　　A.完全不像我　　B.不太像我　　C.很难说像我　　D.很像我　　E.完全像我

（　　）4.我尽可能减少工作时间。
　　　　A.完全不像我　　B.不太像我　　C.很难说像我　　D.很像我　　E.完全像我

（　　）5.我经常利用零碎时间工作，例如等电影开始时记账。
　　　　A.完全不像我　　B.不太像我　　C.很难说像我　　D.很像我　　E.完全像我

（　　）6.当我把工作交给别人时，总担心别人能否胜任。
　　　　A.完全不像我　　B.不太像我　　C.很难说像我　　D.很像我　　E.完全像我

（ ）7.如果熬夜有助于完成工作，我可以彻夜不眠。

　　　A.完全不像我　　B.不太像我　　C.很难说像我　　D.很像我　　　E.完全像我

（ ）8.对于我而言，工作只是生活中的极小部分。

　　　A.完全不像我　　B.不太像我　　C.很难说像我　　D.很像我　　　E.完全像我

（ ）9.我喜欢同时做很多份工作。

　　　A.完全不像我　　B.不太像我　　C.很难说像我　　D.很像我　　　E.完全像我

（ ）10.我觉得"多做无益"，很多人怨恨我，因为我多做事让他们显得差劲。

　　　A.完全不像我　　B.不太像我　　C.很难说像我　　D.很像我　　　E.完全像我

（ ）11.我经常周末加班。

　　　A.完全不像我　　B.不太像我　　C.很难说像我　　D.很像我　　　E.完全像我

（ ）12.如果可能，我根本不想工作。

　　　A.完全不像我　　B.不太像我　　C.很难说像我　　D.很像我　　　E.完全像我

（ ）13.我的职位可以更上一层楼，但我不想卷入职位竞赛中。

　　　A.完全不像我　　B.不太像我　　C.很难说像我　　D.很像我　　　E.完全像我

（ ）14.我比任何同职务的人做更多工作。

　　　A.完全不像我　　B.不太像我　　C.很难说像我　　D.很像我　　　E.完全像我

（ ）15.朋友说我工作太拼了。

　　　A.完全不像我　　B.不太像我　　C.很难说像我　　D.很像我　　　E.完全像我

（ ）16.如果打打零工就可糊口，是最好不过了。

　　　A.完全不像我　　B.不太像我　　C.很难说像我　　D.很像我　　　E.完全像我

（ ）17.我觉得休假很轻松，我喜欢尽情享受，什么事也不做。

　　　A.完全不像我　　B.不太像我　　C.很难说像我　　D.很像我　　　E.完全像我

（ ）18.碰到好天气，偶尔我会放下工作，到郊外玩玩。

　　　A.完全不像我　　B.不太像我　　C.很难说像我　　D.很像我　　　E.完全像我

（ ）19.我总是有一些杂物和约会待处理。

　　　A.完全不像我　　B.不太像我　　C.很难说像我　　D.很像我　　　E.完全像我

（ ）20.一刻不工作就会令我忧心如焚。

　　　A.完全不像我　　B.不太像我　　C.很难说像我　　D.很像我　　　E.完全像我

（ ）21.我相信"爬得越高，跌得越重"。

　　　A.完全不像我　　B.不太像我　　C.很难说像我　　D.很像我　　　E.完全像我

（ ）22.我经常设定超出能力所及的工作。

　　　A.完全不像我　　B.不太像我　　C.很难说像我　　D.很像我　　　E.完全像我

（ ）23.我相信懂得花钱就可以不必辛苦工作。

　　　A.完全不像我　　B.不太像我　　C.很难说像我　　D.很像我　　　E.完全像我

（ ）24.我认真工作，工作无关的一切都抛诸脑后——即使是最重要的私事。

　　　A.完全不像我　　B.不太像我　　C.很难说像我　　D.很像我　　　E.完全像我

（ ）25.我认为成天工作的人令人觉得乏味，不把工作看得太严重的人大多比较有趣。

　　　A.完全不像我　　B.不太像我　　C.很难说像我　　D.很像我　　　E.完全像我

评分说明：这个测验的计分方式分为正向、反向计分两部分，正向计分的得分与你在答案栏所选数字相同，反向计分则刚好颠倒过来。正向计分的E是5分，D是4分，C是3分，B是2分，A是1分；反向计分的E是0分，D是1分，C是2分，B是3分，A是4分。本测验中的第2、4、8、10、12、13、16、17、18、21、23、25题是反向计分，其余为正向计分，把正、反向计分的得分加起来，便是总分。

得分在25～51分，很低；要想成功会面对两难的境地：要成功，却不想工作。在工商界里，这些人的态度被视为不正常。如果得分落在此组，应该决定你是否愿意做该做的事去达到目标。害怕成功的感觉可能会使你退缩，对本行不够熟悉也可能兴趣奇缺，没有安全感。但是，除非你克服缺乏动机的缺点，否则成功的机会微乎其微。

得分在52～77分，低；和得分很低者问题接近。他们追求成功的驱动力稍高，但还不到可以为成功而打算加倍努力的程度，得分低者倾向于守株待兔，枯坐等待成功的来临，而他们可能都不自如。

得分在78～96分，中等；秉持"有多少做多少"的哲学，不会为了成功而努力过度，但他们会在容易做到的范围里尽力去做。得分中等者是实用主义者，顺着情势决定动机强弱程度。如果得分落在此组，最好想想加强追求成功驱动力的好处，把握机会的人、乐观的人和工作努力的人才是赢家。

得分在97～107分，高；正走在成功大道上，他们会善加利用对自己有利的情势，并驱策自己去创造机会。得分高的人企图心强，并清楚自己的方向，工作态度认真，会长期计划。他们的自信和精力来自于目标不变，对本行的基本知识有深入的了解。

得分在108分以上，很高；要小心，因为他们已沦为"工作狂"。获取成功并不是他们的问题，因为早有定论，这种人的问题是追求的东西永远不嫌多，并且成癖上瘾。他们追求更多的钱、更多的权、更多势。如果得分落在此组，切记，真正的成功在于满足自己是怎样的一个人，满足你的人际关系。过多没有必要的成就并不代表完全的成功。

六、课外阅读

一线工人登上最高领奖台

在北京人民大会堂隆重举行的2011年度国家科技奖励大会上，一个长相憨厚、目光炯炯的工人获奖者，吸引了大家的目光。他带领团队研制的"架空线路清障检测机器人"获国家科技进步二等奖。他就是国家电网山东电力集团超高压公司一线工人高森（图11-5）。

图11-5

逢雨雪等恶劣天气，挂在超高压线上的塑料薄膜、断线的风筝等杂物，经常影响电网的安全稳定运行。传统的线路清障方法是停电检修或带电作业，这存在影响社会用电、工作效率低、作业危险等问题。怎样才能快速有效地清除异物，又不影响电网供电，而且让电工们也不再受到生命威胁呢？

山东电力的一群一线工人向这一难题发起了挑战。早在2005年，山东电力超高压公司淄博管理处员工高森就组建了他的质量控制小组，小组成员是清一色的一线工人，平均年龄只有28岁。时间不长，就制造出新一代防振锤检修专用工具，后来又进行改进，通过增加机器人手臂和切割工具，实现了停电代替人工清除异物。

学历水平并不高的小组成员们，为了将成果报告中的技术数据、参数、运算公式研究清楚，查阅了大量的书籍，还常常跑到大学教授那里去请教。经过近3年的反复测试和试验，2009年，他们成功研制出第三代"500千伏架空线路清障检测机器人"，攻克了机器人进入强电场的技术难关。这个机器人由行走装置、遥控装置、操作装置和动力装置四部分构成，能够代替人工在等电位条件下实现线路故障点的查找和清障，为智能电网的发展提供了强有力的保障。

他们通过革新完善，将成果升级为第四代"500千伏输电线路等电位跨越式机器人"，具备巡视、检测与清障功能，且可以跨越间隔棒、直线管及金具等线路附件，实现在一个耐张段内进行作业，还可通过安装在上面的"千里眼"，与地面工作人员开展人机对话，使这个机器人更具智能化和现代感。有关统计显示，截至2010年末，该项目投入生产应用后，共节约各类生产费用9 560多万元，减少电能损失1.7亿千瓦时，大大提高了工作效率，避免了长时间高空作业危险，提升了线路运行可靠性。

自2006年起，全国仅有12名一线工人创新项目获国家科技进步奖。一线工人能登上国家科技奖的最高领奖台，缘于山东电力集团坚持科技创新引领企业发展的思路，激发了一线员工的创新活力。高森说，著名劳模许振超是他心中的偶像，更是他行为的标杆。他引用许振超的话说："一个人可以没有文凭，但不能没有知识，可以不进大学殿堂，但不可以不学习。"这或许正是他取得突出成就的奥秘所在。

第十二单元 创业能力

任务四十二 创业与个人发展

一、学习目标

掌握创业的内涵；了解创业常识及创业的基本条件；明确创业是个人职业生涯发展的飞跃，逐步培养"想创业"的愿望。

二、案例分析

案例

山姆士的创业故事

现在，在世界的各个角落，在中国的每个城市，我们都会常常看到一个老人的笑脸，花白的胡须，白色的西装，黑色的眼镜，永远都是这个打扮，这恐怕是世界上最著名、最昂贵的笑容了，因为这个和蔼可亲的老人就是著名快餐连锁店"肯德基"的招牌和标志（图12-1）——哈兰·山姆士上校，今天我们在肯德基吃的炸鸡，就是山姆士发明的。从最初的街边小店，到今天的食品帝国，山姆士走过的是一条崎岖不平的创业之路。

图12-1

他出生于一个贫穷家庭，6岁时就要为全家人做饭，7岁时已经成为远近闻名的烹饪能手，12岁就开始工作，做过粉刷工、消防员、士兵，卖过保险，也做过治安官。

40岁时，山姆士决定自己创一番事业。他来到肯塔基州，开了一家可宾加油站，因为来往加油的客人很多，看到这些长途跋涉的人饥肠辘辘的样子，山姆士有了一个念头，为什么我不顺便做点方便食品，来满足这些人的要求呢？况且自己的手艺本来就不错，于是他就在加油站的小厨房里做了点日常饭菜，招揽顾客。在此期间，山姆士推出了自己的特色食品，就是后来闻名于世的肯德基炸鸡的雏形，由于味道鲜美、口味独特，很快炸鸡就受到了热烈欢迎，客人们交口称赞，甚至有的人来不是为了加油，而是为了吃炸鸡。由于顾客越来越多，加油站已经容不下了，山姆士就在马路对面开了一家山姆士餐厅，专营他的拿手好戏——炸鸡。

到了1935年，山姆士的炸鸡已闻名退迩。肯塔基州州长为了感谢他对该州饮食所作的特殊贡献，正式向他颁发了肯塔基州上校官阶，所以人们都叫他"亲爱的山姆士上校"，直到现在。

随着顾客增加，山姆士感到自己管理经验的缺乏，为此他专门到纽约康乃尔大学学习饭店旅店业管理课程。但是"二战"的爆发，使这位昔日受人尊敬的上校，又变成了穷人。这时的山姆士已经66岁了，所能依靠的只是自己每月105美元的救济金。

但困境中的他，并没有放弃创业的梦想。就这样，山姆士上校开始了自己的第二次创业，他带着一只压力锅。一个50磅的作料桶，开着他的老福特上路了。身穿白色西装，打着黑色蝴蝶结，一身南方绅士打扮的白发上校停在每一家饭店的门口，从肯塔基州到俄亥俄州，兜售炸鸡秘方，要求给老板和店员表演炸鸡。如果他们喜欢炸鸡，就卖给他们特许权，提供作料，并教他们炸制方法。开始的时候，没有人相信他，整整两年，他被拒绝了1 009次，终于在第1 010次走进一个饭店时，得到了一句"好吧"的回答。有了一个人，就会有第二个人，在山姆士的坚持之下，他的想法终于被越来越多的人接受了。1952年，盐湖城第一家被授权经营的肯德基餐厅建立了，这便是世界上餐饮加盟特许经营的开始。1955年山姆士上校的肯德基有限公司正式成立。现在肯德基已经遍布全世界了。

分析解读

山姆士的一生是典型的美国传奇，他干过各种各样的工作，但在40岁的时候才在餐饮业上找到了自己事业的起点，然后历经挫折，在66岁的时候又东山再起，重新创造了另一个辉煌，有了他的"特许经营"，今天的肯德基才会是全球最大的炸鸡连锁集团。山姆士为肯德基付出了毕生的心血和努力，就在他以90岁高龄辞世前不久，每年还要做长达25万英里的旅行，四处推销肯德基炸鸡。他的年龄及财富并没有影响他对工作的热诚，他仍然孜孜不倦地经营他的事业。

创业的过程，对每个人都是一种难得的人生体验和积累，无论是成功还是失败，都是一笔宝贵的财富。虚心学习每一项技能，善于把握每一个机会，珍惜每一次付出，你就会真正感悟到创业的真谛，享受创业带给你的快乐和回报。

活动体验

同学们，你对创业方面有什么了解？你能否列举出山姆士上校身上有哪些创业者必备的品质？对照下自己，有哪些不足？你有过想创业的愿望吗？你认为当想创业但缺少条件时，应该怎样做？

三、知识链接

（一）创业概述

1. 创业的含义

创业是指创业者对自己拥有的资源或通过努力对能够拥有的资源进行优化整合，从而创造出更大的经济或社会价值的过程。

创业是一种劳动方式，是更有尊严的就业形式，我们所讨论的创业指创办产业，即创业者的生产经营活动，主要是开创个体和家庭的小企业等。随着我国毕业生人数逐年增加，毕业生面临的就业压力越来越大。面对这样严峻的就业形势，学生自主创业将成为重要的就业形式。

2. 创业的要素

创业是一个从零到一的过程，无论是人还是资源和项目都是不可或缺的，只有三者完美配合才能做到让创业走上康庄大道。

（1）创始人和团队。创始人和团队在创业中起着举足轻重的作用，成功的创业对人的要求很高，它需要创业者有创业意识和精神，有创业的好方法，有创业的人脉等。有调查显示，第一次创业的失败率高达99%，但有过创业经验的人的第二次创业的成功率提高不少，因此对于创业者来说，有没有创业经验对创业起着至关重要的作用。同时，创业者能不能和团队在面临困难时坚持下去也是影响创业成功的一个重要方面。

（2）创业资源。"巧妇难为无米之炊"。在创业过程之中，如果没有足够的创业资源，即使出现了大好的创业机会，创业者也难以迅速抓住并利用这个机会，只有眼睁睁地坐失良机。优秀的创业者需要了解创业资源的重要作用，需要不断地开发和积累创业资源，还要借助企业内外部的力量对各种创业资源进行组织和整合。

创业资源是新创企业成长过程中必需的资源，主要包括场地资源、资金资源、人才资源、管理资源、科技资源、政策资源、信息资源、文化资源、品牌资源等。创业者获取创业资源的最终目的是组织这些资源追逐并实现创业机会，提高创业绩效和获得创业的成功。

（3）好的项目。好的项目也可以说是创业机会，对于创业机会的把握和寻找是创业中需首要解决的问题。从投资人的角度来看，大部分的投资人看重的是创业项目的好坏和这个项目的发展前景。如果为了迎合大众创业的浪潮，而匆匆上马一个项目，可想而知成功率会有多高。所以在创业之前一定要选择一个创业者感兴趣的、有发展前景的项目，要做到差异化有创新。

案 例

创业奇才季琦的经历

季琦（图12-2）是中国连环创业最成功的企业家之一，10年时间内他作为CEO连续创立携程、如家和汉庭三家公司，并都将其带上纳斯达克，市值超过了10亿美金。

1999年，"做点小生意"的季琦和朋友梁建章一起喝酒，两人商量着也建立一个旅游网站。随后，梁建章找到代表德意志银行四处"投钱"的沈南鹏，季琦则软磨硬泡拉来了国企饭店老总范敏。4个人一开始就以契

图12-2

约精神，明确各自的股份，根据各自经历定下了人事架构。

这几乎是一个"绝配"组合：做民企出身的季琦有激情、锐意开拓；来自华尔街的沈南鹏擅长融资；搞IT咨询的梁建章偏理性，善于把握系统，眼光长远；国企出身的范敏则善于经营，方方面面的关系都平衡得好。

创业之初，季琦承担着最多的重任——直到第二轮450万美元融资到位前，另外3位都还没真正"下海"。半年后，当携程找到"订酒店、订机票"的赢利模式，4人职务发生了首次微妙的调整：季琦由CEO转任联席CEO，及至总裁，擅长内部精细管理的梁建章担任唯一CEO。

在订酒店的项目中，梁建章发现200～300元之间的酒店客房在公务出差人员里很有市场。在他的提议下，携程和首旅2002年共同投资经济型酒店如家快捷。4人中公认的创业高手季琦再次被派出去"打江山"。两年里，季琦住在北京的一个地下室，含辛茹苦地在北京、上海两地开了38家旅馆。正在此时，如家董事会"请走"了季琦，原百安居副总裁孙坚成为他们心目中理想的CEO。

沈南鹏曾公开谈到，请走季琦是"如家做得最对的一件事"。"他可以创办如家，但当如家发展到一个高峰，需要从20家、30家扩张到200家的时候，我们就需要有一个懂得连锁经营的职业经理人来统领企业。"

从创办携程到如家，梁、沈、季、范的4人团队是中国新式企业里构成最复杂、职位变动和交接最多的一个，但却是过渡最平滑、传闻最少的一个。他们为中国企业树立了一个高效团队的榜样，最终获得了共赢结局。

"我们之间肯定有过矛盾，但都是技术性的冲突，毕竟我们的价值观、个性和长处都不同。当年携程、如家的成功，除了幸运，就是因为我们4人的不同。"有了自己一摊事业的季琦，也会很动情地怀念当初4人手拉着手一起创业的日子。

（二）创业的类型

1）按照新企业的建立渠道，创业可分为独立创业、母体脱离和企业内创业三种。

①独立创业：创业者个人或创业团队从白手起家进行独立创业。独立创业者的自由度非常高，在企业拥有充分的权利，获得最大值的企业利益，但也独自承担着巨大的风险。

②母体脱离：公司内部的管理者从母公司中脱离出来，新成立一个独立企业的创业活动。脱离母公司的创业者因为拥有比一般创业更多的专业知识经验和关系网络，处理事情也更加驾轻就熟。

③企业内创业：在大企业内创业。内部创业在资金、设备、人才等各方面资源利用上都具有得天独厚的优势。

2）按照新企业的产业类型，可分为贸易企业、制造企业、服务企业和农林牧渔业企业四种。

①贸易企业：主要从事商品买卖活动的企业，如商店、超市、批发中心等。

②制造企业：主要指生产实物产品的企业，如家具厂、日用品厂、食品厂等企业。

③服务企业：主要指提供服务或提供劳务的企业，如装修公司、快递公司、家政服务公司等。

④农林牧渔业企业：主要指利用土地或水域进行生产的企业，如进行种植、饲养的农场等。

3. 容易获得成功的创业者类型

（1）勤勤恳恳型。

案 例

亚美·凯兹和德纳·斯拉维特在纽约的各行业里摸爬滚打多年，一直在寻找合适的商机。一个偶然的机会，微软公司向他们订购一批礼品包装袋，这使他们瞄准了跨国公司礼品市场。在各个跨国公司之间周旋多年后，2004年他们与法国专营包装的行业大王达成合作协议，使他们的销售额达到了新高。

（2）另辟蹊径型。

案 例

美国得克萨斯州的维耐·巴阿特的创业思路很与众不同。美国各行业的竞争都很残酷，让维耐很不适应，为躲避竞争，他把注意力转向了那些非营利组织：专为不善经营的非营利组织提供管理服务，帮助他们改善与商业客户的关系。如今，公司为几千家非营利组织服务，每年都会赢得非常丰厚的利润。

（3）利人利己型。

案 例

1983年，年幼的约瑟夫·萨姆皮维夫患上了糖尿病，不能吃含糖过多的冰淇淋。为了解馋，他为自己做了一个不含糖的冰淇淋。15岁时，他已经研制出好几种不含糖的甜点。在美国，胖人很多，这种低糖食品非常受欢迎，约瑟夫尝试着把自己研制的甜点拿去卖，取得了巨大成功。他开发了40多种无糖食品，畅销全美，年销售额超过1亿美元。

（三）创业的意义

1. 创业是更有尊严的就业形式

创业是自主地、积极地创造业绩和成功的劳动。创业者能自己决策企业的业务内容、发展方向、用人标准，能对创造企业经济效益发挥决定性作用，能自己决定个人、他人的收入及团队的奋斗理念等。

2. 实现自我价值

谋求生存乃至自我价值的实现是创业最主要的原动力。一般刚开始创业的目的仅仅是谋求生存，但随着企业越做越大，创业者在这个过程中的收获与体验会让创业的方向朝着自我价值实现的目标行进。

3. 追求更幸福的生活

创办企业意味着要去从事烦琐的企业经营活动，但它获得的物质回报将改变人的生活状态，提升生活品质。比尔·盖茨靠创办微软公司致富，李嘉诚靠创办长江地产公司致富，马云靠创办阿里巴巴公司致富……这些案例常常激起我们内心创业的冲动。不过，大家在看到他们创业致富的同时，也要看到这些人在创业初期的艰难，更要读懂他们为什么能走向辉煌。

4. 尽情施展才华的舞台

创业给创业者提供了一个广阔的舞台，在这个舞台上，只要有资本、有能力，就可以尽情施展自己的创造才华，朝着自己的创业梦想不断前进。

5. 即便失败，也会让你收获满满

即便创业失败，也会让你在这过程中感悟到丰富的经验，让你学会今后更好地应对失败，变得比以前更加坚强。失败并非坏事，比尔·盖茨曾说过：如果有人从不犯错，那只能说明他们努力不够，失败的结果是试图去尝试其他的可能。作为创业者，最需要有不畏惧失败、敢于面对失败的品质。

案　例

胡雪岩的一生，极具戏剧性。在短短的几十年里，他由一个钱庄的伙计摇身一变，成为闻名于清代朝野的红顶商人。他以"仁"、"义"二字作为经商的核心，善于随机应变，决不投机取巧，因而生意蒸蒸日上。胡雪岩的商训是"天"、"地"、"人"，内容即为："天"为先天之智，经商之本；"地"为后天修为，靠诚信立身；"仁"为仁义，懂取舍，讲究"君子爱财，取之有道"。他富而不忘本，深谙钱财的真正价值，大行义举，在赢得美名的同时，也得到了心灵的满足；他经商不忘忧国，协助左宗棠西征，维护了祖国领土的完整；在救亡图强的洋务运动中，他也贡献了自己的一份力量，建立了卓越的功勋。

四、名人如是说

1）对于所有创业者来说，永远告诉自己一句话：从创业的第一天起，你每天要面对的是困难和失败，而不是成功。我最困难的时候还没有到，但有一天一定会到。——马云

2）我们创业的时候没有想到去赚钱，所以有了钱以后也没有说是达到目标。赚钱不是我们创业的原因，也不是我们到现在该走还是不该走的原因。有了足够的钱财，真正的好处就是给我个人足够的时间、足够的能力去真正做我想要做的事情、我喜欢做的事情。这些事情还是雅虎。——杨致远

3）创业前，很多困难你都不会把它认为是困难，当它突然成为你的困难时，很多人会承受不了压力，就放弃了，这样的人一定是不能成功。——史玉柱

五、我该怎么做

测测你够格创业吗？

创业是一个充满成就感和诱惑力的词语，但并非每一个人都适合走这条路。美国创业协会设计出了一份试卷，假如你想对自己多一份了解的话，试试回答下面的题。每题有四个选项，分别为：A—经常；B—有时；C—很少；D—从来不。

（　　）1.在急需作出决策的时候，你是否在想："再让我考虑一下吧。"

（　　）2.你是否为自己的优柔寡断找借口说："得慎重考虑，怎能轻易下结论呢？"

（　　）3.你是否为避免冒犯某个或某几个有相当实力的客户而有意回避一些关键性的问题，甚至表现得曲意奉承呢？

（　　）4.你是否无论遇到什么紧急任务，都先处理掉你自己的日常琐碎事务呢？

（　　）5.你非得在巨大的压力下才肯承担重任？

（　　）6.你是否无力抵御或预防妨碍你完成重要任务的干扰和危机？

（　　）7.你在决定重要的行动和计划时，常忽视其后果吗？

（　　）8.当你需要作出很可能不得人心的决策时，是否找借口逃避而不敢面对？

（　　）9.你是否总是在晚上才发现有要紧的事没办？

（　　）10.你是否因不愿承担艰苦任务而寻求各种借口？

（　　）11.你是否常来不及躲避或预防困难情形的发生？

（　　）12.你总是拐弯抹角地宣布可能得罪他人的决定？

（　　）13.你喜欢让别人替你做你自己不愿做而又不得不做的事吗？

评分说明：选A得4分，选B得3分，选C得2分，选D得1分。

50分以上，说明你的个人素质与创业者相去甚远；

40～49分，说明你不算勤勉，应彻底改变拖沓、低效率的缺点，否则创业只是一句空话；

30～39分，说明你在大多数情形下充满自信，但有时犹豫不决，不过没关系，有时候犹豫也是一种成熟、稳重和深思熟虑的表现；

15～29分，说明你是一个高效率的决策者和管理者，更是一个成功的创业者。

六、课外阅读

乔布斯和威恩老人的创业故事

在美国纽约西市大街一处跳蚤市场，有许多摆地摊的人，他们专门出售一些物美价廉的小商品，大多数是生活在社会底层的人。在这儿摆地摊的，有一位年近古稀的老人，他每天在地摊上出售各种邮票、火花、烟标、钱币等。老人名叫罗纳德·威恩，他在这儿摆地摊已有许多年头了，许多人都认识这位慈祥、和蔼的老人，人们亲切称他为"威恩大叔"。威恩大叔虽然只是一个摆地摊的，但是他十分重视自己的仪表。每天摆地摊时，他都要西装革履，还要戴上一顶棒球帽，给人一种洒脱、精明的样子。他在出售邮票、火花、钱币时，常常还会兴致勃勃地向顾客介绍起上面国家的风土人情、地理地貌。他的这种营销方式，令人耳目一新。

苹果公司总裁乔布斯生前也是老人地摊前的一名老主顾。得知乔布斯喜欢中国的邮票，老人就经常将自己收购来的中国邮票卖给乔布斯。日积月累，乔布斯收藏的中国邮票琳琅满目。乔布斯常对老人说："谢谢您！是您向我打开了一扇通往中国的窗口，我看到了苹果品牌进入中国市场的广阔前景。"威恩老人说："您的目光总是那么敏锐，苹果公司能有今天的发展，与您敏锐的市场眼光是分不开的。而我的目光却是那么的短浅，只看到眼前的那一点点利益。"乔布斯劝慰道，您不要悲伤，在这个社会上，每一个人的生存方式不同，只要靠自己的勤奋和努力，摆地摊也是一种人生呀！

　　谁也不知道，大名鼎鼎的超级亿万大富豪乔布斯，和这个身份卑微摆地摊老人之间，还有一段鲜为人知的故事。在出席乔布斯的追思会上，老人也来参加了。看到老人，许多人窃窃私语，他不是摆地摊的吗？他来干什么？要知道，来参加乔布思追思会的，大多数是商界巨贾、社会名流。老人面色凝重地向来宾们说了这样一个故事。他说，我和乔布斯有30多年的友情了。35年前，我与乔布斯等3人创办了苹果公司。公司运作后，遇到很多困难，我一度看不到公司的发展前途，就要求退出苹果公司。乔布斯苦口婆心劝说我不要退出，他说困难只是暂时的，眼光要看远点，将来会有很大发展的。可是，面对当时苹果公司的困境，我心灰意冷。最后，我以800美元卖掉了拥有苹果公司10%的股权，彻底离开了苹果公司。几十年来，我做过很多事，开过店、办过厂，还当过水手，可结果都一事无成，最后只得靠摆地摊维持着生计。如今，当年我那些以800美元卖掉的股份已价值350亿美元。听了威恩老人的故事，各界人士不禁唏嘘不已。没想到，这个毫不起眼摆地摊的老人，竟是当年与乔布斯共同创业的人。如果，他当初不是将那10%的股权卖掉，那么他现在可就是超级亿万大富豪了。

　　美国《纽约时报》在报道这件事中，写了这样的话，让人回味无穷：我们常常听到有人感叹命运的不公，老天不长眼。其实，我们每个人的一生中都面临着各种选择。越是在困难和挫折中，越能考验一个人。

　　乔布斯的智慧和聪明就在于，在他人生和事业陷入低谷中，依然看到前方那闪烁的微弱光亮，然后一直坚持走下去。如果当初乔布斯也卖掉手中苹果公司的那份股票，那么现在的西市大街也许又多了一个摆地摊的。

任务四十三　创业准备

一　学习目标

　　作为技校生，明确创业的艰辛和准备工作的必要性；做好创业的心理准备；做好创业的能力准备；积极备战，做好创业攻略。

二　案例分析

案　例

马云三次创业的经历

　　被称为"创业教父"的马云，在创建阿里巴巴公司之前，也走过了极其艰辛的创业历程。通过他的创业经历，让我们了解下他的伟大梦想、经营哲学和人生感悟。

　　第一次：创办海博翻译社

马云之所以要办翻译社，主要是基于三个方面的考虑：首先，当时杭州很多的外贸公司，需要大量专职或兼职的外语翻译人才；其次，他自己这方面的订单太多，实在忙不过来；再次，当时杭州还没有一家专业的翻译机构。很多人光有想法，从来都不会有行动。而马云一有想法，便马上行动。

为了维持翻译社的生存，马云开始贩卖内衣、礼品、医药等小商品，跟许许多多的业务员一样四处推销，受尽了屈辱，受尽了白眼。整整三年，翻译社就靠着马云推销这些杂货来维持生存。1995年，翻译社开始实现赢利。

现在，海博翻译社已经成为杭州最大的专业翻译机构。海博翻译社给马云最大的启示就是：永不放弃。没有钱，只要你永不放弃，你就可以取得成功。

第二次：创办中国黄页

中国黄页是中国第一家网站，虽然是极其粗糙的一个网站。网站的建立缘于马云到美国的一次经历。1995年初，马云参观了西雅图一个朋友的网络公司，亲眼见识了互联网的神奇，他马上意识到互联网在未来的巨大发展前景，马上决定回国做互联网。创业开始，马云仍然没有什么钱，所有的家当也只有6 000元。于是他变卖了海博翻译社的办公家具，跟亲戚朋友四处借钱，这才凑够了80 000元。再加上两个朋友的投资，一共才10万元。对于一家网络公司来说，区区10万元，实在是太寒酸了。

对于中国黄页来说，创办初期，资金也的确是最大的问题。由于开支大，业务又少，最凄惨的时候，公司银行账户上只有200元现金。但是马云以他不屈不挠的精神，克服了种种困难，把营业额从0做到了几百万元。

第三次：创办阿里巴巴

阿里巴巴创业开始，钱也不多，50万元，是18个人东拼西凑凑起来的。50万元，是他们全部的家底。然而，就是这50万元，马云却喊出了这样的宣言：我们要建成世界上最大的电子商务公司，要进入全球网站排名前十位！

1999年，中国的互联网已经进入了白热化状态，国外风险投资商疯狂给中国网络公司投钱，网络公司也是疯狂地烧钱。50万元，只不过是像新浪、搜狐、网易这样大型的门户网站一笔小小的广告费而已。阿里巴巴创业开始相当艰难，每人工资只有500元。外出办事很少打车，"出门基本靠走"。据说有一次，大伙出去买东西，东西很多，实在没办法了，只好打的。大家在马路上向的士招手，来了一辆桑塔纳，他们就摆手不坐，一直等到来了一辆夏利，他们才坐上去，因为夏利每公里的费用比桑塔纳便宜2元钱。

就这样，经过8年的坚守和打拼，2007年11月6日，阿里巴巴在香港联交所上市，市值200亿美金，成为中国市值最大的互联网公司。马云和他的创业团队，由此缔造了中国互联网史上最大的奇迹。

分析解读

中国大部分想创业的人都是一样，晚上想想千条路，早上起来走原路。他们比马云聪明多了，能想出非常多的创业好点子来，但是他们从来没有去执行过。因为他们有着太多的借口和理由——"我没有钱。"他们都这样想，所以他们继续过他们平庸的生活。像马云那样，只要你努力了，世界上，其实没有你做不到的事情！

活动体验

同学们，看完马云创业的三次创业经历，你对创业的认识有没有提高，你有去创业的想法吗？你认为在创业过程中，什么最重要？想创业的同学，问问自己：我做好创业的充分准备了吗？

三、知识链接

（一）创业心理准备

1. 创业意识的培养

（1）创业意识的概念。创业意识指一个人根据社会和个体发展的需要所引发的创业动机、创业意向或创业愿望。

创业的成功是思想长期准备的结果，没有强烈的创业意识，就不易克服创业道路上的各种困难。作为一名创业者，只有拥有了良好的创业意识才能够在商业世界中发现商机、勇于创业。

（2）创业意识的培养。

1）先就业，再择业。应届技校毕业生最大的劣势是无工作经验，所以我们急需积累和学习一定经验之后再谋发展。就业可以增加自己的接触面，也可以积累工作经验，从而促进以后创业的成功。

2）积极主动，敢于竞争。积极主动就业，相信自己的自主创业能力，不能被动"等、靠、要"消极就业。在创业和就业过程中要敢于竞争，直面失败，总结经验，逐步成熟。

3）将自己的兴趣融于创业中。敢于选择自己喜欢的岗位，在自己熟悉喜欢的领域里创业，往往会事半功倍。多关注些财经类新闻，了解一些创业成功者的经验，同时吸取创业中失败的教训。

4）摒弃安逸思想，培养脚踏实地的工作作风。创业活动中会遇到很多艰难险阻，如果没有坚定的创业信念，仍抱着随遇而安的安逸思想是不可能成就一番事业的。在日常学习与工作中，要注重求真务实，积极参与各种创业与创新活动，在活动中感受创业情景。

5）树立正确的创业意识。创业意识包括市场意识、竞争意识、个性意识、创新精神和创业品质等。创业意识可能因为偶然刺激而产生，也可能是逐渐积累而引发的慎重决策。

6）通过各种渠道积极参加实践活动，培养自己的创业能力。实践环节能使技校生在校期间积累创业经验，它是培养创业能力的有效途径。学生们可以通过参与社团活动、兼职打工、社会调查等活动来接触社会、了解社会、了解市场，并锻炼自己的能力。

案　例

郭敬明，这个伴随着80后长大的名字，如今他的小说也影响着90后，并开始被00后所喜爱，我们在这里不评判他的文学水平、导演水平，单以一个创业者的身份来看，他是极其成功的。

郭敬明大学时期便开始创业，常年占据着中国作家收入排行榜榜首，他在商业上的成功甚至让他的作家身份也黯然失色。郭敬明绝对有着惊人的商业嗅觉，他在大学时便成立"岛"工作室，出版一系列针对自己小说受众的杂志与期刊，而后成立柯艾文化传播有限公司，逐渐建立起自己的商业版图。

以时下各个期刊纷纷转型产业链服务来看，郭敬明早在2005年就察觉了这一点，从那时起他就为刊物读者提供"立体服务"，例如，推出音乐小说《迷藏》，推出小说主题的写真集，拍摄《梦里花落知多少》偶像剧，在青春读物的基础上打造了一条属于自己受众的文化消费产业链，开始深耕产业布局。而今，郭敬明已经用自己的小说《小时代》拍出了电影，第一部便直奔5亿元的票房……

知乎上有人这么描述郭敬明"其实中国的年轻人并没有什么本质的变化。对于大学和社会的幻想，对于爱情和成功的畅想，对于华服美食的渴望，是每一代中学生的必由之路。真正重要的其实仍是郭敬明本人。他或许是中国这二十年来唯一一个认真去满足上述需求的作者。"——真正伟大的创业者是干什么的？当然是满足大众的需求。

2. 创业心理素质

（1）自信独立，成功创业的心理支柱。创业者要有独立自主的个性品质，主要体现在：自主抉择，即在选择人生道路、创业目标时，有自己的见解和主张；自主行为，即在行动上很少受他人影响和支配，能按自己的主张决策贯彻到底；行为独创，即能够开拓创新，不因循守旧。

（2）富于挑战，成功创业的原动力。在市场经济的大潮中，机会与风险并存。只要从事创业活动，就肯定伴随着风险，事业的范围和规模愈大，取得的成就愈显著，伴随的风险也愈大，自然需要承受风险的心理压力也愈强。立志创业，必须有胆有识、敢于冒险、勇于实践、富于挑战。

（3）领袖精神，成功创业的无形资本。企业文化被称作企业灵魂和精神支柱。而企业文化精髓就是创业者的领袖精神，这是凝聚员工的一笔"不可复制"的财富，更是初创企业生存和发展的关键。对于创业者来说，注重塑造领袖精神，远比积累财富更重要，因为财富可在瞬间赢得或失去，但领袖精神永远是赢得未来的无形资本。

（4）勇气忍耐，成功创业的稳固基石。失败的结果或许令人难堪，却是创业者取之不尽的宝藏，在失败过程中所累积的努力与教训，是缔造下一次成功的宝贵经验积累，创业的过程就是在不断的失败中摸爬滚打。只有在失败中不断积累经验财富、不断前行，才有可能到达成功彼岸。

（5）社交能力，成功创业的一条捷径。以前那种单枪匹马的创业方式已越来越不适应时代需求。扩大社交圈，通过朋友掌握更多信息、寻求更大发展，借力打力、团结合作、共赢发展，日益成为成功创业的捷径。

（6）创新精神，成功创业的不竭源泉。在激烈的市场竞争大潮中，创新精神在创业过程中尤为重要。缺乏创新的企业很难站稳脚跟，改革和创新永远是企业活力与竞争力的源泉。

案　例

　　在美国，有一个叫雷·克洛克的人。他出生那年，恰遇西部淘金热结束，一个本来可以发大财的时代与他擦肩而过。按理说，读完中学就该上大学。可是20世纪30年代的美国经济大萧条，使他因囊中羞涩而与大学无缘。后来他想在房地产方面有所作为。好不容易生意才打开局面，不料第二次世界大战烽烟四起，房价急转直下，结果"竹篮打水一场空"。就这样，几十年来，低谷、逆境和不幸一直伴随着克洛克，命运无情地捉弄着他。52岁时，雷·克洛克来到加利福尼亚州的圣伯纳地诺城，看到牛肉馅饼和炸薯条备受青睐，于是到一家餐馆学做这种东西。对于一个年过半百的学徒来说，其中的艰辛可想而知。后来，这家餐馆转让，克洛克毅然接了过来，并且将餐馆的招牌改为"麦当劳"。现在它在全世界已有三万多家分店，分布在全球119个国家，共有150万人在麦当劳工作，每天迎接的顾客达4 800万名。

分析解读

　　雷·克洛克提供给美国人一种随意、可轻松辨识的连锁餐厅，还有友善的服务、低廉的价格，无须排队或预约。他的成功源于他对于大众消费趋势的敏锐感知力和创业能力，但更重要的还是他强大的心理承受力和坚持创业的决心。我们都知道"自强是通向成功的阶梯"。结合材料，谈谈自己对这个问题的理解。

（二）创业能力准备

　　创业是一种复杂的劳动，需要创业者具有较高的智商和情商，具有创业能力是创业成功的必要条件。创业能力是一种高层次的综合能力，可以分解为专业能力、方法能力和社会能力三类能力。

1. 专业能力，创业的前提

　　专业能力是指企业中与经营方向密切相关的主要岗位或岗位群所要求的能力。创业者在开办自己的第一个企业时，应该从熟悉的行业中选择项目，以大大提高创业成功率。专业能力主要包括以下三个方面：

　　1）创办企业中主要职业岗位的必备从业能力；

　　2）接受和理解与所办企业经营方向有关的新技术的能力；

　　3）把环保、能源、质量、安全、经济、劳动等的知识和法律、法规运用于本行业实际的能力。

2. 方法能力，创业的基础

　　方法能力是指创业者在创业过程中所需要的工作方法，是创业的基础能力。创业者应具备的方法能力主要体现在以下九个方面：

　　1）信息的接受和处理能力。搜集信息、加工信息、运用信息的能力是创业者不可缺少的能力。

　　2）捕捉市场机遇的能力。发现机会、把握机会、利用机会、创造机会，是成功企业家的主要特征。

3）分析与决策能力。通过消费者需求分析、市场定位分析、自我实力分析等过程，根据自己的财力、关系网、业务范围，依据"最适合自己的市场机会是最好的市场机会"的原则，作出正确决策，才能实现自己的创业目标。

4）联想、迁移和创造能力。从别人的企业中得到启发，通过联想、迁移和创造，使自己的企业别具特色，并在同业市场中占有理想的份额。

5）申办企业的能力。创办一个企业，需要做好哪些物质准备，需要提供什么证明材料，到哪些部门办哪些手续，怎样办等，均为创业者应具备的能力。

6）确定企业布局的能力。怎样选择企业地理位置，怎样安排企业内部布局，怎样考虑企业性质等，都是创业过程中不可回避的问题。

7）发现和使用人才的能力。一个成功的创业者，肯定是一位会用人的企业家，他不但能对雇员进行选择、使用和优化组合，而且能运用群体目标建立群体规范和价值观，形成群体的内聚力。

8）理财能力。这不仅包括创业实践中的奖金筹措、分配、使用、流动、增值等环节，还涉及采购能力、推销能力等。

9）控制和调节能力。成功的创业者，要对规划、决策、实施、管理、评估、反馈所组成的企业管理的全过程具有控制和运筹能力。

3. 社会能力，创业的核心

社会能力是指创业过程中所需要的行为能力，与情商的内涵有许多共同之处，是创业成功的主要保证，是创业的核心能力。创业者具备的社会能力主要体现在以下六个方面：

1）人际交往能力。创业者不但要与消费者、本企业雇员打交道，还要与供货商、金融和保险机构、本行业同仁打交道，更要与各种管理部门打交道，因此，创业者必须具有较强的人际交往能力。

2）谈判能力。一个成功的企业，必然有繁忙的商务谈判，谈判内容可能涉及供、产、销和售后服务等多种环节，创业者必须善于抓住谈判对手的心理和实质需求，运用"双胜原则"即自己和对方都能在谈判中取胜的技巧，使自己的企业获利。

3）企业形象策划能力。在激烈的市场竞争中，在公众中树立良好的企业形象，是创业成功的主要条件。创业者应善于借助各种新闻媒体和各种渠道，宣传自己的企业，提高企业知名度。

4）合作能力。创业者不但要与自己的合作者、雇员合作，也要与各种与企业发展有关的机构合作，还要与同行的竞争者合作。创业者要善于站在对方的角度，理解对方，体谅对方，要善于与他人合作共事，和睦相处。

5）自我约束能力。创业者要善于根据本行业的行为规范来判断、控制和评价自己和别人的行为；要善于根据自己的创业目标，约束和控制自己与目标相悖的行为和冲动。

6）适应变化和承受挫折的能力。一个企业要想在竞争激烈、变化多端的市场中立足并发展，企业家就必须具有适应变化、利用变化、驾驭变化的能力；在经营过程中，有赔有赚、有成有败，企业家必须具有承受失败和挫折的能力，具有能忍受局部、暂时的损失，而获取全局、长期收益的战略胸怀。

案 例

42岁开始创业，从贷款14万元、靠三轮车代销汽水及冰棍开始，到拥有财富800亿元，成为"2012年中国内地首富"——25年来，宗庆后（图12-3）心无旁骛，以超乎常人的耐力，坚守着自己的实业帝国。

16岁那年，宗庆后被"安排"到浙江舟山去填海滩，一待就是15年。1979年，宗庆后顶替母亲回到杭州做了一所小学的校工。1987年，他和两位退休教师靠着14万元借款，组成了一个校办企业经销部，主要给附

图12-3

近的学校送文具、棒冰等。在送货的过程中，宗庆后了解到很多孩子食欲不振、营养不良，是家长们最头痛的问题。"当时我感觉做儿童营养液应该有很大的市场。"填海时形成的坚毅性格让宗庆后决定抓住这个机遇搏一把。面对众多朋友善意的劝说，他显得异常固执："你能理解一位40多岁的中年人面对他一生中最后一次机遇的心情吗？"

1988年，他们开始为别人加工口服液，1989年成立杭州娃哈哈营养食品厂，开发生产以中医食疗"药食同源"理论为指导思想、解决小孩子不愿吃饭问题的娃哈哈儿童营养口服液，产品一炮打响，走红全国。1990年，创业只有三年的娃哈哈产值突破亿元大关。

成名之后，曾有人问宗庆后，人生最应大有作为的15年在农村中度过，是否后悔？他答道："这15年，尽管是我人生当中最年轻、最有成长希望的大好时光，看起来好像在农村没有什么作为。但对整个人生道路确实有很大帮助，这15年艰苦生活磨炼了我的斗志，能吃得起苦，也练就了比较好的身体，为我42岁以后再重新创业打下了比较雄厚的基础。"宗庆后认为做企业要有这些素质，特别在中国市场上，那就是：诗人的想象力、科学家的敏锐、哲学家的头脑、战略家的本领。

（三）创业全攻略：如何选择创业方向？

1. 自己熟悉的

如果你喜欢电脑，对计算机病毒有研究，那你就高举"反毒王"的旗帜，上门服务杀毒、防毒。北京林业大学陆军博士，组织学生把本校的农业、林业技术推广到学生自己的家乡，资源与市场都是学生们所熟悉的。

2. 优势明显的

比如你拥有某方面的特长，或某种专业知识对某部分群体有用，那就从事此项服务或培训。如果你对互联网造诣很深，那就做一个网站，选定某个行业，搜集、发布有用信息，可以为该行业的中小企业销货，为他们发布信息。

3. 兴趣浓厚的

如果能把兴趣同创业目标结合，那将是非常幸运的，那是快乐创业、快乐人生。如果

你有艺术思维的兴趣，可以搞个专业工作室，从事家庭装潢设计，与装潢公司或工程队合作，为客户量身定做。

4. 无本经营的

当今社会舍得花钱买时间的大有人在。时间是短缺的、紧俏的商品，城市速递由此而生。速递业务可不可以扩展呢？扩展到一切为别人节省时间的领域，如代人购物、接人等。

5. 起点很低的

你有广告创意的能力，就可以搞个独立工作室。比方设计出公益与公司目标相结合的广告，贴到全北京的卫生间去。接受的企业当然付费。

6. 可以借助的

借助可以帮助创业者达到低成本顺利起步的目的。比如可以租赁对创业必需的硬件，借巢孵蛋，直接进入产品开发过程的终端程序，直接面对消费者来检验你的产品。再如委托，把产品的生产环节交给别人，自己只提供标准，进行检验，不参与产品制造相关的管理，减少投资风险和投资成本。

7. 方便加盟的

加盟是与现有资源联合。大名鼎鼎的跨国公司、金光闪闪的名牌企业……创业者假如具备某些优势，便可以寻求与自己相关的资源，实现彼此的优势互补。用契约来结盟，比方你有保健品的新技术和相应的商业概念，可以考虑与现有的知名企业结盟。利用其资源，达到减少投资、降低风险之效果。

8. 跟定大势的

跟大势中的成功者学习。因为在某个行业创新，进行差异或特色的创造是不容易的。要学会利用他人的经验、创意、思路、品牌。品牌代表着行业领先者长期的探索、艰苦打磨的历程，包含声誉、美誉、公众的认同。跟进后，直接拿来的是成功，学到的是成熟的经验，直到具体的操作方法。

9. 发现缝隙的

有许多产品有很长的历史，漫长的年月留给老百姓不可磨灭的印象，形成了稳定的消费群体。但生产者对它的问题司空见惯，不去用心琢磨。有的没有进行标准化生产，有的在工艺上并不讲究，有的不搞品牌推广，有的包装老套，有的在质量上存在缺欠，有的在某些功能上明显不足。在接受这个产品的同时，改进它，强化、优化、细化某些功能。这就是从成熟产品的薄弱处入手，对其优势的借助。

10. 能够虚拟的

怎样销售自己缺乏知名度的产品？可以通过"虚拟销售"做到。找到一个与你的创业目标贴近的商品来销售，从中弄通该商品销售的通道，体察销售秘笈，掌握销售规律，建立自己的人际关系和销售网络。在这个过程中把自己的产品拿出来，渗透进去。

阅读资料：未来5年的6大前景创业方向

1）特别垂直的领域。特别垂直的领域优势在于可以做精做细，一方面可以快速建立起门槛，防止其他创业团队来抄袭，另一方面也可以很好地维护自己的用户群并树立自己的品牌形象。例如，当初百度搜索虽然深入人心，但想到团购，大家还是去美团而不是百度。

可预见的未来，众多细分领域的名牌肯定是琳琅满目的，肯定不是一家独大的。所以认真选一个很垂直、很细分的领域，安安静静地去做一个创业者。

2）重度体验。这几年体验经济也被炒得火热，一方面是因为生活水平的提高，大家的要求有所变化；另一方面是传统行业那种规模化、同质化的体验实在太糟糕了……而实际上，目前把线下体验做到极致的产品也实在太少。比如家政这种，个体需求差别不大，顶多能创造一些惊喜点让用户短暂开心，但本身已经成熟的标准化的服务，很难通过差异化体验让用户买账。再如专车服务，单价低，频次高，很难要求司机提供更多的服务，体验上也就很难做得不同。

但对于教育行业、旅游行业、餐饮行业，其实都能找到符合条件的切入点。

3）智能硬件。虽然当前智能硬件的方向还有些模糊，但未来生活中智能硬件肯定会无处不在，在创业领域也会成为一个很有前途的方向。智能一般需要更多的资金、更多的沉淀，尤其是供应链和生产工艺，把控还是很难的，所以提前做好准备，未来成功的可能性会更大。

4）VR（虚拟现实）。VR技术可以应用在生活的方方面面，包括娱乐、新闻、旅游、展览、运动等场景，还有社交、医学、天文等专业领域。从目前的情况来看，各个行业都在关注VR的技术细节和如何实质性地使用VR，说明整个产业的前景是非常巨大的。

5）针对老年化的社会服务。根据民政部数据，我国人口老龄化现象日趋严重，但养老护理人员不论是规模还是专业水平都不能适应这种严峻的现实，目前最少需要1 000万名养老护理人员。目前全国60岁以上的老人达1.69亿，1 000名老人中只有15人拥有养老床位，而发达国家是70人。

我国养老业目前处于原始的状态，急需开发。这个行业在收益上可能不会太可观，但是它的社会意义非常重大。

6）中高端婴幼儿产品行业。随着我国放开二胎政策，会使本来就未饱和的婴幼儿产品市场又增加新的更大缺口。婴幼儿作为家庭消费的重点，仅新生儿年消费就在2 000～5 000元之间（不含食品消费），且其消费的重点正逐步向素质教育等消费方面转移。

随着目前新生儿父母的文化水平和受教育程度升高，必然会使婴幼儿产业发生新的变革。市场对于低端的产品会进行洗牌，而催生出更多中高端的婴幼儿相关服务。

四、名人如是说

1）人的一生是奋斗的一生，但是有的人一生过得很伟大，有的人一生过得很琐碎。如果我们有一个伟大的理想，有一颗善良的心，我们一定能把很多琐碎的日子堆砌起来，变成一个伟大的生命。但是如果你每天庸庸碌碌，没有理想，从此停止进步，那未来你一辈子的日子堆积起来将永远是一堆琐碎。

——俞敏洪

2）你的时间有限，所以没必要把它浪费在复制别人的生活上。别被教条所羁绊，否则就是活在别人的想法下。不要让他人观点的噪音淹没了你自己内心的声音。最最重要的一点是，要有勇气追寻你的内心和直觉。

——史蒂夫·乔布斯

五、我该怎么做

创业能力测试

（请根据实际情况，选择最符合自己特征的答案。A—"是"，B—"否"）

（　　）1.是否曾经为了某个理想而设下两年以上的长期计划，并且按计划进行直到完成？

（　　）2.在学校和家庭生活中，你是否能在没有父母及师长的督促下，就可以自动地完成分派的工作？

（　　）3.是否喜欢独自完成自己的工作，并且做得很好？

（　　）4.当你与朋友在一起时，你的朋友是否能常寻求你的指导和建议？你是否曾被推举为领导者？

（　　）5.求学时期，你有没有赚钱的经验？你喜欢储蓄吗？

（　　）6.是否能够专注地投入个人兴趣连续10小时以上？

（　　）7.是否有习惯保存重要资料，并且井井有条地整理，以备需要时可以随时提取查阅？

（　　）8.在平时生活中，你是否热衷于社会服务工作？你关心别人的需要吗？

（　　）9.是否喜欢音乐、艺术、体育以及各种活动课程？

（　　）10.在求学期间，你是否曾经带动同学，完成一项由你领导的大型活动，如运动会、歌唱比赛等？

（　　）11.喜欢在竞争中生存吗？

（　　）12.当你为别人工作时，发现其管理方式不当，你是否会想出适当的管理方式并建议改进？

（　　）13.当你需要别人帮助时，是否能充满自信地要求，并且能说服别人来帮助你？

（　　）14.你在募捐或义卖时，是不是充满自信而不害羞？

（　　）15.当你要完成一项重要工作时，总是给自己足够的时间仔细完成，而绝不会让时间虚度，在匆忙中草率完成？

（　　）16.参加重要聚会时，你是否准时赴约？

（　　）17.是否有能力安排一个恰当的环境，使你在工作时能不受干扰，有效地专心工作？

（　　）18.你交往的朋友中，是否有许多有成就、有智慧、有眼光、有远见、老成稳重型的人物？

（　　）19.你在工作或学习团体中，被认为是受欢迎的人物吗？

（　　）20.自认是一个理财高手吗？

（　　）21.是否可以为了赚钱而牺牲个人娱乐时间？

（　　）22.是否总是独自挑起责任的担子，彻底了解工作目标并认真完成工作？

（　　）23.在工作时，是否有足够耐心与耐力？

（　　）24.是否能在很短时间内，结交许多朋友？

评分说明：选A得1分，B得0分。

0～5分：目前不适合自己创业，应当训练自己为别人工作，并学习技术和专业；

6～10分：需要在旁人指导下创业，才有创业成功的机会；

11～15分：非常适合自己创业，但是在否的答案中，必须分析出自己的问题加以纠正；

16～20分：个性中的特质，足以使你从小事业慢慢开始，并从妥善处理中获得经验，成为成功创业者；

21～24分：有无限的潜能，只要懂得掌握时机和运气，将是未来商业巨子。

六、课外阅读

希尔顿的创业故事：从一个苹果到7亿美金

他出生在美国一个富裕的商人家庭。20岁那年，美国发生了严重的经济危机，几乎一夜之间，他变得一贫如洗，被迫离家出外闯荡。那天，他饥肠辘辘地踌躇在达拉斯市街头，已经两天没有吃一顿饱饭了。突然，草丛中一个红苹果映入他的眼帘："这也许是上帝送给我的早餐吧。"他的心一阵狂跳，双手颤抖着把苹果拾起来，正想大咬一口，可又不舍地把苹果放回了口袋中。"还是留到最关键的时候再吃吧。"他想。

就这样，他揣着那个苹果，半躺在达拉斯市车站门口的一个石墩上，沐浴着和煦的阳光，看着身边的人来车往，心中充满无限遐想。中午，他用那个苹果跟一个背着画板路过的小男孩儿换了1支彩笔和10张绘画用的硬纸板。不久，人们便看到一个满面阳光的年轻人在接站的人群中，兜售一种用纸板做的东西："出售接站牌，一美元一个。"那天晚上，他吃上了美味的汉堡包，并在车站附近找了一家廉价的旅馆洗了个热水澡，美美地睡了一觉。此时他口袋中有6美元。两个月后，他的接站牌由硬纸板变成了制作精美的迎宾牌，还雇了3个人给他打下手。一年后，他的存折上有了5 000美元的存款，可是他仍认为这样赚钱与他的理想差距太远。

一个偶然的机会，他发现整个达拉斯商业区仅有一个饭店。他想，如果在这黄金地段建一栋高标准、高档次的大型旅馆，肯定很赚钱。他选中了位于达拉斯商业区大街拐角地段的一块土地，于是去找这块地的地产商老德米克。精明的老德米克开出了30万美元的高价。他请来建筑设计师和房地产评估师给他设想的旅馆测算，结果是至少需要100万美元的资金。他没有气馁，用手中的5 000美元买了一个郊区小旅店。不久，他就有了5万美元盈利，然后请朋友一起出资，两人凑了10万美元，开始建设他理想中的旅馆。

他再次找到老德米克，签订了购买那块土地的协议，土地的出让费为30万美元。眼看合同规定的付款日期就要到了，他却只带了少许美元找到老德米克："我买你的那块土地，是想建造一座这个城市最气派的旅馆，而我的钱却只够建造一个一般的旅店。我现在不想买你的地，只想租你的地。"老德米克听了很恼火，不愿意再与他合作。他十分真诚地告诉老德米克："如果租借你的土地，我的租期为90年，分期付款，每年的租金为3万美元，你可以保留土地的所有权。如果我不能按期付款，那么你可以收回你的土地和在这块土地上建造的旅馆。"

老德米克一听，心中暗喜：30万美元的土地出让费没有了，却换来270万美元的未来收益，还有可能获得在这块土地上新建造的豪华旅馆，何乐而不为？于是，这笔交易一锤定音。年轻人当即支付了第一年的3万美元租金。在一个适当的时机，他又找到老德米克："我想以土地作为抵押去银行贷款，希望你能给予支持。"老德米克很生气，却没有更好的办法，只好同意了。他拿着从老德米克那里获得的土地使用证书，顺利从银行贷到了30万美元，加上他原有的7万美元，就有了37万美元。这笔资金距离100万美元还是相差很远，于是他又找到一个富翁，请求和他一起建造这个旅馆，这个富翁出资20万美元入股。这样，他的资金就达到了57万美元。

1924年5月，他的旅馆在资金缺口较大的情况下动工了，当工程建到一半时，他的57万美元已全部用完，他又陷入了困境。他不得不又找到老德米克，如实说明了资金上的困难，希望老德米克能出资，把建了一半的旅馆继续完成，"旅馆一完工，你就可以完完全全拥有它，不过你应该租赁给我经营，我每年付给你10万美元租金。"老德米克盘算着，旅馆建好后，自己不仅可以完全拥有它，而且连土地也是自己的，每年还可以拿到一笔不菲的租金，于是心甘情愿地掏出巨额资金来继续建造旅馆，直至竣工。

1925年8月4日，旅馆建成了，它就是著名的达拉斯"希尔顿大饭店"。建造这个大饭店的年轻人就是后来名噪全球的世界旅馆之王康拉德·希尔顿。他创立的希尔顿旅馆帝国，在世界各国拥有数百家旅馆，资产总额达7亿多美元。

从仅有的一个苹果到拥有7亿多美元的资产，这笔巨额财富的积累，希尔顿仅用了17年时间。希尔顿回忆起这段往事时，平静地说："上帝从来都不会轻看卑微的人，他给谁的都不会太多。"

任务四十四 如何进行创业构思

一、学习目标

了解寻找创业构思的途径和常见的市场考察方法；学会用头脑风暴法确定自己的创业项目；学会正确的创业构思，掌握用SWOT分析创业构思。

二、案例分析

案 例

孙正义（图12-4）是日本软银公司的创始人，也是世界互联网产业的超级投资人，中国众多著名IT企业都打下了软银公司的烙印：新浪、网易、上海盛大、携程、当当、淘宝、分众传媒、博客中国、深圳铭万等。让人惊奇的是，孙正义年轻时的创业道路，居然是一条可以复制的创业道路。

孙正义在美国上大学的时候，为了获得创业的第一桶金，他想出了一套构思发明、研发专利、销售专利的赚钱方法。于是，他每天固定花

图12-4

一定的时间，构思发明的设想，用了大约一年的时间，积累了200多个发明的点子。最后选定一个"会发音的多国语言翻译机"的发明方案。然而由于一没钱，二没技术，孙正义又想出一个办法：对一系列的教授进行推销说服，说服他们接受先进行研制，然后等卖出

专利，拿到专利费后，才支付报酬的方案。终于有一个教授同意了他的方案。接着，经过几个月的共同奋战，研制出专利样品。最后，孙正义回到日本，向许多企业推销，经过艰苦努力，终于将专利卖给了夏普公司；并且卖了1亿日元，挣到了人生的第一桶金。

大学毕业后，在如何选择自己的事业方向的问题上，孙正义又想出了一套办法。首先设定若干项事业选择标准，如行业前景、是否创新、入行门槛、竞争情况、个人兴趣等标准，其次再把自己认为有前途的几十个领域或相关项目找出来，并对这些项目做长达一年的认真的市场调查和经营计划，在调查研究的基础上，根据选择标准，终于选择了最符合条件的"软件流通事业"，从而全力以赴地投入此行业，并获得了巨大的成功，从此走上了一条成功的人生道路。

那为什么说孙正义的创业道路是一个可复制的创业道路呢？

因为世界有许多创业成功的企业家，其创业成功都有其特定的客观或主观条件，比如客观上具有特定的自然环境、特定的社会环境、特定的时代机遇、特定的行业机遇等，或主观上具有特定的专业技术才能、特定的人脉关系、特定的个人机缘等，当他人不具备这些特定的主、客观条件的时候，那么这些企业家的成功道路对于他人来说，可有学习借鉴的意义，却没有复制、模仿的可能。

但是，再看孙正义的创业道路和创业作风：

第一阶段，如何赚到创业第一桶金？

1）没有钱怎么办？搞发明，卖专利。

2）没有发明的创意怎么办？用翻字典的办法，以随机词语组合，进行联想，寻找新发明创意，特别是既有市场需求，又有技术含量和实现可能的发明创意。比如会发音的多国语言翻译机的创意，就是通过翻字典，通过发音、翻译、机器多词组合联想产生的。

3）没有能力开发专利怎么办？寻找和说服拥有技术的专家合作，分享专利费收入，从而开发出样品，卖出专利赚到第一桶金。

上面的成功创业道路，没有非常特定的主、客观条件，虽然每一步有每一步的难度，但是对于那些具有一定市场眼光和基本素质的销售人员来说，是具有实际操作性的，是一条可成功复制的创业道路。

第二阶段，如何选择事业方向？

没有预先设定的行业和领域，完全通过一套系统的市场调研的方法，实质上是把一个企业用的项目投资调研的方法，用在个人的事业选择上，并成功地在实际情况中找出一条最佳的事业之路。这样做的意义在于，增强了人生成功的自主性、必然性，减少了人生成功的偶然性。

在这一创业过程中，也没有非常特定的主、客观条件，这一系统的市场调研的方法，也可以通过学习相应的经济课程得到，对于其他人来讲也是具有实际可操作性的，也是一个可以复制的成功模式。当然这对复制者的市场眼光和判断力要求比较高，不过因人而异，目标的大小、远近可以不同，高者有高的收获，低者有低的收获。

还有一点必须特别强调，必须同时看到孙正义的鲜明的创业作风：首先横向超量准备，然后精心挑选一个，最后纵向深入攻坚。这一作风被孙正义多次使用，创业的道路固然重要，创业的作风更是成功保证，两项一个都不能少。

通过以上分析可以看出，孙正义的创业模式：构思发明创意→合作研发专利→销售专利→得第一桶金→各行业市场调研→全力投入目标行业，这是一个可复制的模式，其中创业道路是可以复制的，而创业作风是必须复制的。要复制成功，也是有条件的，也需要创业者有优秀的市场眼光，具备勤奋与执着奋斗的素质，不过话也说回来，假如没有市场眼光，不勤奋，不执着奋斗，怎么创业都难，这与成功的创业道路无关。

活动体验

同学们，你认为在创业过程中哪一步最重要？你怎么看待孙正义的可复制创业道路？孙正义在创业初期所做的工作，对你有什么启发？如果你有创业的想法，对比一下孙正义，你做的准备工作够充分吗？

三、知识链接

（一）好的创业构思——成功的一半

1. 创业构思的意义及创业原则

（1）创业构思的意义。一个成功的企业始于正确的理念和好的构思，合理而周密的企业构思是创业成功的开始，是避免风险和失败的第一道防线。如果创业构思不合理，先天不足，即便投入再多的时间和资金，企业最终还是会失败的。

（2）创业原则：志向要大，计算要精，规模要小。

1）兼职创业；

2）租赁设备，或购买二手设备，以后再更新；

3）用人手时可先雇钟点工，再雇全时员工；

4）逐步拓展业务，不要摊子铺得太大而陷入困境；

5）无店铺经营或者组合式租房，以降低成本。

课堂训练

刘芳一直想开食品杂货店，她邻居小食品杂货店收益非常好，她把想法告诉了亲戚朋友，她家有一间房，丈夫帮她做了一些搁板和一个柜台。刘芳有些积蓄，加上从亲戚那里借来的钱。在申请到了营业执照之后，就开业了。一开业，刘芳就遇到了问题。来她的商店的顾客远不及邻居的多。而且，孩子告诉她，邻居的店铺现在也不好。

回答问题：

1）刘芳的食品杂货店为什么会出现问题？（跟风盲目开店，开店前没有调查研究市场需要和市场容量）

2）在这种情况下，刘芳还能做些什么？（通过调整商品和服务方式改善经营：加强宣传、送货上门、延长营业时间、降价促销等。如无起色当转营新项目，立即停业）

2. 如何做好创业构思

挖掘出好的企业构思需要从两个方面入手：一是顾客的需要，二是自身的专长。事实证明：只有既能满足市场需要又能结合自身专长的创业构思才是可行的。

市场机会是创业构思的前提。一般情况下，市场机会包括：有需要是机会、有缺点是机会、别人不愿意干的是机会、别人干不了的是机会、别人没想到的是机会、最不起眼的可能是机会、政治或经济动荡是机会、突发事件可能是机会、重大的活动可能存在机会……

（1）寻找创业构思的途径。

1）寻找：市场考察、报纸杂志、广播电视、网上查询。

2）挖掘：发现消费者未知的需求，自己创造新的生意。

3）整合：把各种生意有创意地组合在一起。

（2）优秀的创业者善于从他人的问题中发现商机。

1）自己遇到过的问题：自己在当地买东西和需要服务时，曾碰到过什么问题。

2）工作中的问题：在工作中，由于某种服务跟不上或材料不足而影响工作任务的完成。

3）其他人遇到过的问题：通过倾听其他人的抱怨，了解他们的需求和问题。

4）所在社区缺少什么：在自己生活的区域进行调研，了解他们的需求和问题。

（3）常见的市场考察方法。

1）巡街法：到街上多走、多看、多听、多问，看一看什么样的门面、什么样的行业最旺。

2）异地领悟法：可到高一级的城市去看一看，换一个环境和思维，看哪些项目有市场潜力。

3）人际关系法：在人际关系交往中发现信息，多与创业成功者交往，在他们那里寻找商机。

4）市场细分法：按地理、消费群体寻找市场空隙。

（4）你身边的商机。

1）健康商机：保健、健身、健身用品、医疗药品；

2）饮食商机：绿色食品、无公害蔬菜、营养配餐；

3）信息商机：法律、心理、中介、企业咨询；

4）时尚商机：饰品、摄影、宠物、汽车美容；

5）女性商机：美容化妆、服装、饰物、减肥；

6）小孩商机：玩具、学习辅导、服装、兴趣爱好；

7）母婴商机：奶粉、早期教育、纸尿裤、月子护理；

8）老人商机：托老、保健用品、老年用品、护理。

（二）头脑风暴法在创业构思中的应用

1. 一般性头脑风暴法

（1）为现有资源、产品、技术发现新的用途

例如：可口可乐（治感冒药—饮料）、凡士林（药—护肤品）、蒙牛酸酸乳（营养品——时尚饮料）

（2）为现有产品或服务发现新的市场。

例如：泡泡糖（儿童）、口香糖（成人）。

（3）思考与想象。

例如：我最渴望得到的东西（像什么？能做什么？味道怎样？）；什么使我烦恼？什么样的产品和服务能免除我的烦恼并让我轻松愉快？

2. 结构性头脑风暴法

案 例

陶华碧，来自贵州的一位农村妇女，1989年开了一个"实惠餐厅"，专卖凉粉和冷面。当时，她特地制作了麻辣酱作为调料，生意兴隆。顾客来吃饭时，听说没有麻辣酱，转身就走。她感到十分困惑：难道顾客并不喜欢吃凉粉，而是喜欢吃我做的麻辣酱？这事对陶华碧的触动很大。机敏的她一下就看准了麻辣酱的潜力，从此潜心研究……

经过几年的反复试制，她制作的麻辣酱风味更加独特。1997年"老干妈风味食品有限公司"正式挂牌。她白手起家，6年间创出了一家资产13亿元1 300多人的私营大企业！2012年，"老干妈"年产值为33.7亿人民币，纳税4.3亿人民币。

结构性头脑风暴法应用示例如图12-5所示。

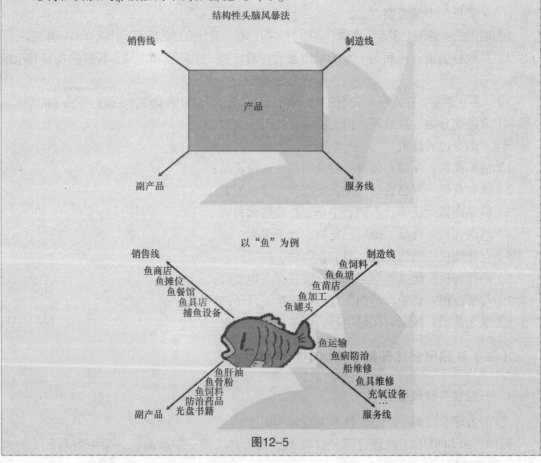

图12-5

（三）创业构思的验证方法——SWOT分析

1. 什么是SWOT分析？

SWOT分析法是一种企业竞争态势分析方法，是验证创业构思的基础分析方法之一。

SWOT分析法是将于企业相关的优势（Strengths）、SWOT分析法劣势（Weaknesses）、竞争市场上的机会（Opportunities）和威胁（Threats）等，通过调查列举出来，并依照矩阵形式排列，然后用系统分析的思想，把各种因素相互匹配起来加以分析，从中得出一系列相应的决策性结论，用以在制定企业的发展战略前对企业进行深入全面的分析以及竞争优势的定位。其中，S、W是内部因素，O、T是外部因素，如图12-6所示。

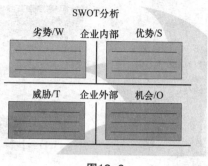

图12-6

2. 分析步骤

1）罗列企业的优势和劣势、可能的机会与威胁，如图12-7所示。

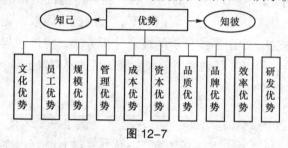

图12-7

①竞争优势（S）：你准备创办的企业超越其竞争对手的能力。

②竞争劣势（W）：你准备创办的企业较之竞争对手处于劣势地位的方面。例如：

☆你的产品/服务的成本高、售价贵；

☆无力支付广告费用，无力提供足够好的售后服务；

☆创业者缺乏企业管理知识；

☆关键领域里的竞争能力正在丧失

③潜在机会（O）：你准备创办的企业将能获得的有利时机、地位、支持和商业交易对象。例如：

☆你产品/服务可能占有越来越大的市场份额；

☆你竞争对手因为某种原因丧失竞争力；

☆你获得了新的物美价廉的代用原料等；

☆附近没有类似企业、小区顾客量将上升等。

④外部威胁（T）：你准备开办的企业将遭遇到可能的种种不利。例如：

☆周边生产同类产品的企业多；

☆原材料紧缺导致你的成本上涨。

☆新产品/服务正在涌现、顾客日见减少等。

☆你的产品/服务有强大的竞争对手

2）优势、劣势与机会、威胁相组合，形成SO、ST、WO、WT策略，如图12-8所示。

3）对SO、ST、WO、WT策略进行甄别和选择，确定企业目前应该采取的具体战略与策略。

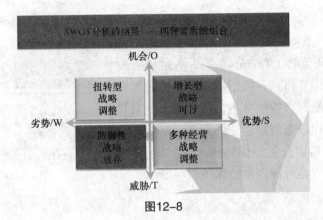

图12-8

在完成环境因素分析和SWOT矩阵的构造后，便可以制订出相应的行动计划。制订计划的基本思路是：发挥优势因素，克服弱点因素，利用机会因素，化解威胁因素；考虑过去，立足当前，着眼未来。运用系统分析的综合分析方法，将排列与考虑的各种环境因素相互匹配起来加以组合，得出一系列公司未来发展的可选择对策。

案 例

在德国，有一个造纸工人不小心弄错了配方，造成了一批不能书写的废纸。老板怒不可遏，把他解雇了。他拿着废纸一筹莫展，一位朋友提醒他："任何事情都有两面性，你不妨换一种思路看看，也许能从错误中找到有用的东西来。"他拿着废纸，翻来覆去地看，发现这不能写字的纸，可以吸干家庭器具上的水分。他把纸切成小份，起了"吸水纸"名字，让人一听就知道有什么用。"吸水纸"在市场上吸引了许多人，十分畅销。后来，他申请了专利，通过生产吸水纸发了财。

四、名人如是说

1）所谓经营，就是在某件事情发生以前，就要能预知将有什么状况出现，然后想出必要的对策，静待时机出击。
————松下幸之助

2）管理是一种实践，其本质不在于"知"，而在于"行"；其验证不在于逻辑，而在于成果；其唯一权威就是成就。
————德鲁克

3）知道自己究竟想做什么，知道自己究竟能做什么是成功的两大关键。
————比尔·盖茨

五、我该怎么做

你属于哪种创业者？

（下面是20个问题，请根据自己真实的想法回答，并将结果填入括号中）

（　）1.哪一种投资对你较有吸引力？

A.定期存款中有10%的固定利润

B.在一段时间内，不低于5%或高于10%的利润。因经济环境，如利率及股市变化而异

（　）2.哪一种工作对你较具吸引力？

A.每周工作低于40小时，每年固定加薪6%

B.每周工作超过50小时，第1年年底就加薪10%～15%

（ ）3.你较喜欢哪一种商业形态？

    A.独资经营   B.合伙组织   C.合作组织

（ ）4.有三个待遇、福利等都不错的工作供你选择时，你会接受：

A.大企业，但是你的权限与职责都稍低

B.中型公司，稍有名气，能拥有部分程度的权 限与责任

C.小公司，但能赋予相当大的权限与责任

（ ）5.当你拥有一家公司时，对于公司的各种营运，包括内部行政管理、广告销售、薪资给付等，您
希望参与到何种程度才会满意？

    A.将大部分权力释放出去   B.将一部分权力释放出去

C.对各部门的营运事项大权均掌握于手中

（ ）6.进行工作计划时碰上了小的阻碍。你会：

A.立即请求别人给予帮忙

B.先经过一阵思考之后，选定几种可能的解决方法。然后请求上司

C.自己努力寻求解决的办法，直到克服为止

（ ）7.多年来你的公司一直沿用一套销售制度，使公司每年维持十个百分比的成长率。这套制度还算
成功。你在其他地方用了另一套制度，你发现每年会有10%～15%的成长率，且此套制度对你
和公司双方都有利，但你的方法需要投资若干时间和资金。你会：

    A.为避免风险，仍沿用老方法   B.私下就采用新方法，然后等着看结果

C.建议采用新方法，同时展示已有的好结果

（ ）8.当你建议上司采用你的新方法，而他却说：不要自作主张，你会：

    A.放弃你的方法   B.过一阵子再向上司游说

C.直接跟公司总经理或董事长建议 D直接用自己的方法做了

（ ）9.你是否愿意参加新公司的开发计划？

    A.不想   B.偶尔参与   C.经常参加

（ ）10.你打算为员工进行训练时，如何着手？

A.委托顾问人员，由专家设计课程内容，并亲自训练指导

B.根据自己的经验和意思，安排课程内容，并亲自培训指导

（ ）11.下面哪一种对你而言最有成就感？

    A.是公司的最高薪者   B.在你的专业领域得到较高的荣誉 C.成为公司的总裁

（ ）12.以下哪几个部门的工 作，最能吸引你（选两个）

    A.行销部门   B.行政部门   C.财务部门   D.训练部门   E.管理部门

    F.顾客服务部   G. 征信及收款部

（ ）13.担任业务工作，有三种薪资与佣金的选择机会时，你希望的薪资计算方式是：

    A.完全薪水制   B.底薪加佣金制   C.完全佣金制

（ ）14.当你正准备要度假时，遇到一位非常有希望成交的大客户，但是必须牺牲假期，你会作何抉择：

    A.请求这位客户再宽延一段时间   B.取消或延后度假

（ ）15.小时候，是否玩过较具危险性的游戏?

    A.否   B.是

（ ）16.你喜欢什么样的工作步调?

    A.一次做一件，直到完成为止   B.一次同时做几件工作

（ ）17.你希望你每周的工作时数是:

    A.35小时   B.40小时   C.45小时   D.50小时   E.60小时以上

（ ）18.你现在每周学习、实习或工作的时数是:

    A.35小时   B.40小时   C.45小时   D.50小时   E.60小时以上

（ ）19.你正准备去打一个推销电话，你现在的心境是:

    A.运气好的话，你可能会成功   B.你有可能完成这项交易

    C.觉得非常有希望完成这笔交易

（ ）20.当你遭遇到危机时，你会如何形容你目前的精神状态?

    A.以平常心看待，一切在掌握之中   B.虽已掌握局面，但仍有些焦躁

    C.确实受到相当程度的影响

评分说明:

1. A=2, B=6; 2. A=3, B=10; 3. A=7, B=5; 4. A=1, B=2, C=3; 5. A=1, B=3, C=5; 6. A=1, B=5, C=7; 7. A=1, B=4, C=5; 8. A=1, B=5, C=8, D=10; 9. A=1, B=5, C=10; 10. A=1, B=3; 11. A=2, B=5, C=8; 12. A=10, B=1, C=3, D=3, E=2, F=5, G=8; 13. A=1, B=5, C=10; 14. A=1, B=5, C=4; 15. A=1, B=8, C=4; 16. A=3, B=6; 17. A=1, B=3, C=5, D=8, E=10; 18. A=1, B=3, C=5, D=8, E=10; 19. A=1, B=3, C=7; 20. A=5, B=2, C=7。

评价结果:上班职工33~36分，加盟者61~142分，创业者143~169分。

六、课外阅读

那些顶级大公司的创业"据点"

1. 联想公司:传达室也能走出国际大公司。1984年中国科学院计算所投资20万元人民币，由柳传志带着10名科研人员，一共11人在租来的中国科学院的传达室中开始创业。

2. 华为公司:简易房做办公室，仓库就是员工宿舍。1987年，华为公司最早的办公地点是在深圳湾畔的两间简易房，后来才搬到南油工业区。当时所在的那栋大楼每一层实际上都是仓库型的房屋。华为公司当时就占用了十多间仓库。在仓库的另一头用砖头垒起墙，隔开一些单间，员工就住在这些单间里。

3. 腾讯公司:孵化企鹅的地方竟然是一间舞蹈教室。1998年11月，腾讯公司最早的办公室，就是借了朋友的一间舞蹈室，还挂着20世纪80年代"迪斯科"风格的大灯球，后来才搬去赛格。兄弟们加班累了，还可以舞一曲儿放松心情。

4. 阿里巴巴公司:马云的新家就是办公室。1999年，杭州湖畔花园风荷苑16幢1单元202号——小区中一座4层居民楼中的一套四居室的房子，面积150平方米，这里本来是马云的新家，还未来得及住就被拿来当作"阿里巴巴"的办公地点。马云当时在"他家"对"十八罗汉"演讲，要大家跟他一起"干革命"。

5．百度公司：从北京大学资源宾馆开始的百度生涯。2000年，李彦宏完成美国的学业之后怀揣120万美金回到北京，在北京大学资源宾馆租了两间房，利用北京大学的校园网开始创业，虽然房租比较贵一些，但是环境清幽。尽管1414与1417两个数字听起来不太吉利，但是就在这样的门牌号码背后，李彦宏和他的小伙伴们开始了百度公司的创业生涯。

6．新东方公司：冲出10平方米漏风的违章建筑。1993年11月，新东方公司在只有10平方米漏风的违章建筑里开始办公，这是新东方公司的第一间办公室。当初成立时只有俞敏洪和他的夫人两位员工，而真正意义上的第一批团队成员是一批十来个四五十岁的下岗女工，她们帮助新东方管理教室、打扫卫生、印刷资料以及处理各种社会关系。

7．Google公司：车库除了停车也可以是办公室。1998年Google创始人佩奇和布林在美国斯坦福大学的学生宿舍内共同开发了全新的在线搜索引擎，然后迅速传播给全球的信息搜索者。不过，你想象不到的是Google的第一间办公室不是宿舍，而是一间租来的车库。

8．苹果公司：全世界最贵的水果。1976年4月，乔布斯和他的两个合伙人一同创建了苹果公司，当然，乔布斯很豪爽地将他家的车库作为了当时的办公间，如果你家也有一个车库，你可以考虑看看去做一个鸭梨或者桃子什么的了。

9．《时尚》：四合院里走出来的时尚杂志王国。1993年，北京东单西裱褙胡同54号小院，是一个普普通通的私家小院，成了《时尚》创刊之所。家庭式的工作氛围也造就了中国第一个本土的时尚传媒集团。

10．京东公司：曾经也在"村"里摆柜台。1998年6月，刘强东在中关村创业，成立京东公司。当时的京东公司在中关村电子市场占有一个不大的柜台，主营业务是光盘和光盘刻录机等。

任务四十五　如何制订创业计划书

一、学习目标

明确做创业计划的意义；学会制订创业计划书的方法，明确创业计划的六大内容和十大结构组成；掌握如何制订开办企业的行动计划。

二、案例分析

案　例

奇虎360董事长兼CEO周鸿祎对于商业计划书写作的观点

第一，用几句话清楚说明你发现目前市场中存在一个什么空白点，或者存在一个什么问题，以及这个问题有多严重，几句话就够了。很多人写了三百张纸，抄上一些报告。投资人天天看这个，还需要你教育他吗？比如，现在网游市场里盗号严重，你有一个产品能解决这个问题，只需要一句话说清楚就可以。

第二，你有什么样的解决方案，或者什么样的产品，能够解决这个问题。你的方案或者产品是什么，提供了怎样的功能？

第三，你的产品将面对的用户群是哪些？一定要有一个用户群的划分。

第四，说明你的竞争力。为什么这件事情你能做，而别人不能做？是你有更多的免费带宽，还是存储可以不要钱？这只是个比方。否则如何这件事谁都能干，为什么要投资给你？你有什么特别的核心竞争力？有什么与众不同的地方？所以，关键不在于所干事情的大小，而在于你能比别人干得好，与别人干得不一样。

第五，再论证一下这个市场有多大，你认为这个市场的未来怎么样？

第六，说明你将如何挣钱？如果真的不知道怎么挣钱，你可以不说，可以老老实实地说，我不知道这个怎么挣钱，但是中国一亿用户会用，如果有一亿人用，我觉得肯定有它的价值。想不清楚如何挣钱没有关系，投资人比你有经验，告诉他你的产品多有价值就行。

第七，再用简单的几句话告诉投资人，这个市场里有没有其他人在干，具体情况是怎样。不要说"我这个想法前无古人后无来者"这样的话，投资人一听这话就要打个问号。有其他人在做同样的事不可怕，重要的是你能不能对这个产业和行业有一个基本了解和客观认识。要说实话、干实事，可以进行一些简单的优劣分析。

第八，突出自己的亮点。只要有一点比对方亮就行。刚出来的产品肯定有很多问题，说明你的优点在哪里。

第九，财务分析，可以简单一些。不要预算未来三年挣多少钱，没人会信。说说未来一年或者六个月需要多少钱，用这些钱干什么？

第十，最后，如果别人还愿意听下去，介绍一下自己的团队、团队成员的优秀之处，以及自己做过什么。

一个包含以上内容的计划，就是一份非常好的商业计划书了。

分析解读

无论是传统企业转型升级还是互联网企业的攻城略地，在各个领域，一份简洁有力的创业计划书极具穿透力。其实，对于创业者来说，如何写一份好的创业计划书，一直让他们费尽心思。周鸿祎对创业者们指出："创业计划书不要长篇大论，不要讴歌自己。用PPT写最好，就用大白话，越朴实越好。创业计划书最好就是十页篇幅。"

活动体验

同学们，通过阅读文章，你对创业计划书的内容和写法是不是有了一个初步的认识？作为奇虎的董事长、国内著名的天使投资人的周鸿祎，你对他的创业历程了解多少？你知道创业计划书的作用吗？如果你想去创业，你希望通过什么方式来表述并论证你的创业构想？

三、知识链接

（一）完成你的创业计划

1. 创业计划的概念

创业计划就是全面、清楚地把创业构想通过一定的形式表达出来。创业者要对所有信息进行综合分析，再度判断你的创业构思成功的把握有多大，最后决定是否应该创办企业。

2. 制订创业计划的意义

1）制订创业计划，能够科学地规划未来的事业。制订创业计划的过程，实际上是广泛调查研究、收集有关信息，汲取别人的创业经验，从而客观、冷静地从整体上审视创业构想的过程，有利于避免创业的盲目性。

2）制订创业计划，可以展示创业者的能力和决心。一份好的创业计划就是一个创业的可行性报告。计划的确定建立在创业者对小企业了解和调查研究的基础上，也建立在对创业条件和能力分析的基础上。

3）制订一份好的创业计划，可以增加创业的成功率。制订创业计划可以进一步明确创业目标，落实创业措施，减少失误，提高创业的成功率。

4）制订创业计划，可以保证创业工作平稳有序进行。创业计划反映了创业者的经营思想和经营策略，创业过程中先做什么，后做什么，都是按计划要求进行的，计划可以保证创业工作平稳有序进行。

案　例

王兴，美团网创始人。曾创办校内网，创业失败后被迫出售。

2003年冬天，在美国读博的王兴向导师请了一个长假，回国创业。在经历了几次失败的项目之后，王兴发现学生之间的熟人社交是一个可切入的点，于是便着手打造校内网。在网站界面上，他们抄袭了Facebook，被大家所诟病，但由于Facebook的设计十分人性化，所以相对独立设计界面的竞争对手，校内网的用户体验是最好的，这为他们留住了很多用户。

当时北京地铁不方便，去火车站坐车十分麻烦。所以在放寒假期间，王兴在清华大学、北京大学、中国人民大学发起了一个注册校内网、免费乘大巴去火车站的活动。同一时刻同一地点，凑足50人便发车。为了凑足人数，学生到处宣传，拉老乡注册。更有些男生为了跟一位姑娘认识，不坐火车也要坐大巴去火车站。凭借此举，校内网赢得了8000种子用户，大家开始在这个网站上活跃起来了。但是，由于初次创业，王兴并没有自己的理论，对互联网的认识并不深入同时缺乏明确的盈利模式，资本方并不看好校内网这个项目。最后资金链断裂，内部团队产生争执，王兴只能被迫将其出售。

这个项目的失败，给了王兴如下启发：①创业团队必须分工明确，CEO必须解放出来，关注整个业界、时代、社会发展的潮流；②快速推广很重要；③不需要盲目地自我创新，快速学习别人的优点。④应该尽早接触资本，放低姿态，做一些妥协；⑤必须和信任的人一起创业，唯有信任才能在遇到低潮的情况下，让团队坚持稳固。

（二）制订创业计划书

1. 创业计划书的概念

创业计划书是指人们将有关创业的构想，通过文本的载体表现出来。创业计划书的质量，往往会直接影响创业发起人能否找到合作伙伴、获得资金及其他政策的支持。

2. 创业计划书的内容

1）企业概况：创办企业经营方向的简要概括。包括：①主要经营或服务的范围描述；②有关计划保密性的陈述；③所属行业。

2）创业计划作者的个人情况：①以往的相关经验（包括时间）；②教育背景、所学习的相关课程；③合伙者与合伙协议。

3）市场评估：①目标客户描述；②市场的容量/本企业预计市场占有率；③市场容量的变化趋势；④竞争对手的主要优势及主要劣势；⑤相对竞争对手的主要优势及主要劣势（表12-1）。

表12-1　竞争对手比较分析表

序号	分析项目	竞争对手1	竞争对手2	竞争对手3	本企业对策
1	产品或服务优缺点				
2	销售或服务对象定位				
3	经营区域及市场份额				
4	价格水平				
5	销售渠道				
6	经营特点				
7	员工素质				
...					

4）市场营销计划：①产品的内容、特征（质量、包装、备件、维修等），服务的内容、特征（态度、效率、质量、安全等）；②价格（预测你的成本、分析竞争对手的价格，明确自己的成本价，确定销售价）；③地点（选址及理由、分销方式及理由）；④促销（人员推销、广告、公共关系、营业推广及促销费用）。

5）企业组织结构：①企业性质；②拟创办企业名称；③员工安排；④企业的经营执照、许可证和特许；⑤企业的责任。

6）固定资产：①工具和设备；②交通工具；③办公设备；④固定资产折旧明细。

7）营运资金：①原材料、包装材料；②其他经营费用。

8）销售收入预测，如表12-2所示。

表12-2 销售收入预测表

项目	1	2	3	4	5	6	7	8	9	10	11	12
预测销量												
产品单价												
销售收入												

9）销售和成本计划，如表12-3所示。

表12-3 销售和成本计划

序号	项目	1	2	3	4	5	6	7	8	9	10	11	12	合计
销售	销售额													
	增值税													
	销售净额													
成本	原材料													
	工资													
	营销促销													
	保险费													
	维修费													
	水电费													
	折旧摊销													
	总成本													
利润														

10）现金流计划，如表12-4所示。

表12-4 现金流量计划

序号	项目	1	2	3	4	5	6	7	8	9	10	11	12	合计
现金流入	月初现金													
	现金销售													
	销售收入													
	业主投资													
	可支配现金（A）													

续表

序号＼项目		1	2	3	4	5	6	7	8	9	10	11	12	合计
现金流出	现金采购													
	工资													
	营销促销													
	保险费													
	维修费													
	电费电话费													
	设备购买													
	开办费													
	增值税													
	个人所得税													
	现金总支出（B）													
月底现金（A–B）														

3. 创业计划书的审核

除了自己反复修改外，创业者要把自己起草的创业计划书向尽可能多的专业人士征求意见，请他们审阅创业计划的内容，直到满意为止。目前有很多机构和专家可以审核创业计划，如政府有关部门、有经验的咨询顾问、专业人士、会计师、银行家、律师等一些协会的代表、工商管理院校和培训机构的教师等。

创业计划可以按教材所提供的创业计划范本逐项填写，也可以分章节以书面形式表达，必要时可按放贷机构要求的格式撰写。创业计划书的审核，可以大大降低创业的风险，同时如果能准确回答投资者的疑问，可以争取投资者对本企业的信心。

（三）制订开办企业的行动计划

1. 行动计划

制订行动计划是能够帮助你安排任务的最简单有效的方法。创业过程中要办的事又多又杂，要分清轻重缓急，它将帮助你约束自己，规定在什么时间、在什么地方办妥什么事情。行动计划要做得严谨，以免有遗漏事项。

2. 行动计划范例

目标1：筹建目标

我企业将于×××× 年××月××日正式成立

① ___月___日，完成市场调研任务；② ___月___日，拟订创业计划；

③ ___月___日，实现企业选址考察（多选几个）；④ ___月___日，落实启动资金；

⑤ ___月___日，接通电、水、电话等；⑥ ___月___日，营业场所准备或装潢完工；

⑦____月____日，完成企业注册登记手续；⑧____月____日，购买设备、工具；

⑨____月____日，招募员工、办理保险；⑩____月____日，开展营销、建立分销渠道。

目标2：以收抵支目标

经营开始后于××年××月，我的当月收入将能清偿当月费用支出。若六个月内没有实现这一目标，应从加强宣传攻势，推出更有力的营销策略，或者重新思考经营在市场的接受情况和发展潜力。

目标3：利润目标

在第一个经营年度里，我计划实现×××××元的利润（按月拟订）必须以收抵支，知道利润多少。

四、名人如是说

1）宽松的公司文化是适合百度的，而且极具有感染力，可以很快感染新进百度的员工。维护纪律和权威不是目的而是一种手段，真正的目的是高效率、增强竞争力。外部环境变化不快，纪律严格、按部就班可能效率最高。但是百度所处市场在迅速发生变化，每一个百度人都要有相应的自由度，对他所负责工作的变化随时作出调整。凝聚力不是基于规章制度的，而是基于自发的冲动和创业激情。　　　　　　　　　　——李彦宏

2）创业者很重要的一点，不是你的公司在哪里，有时候你的心在哪里，你的眼光在哪里更为重要。企业在定位过程中要明白自己的产品能不能走那么远，是不是可以走那么远。不一定做大，但一定要先做好。　　　　　　　　　　　　　　　　——马云

五、我该怎么做

测试题：你具备赚钱的素质吗？

（请根据实际情况，选择最符合自己特征的答案。A—"是"，B—"否"）

（　　）1.在买东西时，会不由自主地算算卖主可能会赚多少钱。

（　　）2.如果有一个能赚钱的，而你又没有钱，你会借钱投资来做。

（　　）3.在购买大件商品时，经常会计算成本。

（　　）4.在与别人讨价还价时，会不顾及自己的面子。

（　　）5.善于应付不测的突发事件。

（　　）6.愿意下海经营而放弃拿固定的工资。

（　　）7.喜欢阅读商界人物的经历。

（　　）8.对于自己想做的事，只能坚持不懈地追求并达到目的。

（　　）9.除了当前的本职工作，自己还有别的一技之长。

（　　）10.对于新鲜事物的反应灵敏。

（　　）11.曾经为自己制订过赚钱的计划并且实现了这个计划。

（　　）12.在生活或工作中敢于冒险。

（　　）13.在工作中能够很好地与人相处。

（　　）14.经常阅读或收看财经方面的文章。

（　　）15.在股票上投资并赚钱。

（　　）16.善于分析形势或问题。

（　　）17.喜欢考虑全局与长远问题。

（　　）18.在碰到问题时能够很快地决策该怎么做。

（　　）19.经常计划该如何找机会去挣钱。

（　　）20.做事最看重的是达成的目标与结果。

评分说明：选A得1分，选B得0分。

得分在12分以上，意味着你已经具有一定的赚钱的心理基础了，可能你还具备了较强的赚钱能力，你可以考虑选择一个项目大胆去干；

得分在12分以下，那么，你在准备投身于某一个项目之前，不妨再学习或训练一下自己的赚钱技巧吧！

六、课外阅读

腾讯五兄弟的创业故事

图12-9

这是一个难得的兄弟创业故事，其理性堪称标本。1998年秋天，马化腾（图12-9）与他的同学张志东"合资"注册了深圳腾讯计算机系统有限公司。之后又吸纳了三位股东：曾李青、许晨晔、陈一丹。为避免彼此争夺权力，马化腾在创立腾讯公司之初就和四个伙伴约定清楚：各展所长、各管一摊。马化腾是CEO（首席执行官），张志东是CTO（首席技术官），曾李青是COO（首席运营官），许晨晔是CIO（首席信息官），陈一丹是CAO（首席行政官）。

之所以将腾讯公司的创业5兄弟称之为"难得"，是因为直到2005年的时候，这五人的创始团队还基本是保持这样的合作阵形，不离不弃。直到腾讯公司做到如今的帝国局面，其中4个还在公司一线，只有COO曾李青挂着终身顾问的虚职而退休。

都说一山不容二虎，尤其是在企业迅速壮大的过程中，要保持创始人团队的稳定合作尤其不容易。在这个背后，工程师出身的马化腾从一开始对于合作框架的理性设计功不可没。

从股份构成上来看。5个人一共凑了50万元，其中马化腾出了23.75万元，占了47.5%的股份；张志东出了10万元，占20%；曾李青出了6.25万元，占12.5%的股份；其他两人各出5万元，各占10%的股份。

虽然主要资金都由马化腾所出，他却自愿把所占的股份降到一半以下，47.5%。"要他们的总和比我多一点点，不要形成一种垄断、独裁的局面。"而同时，他自己又一定要出主要的资金，占大股。"如果没有一个主心骨，股份大家平分，到时候也肯定会出问题，同样完蛋。"

保持稳定的另一个关键因素，就在于搭档之间的"合理组合"。如果说，其他几位合作者都只是"搭档级人物"的话，只有曾李青是5个创始人中最好玩、最开放、最具激情和感召力的一个，与温和的马化腾、爱好技术的张志东相比，是另一个类型。其大开大合的性格，也比马化腾更具备攻击性，更像拿主意的人。不过或许正是这一点，也导致他最早脱离了团队，单独创业。

在中国的民营业中，能够像马化腾这样，既包容又拉拢，选择性格不同、各有特长的人组成一个创业团队，并在成功开拓局面后还能依旧保持着长期默契合作，是很少见的。而马化腾的成功之处，就在于其从一开始就很好地设计了创业团队的责、权、利。能力越大，责任越大，权力越大，收益也就越大。

参考文献

［1］许湘岳，陈留彬.职业素养教程［M］.北京：人民出版社，2014.

［2］肖胜阳.中职生职业素养能力训练（上册）［M］.北京：高等教育出版社，2013.

［3］肖胜阳.中职生职业素养能力训练（下册）［M］.北京：高等教育出版社，2013.

［4］张一丹.员工岗位创新精神［M］.北京：企业管理出版社，2016.

［5］刘友林，谭世波，郑庆逢.就业指导与创业教育［M］.广州：中山大学出版社，2016.

［6］李华宾，张丽芳.通用职业素养指导与训练［M］.北京：中国人民大学出版社，2015.

［7］李俊琦.职业素质与就业能力训练［M］.北京：清华大学出版社，2009.

［8］徐飚.职业素养基础教程［M］.北京：电子工业出版社，2009.

［9］尤君.职业素质的培养与训练［M］.北京：化学工业出版社，2012.

［10］杨红玲，徐广.职业素养提升与训练［M］.2版.大连：大连理工大学出版社，2015.

［11］创新与创业教育课题组.创新与创业［M］.北京：中国劳动社会保障出版社，2001.

［12］蒋乃平，杜爱玲.就业与创业指导［M］.北京：北京师范大学出版社，2010.

［13］刘海燕，丁九峰.创新技能训练［M］.北京：电子工业出版社，2016.

［14］宋成学，韩菲.职业生涯发展与规划［M］.北京：中国财政经济出版社，2009.

［15］卫淑华.就业指导教程［M］.北京：中国劳动社会保障出版社，2015.

［16］张燕燕.自我管理能力训练［M］.北京：北京师范大学出版社，2013.

［17］胡秀霞.团队合作能力训练［M］.北京：北京师范大学出版社，2013.

［18］王莉.创新，就这么简单：创新能力读本［M］.苏州：苏州大学出版社，2013.

［19］孙梅军.创业导航：创业能力读本［M］.苏州：苏州大学出版社，2013.

［20］李友明.创办你的企业（SIYB培训）［EB/OL］.http：//wenku.baidu.com.2014.

［21］中国就业网.http：//www.chinajob.gov.cn/.

［22］MBA智库.http：//www.mbalib.com/.

［23］中青在线.http：//www.cyol.com/.

［24］人民网.http：//www.peoplE.com.cn/.

［25］应届毕业生网.创业网http：//chuangye.yjbys.com/.

［26］中国人才网.http：//www.chinatalent.com.cn/.

［27］百度文库.http：//wenku.baidu.com/.

［28］中国知网.http：//www.cnki.net/.

［29］中国人才素质测评网.http：//www.powerhr.com.cn/.

［30］中国职场.http：//www.cnduty.com.cn/.

［31］新浪博客.http：//www.blog.sina.cn/.